불탑의 아시아 지역 전이양상 3
인도 불탑의 형식과 전래양상

불탑의 아시아 지역 전이양상 3

인도불탑의 형식과 전래양상

천득염·최정미
염승훈·김소영 지음

심미안

■ 책을 펴내며

인도 불탑과 전래 양상에 대한 연구의 의미

　불탑은 부처다. 그의 몸을 불사르고 남아 온 우주에 광명과 깨달음의 지혜를 준 것이다. 물리적 공간이 아니라 중생에 대한 가득한 사랑과 진리가 내재되어 있는 존재이다. 불멸의 부처가 계신 곳이다. 그를 느끼고 그의 가르침이 가득히 모아진 곳이다.

　나에게 불탑이란 존재는 무언가? 어쩌다 불탑연구라는 대명제를 가지고 오랜 세월을 붙잡고 있다. 석사, 박사학위논문 그리고 하바드대학 미술학과와 교토대학 건축학과에서 연구년을 보내면서 나름 불탑의 의미와 형식에 대하여 연구하여 왔다. 특히 세계 여러 나라 불탑의 전래와 변모양상에 대하여 상대적 입장에서 살필 수 있었다. 그러나 목조건축을 중심으로 공부하는 건축역사 전공자가 다소 한정되고 국외적인 불탑을 연구하는 과정은 참 힘들었다. 하는 사람도 하려고 하는 사람도 드물었다. 그러나 참으로 이상하게도 불탑연구는 마치 부처님의 인자함이나 사랑이 이끌어 주는 것처럼 언제나 무언가 모르는 큰 힘이 내 생애를 보람되게 인도하고 행복한 시간들로 가득하게 해주었다.

　그러던 과정에서 특히 2002년 교토대학 건축학과 高橋 敎授 연구실에서 연구년을 지내며 '불탑의 발생과 전래 그리고 변모양상' 이라는 큰 주제를 설정하게 되었다. 그러한 계기로 2013년 『인도불탑의 의미와 형식』이라는 책을 출간하였는데 연구를 진행하면서 부족한 부분이 많이 발견되었다. 이어지는 후속작업으로 2017년에는 『동양의 진주, 스리랑카의 역사와 문화』라는 책을 냈고, 올해에는 『미얀마불탑의 의미와 형식』이라는 책과 함께 이 책 『인도불탑형식과 전래양상』을 출간하게 되었다.

이러한 일을 하고 있노라면 가끔 부질없는 일을 하고 있다는 생각에 후회도 하지만 내가 하지 않으면 누가 하랴 하는 스스로의 사명감에 다시 또 다시 필을 들곤 한다. 속된 표현으로 돈이 되는 일도 아니고 학계에서 인정받는 그다지 명예로운 일도 아니다. 그럼에도 나는 이러한 불탑연구의 시간들이 가장 행복하다. 특히 제자들과 함께 하는 연구와 집필은 나의 자긍을 키워주는 가장 의미 있는 일이다.

한편으로는 무엇보다도 가르치는 직장인으로 또한 돈을 벌어야 하는 생활인으로 시간과 경비를 해결해야 하는 것은 참 힘든 일이었다. 개인적으로는 완성도를 높이고자 노력하였으나 깊게 천착하지 못한 부분이 많이 있어 언제나 나를 누르는 무게가 되고 있다. 그래서 불교국가들의 불교유적을 탐색하는 책들을 나라별로 나누어 시리즈로 내게 된다.

불탑을 향한 나의 긴 여정은 인도와 스리랑카, 네팔과 티베트, 파키스탄의 간다라, 중앙아시아를 거쳐 중국으로 미얀마, 라오스, 태국 등의 불교국가를 대상으로 하고 있다. 이제 겨우 인도와 스리랑카, 미얀마 세 나라를 어느 정도 마무리하였다. 사실 솔직히 말하면 이제야 겨우 조금 알게 된 것이다. 영국 학자나 일본 학자들이 이룬 성과를 좀 더 세밀히 확인하는 정도에 그치는 작업을 가지고 만용처럼 책을 내니 부족한 부분이 많음을 느낀다. 그래서 초간을 중심으로 다시 새로운 나라들을 첨가하여 면피를 하려고 한다. 그래야 내 마음이 편하고 연구자들에게 확실한 내용을 제공하여 면죄가 되는 것이다. 먼 나라들을 최소한 3회 이상은 다녀와야 무언가 보인다.

구태여 변명하자면 불탑 유구의 대부분은 벽돌조이고 퇴락되어 무너진 위치에 복원하는 과정에서 원형을 많이 잃고 있다. 또한 연구 자료가 대부분 서양학자들이 개론적인 미술사에서 간단히 쓴 것이고 100년 가까이나 된 것이다. 결국 지금의 눈으로 보는 것은 허상일 수도 있으나 그 자리에 대부분 그 모습을 유지하거나 확대되었다고 보면 또 다른 의미가 있다. 선학들의 연구결과를 다시 보고 확인하는 기본적인 작업에 내가 현장에 가서 살펴본 내용을 첨가하여 고찰하고 정리하여야 마음이 놓였다.

지난 2013년에 출간한 『인도불탑의 의미와 형식』에 대한 연구를 새롭게 한다는 입장에서 내용을 다시 꼼꼼히 보았다. 즉 인도대륙 안에서 초기불탑이 어떻게 변모되어 갔는지 중점을 두고 살폈다. 특히 올 초에는 파키스탄 간다라지역을 돌아보고 이런 맥락에서 중북부 지방에서 발생한 초기불탑의 모습이 간다라지역에서는 어떻게 변화하였지 의문을 풀고자 하였다. 더불어 현존하는 불탑의 제일 오래된 모습인 바르후트불탑 유구를 자세히 살펴보았다. 산치 이전의 탑이라는 전제에서다. 또한 인도의 남동부 안드라지역의 나가르주나콘다와 아마라바티에 대하여서도 정성들여 살펴보았다. 산치탑과 비슷한 시기 남동부 불탑의 모습은 어떠한가는 알기 위함이었다.

인도불탑이 스리랑카로 전래되었을 것이라 보는 것은 학계의 상식처럼 되어 있다. 그래서 이들 양식을 통시적이지 않은 공시적인 대상으로 놓고 비교하여 보았다. 우리의 『삼국사기』, 『삼국유사』와 같은 『마하밤사』 등은 불탑에 대한 기술이 거의 이야기 수준이다. 불탑의 형식적 유래를 찾을 수 없어서 안타깝다. 그래도 이러한 연대기가 결국은 제일 우선하는 기록이니 중요하게 여길 수밖에 없다.

미얀마로의 불교전래는 이미 아소카왕 때 이루어졌다고 하나 불교의 구체적인 모습은 12세기 이후이다. 이다지도 다양한 불탑이 미얀마에 건립되었는데 그 뿌리를 어디에서 찾을 것인가? 혹시 인도에서 스리랑카로 또 미얀마로 이어지는 것이 아닌가 하는 의문을 상식적인 선에서라도 찾고자 노력하였다. 결국 궁금한 내용을 확인하기 위해서 또 미얀마를 찾았다. 어디인들 못가겠는가 마는 미얀마를 네 번 답사하였다. 미얀마에 가까이 있는 태국의 불탑연구를 위하여 아유타야, 수코타이 등 중북부지역도 그간 세 차례 답사하였다. 그래서 각 나라의 불탑에 대한 논문도 여러 편 발표하였다. 이러한 내용을 '제8장 스리랑카의 불탑 형식', '제9장 미얀마 불탑의 기원과 형식 고찰', '제10장 태국 불탑의 종류'라고 하여 새롭게 첨가하였다.

스리랑카, 미얀마, 태국의 불교사원과 불탑에 대한 연구결과를 더하여 책의 제목을 "인도 불탑 형식과 전래 양상"이라고 명명하였다. 이는 인도 초기불탑 형식이 넓은 인도에서 어떻게 변모하였고 또 다른 불교국가에 어떻게 전래되었는가 하는 양상을 규명하고자 한 것이다. 이 연구는 현존하지 않은 부분에 대한 고찰을, 과거를 넘나들며 추론해야 하니 확실한 근거가 부족한 부분도 있다. 그럼에도 인도불탑과 주변 불교국가의 불탑 및 전래양상에 대한 포괄적 연구가 드문 우리 땅에서 불탑의 원류를 찾고 이들의 변화된 모습에 대하여 고찰하는 연구를 수행하였으니 의미 있는 일이라 생각한다.

이러한 연구들을 혼자 이룰 수 없음은 당연하다. 내 곁에 많은 제자 연구자들이 있어 오지를 답사하고 이를 정리하고 연구하는 궂은일을 함께하였다. 건축사연구실에서 한국의 전통건축 연구하는 이들이 많은데 또 다른 분야인 불탑의 연구에 김준오, 최정미, 허지혜, 염승훈, 곽유진, 김소영 연구원 등이 참여하였으니 이들에게 충심으로 감사드린다. 특히 본서의 6장(김준오)과 8장(허지혜), 9장(염승훈, 김소영), 10장(최정미, 김소영)에 관한 연구는 여러 제자 연구자들이 함께한 결과이니 참으로 기쁘고 감사하다.

이제 정년을 몇 달 앞둔 시기, 나의 연구결과에 대하여 노옥이라 탓하는 자들이 많았으면 한다. 부족한 부분에 대하여 학문적 질타를 기대한다. 그래야 더욱 좋은 글로 마무리되리라 생각한다.

2018년 8월
대표저자 천득염

차례

책을 펴내며
인도 불탑과 전래 양상에 대한 연구의 의미 • 04

제1장 ▪ **다양한 종교의 나라 인도와 불교**

현대 국제사회에서의 인도 • 14
인도의 다양한 종교와 불교 • 20
인도에 있어서 힌두교 • 26

제2장 ▪ **불탑의 의미와 기원**

탑의 의미 • 32
Stūpa, 불탑의 어원語源 • 36
불탑의 기원과 근본팔탑根本八塔 • 44
불탑 건립의 목적 • 49
불탑의 종류 • 51
불탑 이전에도 탑이 있었는가? • 58
불탑이 세워진 곳 • 61
불탑 건립과 공덕功德 • 65
사리를 모시는 장소와 방법 • 70
탑돌이를 하는 이유 • 76

제3장 · 부처의 삶과 가르침, 그리고 불탑

부처의 전생, 선혜보살과 호명보살 • 84
고대 인도인들의 종교관과 불교발생 • 86
부처의 삶과 가르침 • 90
부처의 열반과 건탑建塔 • 99
최초의 불교사원과 주변의 탑 • 102
룸비니와 카필라바스투, 주변의 스투파 • 107

제4장 · 인도 시원불탑의 의미와 형식

인도 시원불탑의 형식 • 114
인도 초기 불탑의 유래 • 118
인도 초기 불탑의 구성요소와 상징적 의미 • 124
상륜부相輪部의 모습과 상징적 의미 • 156
우주목宇宙木의 상징 상륜부 • 158
아소카왕이 세운 불탑과 석주石柱 • 161

제5장 ▪ **인도 초기 불탑(스투파)형식의 변화 양상**

숭가왕조시대(B.C. 2세기~A.D. 1세기전반)의 스투파 • 172
사타바하나왕조(B.C. 30년경부터 A.D. 250년경까지)의 스투파 • 178
쿠샨시대의 스투파형식 • 194
굽타왕조(Gupta, 320~647)시대의 스투파 • 220

제6장 ▪ **탑형 부조에 나타난 인도불탑의 변모 양상**

평지사원에 나타난 탑형부조 • 240
석굴사원에 나타난 탑형부조 • 267

제7장 ▪ **인도 초기 불탑형식의 전래**

인도불탑의 주변국가로의 전파 • 302
초기 불탑의 간다라 지역 전래 • 309
간다라 지역의 불탑형식 • 313

제8장 　스리랑카 불탑의 형식

　　　　스리랑카 불탑의 출현과 초기형식 • 328
　　　　스리랑카 돔 형식 불탑의 구성요소 • 332
　　　　불탑 주변의 시설 • 337
　　　　스리랑카 불탑의 유형 • 341

제9장 　미얀마 불탑의 기원과 형식

　　　　미얀마 불탑 연구의 의미 • 350
　　　　미얀마 불교의 전래와 불탑의 기원 • 351
　　　　미얀마 불탑양식의 형성과 종류 • 356
　　　　미얀마 불탑형식에 대한 마무리 글 • 373

제10장 　태국 불탑의 형식

　　　　태국 불탑연구의 배경 및 범위 • 376
　　　　태국불탑의 유형 • 379
　　　　상좌부 불교권 불탑의 양식 • 391
　　　　태국불탑 형식에 대한 마무리 글 • 394

참고문헌 • 397

제1장

다양한 종교의 나라 인도와 불교

현대 국제사회에서의 인도
인도의 다양한 종교와 불교
인도에 있어서 힌두교

다양한 종교의 나라
인도와 불교

현대 국제사회에서의 인도

우리는 인도를 얼마나 알고 있을까? 한없이 넓고 신비로운 구도求道의 나라, 인더스 문명의 발생지로서 문화의 다양성을 느낄 수 있는 나라, 인도는 예나 지금이나 항상 가보고 싶은 미지의 대상이다. 이곳을 다녀간 이들은 상상하는 것 이상으로 국토가 넓고, 부유함과 가난함이 함께 하고 있으며, 풍요로운 문화유산이 도처에 산재해 있는 매력적인 인도의 향취에 젖게 된다. 지금도 진행 중인 인도와 파키스탄의 분쟁, 우뚝 솟은 코에 부리부리한 눈을 가진 검은 피부의 사람들, 끝없는 고행과 요가, 갠지스강에서 갖는 성스러운 목욕과 시체의 화장, 다양한 종교와 신비로운 의식, 시끄럽고 불결한 거리, 한가롭게 도시의 한가운데 길거리를 활보하는 소떼, 타지마할과 같은 장대한 문화유산, 자전거 바이크 릭샤와 벤츠, 카스트 계급사회를 인정하면서도 부를 추구하는 현대인들의 다양한 삶 등 인도에 대한 여러 가지 문화적 충격을 지울 수 없을 것이다.

먼 옛날 세계정복의 꿈을 꾸며 인도 서부 변방까지 왔던 알렉산더대왕과 그의 부하들은 인도의 코끼리를 보고 경탄을 금치 못했으며, 셰익스피어는 비록 인도에 직접 가보진 않았지만 자신의 희곡 『한 여름 밤의 꿈』에서 인도의 풍성한 무역을 낭만적으로 묘사하기도 했다. 여행경험이 많은 마크 트웨

1. 인도인의 이동수단 바이크 릭샤
2. 바라나시 기차역의 노숙자

인은 "인도는 모든 이들이 한번 가보기를 염원하는 땅이며 비록 잠시 스치는 여행이라 해도 세상의 다른 어떤 곳과도 바꾸지 않을 것이다"라고 했다.[1] 아무튼 오늘날까지도 인도의 매력, 아니 마력은 조금도 줄어들지 않았다. 자연과 인간과 동물이 다양한 종교 속에 살아 숨 쉬는 모습이 더욱 찬란히 빛나고 있는 신비로운 곳이다. 그러나 아직은 경제개발의 도상에 있고, 이해할

1 루이스 니콜슨, *The National Geographic Traveler Indo*, YBM sisa, p.10.

다양한 종교의 나라 인도와 불교 15

수 없는 신분계급으로 철저히 나누어져 있으며 종교적인 갈등이 자주 발생하는 사회구조 때문에 오히려 부정적인 인상도 강하게 나타나고 있다.

이러한 여러 가지 이색적인 현상들 중에서도 인도사회를 가장 특징짓는 것은 카스트제도이다. 즉 인도는 사제와 승려인 바라문, 왕족과 귀족, 무사인 크샤트리아, 평민과 상인인 바이샤, 노예인 수드라 그리고 이 네 카스트에 속하지 못하는 불가촉천민으로 구성되어 있으며 각 카스트는 혼인, 식사, 거주 등에 아주 폐쇄성이 강한 국민이다. 또한 카스트는 직업이 전통적으로 정해져 내려오고 대대로 세습되고 있으며 근세 이후 인도에 이슬람교와 기독교가 전래된 후에도 지속되고 있다. 이처럼 현대 인도는 양면적인 두 얼굴을 하고 있는 나라이다. 약동하는 현대와 고색창연한 전통이 함께하면서 대조를 이루는 곳이며 빈부의 격차나 신분상의 차별을 별 저항 없이 받아들이는 모습 등에 있어 양면성이 강한 나라이다. 불가촉천민이란 신분까지 있다. 물론 불가촉천민으로 태어나 인도 대법관과 대통령의 지위에 오른 이도 있다. 첨단의 인공위성과 핵을 보유한 국가로 금융과 영화산업이 대단히 앞선 나라이고, 정보산업부문에서는 세계에서 미국 다음가는 위치를 차지하고 있지만 기아와 질병에 허덕이는 수많은 빈곤층이 현존하는 나라이다.

테레사 수녀를 통해 세계적으로 널리 알려진 인도의 빈곤은 지금도 여전하지만 천연자원이나 야생동물, 장중하고 빼어난 문화유산, 수공예 및 전문기술을 비롯해 일부 특정계층의 막대한 부가 함께 자리하고 있다는 사실은 널리 알려지지 않은 또 다른 모습이다. 인도에는 미국보다 백만장자가 많으며, 부동산 가격도 세계에서 가장 높은 수준에 달해 있는 곳도 있다.

인도를 대표하는 민족 지도자로 간디를 들 수 있다. 영국의 압제에도 그는 시종 비폭력을 주장하였고, 지금 인도의 다양함이 공존하고 있는 모습도 그의 주장이 여러 가지 면에서 나타나고 있는 듯하다. 아인슈타인은 원자탄 시대의 대량파괴를 구할 수 있는 처방으로 간디의 비폭력을 들었다. 영국인들은 간디를 유토피아를 꿈꾸는 몽상가로 여겼으나 거의 모든 인도인들로부터 애정과 존경을 받고 있다.

또한 인도는 한마디로 종교와 예술과 철학이 화음을 이루는 긴 역사의 나

1. 인도인을 구제한 테레사 수녀
2. 비폭력저항의 정신적 지도자 간디
3. 인도 대통령 람 나트 코빈트. 불가촉천민 달리트 출신으로 대통령의 자리에 올랐다.

라이다. 세계 4대 문명의 하나인 인더스 문명의 발생지이며 힌두교, 불교, 자이나교, 시크교, 조로아스터교, 이슬람교 등 다원적 종교가 공존하는 나라이면서 신분제를 당연시 하는 민족으로 비교적 평온하고 안정된 국가이다. 다만 근자에는 힌두교와 이슬람교 사이의 종교분쟁이 지역에 따라서 심각할 정도로 자주 발생하고 있는 것도 사실이다. 원래는 한 국가였던 인도는 1947년 영국으로부터 독립되면서 인도와 파키스탄, 방글라데시로 나뉘었다.

328만㎢에 이르는 인도는 남한의 32배가 넘는 광대한 국토에 13억이 넘는 엄청난 인구를 지니고 있다. 국가면적은 세계에서 7번째로 넓으며, 인구는 중국에 이어 두번째로 많다. 수십만 년 전부터 사람이 살기 시작하였고 국토의 지형은 지리적으로 동경 124도에서 132도, 북위 33도에서 43도에 걸쳐 마름모꼴에 가까운 삼각형을 하고 있으며 인도양이라는 바다에 돌출해 있다. 갠지스강을 중심으로 하는 농경지대와 중앙의 데칸고원의 밀림부, 동쪽으로는 벵골만의 해안선과 서쪽으로는 아라비아해에 면한 긴 해안을 지닌 반대륙적이면서 반도적인 성격을 지닌 나라이다. 인더스 문명의 원류인 인더스강은 지금은 파키스탄 땅이 되었고 북쪽으로는 2,400㎞의 히말라야산맥이 북부아시아대륙과 갈라놓고, 인도인과 비슷한 모습을 하고 있는 네팔과 남쪽으로는 소승불교국가인 스리랑카와 국가경계를 이루고 있다. 북쪽으로는 높고 험악한 히말라야산맥이 견고한 장벽을 형성하여 고대부터 침범을 막아주었으나 인더스강이 물을 공급하는 인도의 서북 지역인 편잡 지방은 서아시아에서 외부민족들이 침입해 전쟁이 자주 일어난 곳이다. 이 평원에서는 치열한 전투가 자주 발생했다. 또한 자원이 풍부한 갠지스평원을 흐르는 갠지스강은 인도에서 가장 신성한 강으로 간주되었다. 고대에는 이 강

■ 소를 타고 풀을 먹이는 인도 소년

기슭 깊은 숲의 그늘 아래서 훗날 인류의 길잡이가 된 종교와 철학들이 잉태되었으며 갠지스강을 따라 수많은 종교 순례자들이 산재했었다.

인도는 워낙 큰 나라이기 때문에 자연환경, 언어와 종교, 인종적으로도 참으로 다양하다. 북부의 일부를 제외하면 대부분은 열대에 속한다. 인도만큼 자연이 변덕스럽고 무서운 영향을 미치는 나라는 드물다. 지진과 예측할 수 없는 집중호우, 타죽어 가는 가뭄으로 매년 기근과 재난에 허덕인다. 따라서 고대부터 인도사람들은 보이지 않으나 위대한 힘을 지니며 자연을 지배하는 신들의 존재를 의식하게 되었다. 이러한 생각은 각 시대의 모든 예술과 문학작품에 반영되어 나타나고 있으며 그 바탕에서 다양한 종교가 생성된 것이다. 인도인들은 거친 자연환경 속에 놓인 인간의 존재를 자각하였으면 인간이 자연을 지배할 수 있다는 생각은 하지 않았다고 할 수 있다.[2] 따라서 인도사람들은 자연환경을 경외감을 갖고 대하였고 이를 신격화하여 다양하고 독특한 종교와 문화를 탄생시킨 것이다.

인도의 인종도 다양하다. 흰 피부에 푸른 눈을 지닌 인도 아리안계를 위시해서 검은 피부에 고수머리와 암흑색의 눈을 지닌 드라비다계 등 크게 나누어도 일곱 가지의 인종이 있다. 인도 역사상 최초의 문화라 할 수 있는 인더스 문명은 드라비다족에 의해서 형성되었다고 추정된다. 기원전 1,500년경 고대 인도의 문화형성에 큰 역할을 한 인도 아리아민족이 서아시아로부터 인도의 서북부 지역인 펀잡 지방에 침입해왔다. 이들은 인도의 선주민인 드라비다족을 제압하고 갠지스강 중류와 하류에서 풍요한 농경사회를 출현

2 정병조, 『인도사』, 대한교과서주식회사, 1997, p.1~6.

1. 수자타마을의 버티작
2. 연료용 소똥 말리기

시켰다. 고대 인도문화의 중요한 기틀을 형성하게 만든 철기의 사용, 국가의 형성, 바라문교의 발전, 카스트제도의 발생 등은 갠지스평원에 진출하면서부터 기원전 600년경까지 계속되었다.

인도는 세계에서 가장 넓은 민주주의 국가이다. 국가의 수반으로는 대통령이 있으며, 행정부의 수반으로는 국무총리가 있다. 총 25개의 주와 6개의 연방직할 주로 구성되어 있는데 각 주는 대개 그 역사나 언어적 특성, 문화가 각각 다르다. 인도에서는 공식 통용어로 힌두어와 영어가 있지만 그 외에도 사용된 언어가 16개나 된다. 영국으로부터 해방 이후 내정을 중요시하고 규제가 엄하던 인도는 1990년대 경제 개방화로 수많은 인구와 자원을 바탕으로 일약 세계경제의 일원으로 거듭나게 되었다. 요즘 중국과 인도를 잇는 경제체제를 친디아라 부르고 있으며 브라질과 러시아, 인도와 중국을 골드만삭스의 보고서에는 신흥경제공동체로 묶어 BRICS라고 하기도 한다. 속칭 봄베이(뭄바이의 옛 이름)를 중심으로 한 발리우드(Bollywood)에서는 미국의 할리우드보다 더 많은 영화를 만들어 내고 있으며, 주식시장이 24시간 운영되고 있는 것도 인도의 경제적 상황을 반영하는 것이다. 골드만삭스의 짐 오닐은 세계 인구의 40% 이상을 차지하고 있는 이들 네 나라가 2050년에 세계경제를 주도하는 가장 강한 나라가 될 잠재력이 있다는 설을 발표하기도 했다.

인도는 현대에 들어서면서 오랜 전통적 관습이 점차 해체되어 가고 있으며 첨단정보기술과 전통문화, 영화산업과 금융 강국으로 도약하기 위하여 노력하는 모습이 역역하다. 요즘은 경제적 능력이 신분제도를 우선한다는 얘기도 한다. 경제적인 발전과 함께 먼지로 뒤덮인 도로가 넓게 뚫리고 있는 모습 등의 기본적인 인프라를 확충하고 있는 것을 쉽게 볼 수 있다. 장구한 역사와 전통문화가 가득한 나라, 수많은 인구와 자원이 풍부한 이 나라가 언제 새롭게 탈바꿈하여 세계의 무대에 당당히 비상할지 모른다. 우리도 이제 엄청난 잠재력을 지닌 신비의 나라 인도에 대한 관심을 보다 다양한 차원에서 증대시켜 나가야 할 때가 아닌가 생각한다.

인도의 다양한 종교와 불교

인도가 불교의 발생지이며 오랜 기간 동안 불교국가적인 면모를 보여주었음은 주지의 사실이다. 그러나 오늘날의 인도불교는 신자의 수가 1% 정도 밖에 안될 정도로 너무나 미비하여 과거에 찬란했던 흔적만을 겨우 찾을 수 있을 뿐이다. 그나마 근래에 들어와서는 불교의 본국이 아니라 주변 국가였던 스리랑카, 미얀마와 태국, 티베트와 네팔, 중국과 한국, 그리고 일본의 불교신자들에 의해서 각국의 양식에 어울리는 현대식 가람이 현재 네팔의 영토내에 새롭게 조성되어 인도의 불교는 겨우 명맥만 유지되고 있는 실정이다.

그렇다면 다양한 종교의 나라, 인도에서 불교는 어떤 가치와 의미를 지니며 어떻게 변모되었을까?

인도의 종교는 너무나 다양하여 당혹스럽기까지 한다. 80%를 넘는 대다수의 인도인들은 힌두교를 믿는다. 바라문교에서 발전된 힌두교는 인도신앙의 근원이 되었고, 훗날 힌두교에서 불교, 자이나교, 시크교가 파생되었다. 또한 인도로 전래된 외래종교는 유대교, 기독교, 조로아스터교, 이슬람교 등으로 이들은 인도라는 지역적 특색이 가미되었고, 자연숭배를 근간으로 하는 오래된 신앙과 습합되어 공존과 포용이라는 특유의 종교적 성격을 지닌다. 인도에서는 불교사원이나 회교사원이 힌두사원과 같은 마을에 함께 있는 경우를 볼 수 있다. 이처럼 인도에 다양한 종교가 커다란 충돌 없이 자연스럽게 함께 할 수 있는 것은 아리아인들이 맹목적으로 신을 믿지 않고 인간의 근본과 존재에 대하여 끊임없이 사유하는 민족성에 기인하고 있기 때문이다.

유목민이었던 아리아인은 선사시대에 이란과 인도 서북부 지역에 살았던 민족으로 기원전 1,500년경 인

■ 무굴제국 회교사원의 기본형식인 후마윤 모스크

1. 바루나
2. 황제의 사랑이 깃든 타지마할
3. 마하보디사원의 외국인 순례자

3 베다는 아리아인들이 여러 신들에게 축복과 은혜를 간구하며 기도할 때 함께 낭독하는 찬가들인데 나중에 바라문교의 경전이 되었다. 이란 지역에서 인도로 들어 온 인도유럽어족사이에서 유명한 성스러운 찬가, 또는 시를 일컫는다.

도에 침입하여 원주민인 드라비다인과의 전쟁에서 쉽게 승리하였다. 아리아인들은 정복민족으로서 원주민을 노예화하였고 차츰 촌락사회를 만들어 정착하고 농경에 종사하게 되었다. 또한 자신들의 종교라 할 수 있는 바라문교 婆羅門敎(브라마교)를 전파하여 바라문교의 경전이라 할 수 있는 베다(veda)[3]를 완성하였다. 특히 그들은 정복자의 우월성을 정당화하기 위해 다소 의도적으로 수천 년 동안, 계급사회인 카스트 제도를 시행하면서 아리아인의 지배권과 초월적 우월성을 지속되게 하였다. 이 계급제도가 바로 인도사회를 특징짓는 카스트인 것이다. 이들 각 카스트는 혼인, 식사, 거주 등에서 계급 상호 간에 함께 하지 못하는 것을 당연시 하고 있다. 특히 카스트는 신분과 직업이 전통적으로 정해져 내려오고 대대로 세습되어 지고 있는 실정이다. 여기에 부처는 사제인 바라문이 아니라 귀족계급인 크샤트리아에 속한다.

바라문교의 경전인 베다에는 다양한 자연신이 등장한다. 하늘의 신인 디아우스와 우주의 법칙과 도덕률의 지배신인 바루나를 들 수 있다. 바루나는 사람의 마음을 탐색하고 악인을 포박하고 응징한다. 바루나와 한 쌍을 이루는 신으로서 미트라가 있는데 바루나가 암흑의 세계, 밤을 관장하는데 반해,

■ 인도의 불적

미트라는 낮, 태양과 관계가 깊다.[4] 또한 미트라는 남신男神이라고 한다. 인도에 있어 종교의 출현은 자연신으로부터 시작되었을 것으로 짐작되는데, 제물을 신에게 바치는 종교적 의례가 특징이다. 아리안들은 다양한 신을 숭배했고 복을 기원하는 단순한 형태였다. 자연신에게 바친 제물(양, 소)들이

4 미야지 아키라, 『인도미술사』, 김향숙, 고정은, 다홀미디어, p.31.

사라지지 않은 것을 보고 태워 연기를 내어 신에게 바쳤는데, 이때 불의 강함을 인식하고 불의 신 아그니(Agni)가 발생하였다. 리그베다에서 가장 많이 나타나는 것은 인드라인데 그는 번개의 신으로 물을 막고 있던 용신 브리트라를 살해하고 사람들에게 은혜를 베풀었다. 폭풍의 신 루드라는 번개나 활을 쏘는 난폭하고 무서운 신으로 힌두교의 시바의 기원으로도 생각되고 있다. 태양신은 수리아인데 인간을 지켜주지 못하는 약점이 있고, 태양은 우주에 의하여 창조된 것이므로 절대적 권능의 창조신보다는 하위의 신이라고 보았다. 그 외에도 암흑을 제거하는 새벽의 여신 우샤스, 바람신 바유, 물의 신 아프, 지모신 프리티비 등 자연현상과 관계가 깊은 신들이 자주 등장한다.

그러나 베다의 신들은 단순한 자연신만 있는 것은 아니다. 창조신 비슈카르만, 조물주 프라자파티, 신념의 신 슈라다, 무한의 신 아디티, 언어의 신 바치와 같은 추상적인 개념의 신들도 수없이 많다.

이러한 다양한 신과 추상개념을 수용한 힌두교는 현대 인도사회에서 엄청난 신도 수를 지니고 있으나 단일경전이나 교리도 없는데다가 대표적인 성자도 없으며 정형적인 종교집회마저도 없는 막연한 종교이다. 신자들에게 사원에 가서 제례를 지내라고 강요하거나 어떤 추상적인 성전을 배우라고 강요하지도 않는다. 바라문교는 고대말기 굽타시대부터 선주민족들의 토착신앙요소들을 수용하며 개혁을 하여서 힌두교로 탈바꿈하였다. 힌두교가가 교세를 크게 확장하게 됨에 따라 불교는 이에 압도당하여 12세기경에는 거의 그 세력을 잃게 되었다.

자이나교는 불교와 같은 시기에 발생했으며 교리가 불교와 매우 흡사하다. 다만 영육이원론을 사상적 근간으로 하고 고행을 통한 영혼의 정화에 의해서 해탈에 이르는 길을 택했다. 불살생의 계율을 엄격히 지켰으며 고행의 수도생활을 존중하고 카스트제도를 배척하였다. 철저한 불살생을 주장해서 신도들은 살생의 위험이 따르는 농업보다는 상업을 선택하여, 상인이 많고 신도들은 경제적인 부를 누리는 경우가 많았다. 자이나교의 교세는 현재 인구수의 극소수에 불과하나 인도 민족자본의 과반수를 차지하고 있다고 한다.

힌두교는 인도인들이 전통적으로 믿기 쉬운 대단히 자유로운 종교이다. 그러나 윤회사상에다가 신의 수가 너무 많고 복잡하여 혼란스러움을 준다.

힌두교도들은 과거에 행한 업보의 대가로 영혼이 윤회를 거듭한다고 믿었다. 영혼이 윤회로부터 해방되기 위해서는 개인적인 고뇌와 집착이 소멸되는 상태인 니르바나, 즉 법열과 윤회의 수레바퀴로부터 벗어나 해방되는 해탈을 통한 방법밖에 없다고 생각하였다. 힌두교는 우주에 3위의 최고신이 있다고 믿고 있다. 제1은 브라흐마(Brahma)신으로 우주를 통솔하는 신이다. 제2는 시바(Siva)신으로 세계를 창조하고 파괴하기도 하는 신이며 생식과 풍요함을 주관하는 신이다. 시바는 파괴를 주재하는 포악한 신이며 춤과 환희와 쾌락을 주관하는 신이기도 하다. 제3은 비슈누(Vishnu)신으로 세계를 보호하고 육성하는 신이다. 이들은 모두 그 배우자와 함께 나타나며 또한 여러 가지로 변화하는 화신으로 나타나기도 한다. 힌두교에는 이들 이외에도 수많은 신들이 있다. 현재 인도에서는 시바신을 주로 신봉하고 있으며 그 다음으로 비슈누신을 들 수 있다. 불교에서도 후대에 가서는 힌두교의 영향으로 힌두교의 여러 신들을 불교에 받아들여 밀교화 되었다.

■ 불교석굴사원과 힌두사원이 함께 있는 카를라석굴

불교의 교조 석가모니는 고대 인도사회의 계급제도인 카스트와 경전인 베다의 권위를 부정하였다. 이는 자신과 기존을 버리는 아주 파격적인 선택이었고 바라문교와 힌두교적인 굴레를 벗어나 자유로운 수행의 길을 떠난 것이다. 그 결과 깨달음을 얻은 부처로서 인간의 한계를 극복하고 새로운 진리의 길을 연 것이다. 높은 계급의 울타리에서 소외당한 일반대중, 즉 낮은 계급의 사람들은 인간의 기본을 중요시하는 신흥종교인 불교와 자이나교에 관심을 가지고 이에 심정적으로 동참하게 되었다. 이처럼 불교는 수도를 통하여 윤회의 업에서 해탈하여 불성(佛性)을 깨닫는 것을 목적으로 하며 우주만물에 미치는 자비의 도를 강조하고 만민평등을 주장하여 카스트제도를 반대하였다.

인도는 석가모니가 태어난 나라이지만, 불교 신자는 8백만 명에 불과하다. 석가족의 왕자 신분으로 출생한 석가는 현재 네팔 지역인 룸비니에 태어났다. 자이나교의 개조인 마하비라와 거의 동시대에 살았다. 그는 속가의 나이 29세에 참된 자아를 찾아 소위 힌두교에서 말하는 고행의 길을 나선다. 자신의 편안한 삶을 버리고 출가한 6년 뒤, 보드가야의 보리수 밑에서 깨달음을 얻게 되고 부처가 된다. 부처는 신의 가르침을 전한다기보다는 삼라만상에 대한 통찰을 말하였다. 사르나트에서 처음으로 설법을 시작하며 평생 동안 진리를 전하였다. 설법 내용은 삶을 짓누르는 욕망을 다스리는 방법은 절제와 다르마法, 즉 삼라만상의 본질과 인간 본성, 그리고 영적 깨달음에서 얻은 바를 전하였다. 그의 말씀은 어렵기만 했던 힌두의 교리에 비하여 보다 평이하였고 자국어로 설법하였기 때문에 쉽게 대중에게 전달되었다. 결국 그의 교리는 마우리아왕조의 아소카왕에서부터 굽타왕조에 이르기까지 왕족들과 더불어 상인들의 지지를 받았다.

부처의 사후에도 제자들을 중심으로 이루어진 승가집단은 불법을 지키고 수행하는 활동을 지속하였고 출가자들은 교단僧伽(Sangha)을 조직하여 점점 발전을 이루었다. 그러나 교단은 이후에 소승불교와 대승불교로 종파가 분열되기 시작하였는데 소승불교는 부처를 종사宗師로 여겼으며 세일론, 미얀마, 태국 등지에 전파되었다. 반면 대승불교는 부처를 신으로 보았으며 중국, 한국, 일본, 티베트, 몽골 등지로 전파되었다. 동양인들에게 정신적 지주의 역할을 하였던 불교는 수세기 동안 인도에서 번성하다가 7세기 무렵에 이르러서는 불교 때문에 약화된 개신 힌두교에 밀려나면서 교세가 급격히 기울어지고 말았다. 물론 불교가 전래된 동양의 여러 나라에서는 불교가 지속적으로 발전하여 국민의 정신적 지주인 이데올로기로서 자리 하였고 11세기경에 이르러서는 인도네시아까지도 전래되었다.

이러한 불교의 역사적 부침에도 불구하고 한국의 많은 불교신자들은 인

1. 바라나시 주변 갠지스강에서의 정화목욕
2. 부처님이 깨달음을 얻은 마하보디사원

다양한 종교의 나라 인도와 불교

도를 성지로 생각하고 부처님의 숨결과 행적을 찾아 이곳저곳 순례의 여행을 한다. 또한 불교미술에 관심이 있는 애호가들도 역시 이곳을 찾아 배우고 느끼는 답사여행을 많이 한다. 필자 역시 그동안 세계 각국의 많은 불교 유적을 필연적으로 거쳐 지나야 할 순례코스처럼 하나씩 천착하는 과정에서 인도를 세 차례 돌아보았다. 평소 불교건축에 관심을 갖고 그 모태적 공간인 인도의 불교유적을 순례하고자 하는 열망을 지녀온 입장에서 인도는 의미가 가득한 곳이다. 부처님이 탄생하였던 네팔의 룸비니를 비롯하여 깨달음을 얻은 보드가야, 말씀을 처음으로 전하였던 사르나트, 80 평생을 인간과 깨달은 자의 삶을 살고 돌아가신 쿠시나가라 등 4대 성지를 비롯하여 구도자들의 성지인 바라나시, 엘로라와 아잔타석굴, 산치대탑 등의 수많은 불적을 찾아 부처님의 행적을 알고 그의 말씀을 그 장소에서 직접 경험하는 즐거움을 느끼게 되었다. 특히 불교석굴사원과 차이티야석굴 내부에 있는 스투파와 스투파부조를 중점적으로 조사하는 행운을 가졌다. 결국 자비의 선행을 실천함으로써 수십억 아시아인들의 정신세계를 이끌었던 부처는 우리에게 어떤 말씀을 전하였으며 그가 머물었던 흔적들은 어떤 장소적인 의미를 지니는가 생각하는 좋은 기회였다.

다만 아쉬운 것은 도처에 있는 불교사원이 타종교인들에 의해서 파괴되었고 현재는 방치된 유적들이 너무 많다는 것이다. 그럼에도 불구하고 인도에 겨우 흔적만 남아 있는 불교와 불교유적은 연구자의 입장에서는 귀한 보물과 같은 존재로서 불교미술사의 원론적 연구를 위해 천착해야 할 대상이다. 수많은 불교사원과 석굴, 도처에 있는 불탑, 그리고 부처님의 행적과 이를 따라가면서 흔적을 남겼던 아소카왕의 석주 등 한국 불교미술사에 있어서 뿌리를 찾는 과업을 전공별로 보다 자세히 수행하여야 할 것으로 기대된다. 또한 불교미술품들은 물리적 덩어리로서 정치한 아름다움을 전하지만 그 안에 내재되어 있는 정신세계와 의미를 함께 보아야 하는 것은 너무나 당연한 미래연구자들의 과업이 되는 것이다.

인도에 있어서 힌두교

전 세계에는 수많은 종교가 공존하고 있으며, 지금

이 순간에도 새로운 종교가 생겨나거나 사라지고 있다. 이러한 수많은 종교 중에서 고대에서부터 현재까지 사람들이 가장 많이 믿는 종교는 힌두교, 크리스트교, 이슬람교, 불교이다. 힌두교는 불교, 크리스트교, 이슬람교와 같은 대중적인 종교이긴 하지만 종교 영역에서 벗어난 요소를 많이 지니고 있다. 특히 힌두교는 종교의 창시자도 없고, 고정되고 일관된 경전도 없다. 더불어 힌두교도인들이 믿는 교리 내용도 베다와 우파니샤드 등 아리아 계통의 것에다 선주민의 토착적인 요소, 샤크티(sakti, 性力) 신앙이나 링가(linga, 男根) 숭배에 이르기까지 참으로 다양한 내용을 담고 있다. 또한 사회생활과 일상생활의 측면에서도 해당 카스트에 따라서 많은 차이를 보이며, 종교적 의무·풍속·습관도 다양하다.[5]

이러한 복합성과 다양성을 지닌 힌두교는 무엇이며, 어떻게 정의할 수 있는가? 루이 루누(Louis Renou)는 그의 저서 『Hinduism』에서 "사람은 힌두가 되는 것이 아니라 힌두로서 살아간다."라고 언급하고 있다. 이는 힌두교가 다른 종교와 달리 언어, 인종, 지역, 카스트 등에 따라 풍속, 습관,

▪11세기경의 불교국가(John Miksic, Borobudur)

5 스가누마 아키라 저, 문을식 역, 『힌두교』, 여래, 1993, p19~20.

다양한 종교의 나라 인도와 불교 27

사회생활 전반에 걸쳐 인도적인 모든 것을 포함하는 삶의 방식이며 문화이기 때문이다. 결론적으로 힌두교는 종교이면서 동시에 삶, 그 자체이다. 성스러움과 속됨이 구분되는 것이 아니라 삶에 함께 있는 것이다.

그렇다면 힌두교가 삶 속에 어떤 영향을 미치고 있을까? 힌두교는 사람의 신분, 직업, 관혼상제를 카스트제도에 의해서 영향을 강하게 받고 있다. 보통 카스트제도라고 하면 보통 바라문(승려), 크샤트리아(왕이나 귀족), 바이샤(상인), 수드라(일반백성 및 천민) 등 4개로 나누어진 신분계급을 떠올릴 것이다. 카스트제도는 이 밖에도 현대인들의 입장에서는 이해하기 어려운 엄격한 생활규범이 강제하고 있는데 일반적으로 다음의 세 가지를 들 수 있다.

첫 번째로 족내혼族內婚을 엄격하게 준수하고 있다는 것이다. 족내혼이란, 자신이 속한 카스트 이외의 사람과 결혼하는 것은 허락하지 않는다. 또한 같은 카스트 안에서도 같은 고트라(gotra, 공동 가족)끼리 결혼은 금지하며, 사핀다(sapinda)라 부르는 친족[6] 사이에도 결혼할 수 없다. 이 때문에 고대에는 정당한 배우자를 결정하기가 매우 어려웠는데 인도 특유의 조혼 곧 유아혼幼兒婚(child marriage) 풍습은 바로 이 점에서 비롯되었다고 할 수 있다. 두 번째로, 전통적인 직업세습이 있다. 각 카스트에는 조상 대대로 세습하는 직업이 있고, 그것을 세습할 의무를 갖게 된다. 이는 단순히 직업의 높고 낮음이 아니라, 직업의 '깨끗함淨과 더러움不淨'의 관념에 따라 구별된다. 더러움으로 간주되는 것으로는 생물을 죽이는 일, 죽은 시체를 치우는 일, 인간의 배설물을 치우는 일, 동물 가죽으로 물건을 만드는 일, 알코올을 만

6 아버지 쪽으로 7촌, 어머니 쪽으로 5촌 이내의 친족을 가리킨다.

1. 성지순례 길의 힌두교도
2. 카주라호 힌두사원

■ 엘로라 카일라사 힌두사원

드는 일, 음료를 만드는 일 등에 종사하는 직업이다. 이와 관련된 직업에 있는 사람들을 더러운 것으로 간주되었다.

마지막으로 카스트에는 음식물에 대해서도 엄격한 금기가 있다. 이 경우에도 깨끗함과 더러움의 관념이 밑바닥에 깔려 있다. 물론 근대에 이르러 전통적인 직업의 세습이나 음식물의 금기가 지켜지지 않고 있지만, 깨끗함과 더러움의 관념은 아직도 사라지지 않고 있다.[7]

또한 힌두교는 인도인들의 일생에 걸친 삶의 과정에도 큰 영향을 미치고 있다. 전통적 관습에 따르면 힌두교도(특히 바라문 계급)의 생애는 베다 경전에 따라 네 아슈라마(ashrama, 생활단계)로 나뉜다. 첫 번째는 늦어도 25세 이전에 끝나는 범행기梵行期(brahmacarya)이다. 이 시기에는 부모로부터 삶의 가르침을 받고 나서, 스승을 찾아가 경전, 요가, 예술, 학문에 대해 더 깊이 공부한다.[8] 두 번째는 가주기家住期(grahasthya)이다. 범행기를 마치고 집으로 돌아와 결혼하여 가업에 열중하는 시기이다. 인도인들에게는 결혼도 종교적 사회적인 의무에 바탕을 두고 있다. 이 시기의 의무는 결혼하여 자식을 낳아 조상의 은혜에 보답하고, 제사로써 신들에게 보답하며, 배운 것을 전승함으로써 스승에게 보답하는 시기이다. 세 번째는 임주기林住期(vanaprashta)이다. 집안의 가장으로서 해야 할 의무를 다한 뒤 부인과 함께 숲 속에 살며 세속을 떠난 청정한 종교생활을 보내는 시기이다. 이 시

---

7 스가누마 아키라 저, 문을식 역, 『힌두교』, 여래, 1993, p34~35.
8 베르너 숄츠 저, 황선상 역, 『힌두교-한눈에 보는 힌두교의 세계』, 예경, 2007, p.160~161.

1. 바라나시 힌두교도 수행
2. 바라나시 갠지스강가의 화장장면

기는 가정이나 사회적 관계를 마지막으로 버리기 위한 준비단계이다.[9] 마지막 시기는 유행기遊行期(sannyasa)다. 이 시기는 모든 세속의 집착과 개인적 목표를 버리고 해탈을 위해 힘쓰는 기간이다. 이러한 삶의 형식은 베다 경전에서 이상적인 삶의 방식으로 묘사되고 있지만, 수백 년에 걸친 이슬람과 영국의 영향으로 지금은 거의 사라졌다.[10]

마지막으로 힌두교가 인도인의 삶에 미치는 큰 과업 중의 하나는 업, 윤회, 해탈과 같은 종교적 요소로 인한 성지순례이다. 인도는 전설이 어려 있거나 신이 살고 있다고 여겨지는 수많은 성지를 가진 나라다. 모든 성지에는 지켜야 할 정해진 의식이 있다. 가령, 강에서 목욕을 한다거나 사원, 성소, 도시 전체에서 경배를 드리기 위해 어떻게 걸어야 하는지 등이 있다. 또한 그들은 순례에서 점성술이 매우 중요한 역할을 한다. 순례자는 별의 위치가 순례에 적당한지를 보고 길을 떠난다. 어떤 시각에 성지의 강물에서 목욕을 해야 좋은지를 계산하는 점성술사도 있다. 순례는 대체로 인생에서 드물게 맞는 특별한 행사나 축제에 맞추어 거행된다. 정확히 제시간에 바른 장소에서 정화목욕을 하기 위해 수천 명의 순례자가 한꺼번에 갠지스강에 들어가는 일도 드물지 않다.[11] 황혼기에 접어든 많은 노인들은 죽음을 맞이하기 위해 바라나시로 온다. 바라나시는 소멸과 죽음이 공존하는 아주 특별한 곳으로 가장 신성한 강이자 강가[12] 여신의 화신인 갠지스강의 강둑에 자리 잡고 있다. 바라나시에서는 도시 한가운데에 화장터가 있고 이곳에서 죽어 화장되는 것을 가장 큰 영광으로 여긴다. 이는 빛의 도시인 바라나시에서 화장되면 윤회의 고통에서 벗어날 수 있다고 믿고 있기 때문이다.

9 스가누마 아키라 저, 문을식 역, 『힌두교』, 여래, 1993, p.237~238.
10 베르너 숄츠 저, 황선상 역, 『힌두교-한눈에 보는 힌두교의 세계』, 예경, 2007, p.160~161.
11 베르너 숄츠 저, 황선상 역, 위의 책, p.136.
12 강가란 갠지스강을 일컫는 말로 또 다른 말로 공작의 강이라고도 한다.

제2장
불탑의 의미와 기원

탑의 의미
Stūpa, 불탑의 어원語源
불탑의 기원과 근본팔탑根本八塔
불탑 건립의 목적
불탑의 종류
불탑 이전에도 탑이 있었는가?
불탑이 세워진 곳
불탑 건립과 공덕功德
사리를 모시는 장소와 방법
탑돌이를 하는 이유

불탑의 의미와 기원

탑의 의미

불교는 인류 역사상 가장 오래된 종교 중의 하나이다. 불교는 발상지인 인도 동북부로부터 아시아 남부와 중부, 그리고 동부에까지 광대한 지역으로 퍼져 나가면서 모든 중생들의 제도濟度를 목표로 하는 보편적인 가르침을 주었다. 즉 이는 철학과 윤리적 사상을 바탕으로 인류에게 삶의 진리와 지식, 예술을 널리 전하였다. 또한 불교는 아시아의 여러 나라에 존재하는 풍부하고 상이한 문화적 전통들을 한 울타리 안에서 서로 연결시켜 주어 거대한 정신적, 문화적 공동체를[1] 형성하였다.

불탑이란 부처, 즉 석가모니의 진신사리를 모시는 성스러운 무덤이다. 또한 불탑은 불교역사에서 최초로 등장하는 부처의 상징으로, 지극히 성스러운 건조물이다. 불탑은 불상과 함께 불교에 있어서 가장 중요한 예배 대상이다. 불탑이 부처님의 신골身骨인 불사리를 봉안하고 있음에 비하여 불상은 부처의 모습을 새긴 상으로 이들에게 한없는 존경과 경배를 드리는 것이다.

흔히 고대사회에서 위대한 성인들의 분묘는 반구半球나 원추圓錐형의 봉분으로 만들거나, 피라미드와 같이 방추형方錐形으로 만들어 성인들의 유골이나 사후세계를 위한 물건들을 매장하였다. 이러한 경우처럼 성자인 부처가 열반涅槃하자 인도의 전통적인 장례풍습에 따라 사체를 화장하고 수습된 사리,

1 Dietrich Seckel, 이주형 옮김, 『The Art of Buddhism, 불교미술』, 예경, p.7~8.

2 부처께서 이룬 열반(nirvana)은 모든 괴로움이 소멸한 것, 괴로움의 원인이 되는 탐진치라는 번뇌가 완전히 소멸된 상태이다. 한편 완전한 열반, 반열반(parinirvana)이라고 하는 것은 열반의 의식을 가지고 살다가 생명 현상이 다하여 죽음으로 몸과 마음이 완전히 소멸한 것이다. 이는 다시 태어남이 없는, 윤회의 종식을 의미하는 열반이다.

즉 불신골佛身骨을 모신 분묘를 만들었다. 이 기념비적인 분묘를 스투파(Stūpa)라 하였는데 반구半球에 가까운 분묘의 형태가 스투파, 즉 불탑의 시원적인 모습으로 후세에까지 사용되었다. 이처럼 인도에서 불탑을 스투파라고 부르는 것은 부처 이전에도 이미 고대 아리아인들의 전통에 따라 위대한 지도자들을 위해 건립된 탑이 있었기 때문이다. 즉 부처 사후에 그의 사리를 모신 조형물인 스투파와 다른 종교의 기념물인 탑과 구분하여 경배하였던 것 같다. 소위 지도자들의 묘와 부처의 스투파를 구분하고자 한 것이다.

그렇다면 불탑은 어떤 의미를 갖는가?

불탑이란 부처가 열반한 이후 그의 시체를 화장, 소위 다비茶毘하여 수습된 사리를 모아 봉안한 탑이다. 즉 불탑은 부처의 사리를 모신 무덤이다. 그래서 불탑은 열반을 의미하며, 불탑은 곧 부처를 상징하는 대상이다. 부처의 진신사리를 모시는 묘이지만 부처 그 자체로 인식되는 것이다. 그러니까 부처의 영원한 신체인 사리가 봉안된 곳이면서 부처의 가르침이 가득한 것이 불탑인 셈이다. 중생들의 삶과 애욕이 스며 있는 곳이 아니라, 번뇌도 사랑도 태워버려 모든 것이 완전히 소멸된 열반의 의미가 농축된 곳, 진리 그 자체인 곳, 불멸의 부처님이 머물고 계신 곳이 바로 불탑인 것이다. 결국 단순히 부처의 무덤이라기보다는 자꾸 반복되는 윤회의 세계를 벗어나 완전한 소멸, 반열반般涅槃(parinirvana)[2]을 달성하고 이른바 영원한 적정의 세

태안사 입구의 돌무더기 造塔

불탑의 의미와 기원 33

네팔 산골의 민예적인 불탑

계에 도달한 부처의 상징[3]으로 간주되었다.

   부처가 열반하고 수백 년 동안은 부처의 모습을 그대로 그리거나 만들 수 없었다. 즉 부처의 모습을 그린 회화나 몸을 만든 조각처럼 구체적인 모습으로 위대한 분을 표현한다는 것은 경망한 것으로 인식되어 금기시 되었던 것이다. 따라서 이처럼 불상을 만들 수 없었던 무불상無佛像시대[4]에는 부처의 열반을 불탑으로 상징하였고 신자들은 위대한 성자의 신체가 들어 있는 무덤에 경배를 드렸다. 또한 위대한 스승이 생전에 쓰셨던 집기, 해탈한 보리수, 말씀을 뜻하는 법륜, 전도를 나타내는 발자국, 하늘로 오르는 길 등 기념이 될 만한 것들을 신성시하였다. 그러나 부처는 열반에 들어가면서 자기가 아니라 불법을 잘 지키라고 지시하였으므로 부처의 말씀을 기록한 경전에 더 큰 의미를 두었고 이런 이유로 사리가 아니라 경전으로 불탑의 의미가 바뀐 경우도 많다. 즉 부처 자신이 아니라 부처가 설파한 진리 자체에 경배의 의미를 둔 것이다. 이는 사리가 한정되었기 때문이기도 하다.

   이러한 배경을 바탕으로 불탑에 대한 숭배는 부처가 열반하고 200여 년이 경과한 아소카왕 시기인 기원전 3세기경부터서야 널리 퍼지기 시작하였다. 200여 년이라는 오랜 기간 동안이나 구체적인 숭배의 대상이 무엇이었는지 실증적인 흔적이 거의 없어 부처님의 몸이라고 인식되는 불탑이 숭배되었을 것이다. 즉 막연한 말씀보다는 구체적인 모습을 지닌 불탑을 경배하고자 하였을 것이고 보통사람인 재가신자在家信者들로부터 시작되었을 스투

---

3 미야지 아키라, (김향숙·고정은 번역), 『인도미술사』, 다홀미디어, p.38.

4 무불상시대라 함은 부처 열반 후 약 500년 동안 부처의 모습을 직접적으로 그림이나 조각상으로 표현하지 않고 탑, 보리수, 금강좌, 법륜, 족적, 사자상 등으로 간접적으로 대신하여 나타내던 시기를 일컫는다. 부처께서 직접 자신의 모습을 어떠한 상으로도 만들지 마라는 말씀이 있었고, 존엄한 대상을 어찌 구체적으로 표현할 수 있느냐 하는 순수한 동기에서 비롯된 것이나 무불상시대를 神性에 대한 모독이라 하기도 한다.

5 中村元, 金知見 번역, 『불타의 세계』, 김영사, 2005, p.356.
이희봉, 「탑의 원조 인도스투파의 형태해석」, 건축역사연구, 제18권 6호, 2009, p.9.

파숭배는 점차 출가 비구 승단도 흡수할 수밖에 없었을 것이다.[5] 또한 초기 시원적인 스투파는 그 형식이 분구형墳丘形에서 가구적架構的 기단과 몸을 갖는 건축형식으로 변하자 여러 곳에 감실이 생기고 이곳에 조그마한 불상을 안치하게 되어 결국 불탑에는 사리, 경전, 불상이 함께 봉안되거나 장식되었다. 결국 불탑에 봉안되거나 장식하는 사리, 경전, 불상은 형이하학적 물질이지만 강한 신앙적 의미와 상징성을 갖으며 불변의 신앙심을 불러일으키는 성스러운 존재가 된 셈이다.

부처는 그의 제자인 아난다(Ananda)와의 대화에서 "그들은 교차로에 왕중왕王中王의 무덤을 세운다."라고 하였다.(Digha Nikaya 14, 5.) 그곳에는 화환과 향료와 색칠로 꾸며져 있고 경배를 하게 하였으며 마음의 평안을 얻을 수 있고 즐거움이 오래 지속된다 하였다. 이런 방법으로 부처는 이미 세상에 살아 있을 때 불탑에 새로운 의미를 부여했다.

또한 부처는 "탑은 나와 나의 제자들을 위해서 건립되는 것이 아니라 깨달은 자들과 그의 제자들을 위해서 건립되어야 한다."라고 하였다. 즉 부처 자기를 믿지 말고 불법佛法과 네 자신을 의지 처로 삼으라는 뜻으로 이해된다. 따라서 탑은 영웅숭배의 대상이 아니라 깨달음의 상징인 것이다. 깨달음은 광대함에 있어 바다처럼 깊고 계량할 수 없기 때문에 불탑의 우주적 상징성으로 표현된다. 불탑 안에 우주적 체계와 생명력이 불어넣어져 있는 것이다. 불탑은 더 이상 영혼의 거처나 신비스러운 실체를 모시는 단순한 저장소가 아니다. 성인의 인간성을 다음 세대에 다시 생각나게 하며, 자신

1. 부다가야의 봉헌 소탑
2. 수덕사 만공탑(1947년 박중은 作)

과의 내적 투쟁을 하거나, 심성을 안정되게 하고 행복하게 하기 위하여 성인들의 예를 따르게 하는 기념물인 것이다. 따라서 불탑은 죽음에 대한 일차적이고 미시적인 의미에서 삶에 대한 보다 넓고 높은 의미로 고양되고 실현되는 높은 실체인 것이다.

결국 불탑은 부처가 열반하고서 남긴 정신세계를 건조물로써 대신한 것이다. 인간적인 부처를 떠나 법신法身으로 향하는 것이며, 이상적이며 절대적인 진리로 향하는 실체이다. 따라서 중생들은 불탑을 숭배함으로써 부처에 대한 공양과 동시에 공덕을 쌓는다. 또한 탑을 세움으로서 정각正覺을 이루고 해탈을 이룰 수 있게 되는 것이다. 중생들은 부처라는 위대한 성인이 설법한 진리를 깨닫고자 하였으며 극락세계로 가버린 그를 영원히 기리고 진리의 상징으로 그의 분묘를 열심히 장엄하고, 많은 탑을 만방에 세워 널리 진리의 장을 편 것이다.

사실 싯다르타라는 한 인간이 출가하고 수행함으로써 얻은 깨달음은 불교의 사상적 토대를 이루었고 그의 가르침은 탐욕과 성냄, 어리석음에 흔들리는 삶을 버리고 깨끗하게 살며 자비를 베풀라는 것이다. 결국 그를 영원히 기리고 그의 가르침을 중생들에게 쉽게 알리기 위해 상징적 도상으로서 혹은 진리 그 자체로서 불탑과 불상 등 불교미술품이 등장했다고 할 것이다.

Stūpa, 불탑의 어원語源[6]

탑塔이란 탑파塔婆를 줄인 말이다. 즉 탑파란 원래 인도어인 Stūpa와 Thūpa를 중국어인 한자로 옮긴 말인데 이를 약하여 보통 탑이라고 부른다. 또한 부처를 모신 탑이기 때문에 흔히 불탑이라 부르기도 한다. 탑파의 어원은 고대 인도어인 범어梵語(Sanskrit[7])의 stūpa와 팔리어 巴梨語(Pali[8])의 thūpa에서 찾을 수 있다. 이 말은 스리랑카의 거대 종족인 Sinhala족이 사용하는 싱할라어(Sinhalese)의 tuba와 tumbc에서 유래되었는데 이들은 현재는 사라지고 고대문학에서만 찾을 수 있을 뿐이다.[9]

이 두 가지 인도 말, 즉 stūpa와 thūpa를 중국인들이 한자로 옮기면서 여러 가지로 표현하였는데 그중에서 가장 익숙하고 대표적인 단어가 바로 탑파인 것이다. 결국 인도에서 발생한 불교가 중국으로 건너오자 인도말인

[6] 천득염, 「불탑의 의미와 어원」, 건축역사연구 제29권 5호 통권78호, 2011년 10월호에서 주로 인용함.
[7] 산스크리트어는 고대 인도의 언어로 특히 문장어이며 힌두교, 불교, 자이나교의 경전이 이 언어로 되어 있다. 한자 문화권에서는 梵語라고도 한다. 일부 브라만은 산스크리트어를 모국어라고 하고 있다. 같은 인도유럽어족인 영어와의 동계어를 예로 들면 mus - mouse, sharkara - sugar, manu - man 등이 있다.
[8] 불교원전에 쓰인 산스크리트어와 같은 계통의 팔리말, 마우리아 왕조가 몰락하자 산스크리트어를 대항하는 지위를 차지하였음. 붓다가 팔리어로 설법하였다고 전한다. 초기 불교승이 사용한 상용어. 또한 인도 북서부 주민들 사이에 쓰였기 때문에 이 지방의 방언도 많이 섞여있다. 5세기 이후 인도, 스리랑카, 미얀마, 타이 등 여러 남방불교의 성전에 사용됨.
[9] S. Paranavitana, The Stupa in Ceylon, Memories of the Archeological Survey of Ceylon, volume 5, colombo, 1946, p.1.

스투파 혹은 투파를 한자로 번역하면서 뜻보다는 음을 빌려 탑파라 하였다. 즉 stūpa는 졸도파卒都婆, 졸탑파卒塔婆, 솔도파窣堵婆, 소도파素覩波, 수두파藪斗婆, 수유파藪鍮婆, 사유파私鍮婆, 수두파數斗婆, 사유파私鍮簸 등이라 쓰였고 thūpa는 유파鍮婆, 두파兜婆, 탑파塔婆, 탑塔이라[10] 쓰였던 것이다.[11] 이 사음寫音的 문자들은 별다른 의미가 있다거나 상호간에 뚜렷한 차이가 있는 것이 아니라, 다만 고대 인도어인 stūpa와 thūpa를 한자로 옮기는 데 이용된 것에 불과하다.[12]

스투파라는 말은 원래 '상투'라는 뜻을 지니고 있다. 이것이 '정수리'라는 뜻으로 변하고 나중에는 '정상頂上', 다시 '토루土壘'라는 뜻을 갖게 된다.[13] 또한 원래의 의미에는 '신골身骨을 담고 흙과 돌을 쌓아올린 것', 특히 '불사리[14](불신골, 진신사리)를 봉안하는 묘'라는 뜻이 내포되어 있다 하여 일찍부터 부처님의 사리를 봉안하는 방분方墳, 원총圓塚, 고현처高顯處라고 음역되었다.[15] 독일의 미술사학자 디트리히 제켈에 의하면 스투파는 무덤의 기능을 하는 토루, 일종의 봉분으로 그 기원은 선사시대까지 올라간다. 왕을 매장하며 만든 거대한 봉분은 반구형을 띠었는데 상당히 이른 시대부터 이런 분묘는 일반적인 기념물로 변화되었으며, 불교도들은 이것을 불교의 주된 상징물이자 종교건축의 중심으로 받아들였다 한다.

이 stūpa라는 말은 인도의 아주 오래된 기록물인 베다(Veda)에서 처음 나타나고 있다. 베다는 네 종류로 되어 있는데, 이들 책 중 가장 오래된 리그베다(Rig Veda, 지식의 시집)는[16] 기원전 1,500~1,200년 사이에 이루어진 것으로 추정되고 있다.[17] 리그베다에는 스투파의 명칭이 4번 나타나 있다. 여기서 스투파는 각기 우주목宇宙木, 황금의 언덕, 신성한 불꽃의 집적集積, 천지의 중심축 등을 상징하는 중요한 뜻을 갖고 있다. 리그베다에서 스투파는 하늘과 땅을 연결하는 지주支柱이며 우주목으로 하늘에 우뚝 서 있고, 지상에서 밝은 불꽃으로 타오른 다음 태양광선으로 대지를 감싸는 황금의 빛과 관련된 어휘로 사용되었다.

후기 베다시대 말기에 불탑을 스투파라 칭하게 된 이유는 아직 밝혀져 있지는 않으나 불교에서 독자적으로 스투파란 단어를 새롭게 만들어 낸 것

---

10 고유섭, 「한국탑파의 연구」, 동화예술선서, p.35.
11 탑의 어원에 관한 내용은 고유섭, 김희경, 정영호, 임영배, 장충식, 김창숙, 천득염, 山口一郎 등의 책 및 글과 〈大正藏〉, 〈大唐西域記〉 등의 고문헌에서 찾아 볼 수 있다.
12 諸橋轍次, 大漢和辭典, 大修館.
13 Dietrich Seckel, 이주형 옮김, 『The Art of Buddhism, 불교미술』, 예경, p.139.
14 黃寶瑜, 中國建築史, p.53.에 의하면 "舍利는 산스크리트어 Sarira의 음역이다. 이는 원래 身體를 말하는 것인데, 부처의 遺骨을 사리라 하게 된 것이다."
15 김희경, 『한국의 미술, 탑』, 열화당, p.11.
16 리그베다는 산스크리트어로 만들어진 1,017개의 시가로 구성되어 있다. 그 내용은 아리아인들이 여러 신들에게 축복과 은혜를 간구하며 기도할 때 함께 낭독하는 찬송들이었으며 세계에서 가장 오래된 인도 유럽언어로 기록된 문헌이다.
17 M.Winternitz, 「Geschichte der indscken Literatur」, Bd.1, 1907.

1. 힌두사원 앙코르와트 주변의 인도식 불탑

2. 회교사원의 미나렛, 중국의 (Emin Minaret)

이 아니고 리그베다에서 사용된 어휘를 불교에서 채용한 것이라 생각된다.[18] 이렇게 보면 스투파라는 말이 사용되기 시작한 것은 적어도 기원전 15세기경으로 석가모니 이전부터 이미 쓰여 지고 있었던 것임을 알 수 있다.[19] 또한 중국에서 탑이라는 용어가 구체적으로 나타나는 것은 『법현전法顯傳』(405~412)과 『대당서역기大唐西域記』(629~645)[20]에서인데, 4세기 전후부터 8세기 전반에 걸쳐 인도로 구법求法여행을 떠난 승려의 수가 수백 명에 이르렀다고 하니 이미 탑이라는 단어가 널리 사용되었을 것으로 짐작된다.

Stūpa라는 말은 '혼의 퇴적', '응고凝固', '응집凝集', '건립建立', '적중積重'과 같은 의미이고[21], thūpa는 묘墓의 뜻을 갖는 영어의 tomb과 관계가 있는 단어로 아소카왕의 비문에도 'tube'(thubo)라고 되어 있다.[22]

우리가 통칭하여 탑이라고 부르는 말은 불교가 전래된 여러 나라에서 의미는 같지만 각기 다른 형태로 부른다. 현재 영어로 탑을 pagoda라고 부르는데 원래 이 말은 버마(현재 미얀마) 언어인 phaya와 스리랑카 언어인 dagoba의 혼합어이다. 또한 영어에서의 tope란 말[23]도 thūpa에 어원을 둔 것이다.

스리랑카에서는 사리봉안의 장소로서 탑을 싱할라어(Sinhalese)로 dagaba 또는 dagoba라고 부르는데, 이 말은 Dhatugarba에서 온 것으로 사리봉장의 장소라는 말을 약하여 부르는 것이다. 이는 'Dhatu(불사리,

---

18 杉本卓洲, 「インド佛塔の研究」, 平樂寺書店, 1993, p.61~67.

19 尹昌淑, 「韓國塔婆 相輪部에 관한 研究」, 단국대학교 대학원 박사학위논문, 1993, p.6.

20 인도에 들어가 17년 동안 유학을 하고 돌아와 法相宗을 확립한 玄奘이 貞觀 20년(646년)에 쓴 일종의 여행기. 중국에서 구법을 위하여 인도로 떠난 이는 수백 명에 이르렀으나 인도여행기를 남겨 오늘날까지 그 이름이 알려지고 있는 자는 겨우 수 명에 불과하다. 法顯의 佛國記 1권, 현장의 대당서역기 12권, 義淨의 南海寄歸內法傳 4권 등이 대표적인 여행기로서 당시 서역, 인도, 남해의 사정을 아는 데 중요한 자료가 된다.

21 Sir M. Monier-Williams, *A Sanskrit-English Dictionary*, Oxford, 1956, p.1260.

22 J. Bloch, 「Les inscriptions d'Asoka」, Paris, 1950, p.158.
이 내용은 윤창숙의 「탑파」, 자유출판사, 1991, p.5에서 재인용함.

23 특히 James Fergusson은 대부분 tope라고 부르고 있다.

relics)와 Garbha(용기, womb, chamber, receptacle)' 곧 '사리봉안의 장소'라는 말을 줄여 부르는 데서 비롯되었다.[24] 또한 비슷한 의미로 dagoba는 Dhatu(界, 유품)과 Garbha(胎, 藏) 두 단어가 복합된 단어라고 해석되기도 한다.[25] 특히 스리랑카에서는 스투파를 vehera라고도 하는데 이는 산스크리트어의 사원(monastery, temple), 혹은 승원을 의미하는 vihara에서 유래된 말이다.[26] 즉 이는 스투파와 비슷한 의미이지만 미얀마에서는 실제로 스투파에 국한되지 않고 사원의 경우에도 사용되는 예가 많다.[27] 그 외의 지역인 태국에서는 Prang, Pra Prang과 Chedi라 하는데 프랑은 크메르형불탑을 말하며 프라 프랑은 프랑에서 발전된 태국 특유의 불탑을 말하고, 체디는 차이티야에서 유래된 말이다.[28] 네팔에서는 Chaitya, 특히 티베트에서는 쵸르텐(Mchodrten), 미얀마에서는 Phaya 또는 Chedi라고도 부른다.[29] 그런데 미얀마의 경우 Phaya는 사원을 뜻하고, Chedi는 다시 내부공간이 없는 Chedi와 내부공간이 있는 Phato로 나뉜다.

또한 영어식 표현인 pagoda는 포르투갈인들이 만든 말로 알려져 있는데 포르투갈어 빠고데(pagode)에서 유래되었다고 한다. 15세기 이후 신대륙 발견을 위하여 동양으로 그 세력을 확장하던 포르투갈이 동남아시아 지역에 진출하여 독특한 건축물인 탑을 보고 이러한 명칭을 붙인 것으로 여겨진다.[30] 이 때문에 지금도 서양인들은 동양의 탑을 지칭할 때 파고다라고 부른다. 인도의 것을 스투파로, 동아시아의 것을 파고다로 인식하는 경우도 많다. 어느 나라이든지 pagoda라는 말이 가장 널리 통용되는 단어이다. 그러나 흔히 가늘고 긴 고층조형물을 탑이라고 하는데 정확히 말해서 이는 tower이지 pagoda는 아닌 것이다. 회교사원에 미나렛(minaret)이 있고, 기독교에서도 spire 등 종탑이 있듯이 여느 종교집단에서나 대부분 높고 지성스러운 탑을 만들기 마련이다.

특히 일본의 광사원廣辭苑 자전字典에 의하면 탑을 보다 광의적으로 해석하고 있음을 알 수 있다. 즉 '하나는 부처나 아라한阿羅漢 등의 기념표식으로서 사리, 지물持物, 머리카락 등을 묻고 또 성지 표시로 금석, 토목 등으로 토만두형土饅頭形을 만든 것, 그 정상이나 주위에 여러 종류의 표식을 한다. 중국이나 일본에 있어서 가람의 장엄으로서 세운 3, 5층의 탑은 그 변형이다.

---

24 James Fergusson, *History of Indian and Eastern Architecture*, Vol.1,2.(Delhi India, 1876).
25 네이버 백과사전.
26 S. Paranavitana, 위의 책, p.1.
27 村田治郎,「東洋建築史」, 建築學大系4, 彰國社, p.199. p.225.
28 최정미, 천득염, 김준오,「태국불교사원의 건축적 변화 양상」, 한국건축역사학회 2012년 춘계학술발표대회.
29 林永培,「韓國塔婆建築의 造形特性에 관한 硏究」, 홍익대학교대학원 박사학위논문. p.19.
30 강우방, 신용철,「탑, 한국미의 재발견」, 솔, p.13.

둘은 공양추선供養追善을 위해서 묘에 세운 상부의 탑형을 한 세장細長한 판板. 범자梵字나 경문經文, 계명戒名 등을 기록하고 있다.'라고 설명하고 있다.

이러한 용어들 이외에도 불탑을 지칭하는 용어가 또 있다. 팔리어 Jataka에 전하는 '칼링가보디 자타카(Kalingabodhi-jataka)'에 의하면 부처의 시자侍者인 아난은 부처에게 그가 안 계실 때 어떤 것들에 참배할 수 있는지 묻는다. 이 물음에 대해 부처는 사리리카(saririka), 파리보기카(paribhogika), 웃데시카(uddsika)의 세 가지 cetiya(성소, 혹은 성물, 산스크리트어 caitya)가 있다고 답한다. 그러면서 'saririka'는 부처가 열반에 든 뒤에나 만들 수 있는 것이기 때문에 살아 계실 때에는 참배할 수 없고, 'uddsika'는 상상에 의존한 것이기 때문에 부적절하며, 부처가 사용하던 보리수, 즉 'paribhogika'만은 부처 재세시에나 열반에 든 뒤에나 참배하는 것이 가능하다고 이야기한다.[31] 사실 원래 스투파는 부처, 아라한, 과거칠불의 유해를 모신 실제 분묘였다고 한다. 이런 유형의 스투파를 '사리리카(saririka)'라[32] 불렀다.

반면 부처가 남긴 발우鉢 같은 물건을 봉안해 스투파를 세우는 경우도 있었으며 이를 '파리보기카(paribhogi ka)'라고 하였다. 특히 성스러운 장소를 기념해 세운 건축물은 '웃데시카(uddsika)'라고 했으며, 웃데시카는 부처 일생에서 중요한 의미를 지니는 유적지에 세워졌다. 이에 대해 이주형은 '팔리어 문헌에서 파리보기카는 보리수와 같이 부처님이 생전에 사용하던 물건을 가리키고, 웃데시카는 정확한 정의가 없으나 마음의 기억에 의존하는 상 같은 것을 가리키는 것이었다.'라고 하며 따라서 파리보기카와 웃데시카는 마치 차이티야(caitya)와 같은 의미이지 일반적인 의미의 스투파에 적용되는 개념이 아닌 것 같다고 지적한다.

위에서와 같이 불교가 전래된 여러 나라에서는 각기 자기의 고유한 언어로 불탑이라는 대상을 부르고 있는데, 후대에 들어와서 스투파와 의미가 혼용되어 사용되는 어휘

31 이주형, 「인도 초기 불교미술의 불상관」, 미술사학 15(2001), p.90~93.에서 재인용함. 특히 이주형은 그가 아는 한 팔리어문헌에는 이세 가지를 스투파라 하지 않고 차이티야라고 부른다 함.

32 이주형에 의하면 원문에는 산스크리트식으로 샤리라카(sariraka)라고 되어 있다고 함.

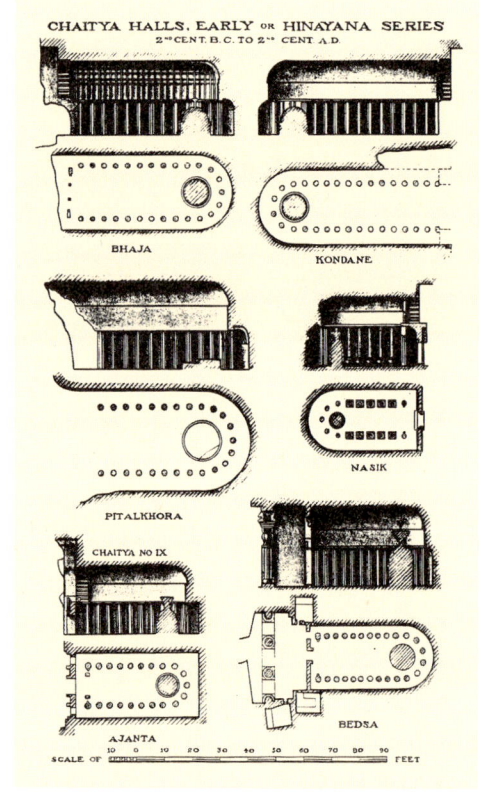

차이티야 평면형식(Percy Brown, p.20.)

1. 아잔타19굴의 스투파

2. 카를리석굴의 스투파

들이 있어 다소 혼란스럽다. 특히 이러한 예로 Buddha와 caitya[33]라는 용어를 들 수 있다.

『불교대사전』에서는 Buddha의 한자식 표현인 부도浮屠, 부도浮圖, 포도蒲圖, 불도佛圖 역시 탑이라는 말이 변한 것이라고 한다. 고유섭은 이는 사음기법으로 구역가舊譯家는 불타의 전음이라 한데 대하여 신역가新譯家는 이것마저 탑의 전음轉音이라 한다고 하였다.[34] 『대당서역기』에 의하면 '솔도파는 곧 옛날의 부도를 이른다.'라고 하였으며, 『범어잡명梵語雜名』에 의하면 '부도는 소도파이고, 탑은 제항리制恒里이다.'라 하였다. 여기에서 탑의 또 다른 이름인 제항리, 즉 차이티야(caitya)가 나타난다. 이 내용에 의하면 탑은 Buddha(浮屠, 浮圖, 蒲圖, 佛圖)이기도 하고 caitya(制恒里)이기도 한 것이다. 또한 이처럼 중국의 기록에서는 스투파를 5세기 초의 법현전이나 7세기의 『대당서역기』 등에서 차이티야, 즉 지제支提라고 부르고 있는 것이다. caitya는 catiya, 혹은 caityagriha[35]라고 한다. 사음적 표현으로는 제항리制恒里 이외에도 제항라制恒羅, 제저야制底耶, 제저制底, 제체制體, 제다制多, 지제支提, 지제支帝, 지징支徵, 지저가只底柯 등이 있는데 이들은 유사한 내용을 갖고 있다.

그렇다면 구체적으로 차이티야와 스투파의 관계는 어떠한가?

차이티야는 유골의 유무와 관계없이 '장례용 기둥', '쌓아놓은 기념물'이라는 원뜻[36]을 지니며 또한 '성소', '분묘'를 의미하는[37] sanctuary,

---

33 chaitya, 혹은 catıya, caıtya griha라고 한다. 성전 또는 성소라는 의미의 sanctuary, holystead, shrine 이라 할 수 있겠다. 제항리(制恒里) 이외에도 制恒羅, 制底耶, 制底, 制體, 制多, 支提, 斯底, 支帝, 支徵, 脂帝, 只底柯 등의 유사한 사음기법을 갖고 있다.
34 고유섭, 『조선탑파의 연구 上』, 열화당, p.167.
35 caityagriha에서 caitya는 성소를 의미하며 griha는 집이라는 뜻이다.
36 逸見梅榮, 『印度佛教美術考-建築篇』, 甲子社, 1929, p.89.
James Fergusson, History of Indian and Eastern Architecture, 1920/2006, p.56.
이희봉, 위의 논문, p.104.에서 재인용.
37 Benjamin Roland, 『인도미술사』, 예경, 2004, p.106~107.

holystead, shrine 이라 할 수 있다. 즉 성스러운 장소에 세운 불탑 자체나 그 장소, 불탑 대신 사리가 없는 기념비적 조형물, 혹은 불탑이 그 안에 있는 정사精舍를 의미한다. 특히 차이티야와 스투파는 후세에는 같은 의미로 사용되지만 원래는 의미가 다른 별개의 용어로 차이티야란 신의 대리물인 성스러운 나무나 단壇을 가리켰던 것이라고[38] 하는 경우도 있다. 한편 고유섭은 '스투파 그 자체의 원래 뜻에 신골을 담고 토석을 누적한 것이라는 의미가 있고 차이티야에는 적취積聚의 뜻이 있다하여 일찍부터 스투파에 대하여서는 적취積聚, 원총圓塚, 고현처高顯處 등의 의역이 있고 차이티야에는 영묘靈廟, 쟁처淨處, 복취福聚, 생정신처生淨信處, 가공양처可供養處 등의 의역이 있어 구별이 내용적으로 이루어졌다'고 하였다.[39] 결론적으로 곧 차이티야는 영장靈場 고적을 표시하는 기념탑으로서 의미를 갖고 탑파는 불신골 봉안의 묘소로서의 의미를 갖는 것이다.

한편 인도에서도 차이티야라는 말이 자주 사용되고 있다. 인도의 초기 석굴은 기능별로 탑이 있는 석굴사원, chaitya와 스님들의 거처가 집합되어 있는 석굴승원, vihara의 두 종류로 나눌 수 있다. 이 차이티야는 불탑을 그 중심에 모시는 불전으로 흔히 승려들의 수련 생활 공간인 비하라 주변에 위치하는 경우가 많다. 비하라는 일반적으로 승원 또는 정사精舍를 일컫는 말로 탑이 아닌 승원이기 때문에 그 안에 탑이 없다. 무더운 인도에서 부처를 따르는 제자들은 더위와 맹수, 독충을 피하여 그들이 안전하고 시원하게

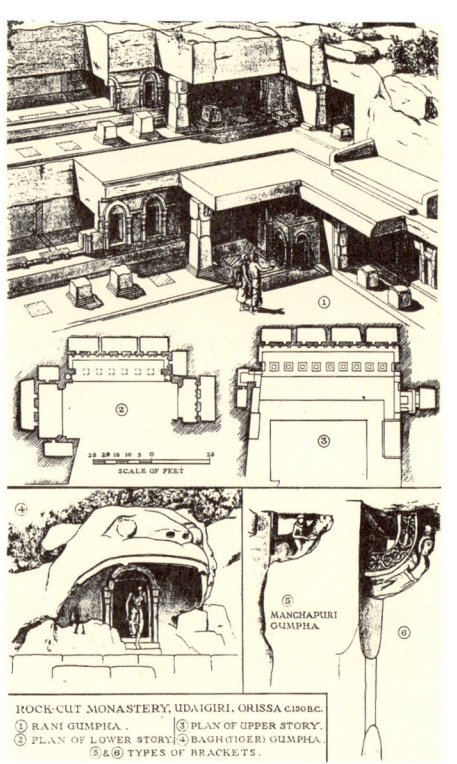

■ 석굴승원인 비라하 평면 형식
(Percy Brown, p.32.)

38 杉本卓州, 「caitya及stupa崇拜の形態と 展開」, 東北福祉大學論叢 第9, 11卷.
39 고유섭, 『조선탑파의 연구 上』, 열화당, p.169.

1. 아잔타 21굴(비하라석굴)
2. 아우랑가바드 비하라굴 열주
3. 엘로라 비하라석굴

머무를 수 있는 공간이 필요하였는데 이 공간이 바로 승원의 출발이라 할 수 있는 비하라이다. 인도 최초의 사원이라고 할 수 있는 기원정사나 죽림정사가 지상에 있는 최초의 승원이라 할 수 있고 엘로라석굴이나 아잔타석굴 등 다수의 석굴 내부에도 비하라가 많이 만들어져 있다. 이에 비하여 탑이 있어야 하는 차이티야는 몇몇에 불과하다.

결국 부처가 살아 있던 시절부터 부처를 따르던 무리들이 머무는 곳이 바로 승원, 즉 비하라의 출발이다. 이 비하라는 나중에 부처가 열반하고 나서 발생한 불탑, 그리고 부처의 형상인 불상을 모시는 전각과 함께 불교사원을 이루는 가장 기본적인 요소가 되는 것이다.

또한 부처의 진신사리를 모신 탑과는 달리 몸의 일부인 머리카락이나 손톱 등을 사리 대신 넣어 부처의 탄생지 Lumbini, 깨달음을 얻은 성도지 Buddhagaya, 맨 처음 불법 말씀을 전한 곳인 초전법륜지 Sarnath, 돌아가신 열반지 Kusinagara 등의 4대 성지에 탑을 건립했는데 이것을 caitya, 즉 지제라 부르며 불사리를 봉안한 탑과 구별하기도 한다. 그러니까 차이티야에는 부처의 진신사리가 없고 스투파는 사리가 있는 것이다. 즉 스투파는 사리를 봉안한 일종의 묘소로서 이를 방분方墳, 원총圓塚이라 함에 비하여 차이티야는 사리를 봉안하지 않더라도 부처와 직접 관계되는 기념물적인 고적이나 신령스런 장소의 의미가 더욱 부각되고 있으므로 이를 영묘靈廟, 정처淨處 등으로 해석하기도 한다.

이는 부처의 사후, 불교가 인도의 전역에 널리 퍼지고 상징적 존재로서 새로운 탑의 건립이 각지에서 요구됨에 따라 극히 한정된 부처의 진신사리로서는 수많은 신자들의 요구에 응할 수 없게 되자 부처의 머리카락佛髮, 손톱佛爪, 이佛齒 등을 봉안하여 예배하거나 부처의 옷衣鉢이나 좌구座具 등을 유물로 여기며 부처를 상징하는 본존으로 공양하기도 하였던 것이다. 이와 비슷한 의미로 부처를 따르던 제자들이 서운하여 스승이 앉았던 빈 의자, 해탈한 보리수(즉 우주목 생명나무), 말씀의 법륜, 전도를 나타내는 발자국, 하늘로 오르는 길 등 기념될 만한 형상(form, 色)을 통하여 형상 없는(formless, 無色) 말씀을 믿고 실천하며 전하고자 하였다.[40]

그러나 이처럼 확대된 개념을 지닌 스투파도 후세에 그 진위를 가려낼 수 없게 되자 절대로 변함이 없는 부처의 유적지인 탄생지, 깨달음을 얻은 성도지, 맨 처음 불법 말씀을 전한 곳인 초전법륜지, 입멸한 열반지 등의 4대 성지[41]를 신앙의 대상으로 삼아 그곳에 불탑을 건립하게 되었다. 그러자 이와 같이 신령스러운 옛터를 표시하는 기념탑적인 것을 지제支制, 즉 Caitya라고 하여 불사리를 봉안하는 탑과 구별하게 되었다. 어떤 경전에는 '사리가 있는 것을 탑이라 하고, 사리가 없는 것을 지제라 하여' 구분하였지만[42] 후세에 이르러 사리의 있고 없음을 외관상으로 구별하기가 어려워지면서 탑과 지제를 동의어로 사용하고 있는 경우도 있다.[43]

『불교용어사전』[44]에 의하면 "차이티야, 즉 지제란 부처의 유골을 묻지 않고 특별한 영지靈地임을 표시하거나 그 덕을 앙모仰慕하여 은혜를 갚고 공양하고자 세운 것으로 석존의 사리가 없다"라고 하였다. 즉 부처의 사리를 모신 것은 탑, 부처가 아닌 고승의 사리를 모시거나 부처와 관련된 형상 사적을 표시한 공작물은 지제라고 정의할 수 있다.[45] 또한 『마가승기률摩訶僧祇律』이라는 경전에도 제저制底, 지제支提, 질저質底라 하여 탑과 판연히 구별하고 있으나 후대에는 점차 사리가 있고 없음을 외관상으로 구별하기 어렵기 때문에 이러한 정의는 해석에 불과할 뿐 탑과 지제를 거의 같은 뜻으로 사용한다. 결국 시간이 흐르면서 지제의 범위는 매우 넓어졌으며 전당殿堂, 묘우廟宇까지도 포함하게 되었다.[46]

불탑의 기원과 근본팔탑根本八塔

기원전 5세기경 인도 북부 마가다국의 석가족 출신으로 태어난 고타마 싯달타(기원전 565~486?)는[47] 왕자라는 귀한 신분을

---

40 이희봉, 위의 논문, p.104.
41 4대 성지 이외에도 성지로 숭앙되는 곳은 給孤獨長者가 세워 석가모니가 오랫동안 머물렀다는 祇園精舍(Jetavana-vihara), 부처가 보살 때 병든자를 고쳤다는 楗陀衛國(Kan dahra), 竺利尸羅(Taxila) 등이 있다.
42 『僧祇律』, '有舍利名塔婆 無舍利名支提'.
43 김희경, 『한국의 미술, 탑』, 열화당, p.14.
44 http://ebit.dongguk.ac.kr
45 김버들, 조정식, 「경전속에 나타난 탑의 건축적 요소에 관한 연구」, 대한건축학회 논문집 계획계 통권 232호, 2008년 2월, p.168.
46 김버들, 조정식, 위의 논문.
47 석가가 탄생과 열반의 연대에 관해서는 확실치 않지만 B.C. 565~486설을 시작으로 B.C. 463~383, B.C. 623~542 등 여러 가지의 설이 있는데 무려 100년 이상이나 차이가 난다. 우리나라 불교계에서는 일반적으로 623년 설을 따르며, 미술사학계에서는 기원전 6세기 중반에 태어나 5세기 중반에 열반한 것으로 보고 있는 경향이다.

1. 사리분배 부조, 페샤와르 박물관
2. 다비장소로 추정되는 Ramabhar Stupa

버리고 출가하여 큰 깨달음을 얻고 80 평생을 선과 중생을 위하여 불교의 진리를 설법함으로써 성인으로 추앙되고 석가모니라 칭송되어 불교를 이룩하였다. 그는 인류의 참 스승으로 아시아 인구의 절반 이상을 하나의 정신적 이상 아래 묶어 주었던 성인이 된 것이다.

그러나 성인 석가모니도 결국 80년간의 세상을 살다 생을 마감하였다. 그의 죽음은 단순히 육신의 사멸이 아니라 번뇌의 불길을 남김없이 끊어 버리고 생사를 초월한 것이어서 대반열반大般涅槃, 즉 완전한 열반이라 불렀다. 불교도들에게 정신적 지도자이자 흠모하는 스승의 죽음은 견딜 수 없는 충격이었고 어떤 사람의 죽음보다도 애통한 것이었다. 그들은 부처의 장례를 성대히 치르기로 했다. 경전에 의하면 부처는 생전에 자신이 죽으면 전륜성왕처럼 장사를 지내라 했다고 한다. 전륜성왕轉輪聖王은 무기이자 보배인 수레바퀴를 굴리며 세계를 지배하는 제왕을 뜻한다. 그러나 소박하고 금욕적인 수행생활을 영위했던 부처가 실제로 이런 주문을 했을 리 없다. 아마 이 유언은 부처의 사후에 그를 장엄하게 장사지낸 사람들에 의해 꾸며낸 이야기일 것이다.

하여튼 이처럼 부처가 80세의 고령에 쿠시나가라Kusinagara의 사라쌍수沙羅雙樹 밑에서 입멸하자 제자들이 시체를 화장,[48] 즉 다비茶毘에 부쳐 아주 많은 사리를 수습하였다. 열반에 든 석가의 화장 소식은 이웃 부족들에게 전해져 마가다국을 비롯한 여덟 부족들이 각기 사신을 보내어 자신들에

[48] 또 다른 의견은 부처가 열반하자 불교도들은 전륜성왕을 호화롭게 장사지내는 방법대로 부처의 시체를 훌륭한 관에 넣어 향기로운 장작더미에 올려놓고 다비했다고도 한다.

불탑의 의미와 기원 45

게도 석가모니의 유골을 나누어 달라고 요청하였다.[49] 화장한 후에 8말 4되의 오색영롱한 사리를 수습하게 되었고 이를 배분하는 과정에서 각 부족들이 서로 차지하려 하자 향성바라문香姓婆羅門이 이를 중재하였다. 즉 3분의 1은 제천諸天(하늘천신들)에게, 3분의 1은 용중龍衆(용의 무리)에게 주고, 나머지를 제자였던 인도의 여덟 나라의 왕들이 각기 나누어 자기 나라로 돌아가 그를 모시기 위한 탑을 세웠으니 이것이 바로 불탑의 출발이다. 이들 중에서 여덟 유족의 왕들이 석가의 유골을 근본으로 8등분하여 여덟 기의 탑을 세웠으니 이를 팔분사리八分舍利, 분사리分舍利, 혹은 근본팔탑根本八塔이라고 부른다. 이는 불교도들이 최초로 만든 의미 있는 조형물로서 불교미술사의 시작이라고 할 만하다. 그러나 아직 최초로 세워진 여덟 불탑은 대부분 위치가 정확히 알려져 있지 않다.

이처럼 부처의 열반, 그리고 화장과 사리수습, 불탑건립에 관한 얘기는 다분히 설화적이지만 좀 더 구체적인 내용이 첨가되기도 한다.[50] 즉 부처의 열반 후에 석가의 다비는 보통 사람처럼 쉽게 되지 않았다. 세간의 보통 불로는 도저히 불길이 당기지 않았던 것이다. 이는 범화불연凡火不然이다. 대신 석가의 심장에서 삼매三昧의 불길이 나와 스스로 부처의 색신色身을 불태우자 오색영롱한 사리가 8만 4천 섬이나 나왔다.[51] 이는 성화자분聖火自焚이다. 석가의 입멸을 전해들은 마가다국왕 아자타샤트루와 바이샬리의 릿차비족들은 사신을 파견하여 석가의 유골을 요구하지만 말라족들은 이를 거부한다. 서로 유골을 차지하려는 것을 우바길優婆吉이 중재하였고 이를 삼분하여 제천과 용중에게 주었으며, 나머지를 8등분하여 여덟 나라의 왕들이 공평하게 나누어 갖도록 하였고 이들을 가지고 근본팔탑을 세운 것이다. 이러한 분사리와 관련된 내용은 세종대에 만들어진 『석보상절釋譜詳節』[52]에도 자세히 나타나고 있다.[53] 즉 도솔래의, 비람강생 등의 팔상을 들고 이들 각각의 장면을 두쪽을 이은 그림으로 새긴 것이다.

그러나 이들 근본팔탑 이외에도 다른 3종의 탑이 다시 추가되었는데 본래 사리를 담았던 병을 가지고 향성바라문香姓婆羅門이 세운 병탑이 그 하나이고, 또 사리배분이 끝난 다음에 늦게 온 화발촌인華鉢村人이 다비한 장소의 화장탄회火葬炭灰를 모아 탑을 세운 것이 두 번째이며, 석가 생존 시에 수달장자

■ 근본팔탑 중의 하나로 추정되는 불탑자

49 또 다른 의견은 부처의 사리를 수습할 때에는 일곱 나라의 왕이 쿠시나가라로 군대를 몰고 와서 마치 싸움이라도 할 듯이 유골을 요구했다고도 한다.
50 정병삼, 『그림으로 본 불교이야기』, 풀빛, 2000, p.112.
51 다비후에 수습된 사리의 양에 대한 표현도 8말 4되, 혹은 8만 4천 섬 등으로 다양하다.
52 세종 28년(1446) 소헌왕후가 죽자, 그의 명복을 빌기 위해 세종의 명으로 수양대군이 김수온 등의 도움을 받아 석가의 가족과 그의 일대기를 기록하고 이를 한글로 번역한 책이다.
53 『석보상절』은 총 24권 중 현재 10권만이 전해지고 있는데 그 중 23, 24권은 마지막 부분으로 부처의 열반 정황을 상세히 보여주고 있다.(『석보상절』제23, 24연구, 김영배, 동국대학교 출판부)
……여덟 왕께 이르되, "우리들도 사리를 덜어 주소서. 주지 않으면 힘으로 가히 하겠습니다(싸우겠습니다)." 하더니, 그 때에 우바길이 또 이르되, "다투면 모름지기 이기지 못할 이가 있으니, 그러면 여래의 사리가 무엇이 이익되시겠소." 하고 즉시 세 몫에 나누어 한 몫일랑 제천계 주고, 한 몫일랑 용왕께 주고 한 몫일랑 여덟 왕께 고루 나누니까, 모두 기뻐하여 각각의 금담에 담았다(담아 돌아갔다). 아사세왕이 사리를 모아 세니, 각각 8만 4천시었다. 제천은 하늘에 모셔다가 칠보탑을 세우고, 용왕은 용궁에 모셔다가 칠보탑을 세우고, 여덟 왕은 각각 (제) 나라에 모셔다가 칠보탑을 세우니, 우바길은 사리를 되던 독 안에 가만히 꿀을 바르니(발랐으니), 거기에 달라붙은 사리를 모셔다가 독채로 칠보탑을 세웠다.……

1. 피프라와 스투파의 사리호
2. 카니슈카왕 대탑의 사리장엄구

54) 『大正藏』第1券 No.1, 長阿含經, 券第4, p.29.
55) 생존시의 爪髮 탑을 포함하지 않아 10기의 답이리고 히는 경우도 있다.
56) 미야지 아키라, 『인도미술사』, 김향숙, 고정은, 다홀미디어, p.37.
57) 아소카왕은 小兒施土緣起에 따라 태어난다. 즉 어린애가 가지고 놀던 흙을 정성스레 석가에게 공양하고 이 공덕으로 장차 아소카왕으로 태어나 8만 4천탑을 세울 과보를 얻는다.

須達長者의 원을 만족시켰던 과발탑爪髮塔이 세 번째이다. 따라서 초기의 불탑은 8기라 하기보다는 사리탑이 8기, 병탑甁塔이 1기, 탄회탑灰炭塔이 1기, 생존시 과발탑生存時 爪髮塔54)이 1기로 근본팔탑 이외에도 3종의 탑이 추가되었다고 하겠다.55) 하여튼 석가의 열반 후 그에 대한 추모와 함께 그를 믿는 신앙은 이처럼 다양하고 신비스러움이 가득한 탑을 중심으로 이루어진 것이다.

이처럼 석가가 열반하고 나서 사리를 여덟 나라에 분배하였고 이 사리를 봉안하기 위한 최초의 스투파가 건립되었다는 사실은 고고학적으로 입증된 것은 아니지만 피프라와(piprawha)의 불탑지에서 발굴된 동석제 사리기 중의 하나에 '석가족의 부처'를 언급하는 옛 서체의 각문이 있는 점에서 가장 오래된 스투파의 하나로 여겨지고 있다.56) 영국인 펨페가 탑을 발굴하면서 돌로 만든 사리장엄구를 찾아낸 것으로 "이것은 샤카족의 붓다인 세존의 사리병으로 명예로운 형제·자매·처자들이 모신것"이라는 명문이 브라흐미 문자로 사리구 표면에 있었다. 또한 아프가니스탄 비마란의 제2스투파에서 영국인 찰스 매슨이 찾아낸 불상이 표현된 높이 7센티의 황금제 사리기가 출토되었다. 이는 사카족의 아제스라는 청동 화폐와 함께 출토되었기 때문에 종래에는 기원전 1세기로 거슬러 올라간다고 보았지만 현재는 쿠샨왕조 초기로 보는 설과 3세기로 보는 설이 유력하다.

초기 사리장엄구로서는 이들 이외에도 '바이살리탑'과 산치 제2탑과 제3탑에서 발견되었다. 특히 쿠샨왕조의 호불왕 카니슈카가 수도 페샤와르의 대탑에 봉안했던 사리장엄구는 더욱 의미가 크다.

그러나 이러한 시원적인 불탑은 설화적인 것으로 현재 그 모습을 찾을 수 없고 석가 열반 후 이백 년이 지나고 나서 인도 전역을 최초로 통일한 마우리아(Maurya)왕조의 아소카(Asoka)왕57)(阿育王, 無憂王. 기원전 250년경)의 시대가 되자 부처나 제자들의 유골, 유품에 대한 숭배가 크게 성행하였으며 유골이 매장된 곳에 탑이 세워졌다. 아소카왕 자신도 인도 전역에

산치의 불탑

불교를 전파하기 위하여 불교포교사를 각지에 보냈으며, 그와 동시에 8개소의 근본탑에 매장되어 있는 불사리를 분골하여 인도 전역에 8만 4천 기의 사리탑을 세웠다고 한다. 여기에서 사리의 숫자가 큰 의미는 없지만 인도학자들은 나가다족의 반대로[58] 7기의 근본탑에서 8만 4천의 사리분할이 이루어졌다고 하는가 하면 중국어로 번역된 불전에는 8기의 근본탑에서 이루어졌다고 하여 차이를 보인다.[59] 8만 4천이라는 수는 인도인들이 많다는 뜻으로 쓴 상징적인 숫자로 이를 실제상황으로 믿을 수는 없으나 아마 아소카왕이 세운 스투파는 적어도 수십, 수백에 이르렀을 것이다. 물론 이러한 내용은 구체적인 논거가 부족한 것이나 중국 기록인 5세기의 『법현전法顯傳』, 7세기의 『대당서역기大唐西域記』 등의 인도기행기에 아소카왕이 세운 것이라고 전하는 탑을 여러 곳에서 보았다는 기록이 있어 이를 입증하고 있다. 또한 우리나라의 『삼국유사』 요동성육왕탑조遼東城育王塔條에도[60] 그러한 내용이 수록되어 있어 그 내용이 어느 정도 일치함을 알 수 있다.

결국 8만 4천이라는 숫자는 정확한 것이 못된다하더라도 믿음이 깊은 아소카왕이 광활한 인도 지역에 일시에 수많은 탑을 건립한 것은 사실이며 결과적으로 불교전파에 커다란 역할을 하게 되었다. 오늘날 인도에 남아 있는 스투파들 가운데 상당수가 아소카왕 시대까지 올라간다. 아소카왕이 이렇게 많은 탑을 세운 것은 인도같이 넓은 땅에서 불교도들이 보다 손쉽게 부처에게 참배할 수 있도록 하기 위함이다. 즉 아소카왕은 석가모니의 유골을 전국에 분산시켜 그의 위대한 생애와 그가 깨우친 진리를 탑이라는 구조물로 백성에게 보여줌으로써 불교적 통치이념을 굳건하게 세우고자 하였다. 뿐만 아니라 멀리 서북쪽 변방의 아프가니스탄까지, 북쪽의 네팔에서 남쪽의 스리랑카까지 포교승을 보내고 불탑을 만들게 하였다.[61] 이후 스투파는 인도를 넘어 불교문화권 전역에서 부처를 상징하는 가장 중요한 조형물로 자리 잡았다. 결국 이런 과정을 거쳐 탑은 부처의 사리를 모신 인도의 단순하고 전통적인 무덤이 아니라 성스러운 구조물로, 더 나아가 부처의 실존적 존재로 인식되어 경외와 참배의 대상이 된 것이다.

물론 이 시대에는 자이나교에서도 교조敎祖 마하비라가 신앙의 대상이 되었고 사리숭배도 행하여져 많은 자이나교 탑이 건립되었다. 특히 자이나

58 용왕에 의하여 보호된 라마그라마 탑을 제외한 7기의 탑이라고 하는 경우도 있다.
59 金禧庚, 『韓國의 美術, 塔』, 悅話堂, p.12~13.
村田治郎, 『東洋建築史』, 建築學大系4, p.19.
60 『三國遺事』 요동성육왕탑조의 내용에 의하면 "……그 곁에는 세 겹으로 된 土塔이 있는데 위는 솥을 덮은 것 같으나…… 지팡이와 신이 나오고 더 파 보았더니 銘이 나왔는데 명 위에 梵書가 있었다. 侍臣이 이 글을 알아보고 불탑이라고 말하였다. …… 蒲圖王이란 본래는 休屠王이라 했는데 하늘에 제사지내는 金人이다. 성왕은 불교를 믿을 마음이 생겨서 이내 七重의 木塔을 세웠고, 뒤에 佛法이 비로소 전해 오자 그 始末을 자세히 알게 되었다. 지금 다시 그 탑의 높이를 줄이다가 木塔이 썩어서 무너졌다. 阿育王이 통일했다는 閻浮提洲에는 곳곳에 탑을 세웠으니 이는 괴상할 것이 없다……"라 하였다.
61 이미림 외, 『동양미술사』, 미진사, p.211.

62 杉本卓洲, 『インド佛塔の研究』, 平樂寺書店, 1993, p.81~82. 윤장섭, 『인도의 건축』, p.46에서 재인용함.

63 대한불교조계종 불교중앙박물관, 『불교중앙박물관 개관특별전 佛』, 2007, p.80. 무구정경에 따르면 탑을 수리하거나 새로 지을 때 99기 또는 77기의 소탑을 만들어 그 속에 네 종류의 다라니를 넣고 탑에 안치하면, 99억의 탑을 만드는 것과 같은 공덕을 받게 된다고 한다.

교 탑은 성자의 유골과 관계가 있는 것이 아니고 기념비적인 건조물인 경우도 있었기 때문에[62] 불탑의 출현은 자연스러운 것이 되었다.

불탑 건립의 목적

불탑은 부처의 유골을 모시는 분묘로 출발하였으나 그의 신체와 함께 신성을 의미하는 불탑을 건립함으로써 무한한 가치를 지니게 되었다. 즉 불탑을 건립함으로써 얻게 되는 가치는 부처에 대한 한없는 공경과 숭배의 의미이다. 그러나 시간이 흘러가면서 부처에 대한 공양과 함께 개인적 차원에서는 탐욕과 분노와 어리석음 등을 없애고 현세적인 욕구인 치병, 장수, 무병과 같은 소원을 이루기 위한 공양이 목적이 되는 경우도 있었다. 국가적 차원에서는 호국적인 의미를 가진 것이다. 이는 종교적 깨달음과 함께 현세적으로는 자신과 공동체의 공덕을 주로 바라고 있는 불교가 갖고 있는 양면성이기도 하다. 즉 불탑을 건립하는 것은 부처에 대한 공양의 의미와 함께 조탑造塔 행위만으로도 현세에는 복을 받고 사후에도 좋은 세상에 다시 태어나게 하는 데 있다고 할 것이다. 『무구정경無垢淨經』에 따르면[63] 탑을 세우는 공덕으로 생명이 연장되고, 죽어서 극락세계에 왕생하여 백천 겁 동안 복락을 받으며 태어나는 곳마다 모든 장애와 죄업이 소멸되어서 온

▸마이산 탑사의 공덕, 적석탑

갖 지옥의 고통을 여의고 항상 부처님의 보호를 받는다고 설해져 있다.

그러나 석가의 열반 이후 그의 진신사리를 모시고 그의 현신으로 표현되었던 시원적인 불탑건립은 후대에 이르러 다른 목적을 가지며 점차 바뀌게 된다. 경전에서는 탑의 건립목적을 탑 자체를 기념하는 기념비적인 것과 탑을 조성함으로써 얻게 되는 공덕을 위한 것으로 나누고 있다. 또한 불탑 조성에 따른 공덕은 국가적 차원의 발원과 개인적 발원으로 나눌 수 있다. 기념적인 목적에서 불탑조성을 독려한 부분은 『법원주림法苑珠林』「경탑편經塔篇」에 나타나 있는데 순수이 탑에 모시는 사람을 기리는 목적으로 경탑에 대해 설명하는 내용이다.[64]

> 탑을 세우는 데에는 세 가지 뜻이 있다.
> 첫째는 사람이 훌륭함을 표현하는 것이요,
> 둘째는 다른 이로 하여금 믿게 하는 것이며,
> 셋째는 은혜를 갚기 위해서이다.
> 만일 그가 평범한 비구라 할지라도 덕망이 있으면 탑을 세울 수 있으나 나머지는 합당하지 못하다.

또한 대승경전의 꽃으로 여겨지는 『화엄경소華嚴經疏』, 권 28에서는 불탑을 세우는 목적에 여섯 가지가 있음을 적고 있다.

> 첫째, 석존이라는 한 인물의 훌륭한 삶을 표현한다.
> 둘째, 불교의 가르침에 대해 깨끗한 신앙심을 갖게 한다.
> 셋째, 모든 사람들로 하여금 석존과 같은 마음으로 돌아가 삶을 살게 한다.
> 넷째, 모든 사람들에게 복 밭을 가꾸게 한다.
> 다섯째, 자신의 이익을 구하지 아니하고 국가의 은혜, 부모의 은혜, 스승의 은혜, 단월 사회의 은혜, 즉 인생에 있어 네 가지 큰 은혜에 보답케 한다.
> 여섯째, 모든 사람들로 하여금 모든 복이 되는 일은 하도록 하고 모든 죄가 되는 일은 소멸케 한다는 목적 등이다.

[64] 김버들, 조정식, 위의 논문.

불탑을 세우는 목적이 비단 이것으로 끝이 나겠는가?

불탑의 덕칭으로 공덕취功德聚라는 명칭이 있는데, 이는 "모든 부처님들의 일체의 공덕이 탑 가운데 있다(諸佛一切功德聚在其中〈『성영집』 권9〉)"라고 하였다. 또한 석존의 덕칭으로 공덕취라는 명칭이 있는데 "부처님은 한량없는 공덕취이다." 즉 여래무량공덕취如來無量功德聚〈『열반경』 권32〉라고 적고 있다. 즉 탑과 부처는 모든 공덕의 집합인 것이다. 한국 속담에 "공든 탑이 무너지랴" 하는 말이 있듯이 공덕의 의미와 가치를 탑에 비유하는 경우도 있다. 이 속담에 대한 이해는 신神·불佛 등 어떤 종교적 절대자에 대한 숭고한 믿음으로 수행한 일이 아니라도, 인간이 스스로 가치를 부여한 모든 삶에 진실된 신념과 정성을 들여 행하는 일은 쉽게 허사가 되지 않는다는 의미로 받아 들여 진다. 또한 공功은 덕德이라는 말과 합성되어 공덕이란 말로 우리 일상에 흔히 쓰이는 용어이기도 하다. 이 공덕이란 낱말을 『승만보굴, 권상』에서는 다음과 같이 정의하고 있는데 "악이 다하여 없는 것을 공功이라 하고, 선이 가득하여짐을 일컬어 덕德이라한다. 惡盡曰功 善滿稱德"이라고 적고 있다. 바로 이 공덕취라 불리는 탑의 명칭과 관련하여 불교의 모든 가르침 가운데 핵심내용이라 할 칠불통계게七佛通戒偈와는 추구하는 그 가치가 공통됨을 알 수 있다. 그러므로 불탑은 공덕을 쌓고 낳을 수 있느 무더기라 하여 공덕취라 하며, 쌓고 낳을 내용은 선善과 덕德이다.

불탑의 종류

흔히 불탑의 모습을 얘기하면 인도 초기 스투파형식인 산치대탑을 상상하기 마련이다. 그러나 단순한 형태로 출발하였던 초기 인도불탑은 시대와 장소를 달리하여 의미와 형식, 그리고 재료 등에 있어 참으로 많은 종류의 불탑이 조성되었다. 물론 인도의 시원형 불탑이나 그 이전에도 있었던 것으로 보이는 성인들을 위한 기념비적 탑형식이 하나의 모태가 되었을 것으로 짐작되나 시간과 지역에 따라 다양한 모습으로 조성되어졌음을 알 수 있다. 이처럼 불탑의 구체적인 모습을 보여주는 근거로서는 현존하는 실예나 문헌상에 나타난 기록으로 추정하게 된다.

현장의 『대당서역기』에 따르면 서역으로부터 인도에 이르는 여러 나라에 이탑泥塔, 전탑, 석탑, 목탑, 칠보탑, 금동탑이 있으며, 불교경전에는 이밖에도 분탑*奔塔*(牛奔塔), 사탑沙塔이 있었다고 하였다. 특히『대당서역기』에는 트라푸라성과 발리카성 항목에서 부처의 설법을 들은 두 장자長者가 고향에 돌아갈 때 공양 예경하는 방법을 부처에게 물은 즉 '가사를 네모로 접어 깔고 그 위에 밥그릇을 엎어 스투파를 만들라' 는 답을 듣고 귀향하여 같은 형상으로 최초의 스투파를 건립한다는 구절이 나온다.[65] 이는 방형의 기단과 반구형의 복발을 갖추고 상간相竿이 있는 전형적인 인도의 시원형 스투파임을 짐작하게 한다.

또한 불교경전[66]에도 불탑을 제작하는데 사용된 재료를 말하고 있는데 쇠, 금, 은, 유리, 수정, 구리로 탑을 만들었다고 하여 재료에 제한을 두지 않았음을 알 수 있다. 특별한 예로『대당서역기』에 의하면 인도에서는 향가루를 뭉쳐서 높이 5, 6촌 정도 되는 작은 탑을 만들고 베껴 쓴 경문을 그 안에다 모시는 풍습이 있는데, 그것이 많아지면 큰 불탑을 세우고 그 안에 모아 해마다 정성껏 제를 올린다. 즉 탑을 건립함에 있어 지역과 풍토에 따라 다양한 재료와 형태를 선택할 수 있었음을 알 수 있다.

또『마하승기율』과 기타 초기 경전에 의하면 탑의 구조 및 규모에 있어 탑신부는 2층 구조를 따르도록 설명하고 있다. 그러나『법원주림法苑珠林』,『경율이상經律異相』등은 상징하고자 하는 의도 및 소의경전에 따라 3, 5, 7, 13층 등 여러 층의 다양한 규모의 탑을 제시하고 있다. 또 사분율四分律—율부律部에 의하면 탑신의 형태는 원형과 방형을 기본으로 하고 있으나 경전에서는 8각, 원형, 4각이 모두 가능하다 하며 제한을 두고 있지 않다.[67] 다만 이 불교경전들이 모두 중국인들에 의하여 7세기 이후에 작성된 것이기 때문에 초기 인도불탑을 말하기에는 시간차가 너무 많이 난다. 즉 불탑이 인도에서 조성되고 나서 몇 백 년이나 경과한 후의 상황을 중국인들의 눈으로 보고 묘사한

1. 정림사지 5층 석탑
2. 네팔 키티푸르의 chilancho stupa

[65] 현장, 권덕주 역,『대당서역기』, 우리출판사, p.189.
또 다른 역서인 현장, 권덕녀 역,『대당서역기』, 2010, 서해문집, p.27에서는 '성에는 높이가 석장 정도 되는 불탑이 하나씩 있다. 여래가 처음 깨달음을 얻고 왔을 때 트라푸사와 발리카가 여래에게서 위엄있는 후광을 보고, 그를 따라와 소면과 꿀을 바쳤다. 여래는 그들을 위해 불법을 가르쳤고 둘은 가르침을 다 들은 뒤에 봉양할 수 있는 물건을 달라고 청했다. 여래는 자신의 머리카락과 손톱을 그들에게 주며 그것을 봉양하는 방법을 가르쳐 주었다. 그들은 겉옷과 속옷을 벗어 반듯하게 개 땅에 켜켜이 놓은 다음, 승려의 공양 그릇인 바리때를 엎은 뒤 지팡이를 세웠다. 그리고 도성으로 돌아오는 길에 여래가 가르쳐 준 순서대로 불탑을 세웠다. 이것이 불자들이 세운 첫 탑이다.' 라 하는 내용이 있다.
[66]『根本說一體有部尼陀那目得迦』4.
[67] 김버들, 조정식, 위의 논문.

52 인도 불탑의 형식과 전래양상

것이고, 이미 초기 인도불탑이 여러 가지 형식으로 이미 변모된 것을 나타낸 것이라는 한계가 있다. 따라서 불경의 제작 보다 약 7세기 전에 이루어진 초기 불탑에 대한 정확한 모습을 불경에서 찾기란 어렵다는 것이다.

이처럼 불교가 전파된 지역에서 불탑은 재료와 형태에 상관하지 않고 건립되었으며, 어떠한 재료와 모습으로 만들어지든지 복덕福德은 같다고 생각하였기 때문에 각 국가에서는 풍토적 특성에 맞는 재료와 형식을 선택을 하였을 것이다. 즉 목재의 생산이 적은 인도나 중국의 경우에는 당연히 주변에서 쉽게 가공이 가능한 벽돌탑을 선호하였을 것이다. 한편 목조탑의 비영구성과 벽돌탑의 비생산적인 점을 고려할 때 우리나라에서는 가장 내구적이며 보다 능률적인 석재로 탑을 만드는 것이 당연하였을 것이다. 또한 수림이 울창한 기후적 조건과 목조건축을 선호한 일본인들의 입장에서는 당연히 목조탑이 가장 적절한 선택이었다.

즉 불탑의 발생지인 인도탑은 돌과 벽돌로 된 사발을 엎어놓은 형태인 복발형覆鉢形 탑이 주를 이룬다. 물론 시원적인 불탑의 재료는 돌과 벽돌이 아닌 흙과 돌로 만들어진 것이었을 것이다. 흙과 돌로 된 이 시원탑 형식은

1. 일본 법륭사 5중탑
2. 중국 불궁사목탑

세계적으로 비슷한 분묘형태로 소위 유골을 지하에 매장하고 위에 토만두형土饅頭形을 만들었지만 인도는 열대지방이기 때문에 죽은 자가 너무 더울 것이 염려되어 고분古墳 위에 일산日傘을 세워 더운 열을 막아주었는데 여기에서 복발형 탑형식이 비롯된 것이라 짐작된다. 아마 이런 모습은 고대 인도의 분묘형식이 되었을 것이다.[68] 그런데 불탑의 경우는 그 후로 묘의 주인인 석존을 존경한 나머지 토만두의 밑에 기단을 만들고 그 기단도 단을 중첩하여 높아졌으며 여러 가지 장엄을 위한 장식을 하였을 것이다. 동시에 맨 꼭대기의 일산도 산간과 함께 정형화된 모습으로 발전하였으며 1본뿐만이 아니라 여러 본으로 점차 그 수효가 늘어났을 것으로 추정된다.

이러한 시원형 탑은 인도의 서북부 지방인 간다라로 불교가 전파되면서 후기적 경향이 더 강해지기 시작하였다. 특히 원형의 기단부가 중첩되어 더욱 높아진 모습으로 강조되었고, 방형의 기단부가 새롭게 생겼으며 가늘고 긴 소형의 봉헌용 석조탑도 나타나 새로운 모습으로 변화하였다. 인도의 북부 지방인 네팔과 티벳, 그리고 인도의 남부 섬인 스리랑카로 전래된 초기 인도불탑은 대부분 복발형을 기본으로 상륜부가 발달하든지 기단부가 넓고 높아지는 모습으로 변화된다.

또한 중국을 비롯한 한국과 일본 등 동양 삼국은 모두 목조건축의 모습으로 출발하였으나 각각 지리적인 특성과 그 나라 특유의 전통문화와 결부되면서 벽돌탑과 석탑, 목탑으로 변화하여 지역적 환경에 적응하였다. 중국의 불탑은 도입초기에는 중층목조건축인 도교사원건축에 수용되었다가 나중에는 목조형 불탑건축으로 자리 잡게 된다. 그러나 목조건축이 갖는 재료의 한계 때문에 수, 당대에 벽돌을 주재료로 한 전탑으로 변모하게 되었고

68 石田茂作, 『佛敎考古學講座』, 雄山閣, p.1.

1. 라오스 비엔티엔 탓 루앙사원의 스투파
2. 네팔의 스왐부나트 스투파
3. 티베트의 칸제쿤붐 스투파

1. 고려의 청동대탑
2. 수덕사 암자의 석탑
3. 실크로드의 스투파 경배

그 이후 부터는 대부분 벽돌탑으로 대신하였다.

한국 역시 불교도입 초기에는 약 200여 년간이나 목조불탑이 주를 이루다가 7세기 초에 목조건축을 석재로 바꾼 석탑이 백제를 중심으로 출현하게 되어 석탑의 나라가 된 것이다. 한편 일본은 삼림이 울창하고 목재를 쉽게 구득할 수 있을 뿐만 아니라 목조건축에 대한 애착이 강한 민족이기 때문에 출발에서부터 현재까지 거의 대부분 목탑을 건립하여 목탑의 나라가 된 것이다. 물론 불탑의 기본이라고 할 수 있는 토만두형의 복발을 기본으로 발달한 탑으로 보탑, 다보탑, 난탑卵塔 등이 일본탑 중에는 특이한 모습으로 나타나고 있다.

불탑의 종류를 우리나라에 국한하여 볼 때, 재료적인 면에서는 토탑, 목탑, 청동탑, 금동탑, 석탑, 청석탑, 전탑, 모전석탑, 납석제탑鑞石製塔, 옥탑玉塔, 금탑 등으로 나누어 볼 수 있겠다. 그러나 흙으로 만든 토탑이나 금속제의 탑이라 할 만한 것은 주로 사리장엄을 위한 공예적인 소탑에 국한되어 있다. 또 한편으로는 화탑畵塔, 인탑印塔, 각탑刻塔, 조탑彫塔 등 도상적인 탑까지[69] 널리 사용되었음을 알 수 있다.

형태에 의하여 분류하면 크게는 전형탑(일반형탑)과 이형탑(혹은 특수형탑)으로 나누어 볼 수 있고 발전 양식에 의하여 분류하면 시원 양식, 전형 양식(성숙기), 과도 양식, 절충 양식, 혼합 양식, 계승 양식 등으로 구분할 수 있다.[70]

한편 일제강점기에 한국의 문화유산을 조사하였던 일본인 스기야마 노부조杉山信三는『朝鮮の石塔』이란 그의 저술에서 한국탑을 구분함에 있어 다

[69] 고유섭,『조선탑파의 연구 上』, 열화당, p.34.
[70] 尹張燮,『韓國建築史』, 東明社.
李暻會,「韓國石塔樣式과 그 變遷에 관한 硏究」, 연세대학교대학원 석사학위논문.
林永培,「韓國塔婆建築의 造形特性에 관한 硏究」, 홍익대학교대학원 박사학위논문.
千得琰,「百濟系石塔의 造形特性과 變遷에 관한 硏究」, 고려대학교대학원 박사학위논문.

불탑의 의미와 기원 55

층탑의 형태라 하여 일반형, 일반변형형, 팔각형, 원형, 유탑신좌형有塔身座型, 모전형模塼型, 사사자형四獅子型, 점판암탑, 마애석탑磨崖石塔, 특수형으로 분류하였다.

또한 한국인 최초로 한국미술을 연구하였던 고유섭은 평면형식을 중심으로 분류하여 정방형탑, 육각형탑, 팔각형탑, 원형탑, 아자형탑亞字形塔, 팔각형기단 위 정방형탑, 방형기단 위 육각형탑, 아자형亞字形기단 위 방형탑 등으로 나누고 있다.[71] 불탑의 층수를 보면 3층과 5층의 경우가 가장 많고 7층과 9층도 적지 않으며 13층의 경우도 있다. 불탑의 층수는 거의 대부분 홀수 층이다. 이는 홀수가 양수로서 더 높은 의미를 갖기 때문이다.

이처럼 현재까지 불교미술분야에서 불탑의 분류는 탑의 양식과 재료에 의한 분류가 주를 이루고 있으나 경전을 중심으로 하는 탑의 분류도 가능하다. 즉 탑신앙의 변화[72]에 따라 크게 사리탑과 경탑으로 구분하고 있으며 불탑의 봉안물 및 조성목적에 따라 불탑의 명칭을 달리하고 있다. 탑 내부의 봉안물은 진신사리와 법사리가 있다. 본래 불탑이란 부처님의 진신사리를 모시는 것을 원칙으로 하고 있으나 진신사리를 모시기에는 한계가 있어 이를 대신하여 석가의 머리카락이나 손톱, 치아齒牙 등을 봉안하거나 옷이

1. 티베트의 봉헌용 소형불탑
2. 금동제 사리함에 새겨진 불탑 (석가탑 사리장엄구)
3. 티베트의 도상적 만다라 불탑

71 高裕燮, 『韓國美術史 及 美學論攷』, 通文館, p.119.
72 신용철, 「통일신라시대 석탑연구」, 동국대학교 박사학위논문, 2006.

73 공양탑에 대해서는 경전 및 불교사전에서 정리되어 있으나, 증명탑은 법화경의 다보여래상주증명탑에만 나타나고 있다. 김버들, 조정식, 위의 논문에서 인용.
74 이를 신사리탑이라고 한다.
75 이를 법사리탑이라고 한다.
76 Adrian Snodgrass, *The Symbolism of the Stupa*, Delhi, Motilal Banrsidass Publishers Private Limited
77 특히 Borobudur 스투파의 경우에는 Diamond World mandala에 의한 계획으로 보기도 한다.

나 좌구座具를 모시기도 한다. 그러나 후대에 가서는 이를 확인할 수 없어 석가가 태어난 곳, 깨달은 곳, 처음으로 말씀을 전한 곳, 돌아가신 곳 등의 성지를 신앙의 대상지로 하고 있다. 그러나 이러한 경우도 한계가 있어 불경이나 소형불상을 모시는 경우도 빈번하다.

한편 불탑을 조성하는 목적에 따라 경전에는 사리탑, 탑원, 경탑, 석가탑, 보탑 등의 여러 가지 명칭이 있으며, 부처님을 공양하는 공양탑과 부처님의 경문을 증명하는 증명탑으로 나눌 수 있다.[73] 공양탑으로는 부처의 신체 중 어느 부분을 모시느냐에 따라 불발탑佛髮塔, 불의탑佛衣塔, 불발탑佛鉢塔, 불아탑佛牙塔[74]과 부처의 말씀을 공양하는 경탑[75]이 있으며, 증명탑으로는 다보탑과 보탑이 있다.

또한 A. Snodgrass가 언급한 스투파의 명칭에 의하면[76], 그 종류를 일반적으로 Dome stupa, Terrace stupa, A Burmese terrace stupa, Mandala stupa(평면이 Mandala 형태를 보이는 스투파), Small Javanese stupa, A Chinese tower stupa, A Japanese tower stupa라 하여, 크게 인도 전역과 주변국에 산재하는 형식을 하나의 범주로 설정하여 구분하고 있다. 즉 시원 복발형, 테라스에 의한 고층화와 층단화 된 스투파, 테라스 스투파의 변화 양식인 버마, 자바의 스투파형식, 그리고 만달라 형식(고탑형)[77]으로 크게 구분

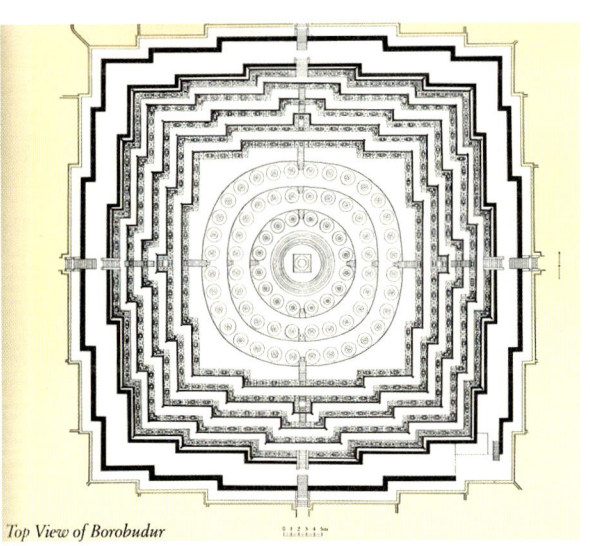

만다라 도상을 갖는 보르부드르스투파 평면도(John Miksic)

Top View of Borobudur

된다. 그러나 각각의 사례에서도 시대별, 지역별로 변화 양상과 형식에서 차이를 보이는데, 이에 대한 구체적인 구분을 하지 않고 있다.

이러한 내용을 보았을 때 인도 스투파형식에 대한 분류는 크게 몇 가지 범주, 즉 복발형과 테라스형(고층형), 그리고 고탑형으로 대별할 수 있겠다. 복발형은 인도의 초기 불탑을 말하고 테라스형은 버마와 간다라 지역의 탑으로 기단부가 발달한 형식이고 고탑형은 보드가야대탑형식과 중국계 중층 고탑을 그 예로 들 수 있겠다.

■ 피테르 브뤼겔(Peter Brughel), Vienna, Austria, 1563, The Tower of Babel

불탑 이전에도 탑이 있었는가?

탑은 인간의 역사에서 자주 등장하는 존재이다. 구약성서에 의하면 느부갓네사르가 완성한 신바빌론의 바벨탑은 고대 바빌로니아 사람들이 건설했다고 기록되어 있는 전설상의 탑이다.[78] 창세기 11장에 바벨탑에 관한 이야기가 전해진다. 이 이야기는 인류가 쓰는 동일한 언어와 이에 따른 우상숭배와 타락, 그리고 비극을 주제로 하고 있기 때문에 인류역사에 있어서 인간에게 경종을 울려주는 큰 귀감이 되어 왔다. 바벨탑을 Peter Brughell은 경사로를 따라 맨 위까지 올라가고 정상에 신전이 있는 나선형의 지구라트와 같은 모습으로 그렸다.

세상이 한 가지 말을 쓰고 있었다. 물론 낱말도 같았다. 사람들은 동쪽으로 옮겨 오다가 시날 지방 한 들판에 이르러 거기 자리를 잡고는 의논하였다. "어서 벽돌을 빚어 불에 단단히 구워내자." 이리하여 사람들은 돌 대신에 벽돌을 쓰고, 흙 대신에 역청을 쓰게 되었다. 또 사람들은 의논하였다. "어서 도시를 세우고 그 가운데 꼭대기가 하늘에 닿게 탑을 쌓아 우리 이름을 날려 사방으로 흩어지지 않도록 하자." 야훼께서 땅에 내려오시어 사람들이 이렇게 세운 도시와 탑을 보시고 생각하셨다. "사람들이 한 종족이라 말이 같아서 안 되겠구나. 이것은 사람들이 하려는 일의 시작에 지나지 않겠지. 앞으로 하려고만 하면 못할 일이 없겠구나. 당장 땅에 내려가서 사람들이 쓰는 말을 뒤섞어 놓아 서로 알아듣지 못하게 해야겠다." 야훼께서는 사람들을 거기에서 온 땅으로 흩으셨다. 그리하여 사람들은 도시를

78 물론 메소포타미아 지역에서는 바벨탑과 유사한 지구라트가 많이 건설되었는데 이는 높은 단으로 그 위에 신께 제사를 드리는 신전이 자리하고 있었다.

세우던 일을 그만두었다. 야훼께서 온 세상의 말을 거기에서 뒤섞어 놓아 사람들을 흩으셨다고 해서 그 도시의 이름을 바벨이라고 불렀다.

— 창세기 11장 1~9절 (공동번역)

탑은 불교 자체에서 유일하게 형성된 것이 아니라 불교가 발생하기 전인 베다시대吠陀時代(B.C. 2,000~1,400)부터 인도에서 전통적으로 내려오던 것으로[79] 베다시대에 불의 신 아그니 지성소 제단에서 유래하였으며,[80] 자이나교에서도 교조敎祖 마하비라가 신앙의 대상이 되었고 사리숭배도 행하여져 많은 자이나교의 탑이 건립되었다. 특히 자이나교의 탑은 성자의 유골과 관계가 있는 것이 아니고 일반적으로 기념비적인 건조물인 경우도 있었다. 물론 성자들의 추념공간으로 만들어지는 경우도 많았기 때문에 부처가 살아 있을 때에도 탑은 존재하였다. 다만 불탑은 여느 탑과는 달리 부처가 입멸하자 그를 모시기 위한 분묘로 만들어 졌다가 그 형식이 후세에까지 불교의 절대적 상징인 불탑으로 형상화되었고 오늘날까지 불교세계에 이어져 내려온 것이다. 그러므로 탑은 일반적으로 기념비적인 조형물로서 이미 부처 이전이나 생존 시에도 만들어지고 있었는데 부처의 사후에야 비로소 부처를 상징하는 불탑으로 시작된 것이다.

부처가 생존하였을 때 탑 건립에 관한 내용을 기록한 경전을 보면 죽음을 앞둔 바라문이 구원을 요청하자 카필라성 내에 여래의 사리가 있는 오래된 불탑을 중수하고 상윤당相輪堂을 만들어 그 속에 다라니를 써서 넣고 성대한 공양을 베풀고 법法에 의지하여 다라니를 일곱 번 외우라고 하였다. 그리하면 수명을 연장하고 또 사후에는 극락세계에 왕생하여 오랫동안 복락을 누릴 것이라고 했다.[81] 물론 이 경전의 내용은 사실 여부에 의문이 있다.

불경에 의하면 부처가 생존하였을 때 기타태자祇陀太子로부터 원림園林을 사서 기원정사祇園精舍[82]를 지어 부처께 바쳤던 것으로 유명한 급고독장자給孤獨長者(本名 須達)가 탑을 세운 사실이 기록되어 있다. 즉, 부처가 멀리 돌아다니시니 수달장자須達長者는 부처를 가까이에서 자주 뵙지 못하게 되자 부처의 손톱과 머리카락瓜髮을 얻어서 탑을 일으킨 사실이 곧 기탑법起塔法으로서 알려져 왔다.[83] 또한 부처 이전의 부처인 가엽불迦葉佛의 칠보탑七寶

---

79 逸見梅榮,『日本佛敎美術考』, 建築扁, p.28.
80 Snodgrass, *The Symbolism of the Stupa*, Seap, 1985, p.45.
81 『大正藏』제19권, No.1024, 無垢淨光大陀羅尼經 上, p.718.
82 석가모니가 생존하였을 때 자주 머물면서 설법한 곳으로 마가다 국 王舍城의 죽림정사와 함께 불교 최초의 두 가람이다. 원래는 코살라국의 기타(祇陀 Jeta) 태자의 소유였던 동산을 사위성의 須達多(Sudatta)장자가 매입하여 정사를 지었다. 수달다장자는 고독한 사람들에게 많은 보시를 베풀었기 때문에 給孤獨이라는 별칭을 얻고 있었다. 그는 동산을 뒤덮을 만큼의 금을 주고서 이 동산을 사들였으며, 이러한 그의 신심에 감동한 기타태자가 동산의 일부를 무상으로 제공하여 함께 정사를 건립하였다. 그렇기 때문에 기타태자의 동산을 의미하는 기수(祇樹)와 수달다장자를 의미하는 급고독을 합해서 이 정사를 기수급고독원이라고도 한다.
83 『大正藏』제23권, No.1435; 十誦律卷第56, 中下, p.415. 張忠植,『新羅石塔研究』, 一志社, p.63.에서 재인용.

塔을 설명하는 기록[84]과 부처에 앞서 입멸한 제자 Sariputra와 Maudgalyayana의 사리를 담은 불탑이 건립된 사실이 있다.[85] 그러나 물론 이들 탑은 원래의 형태를 전혀 알 수 없고, 다만 지속적으로 건립되어 온 인도의 전통적인 무덤으로서의 역할을 하고 있음을 의미한다.[86]

이러한 내용은 현장의 『대당서역기』 권4, 권9에서도 보이는 것처럼 부처는 그의 제자 목련존자가 앞서 입멸하게 되자 중인도 마갈타국 가란타촌에 빔비사라왕이 후원하여 건립된 최초의 사찰 죽림정사의 출입처 인근에 탑을 세웠다 門邊建塔弔之라는 대목이 보인다. 스승의 입장에서 제자의 탑을 세워 신도들로 하여금 꽃과 향으로 공양하게 하였다는 점을 주목할 수 있다. 이는 고대 인도의 전통사회에서는 죽은 자의 명복을 빌기 위해 널리 탑을 세우고 공양을 드리기 위한 문화가 성행하였을 것이라는 사실로 보아 일반적인 현상이었을 것이라고 짐작하게 된다.

그러나 일반인이 아닌 수행자나 현자 혹은 성자들의 탑에 대해서는 또 다른 신앙적 의미의 숭배사상이 엿보여지고 있는데 이는 "근본설일체유부비나야잡사根本說一切有部毘奈耶雜事"라는 불전에서 찾아 볼 수 있다. 즉 '석존의 상수제자 사리불과 목건련이 열반에 들자 다비를 마친 후 그의 유골을 취하여 그들의 친지권속들과 바라문, 거사 등이 스투파를 조영하여 생천生天과 해탈解脫의 승묘지업을 닦았다' 라 하였고, 또한 '사리불의 유골은 급고독이라는 장자가 자신의 집에 봉안하고자, 석존의 자문을 받고 조탑 원칙에 따라 현창지처에 탑을 세워 준공하는 날 대시회大施會라는 공양법회를 열자 왕과 대신들

[84] 『大正藏』 제22권, No.1425. 摩訶僧祇律, 券第33, p.495.
[85] 張文戶, 『東洋美術史』, 博英社, p.273.
Sariputra와 Maudgalyayana. 이들이 舍利佛과 目犍連 두 제자인지 모르겠다.
[86] 尹昌淑, 「韓國탑婆 相輪部에 관한 研究」, 단국대학교 대학원 박사학위 청구논문, 1993, p.11.

1. 제주도의 적석탑 형식 구조물
2. 몽고의 어워

1. 마을 입구에 자리한 조탑
2. 적석탑 모습의 쓰레기 소각장 (내소사)

87 『삼국유사』 탑상 제4, '요동성육왕탑(遼東城育王塔)' "……그 곁에는 세 겹으로 된 土塔이 있는데 위는 솥을 덮은 것 같으나…… 지팡이와 신이 나오고 더 파 보았더니 銘이 나왔는데 명 위에 梵書가 있었다. 侍臣이 이 글을 알아보고 불탑이라고 말하였다.…… 蒲圖王이란 본래는 休屠王이라 했는데 하늘에 제 사지내는 金人이다. 성왕은 불교를 믿을 마음이 생겨서 이내 七重의 木塔을 세웠고, 뒤에 佛法이 비로소 전해 오자 그 始末을 자세히 알게 되었다. 지금 다시 그 탑의 높이를 줄이다가 本塔이 썩어서 무너졌다. 阿育王이 통일했다는 閻浮提洲에는 곳곳에 탑을 세웠으니 이는 괴상할 것이 없다……"

을 비롯한 많은 사람들이 꽃과 향으로 공양을 올렸다.'라는 내용이 보인다.

이러한 내용으로 보아 부처가 생존하였을 때나 그 이전에도 이미 성자들을 추념하기 위한 기념공간으로 탑이 자주 건립되었음을 알 수 있다. 이러한 시원적인 탑의 모습이 구체적으로 어떻게 생겼는지 알 수 없으나 조그마한 돌을 둥글게 모아 봉분형으로 만들었을 것으로 짐작된다.

이와 같은 탑의 시원적인 모습, 어찌 보면 단순히 돌을 무덤처럼 쌓은 적석습관은 우리나라에서 뿐만 아니라 프랑스나 몽고의 어워 등 세계도처에서도 나타난다. 한국의 경우는 서낭당이 그 대표적인 예이다. 이처럼 고대 사회로부터 인류는 어떤 종족이던지 자신의 영역을 수호하고 안녕을 빌며 죽음과 병마 등에 대한 두려움을 떨쳐내고 삶에 필요한 재물을 얻고자 하여 무언가 신령스러운 존재를 만들고 의지하였음을 알 수 있다. 이러한 습관이 자연스럽게 조형물을 만들고 이에 의지하고 기원을 드리는 대상으로 삼게 된 것이다.

불탑이 세워진 곳

부처를 모시는 공간에는 어디에라도 탑 조영이 가능하다. 여기 저기, 안과 밖에 모두 가능한 것이다. 또한 이런 모습, 저런 모습 부처님을 경배하는 마음으로 도처에 건립한다. 완전한 모습의 불탑뿐만 아니라 마을입구의 돌무더기인 조탑, 불상 뒤의 광배, 탑문에 새겨진 불탑형 부조, 사천왕상의 손에 있는 소형불탑, 불상의 두관 등 여러 곳에서 탑이 나타나고 있다.

부처 입멸 후 사리8분에 의한 최초의 여덟 탑이 건립되고 약 200년이 지나 인도 전 지역을 통일한 아소카왕阿育王이 그 탑을 다시 84,000개로 나누어 인도 전역에 새로운 탑을 세우니 본격적으로 불교와 불탑의 전파가 이루어지게 된다. 이 얘기는 설화적인 것이나 현재 아소카왕이 건립하였다고 전하는 몇몇의 불탑이 인도에 있고, 아시아의 여러 불교국가에 퍼져 한국에까지도 요동성육왕탑遼東城育王塔[87]이라 하여 전해 내려오고 있다.

부처의 사후 불교가 인도의 전역에 널리 퍼지고 새로운 탑의 건립이 각지에서 널리 요구됨에 따라 극히 한정된 부처의 진신사리로는 수많은 신자들의 요구에 응할 수 없게 되자 부처의 머리카락, 손톱, 치아, 부처의 옷이나 좌구 등을 부처를 상징하는 본존으로 공양하기도 하였다.

그러나 후세에는 절대로 변함이 없는 부처의 유적지인 탄생지, 성도지, 초전법륜지, 열반지 등의 4대 성지를 신앙의 대상으로 삼아 그곳에 탑을 건립하게 되었다. 그러자 이와 같이 영스러운 옛터를 표시하는 기념탑적인 것을 지제支提, 즉 Caitya라고 하여 불사리를 봉안하는 불탑과 구별하게 되었다.

부처를 따르는 제자들은 대부분 승려가 되었다. 처음에는 어느 한곳에 정착하지 않고 떠돌아 다녔으나 강론을 하거나 비가 오는 우기에는 비를 피하여 머무를 수밖에 없었다. 나무 밑에서, 나무나 짚으로 된 초라한 임시건물에서, 또한 어떤 때는 동굴에 들어가 지내기도 하였다. 이들이 한곳에 모여서 지내는 공간을 중원衆園이라 하였는데 결국은 사찰인 승가람마僧伽藍摩(Sangharama)의 출발인 것이다. 이 초기적인 모습의 승원僧院, 즉 정사精舍를 Vihara라고 한다. 이 비하라에는 불탑이 없었는데 나중에는 불탑을 갖춘 불교사원으로 점차 발전한다. 이때 불탑이 있는 경우를 Caitya, 즉 탑원이라 하는 경우도 있다.

불교에서 가장 중요한 공동체 공간은 이러한 사원이다. 사원은 불탑과 승원, 전각 등 다양한 시설로 구성되었다. 이곳에서 불교적인 의식이 이루어지다 보니 성스러운 핵심적 대상이 필요하였다. 결국 아무래도 가람에는 부처를 상징하는 성스럽고 중심적인 대상물이 필요하였으니 이것이 초기 가람에서 가장 핵심적이고 중요한 불탑인 것이다. 아직 부처의 형상을 나타내는 불상이 출현하기 전에 불탑이 세워진다. 그러니까 초기 사원에서는 불상에 대한 숭배가 없었고 500년 가량이 지난 비교적 늦은 시기에야 불상을 봉안

1. 보드가야대탑 불상 광배의 불탑장엄
2. 간다라지방 다르마라지카의 스투파와 주위를 둘러싼 감실
3. 금당 앞에 선 불탑, 일본의 사천왕사

88 Percy Brown, *Indian Architecture*, Bombay, 1956, p.6~8.
89 『보리장장엄다라니경』
90 1631년(인조9) 명나라에 사신으로 갔던 정두원(1581~?)이 그곳의 대겸(大謙)이라는 승려에게서 구한 책을 바탕으로 하여 1673년 승려 지십(智什)이 양주 불암사에서 판각한 목판이다. 이는 붓다의 생애를 200 장면으로 엮어 그림과 설명으로 만든 목판본이다. 대한불교조계종, 불교중앙박물관, 『불교중앙박물관 개관특별전 佛』, 2007, p.64.에서 재인용함.

하면서 이를 보호하는 건물이 필요하게 되었다. 먼저 불탑이 있는 곳에 승려들이 모아졌는지 아니면 승려들이 모아있는 승원, 즉 중원衆院에 탑을 세웠는지 선후는 분명하지 않지만 승려들이 모이는 중원과 탑이 함께 불교의 도량인 초기 가람을 이루었다. 처음에는 승려들의 모임 장소였던 중원과 부처를 상징하는 불탑의 만남이 결국 가람이 되었다. 그러니까 불교도들은 스투파와 같은 부처를 상징하는 대상에 대해 보다 접근성이 쉽고 예배를 위해 스투파 근처에 기거하면서 수행정진 하였다. 최초의 사당은 임시거처용으로 제작된 것으로 나무와 짚으로 만든 것이라 생각된다.[88] 이전에는 집회나 의식이 원림이나 숲의 개간지 등 노천에서 이루어졌으므로 이러한 건물형태는 현재 남아 있지 않다.

그렇다면 구체적으로 초기의 시원적인 불탑은 어디에 건립되었을까?

당연히 초기 가람에서 불탑은 가장 중요한 위치를 점하였을 것이라 짐작되나 가람의 영역이 아닌 곳에 건립되었을 시원적인 불탑은 사거리나 높은 산봉우리, 강 언덕이나 성문, 왕이 다니는 도로 한가운데 세운다고 불경[89]에 전하고 있다. 또한 불암사 석씨원류응화사적 목판釋氏源流應花事蹟木板에 의하면[90] 이렇다.

아난이 부처께 여쭈었다. "부처님께서 열반하신 후 다비가 끝나게 되면 마땅히 어떤 곳에 탑을 세워야 합니까?" 이에 부처님께서 아난에게 고하셨다. "쿠시나가라성 안 네거리 한복

■ 축선상에 있는 군수리사지 목탑

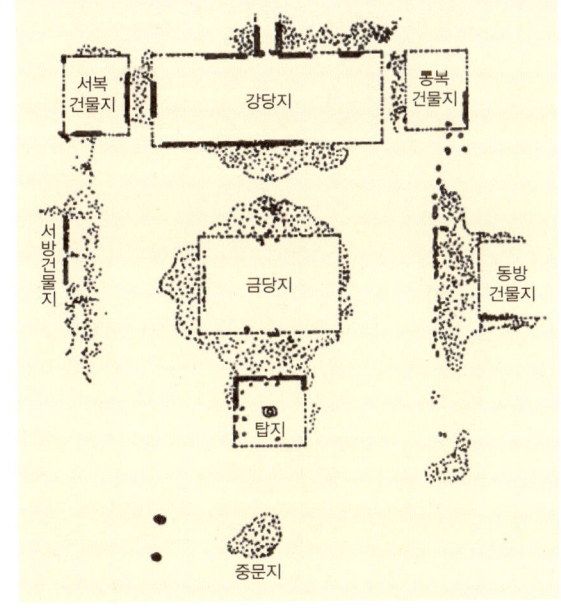

판에 칠보탑을 세우되, 탑의 높이는 13층으로 하라. 탑 위에는 상륜을 비롯한 각종 보물들을 장엄하고 아름다운 꽃과 깃발로 장식하라. 뿐만 아니라 난간마다 보배방울을 달며 탑의 사면에 문을 만든 다음, 보배병에 부처님 사리를 모시어 하늘천신과 인간들이 우러러 받들고 공양 올리게 하라."

또 다른 불경[91]에서는 탑과 상을 만들고자 하는 사람은 먼저 뛰어나고 길상스럽고 청정한 땅을 선택해서 구해야 한다고 하였으며, 사리를 안치해 놓은 불탑 앞이나 혹은 산속에 사리를 안치해 놓은 곳, 사하의 주변, 갖가지 숲과 나무로 장엄되어 있고 사람이 많지 않은 적정처, 연기가 끊이지 않고 피어나는 한림, 큰 강의 언덕, 큰 연못의 주변, 일찍이 많은 소들이 거처한 곳이라고 하였다.[92] 이러한 내용으로 보아 초기 시원불탑은 꼭 청정공간인 가람에 국한되지 않고 다양한 곳에 건립되었음을 알 수 있다.

그 후 초기 가람의 배치형식은 탑을 중앙에 두어 중심으로 하고 긴 회랑형식의 건물이 주변을 에워싸고 있는데 이 건물에 승려들이 머물고 있는 것이다. 다르마라지카사원에서처럼 큰 불탑의 주위를 원형, 혹은 방형으로 에워싸고 둘려져 소형의 감실들이 자리하는데 이는 승려들의 수행처이고 불탑을 경배하는 공간이다. 이처럼 초기 가람에는 지금의 대웅전처럼 부처님을 모시는 금당이 아직 없었고 승려들이 머물고 있는 승원과 불탑만이 있었다. 부처님이 돌아가시고 약 500년 동안은 부처의 모습을 나타내지 못하였기 때문에 불상이 없었다. 따라서 불탑을 비롯하여 부처의 발자국이나 바퀴 모양의 법륜, 보리수 등을 경배의 대상으로 하였다. 특히 다소 배타적이고 금욕적인 초기의 불교교단이 사당이나 승원을 필요로 하지 않았다. 부처 사후 약 500년이 가까이 되어서야 불상이 만들어지고 이를 사원에 모시게 되었다. 그러한 건물이 바로 오늘날

91 일체여래대비밀왕미증유최상미묘대만나라경-조탑공덕품
92 『소실지갈라경』, '간택처소품' 김버들, 조정식, 「경전 속에 나타난 탑의 건축적 요소에 관한 연구」, 대한건축학회 논문집, 계획계, 통권 232호, 2008년 2월.

■ 불탑 옥개석을 보관으로 한 금당사의 미륵존불

사찰의 주된 불전인 금당이 된 것이다. 소위 마케도니아의 알렉산더대왕이 인도를 정벌하러 오면서 서양의 신상神像이 인도 동서부에 들어오게 되었고 서양인과 동양인의 모습이 자연스럽게 융화되어 시원적인 인도 불상이 나타나게 되었다. 그래서 초기의 불상은 서양인에 가까운 모습을 하게 되었다고 한다.

그 후 불교가 인도에서 아시아 각국에 널리 퍼지고 불교의 도량인 가람에는 반드시 부처 자체인 불상과 부처의 상징으로 불탑이 건립되어 경배되었다. 가람의 주축선상에 가장 존귀한 모습으로 자리하게 된다. 특히 대부분의 초기 가람에서는 거대한 불탑을 중심으로 소규모 건물들이 들어 선 반면, 후대로 내려가면서 다양한 건물들이 들어서고 상대적으로 불탑의 의미와 중요성이 줄어들며 규모도 작아지게 되었다. 또한 배치형식도 중심성을 잃게 되어 다소 난잡한 모습을 보인다. 다만 중한일 삼국에 있어서는 가람배치형식이 유사한데 탑의 위치는 가람의 가장 중심적 위치를 점한 반면 시대에 따라 규모와 재료, 조영형식이 다양한 모습으로 변화해갔다. 그러나 기본적으로는 인도 시원 스투파의 의미적 범주를 크게 벗어나지 않고 비슷한 의미와 형식을 유지하고 있는 셈이다. 이는 스투파가 '성스러운 것 가운데에서 가장 성스러운 것'[93]이었으며 오랜 기간 그러한 기능을 수행해 왔기 때문이다. 반면 스투파 이외에 다른 건조물은 모두 불교건축사상 보다 후대에 새롭게 추가된 것으로 형태가 지역에 따라 상당히 다양한 모습으로 나타나고 있다.

불탑 건립과 공덕功德

불가에서는 여러 가지 덕행이 있다. 이를 흔히 공덕이라한다. 그중에서 가장 큰 것이 불상을 만드는 것이요, 불탑을 조성하는 것이다. 즉 조불造佛과 조탑造塔이다. 이들 이외에도 불을 밝히거나 불상을 목욕시키는 일도 큰 공덕이 된다. 뿐만 아니라 향을 피우거나 차를 바치는 것, 그리고 등불을 밝히거나 심지어 다리를 만들어 개울을 건너게 하는 월천공덕越川功德도 있다.

『현우경賢愚經』 권3 아수가시토품阿輸迦施土品에는 백성들이 복을 닦도록 부처의 형상을 그려서 공양하도록 하자는 내용이 있다. 즉 아주 옛날에 사람들

[93] Dietrich Seckel, 이주형 옮김, 『The Art of Buddhism, 불교미술』, 예경, p.139.

이 사는 세상 염부제의 8만 4천 나라를 다스리던 바새기婆塞奇왕이 있었는데 부처를 공양하다가 직접 부처를 뵙지 못하는 변방의 백성들이 복을 닦을 길이 없으니 마땅히 부처의 초상을 그려서 공양하게 하리라 생각하였다. 이리하여 당시의 부처였던 불사불弗沙佛이 채색을 짜 맞추어 모본을 그렸고 이를 따라서 화사들이 8만 4천 불상을 그렸다. 이 불상들은 정묘하고 단정하기가 부처님의 형상과 꼭 같아 모든 나라에 나눠주어 향화香花를 갖추어 공양하도록 하였다. 그래서 온 나라 사람들은 여래의 형상을 보고 기뻐 공경하여 받들기를 부처의 몸을 보는 것처럼 하였다. 또 『현겁경賢劫經』 권1 사사품四事品에는 보살이 행해야 할 일들 중에 연꽃 위에 앉아 있는 부처의 형상을 만들거나 벽이나 비단 또는 모직 위에 단정한 상호를 훌륭하게 그리면 중생들은 기뻐하고 이로 인해 도복道福을 얻는다고 씌어 있다. 이는 부처의 모습을 만들거나 그리는 것이 큰 공덕이 된다는 것을 나타내주는 내용들이다.

경전에는 탑의 건립목적을 탑 자체를 기념하는 기념비적인 것과 탑을 조성함으로서 얻게 되는 공덕을 위한 것으로 나누고 있다. 탑을 세움으로써 얻은 공덕은 살아 있는 현세에서 얻을 수 있는 덕과 내세에서 얻을 수 있는 덕으로 나눌 수 있다. 또한 탑 조성에 따른 공덕은 국가적 차원의 발원과 개인적 발원으로 나눌 수 있다. 기념적인 목적에서 불탑조성을 독려한 부분은 『법원주림法苑珠林』「경탑편經塔篇」에 나타나 있는데 순수하게 탑에 모시는 사람을 기리는 목적으로 경탑에 대해 설명하는 내용이다.

> 탑을 세우는 데에는 세 가지 뜻이 있다. 첫째는 사람이 훌륭함을 표현하는 것이요. 둘째는 다른 이로 하여금 믿게 하는 것이며, 셋째는 은혜를 갚기 위해서이다. 만일 그가 평범한 비구라 할지라도 덕망이 있으면 탑을 세울 수 있으나 나머지는 합당하지 못하다.[94]

이처럼 불상과 불탑을 조성하는 공덕과 더불어 큰 공덕으로서는 등을 밝히는 공덕을 들 수 있다. 흔히 불교에서는 인간의 지혜를 가리는 모든 어리석음을 캄캄한 어둠에 비유한다. 『불설시등공덕경佛說施燈功德經』에서 나타나는 등불을 밝히는 공덕은 어리석음에서 벗어나 지혜로운 깨달음을 얻는 상

[94] 김버들, 조정식, 「경전속에 나타난 탑의 건축적 요소에 관한 연구」, 대한건축학회 논문집 계획계 통권 232호, 2008.

징적인 의미까지도 포함되어 있는 것이다. 그런 까닭에 우리 민족에게는 예로부터 지금까지 연등, 관등의 습속이 중요한 민속의 행사로 남아 전해지고 있다.

그와 함께 적게는 월천공덕越川功德을 비롯하여 불상을 깨끗이 하는 욕불浴佛의 공덕을 설한 『욕불공덕경浴佛功德經』과 함께 『우요불탑공덕경右遶佛塔功德經』에서는 역시 큰 신앙형태로 자리 잡은 '관욕'과 '탑돌이 신앙'의 교리적인 배경을 살펴볼 수 있다. 『삼국유사』의 많은 설화에서 볼 수 있듯이 탑돌이 의식은 지금까지도 부처님께 예배하는 것과 같은 간절한 믿음의 발로이다. 『우요불탑공덕경』에서는 이런 믿음의 실행인 탑돌이가 사람에게 어떤 공덕을 받게 하는가를 자세히 밝히고 있다.[95] 탑 주위를 바른 믿음으로 돌기만 해도 그 공덕으로 인해 더없는 깨달음을 얻으리라는 것이다.

특히 대승경전인 『법화경』에는 불탑건립의 공덕이 큼을 말하면서 아울러 여러 형상을 건립하고 불상을 만들거나 장엄하게 꾸미고 그리면 그 공덕으로 불도를 이룬다고 하였다. 그뿐만 아니라 이런 조각이나 그림의 부처 형상에 공양 예배하면 스스로 불도를 이루고 무수한 중생을 널리 제도하리라 하였다. 이와 같을 공덕신앙은 불교형상물의 조성에 든든한 바탕이 되었다.[96]

그렇다면 불탑을 조성하면 어떤 덕행이 나타날까? 『불설조탑공덕경佛說造塔功德經』[97]에는 부처님이 탑을 조성하는 방법과 탑에서 생기는 공덕이 얼마나 큰지를 말씀하고 있는 모습이 잘 나타난다.

> 이와 같이 나는 들었다.
> 부처님께서 도리천 백옥좌白玉座 위에 계실 때였다. 큰 비구와 큰 보살들과 천왕의 한량없는 무리들이 함께 모시고 있었다. 그때에 대범천왕·나라연천那羅延天·대자재천大自在天 그리고 다섯 건달바왕이 각기 권속들과 함께 부처님께 와서 부처님에게 탑을 조성하는 법과 탑에서 생기는 공덕이 얼마나 큰가 물으려 하였다. 모인 보살 가운데 관세음보살이 그들의 뜻을 알고 곧 자리에서 일어나 오른 어깨를 벗고, 오른 무릎을 땅에 대어 합장하고 부처님을 향하여 이렇게 여쭈었다.

---

95 경전연구모임, 『조탑공덕경. 욕불공덕경 외』, 불교시대사, p.7.
96 정병삼, 『그림으로 보는 불교이야기』, 풀빛, p.15.
97 경전연구모임, 『조탑공덕경. 욕불공덕경 외』, 불교시대사, p.7.

"부처님, 지금 이 하늘무리와 건달바들이 일부러 여기에 와서 부처님께 탑을 조성하는 법과 탑을 조성함으로써 생기는 공덕의 크기를 묻고자 하나이다. 바라옵건대 부처님이시여, 그들을 위하여 말씀하시어 모든 중생들을 이익 되게 하시옵소서."

그때에 부처님께서 관세음보살에게 말씀하시었다.

"선남자여, 만일 현재의 이 하늘무리들이나 다가오는 세상의 일체중생들이 자기가 있는 곳에 탑이 없어서 탑을 세우려는 이는 그 형상이 높고 묘하여 삼계를 지나게 하거나 또는 지극히 적어서 암라과菴羅果와 같게 할 것이다. 이른바 표찰[98]은 위로 범천에까지 이르게 하거나, 또는 작아서 바늘 따위와 같게 할 것이며, 이른 바 윤개輪盖는 대천세계를 덮게 하거나 또는 지극히 작아서 대추나뭇잎과 같게 할 것이다. 그 탑 안에는 부처님의 사리나 머리털이나 치아나 수염이나 손톱이나 발톱을 간직할 것이며, 최하로는 한 부분이라도 간직할 것이다. 또 부처님의 법장法藏인 십이부경[99]을 두되 가장 적게는 하나의 사구게四句揭만을 두더라도 그 사람의 공덕은 범천과 같아서, 목숨이 마친 후에 범세[100]에 태어나고, 거기에서 수명이 다하면 5정거천[101]에 태어나서 저 모든 하늘과 더불어 평등하기가 다름이 없다. 선남자여, 내가 말한 이러한 일은 탑의 분량과 공덕되는 인연이니, 너희들 모든 하늘무리들은 마땅히 배워야 한다."

그때에 관세음보살이 다시 부처님께 여쭈었다.

"부처님이시여, 앞에 말씀하신 바와 같이 사리와 법장을 안치하는 것은 제가 이미 받들어 지녔지만 사구게란 뜻을 알지 못하겠사오니, 바라옵건대

98 표찰(表刹)은 탑 위에 솟아 세운 당간. 찰(刹)은 찰다라(刹多羅)의 준 말.
99 『십이부경(十二部經)』, 부처님의 일대교설을 그 경문의 성질과 형식으로 구분하여 12가지로 나눈 것.
100 범세(梵世)는 청정한 세계란 뜻임. 색계의 모든 하늘.
101 정거천(淨居天)은 색계의 제4 선천. 불환과를 증득한 성인이 나는 하늘. 무번천·무열천·선현천·선견천·색구경천의 다섯 하늘.

1. 불국사 석가탑 출토, 無垢淨光大陀羅尼經

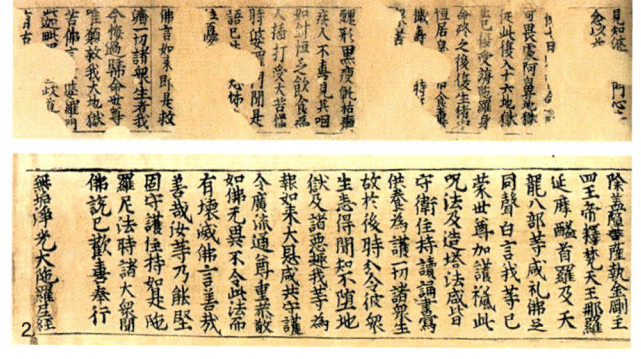

2. 無垢淨光大陀羅尼經

저를 위하여 분별하고 말씀해 주십시오."

그때에 부처님이 게송으로 말씀하시었다.

"모든 법은 인연에서 일어나니

내가 이를 말하여 인연이라 한다.

인연이 다한 고로 없어지나니

부처님은 이것을 말하노라."

"선남자야, 이 게송의 뜻은 부처님의 법신이라 하나니, 너는 반드시 그 탑 안에 두어라. 무슨 까닭인가. 일체의 인연과 생기는 법의 성품이 원래 비어 있기 때문이다. 그럼으로, 내가 법신이라 한다. 만일 어떤 중생이 이러한 인연의 뜻을 깨달으면 곧 부처를 보는 것이다."

그때에 관세음보살과 저 모든 하늘의 일체대중과 건달바들이 부처님의 말씀을 듣고 모두 크게 환희하여 믿고 받들어 행하였다.

이런 내용을 보면 결국 불탑은 그 내부에 진신사리나 머리털, 치아, 수염, 손톱, 발톱 그리고 법신사리를 모시며 불탑조성의 공덕은 결국 부처에 대한 존경의 의미와 함께 현세에는 복을 받고 사후에도 지극히 좋은 세상에 태어나게 하는데 있음을 알 수 있다.

또 다른 불탑공덕경은 불국사 석가탑에 봉안된 유물 가운데 가장 널리 알려진 것으로 한지에 목판으로 찍어낸 『무구정광대다라니경無垢淨光大陀羅尼經』이다. "번뇌의 때가 없는 깨끗하고 빛나는 큰 주문의 말씀"라고 직설적인 해석이 가능하다. 이는 세계에서 가장 오래된 목판인쇄물인데 이곳에 자세한 내용이 전한다. 줄여서 『무구정경』이라고도 불리는 이 경전은 세계 최초의 목판인쇄물이라는 사실 이외에도 통일신라시대 사리장엄의 핵심이 되는 경전이라는 보다 큰 가치를 지니고 있다.

이 경전에 의하면 우리나라 사리장엄구의 가장 큰 특징으로 99기의 소탑봉안을 들 수 있다.[102] 즉 『무구정경』에 따르면 탑을 수리하거나 새로 지을 때 99기 또는 77기의 소탑을 만들어 그 속에 네 종류의 다라니를 넣고 탑에 안치하면 99억의 탑을 만드는 것과 같은 공덕을 받게 된다고 한다. 이러한 공덕으로 발원자는 생명이 연장되고, 죽어서 극락세계에 왕생하여 백

102 대한불교조계종 불교중앙박물관, 『불교중앙박물관 개관특별전 佛』, 2007, p.80.

천겁 동안 복락을 받으며 태어나는 곳마다 모든 장애와 죄업이 소멸되어서 온갖 지옥의 고통을 여의고 항상 부처님의 보호를 받는다고 설해져 있다.

이처럼 탑 내부에 다라니경을 봉안하는 것은 죽음의 공포에 따른 위안과 면피를 위한 것으로 현실의 고통으로부터 안식을 취하기 위한 것이다. 탑 내부에 다라니경을 모심으로써 소원성취는 물론 장수라는 현세 최고의 복락을 기대하는 것이다. 결국 불탑건립은 최고의 공덕을 쌓는것이다.

사리를 모시는 장소와 방법

사리舍利란 범어 사리라(Salira)를 한자로 옮긴 말로 신골身骨, 영골靈骨, 정골淨骨 또는 유신遺身이라는 뜻이다. 사리는 참된 수행의 결과로 형성된 구슬 모양의 결정체로 신체를 화장한 후 남은 유골이다. 그런 까닭에 불사리는 석가의 유골인 사리요, 승사리는 승려의 사리다. 탑은 그러한 사리를 모신 무덤이니 불사리를 모신 탑은 불탑이요, 승사리를 모신 탑은 부도라 부른다. 요즘은 공식적으로 승탑이라고 한다. 재가신자의 경우는 화장한 후 뼈를 빻아서 가루로 만들어 바다에 뿌리기도 하고 토기에 담아 산에 묻기도 한다. 이처럼 부처의 진신사리를 모신 것이 불탑이니 불상과 더불어 불가에서 가장 핵심적인 숭엄과 예배의 대상이 되는 것이다.

부처가 열반하기 전 하늘과 인간 세계의 대중들은 슬프고 애달파 스스로 자제할 수 없어 눈물을 흘리며 울었다. 이에 부처께서 두루 대중들에게 고하였다.

"너희들 하늘과 인간 세계의 대중들은 크게 시름하거나 오뇌하지 말아라. 영구히 존재하는 사리가 있어 공양할 수 있고, 또한 세간에 상주하는 법

1. 감은사지 사리구와 외함, 사리병
2. 묘법연화경(1283년), 남계원사지 7층석탑 출토
3. 나원리탑 사리장엄구
   ※ 위 사진은 "佛, 불교중앙박물관 개관특별전"에서 인용함.

■ 감은사 동탑 사리구

보가 있어서 능히 중생들로 하여금 깊은 신앙심으로 귀의할 수가 있다. 사리에 공양드리는 것이 곧 나를 만나는 일이니 내가 세상에 있을 때와 다를 바가 없는 것이다."

이처럼 사리는 곧 부처로 인식하게 하는 것이다.

근본설일체유부根本說一切有部가 전하는 『비나야잡사毘奈耶雜事』 39권에 의하면 부처가 남긴 사리는 8곡 4두(당시 인도의 도량형)였다고 한다.[103] 우리나라의 경우라면 8말 4되나 되는 많은 사리가 출현한 것이다.

그렇다면 불교국가에 그렇게도 수많은 탑이 건립되었는데 그 안에 모두 부처의 사리가 들어 있는가? 또 그렇게 많은 사리가 있단 말인가? 물론 그렇지 않다. 뿐만 아니라 부처의 사리를 대신하여 극히 한정된 불사리를 모실 수 없게 되자 결국 부처의 머리카락, 손톱, 치아[104] 등을 봉안하여 예배하거나 부처님의 옷이나 좌구座具 등 유물을 본존으로 숭앙하기도 하였다. 이러한 불탑을 차이티야(caitya), 즉 지제支堤라고 한다.

그러니까 탑 내의 봉안물은 진신사리와 법신사리, 그리고 변신사리가 있다. 본래 불탑이란 진신사리를 모시는 것을 원칙으로 하고 있으나 진신사리의 수가 한계가 있어 이를 대신하여 위에서 말한 다른 성물들을 모시기도 한다. 그러나 후대에 가서는 이를 확인할 수 없어 석가가 태어난 곳, 깨달은 곳, 처음으로 말씀을 전한 곳, 돌아가신 곳 등의 성지를 신앙의 대상지로 하고 있다. 그러나 이러한 경우도 한계가 있어 불경이나 소형불상을 모시는 경우도 빈번하다. 위에서 말한 것처럼 불사리佛舍利(眞身舍利)라는 불신골佛身骨이 봉안되고, 때로는 불사리를 대신하여 부처의 말씀을 기록한 경전이라는 법신사리法身舍利가 모셔진다. 남계원사지 7층석탑에서 출토된 『묘법연화경(1283년)』이나 불국사 석가탑에 『무구정광대다라니경』을 봉안한 것도 이러한 법신사리의 예이다. 또한 석가모니를 화장한 터의 흙이나 광물질, 혹은 사리의 대체 용도로 쓰일 수 있는 작은 구슬 등을 가지고 탑을 세우기도 하였는데 이를 변신사리變身舍利라 한다.

또한 후대에는 소형 탑이 봉안되는 경우도 있었고, 흥미롭게도 우리나라의 경우 소형 불상이 탑 안에서 발견되는 경우가 많았다. 이는 부처 자체를 그대로 무덤인 탑 안에 봉안하는 의식에서 비롯된 것으로 생각된다.[105] 즉

[103] 高崎直道 原著, 홍사성 편역, 『불교입문』, 우리출판사, p.50.
[104] 세일론의 칸다시에는 불치사란 사찰이 있다. 석가모니의 치아사리를 모신 곳이다. 한편 미얀마의 대표적인 쉐다곤 불탑에는 부처님의 머리카락이 모셔져 있다.
[105] 강우방, 신용철, 『탑, 한국미의 재발견』, 솔, p.18.

불교가 융성해지고 많은 나라에 탑을 조성하게 되자 부처의 사리와 경전, 불상을 동일한 것으로 인정하게 되었고 그런 까닭에 탑은 수많은 불교국가에 널리 건립된 것이다. 불탑에 사리를 모시는 것은 당연하나 불탑 이외에 사당이나 수미단 위에 봉안하는 방법과 지하에 모시는 방법도 있다. 불탑에 사리를 봉안하는 장소는 불교가 전래된 각국의 탑에 있어서 서로 다르나 인도에서는 일반적으로 탑 내부까지 이어진 찰주 아래에 사리가 모셔지며, 중국에서는 목탑의 경우는 심주 아래에 두는 것을 원칙으로 했다. 또한 전탑의 경우는 지하에 지궁地宮이라는실을 만들어 봉안한다. 이는 탑이 본래 가지고 있는 성격이 인도와 중국의 묘제와 관련되어 다르게 나타난 것이다.[106] 다만 예외 없이 대부분의 사리기는 스투파의 중앙축을 따라 발견된다. 중앙의 축이 스투파의 중심을 관통하고 있고 그 중심축에 구멍이 나 있고, 그 안에 사리기가 봉안되어 있는 것이다. 이러한 경우는 불탑이 보이는 어느 나라나 똑같이 공통된 모습이다. 특히 최근 미륵사지서석탑의 석재심주와 심초석에서도 이러한 형식이 확인되었다.

우리나라의 경우는 목탑과 석탑, 전탑의 사리봉안 위치가 다르다. 백제나 신라의 목탑지 조사에 의하면 우리나라에서는 중국의 법식을 따라 탑 밑에 사리를 안치한 예는 아직 없다. 다만 군수리사지와 금강사지의 목탑지 경우 지표면에서 2~3m 깊이에 심초를 둔 예가 있을 뿐이다. 또한 그 심초 앞면이나 앞부분에 지진구라고 생각되는 유물이 놓여 있다.

그러나 백제 말기에 오면 제석사지帝釋寺址에서처럼 심초석이 탑 아래에서 지표면으로 올라왔고 그 가운데를 파내어 석함을 만들었다. 즉 심초석으로서의 기능과 사리를 납입하기 위한 석함의 두 기능을 함께 지니게 되는 셈이다. 이러한 구조는 백제에서 창안되어 신라의 황룡사 구층목탑의 심초로 이어졌다고 생각되며 고대 일본의 목탑 심초[107]로 이어진다. 그 후 통일신라시대에도 목탑에서는 계속하여 사리 안치 장소가 심초에 마련된다. 이는 습한 지중에 사리를 두는 것보다는 지표면보다 약간 높은 초석의 중심에 두는 것이 가장 적절한 선택이라고 생각된다.

특히 전탑의 경우에는 일반적으로 찰주가 깊이 묻혀 있을 필요가 없다.

1. 황룡사 9층목탑지 연좌석과 사리공
2. 망덕사지 목탑터 사리공
3. 미륵사지서탑의 사리공과 사리장치

106 강우방, 『한국불교의 사리장엄』, 열화당, p.40.
107 일본 고대 목탑의 경우에 있어서 飛鳥寺, 四天王寺, 法隆寺 등에서는 심초에 사리공이 있으나 川原寺나 橘寺, 若草伽藍에서는 심초에 사리공이 없다.

대표적인 전탑형식이라고 할 수 있는 분황사모전석탑에는 석함이 2층과 3층의 탑신 사이에 안치되었다. 또 고려시대 전탑인 송림사오층전탑은 2층 지붕돌에서 거북 모양의 석함이 발견되었다. 특이한 것은 전탑은 벽돌로 탑을 쌓으면서 마련된 사각의 공간 안에 그대로 사리와 공양물을 넣어도 되는데 굳이 석함을 만들어 그 내부에 사리를 넣었다는 사실이다. 아무튼 전탑에서는 사리가 지표면 위나 아래에 위치하지 않고 그보다 훨씬 위인 탑신 내부에 안치된다.

석탑의 경우, 백제석탑의 미륵사지서석탑은 목조건축을 재현한 형식이라서 심주와 심초석이라는 목조건축적 구성요소들이 있고 그 하부 심주에서 사리장치가 확인되었다. 그러나 백제석탑은 정림사지5층석탑 이외는 아직 확인된 바 없어서 정확히 알 수 없지만 신라나 통일신라석탑과 사리안치법이 비슷한 형식이라고 생각된다. 통일신라 초기의 석탑들, 즉 감은사석탑이나 황복사석탑에서는 각각 3층 탑신과 2층 옥개석 등 탑신부 안에 사리를 안치했다. 석탑의 경우엔 초층탑신에 문비門扉나 사천왕상, 혹은 인왕상이 조각되므로 초층에 사리가 안치되어야 마땅하다. 그러나 감은사 같은 통일신라의 가장 이른 석탑에서는 삼층탑신에 석탑 그 자체에 석함(혹은 사리공)이 마련되었으므로 일정한 규칙이 없었음을 알 수 있다. 따라서 사리는 초층, 이층, 삼층 어느 곳에나 안치될 수 있으며 심지어 옥개석에 석함을 마련하기도 했다. 이러던 것이 신라 하대부터 초층탑신에 사리를 안치하는 경향이 많아져서 조선시대에까지 같은 형식이 계속되는 현상을 보인다. 또한 신라 하대부터 기단부에 불상이나 불경 등을 안치하기도 했는데, 그 예가 많지는 않으나 조선시대에 이르도록 산발적으로 나타나고 있다.

결국 한국 탑에서의 사리 안치 장소는 일반적으로 목탑은 심초에, 전탑과 석탑은 탑신부의 탑신이나 옥개석 안에 두었음을 알 수 있다. 다만 예외가 두 가지 있는데[108] 경북 임하사臨河寺는 전탑임에도 불구하고 심초에 석함을 마련하여 사리를 안치했는데, 그 이유는 알 수 없다. 또 황룡사탑은 경문왕대에 다라니와 사리를 넣은 아흔아홉 개의 작은 탑을 상륜부에 넣은 예도 있다.

석탑에서 나타난 예외적인 경우는 기단부에 사리를 안치하거나 기단부와 탑신부의 2개소에 사리를 안치하는 경우도 있다.[109] 김천 갈항사지3층

---

108 강우방, 신용철, 『탑, 한국미의 재발견』, 솔, p.41.
109 강우방, 전게서, p.71.

1. 석가탑 금동제 방형사리함
2. 사리함 내의 진귀한 부장(석가탑)
3. 傳 동화사탑 납석제소탑
※ 위 사진은 "佛, 불교중앙박물관개관특별전"에서 인용함.

석탑과 울산 청송사지3층석탑의 경우에는 기단에 사리를 안치하였고 익산 왕궁리5층석탑과 부여 장하리3층석탑은 기단과 탑신부에 사리를 나누어 안치하였다. 또 월정사8각9층석탑은 5층지붕돌과 1층탑신에 사리를 나누어 안치하였고 중원 탑평리석탑은 6층탑신과 기단부의 하단에 사리와 공양물들을 안치하였다.

이상에서 사리를 어디에 모시는가를 살펴보았다. 그렇다면 사리를 어떻게 꾸미고 장엄장식하여 모시는가?

부처의 몸으로 상징되어 고귀한 예배 대상인 사리는 당대의 사람들이 취할 수 있는 모든 정성을 기울여 아름답게 장엄하였다. 장엄이란 원래 불국토가 아름답고 엄숙한 상태, 혹은 부처나 보살의 몸이 공덕에 의해 아름답게 빛나는 상태 등을 지칭하는 말에서 유래된 것이다.[110] 그러니까 사리장엄이란 사리를 화려하고 엄숙하게 장식하는 것을 뜻하며, 사리장엄을 위해 사용되는 여러 가지 물건들을 통틀어 사리장엄구라고 한다. 사리장엄의 방식은 시대와 지역의 전통과 풍습에 따라 다르게 나타나며 일정한 틀이 정해져 있는 것은 아니지만 대체로 중첩되는 여러 겹의 용기 속에 사리를 봉안한다는 공통점을 가지고 있다. 이때 가장 중심에 사리를 직접 넣어두는 용기는 주로 유리병이나 수정이 사용되며, 그 다음 안에서부터 금, 은, 동 혹은 돌로 만든 용기로 겹겹이 사리를 장엄한다. 우리나라의 대표적인 사리장엄구는 불국사 석가탑 사리장엄구와 송림사 오층전탑과 감은사지석탑의 사리장엄구가 빼어난 아름다움을 지니고 있다.

110 대한불교조계종 불교중앙박물관, 『불교중앙박물관 개관특별전 佛』, 2007, p.70.

특히 불국사석가탑의 사리장엄구는 총4겹으로 되어 있다. 제일 바깥에는 당초무늬가 투각된 금동사리 외합으로 내부가 보이도록 만들어져 있으며 아래의 좌대와 외합, 그 위의 뚜껑으로 되어 있다. 그 내부에는 중앙에 연꽃 모양의 받침이 있고, 그 위에 2겹으로 구성된 계란 모양의 은제사리합을 안치하도록 되어 있다. 그 안에 다시 사리를 담는 녹색유리병을 넣어 총 4겹으로 사리를 장엄하였다.

외합의 중앙에 안치된 은제 사리기 옆에는 탑과 보살상, 신장상이 새겨진 사각형의 상자 모양의 금동사리합이 발견되었는데 그 속에는 향나무로 만든 붉은색 사리병이 들어 있었다. 이 밖에도 은으로 두드려 조각하고 곱게 치장하여 만든 작은 단지 모양의 사리용기와 각종 공양품들이 함께 발견되었다.

위와 같은 진신사리는 아니나 2008년 11월 중국에서 진신 두개골이 발견되어 화제가 된 적이 있다.

> 인도에서 중국에 전해진 것으로 알려진 석가모니 진신眞身 두개골[111] 일부가 중국 난징南京에서 발굴됐다고 베이징청년보北京靑年報가 24일 보도했다. 부처의 진신 두개골이 발굴된 것은 세계 최초라고 중국 언론들은 전했다. 문헌상에 '불정진골佛頂眞骨'로 표현돼 있는 진신 두개골이 발굴된 곳은 난징의 유명한 금릉대보은사金陵大報恩寺 터 지하 궁전이다.
>
> 난징시 문물국은 4월 보은사 절 터 지하에서 송나라 때의 장간사長干寺 지하 궁전을 발견하고 7개월가량 유적 조사를 진행해 왔다. 발굴팀은 땅속에 묻혀 있던 철제함 속에서 '아소카왕(중국명 阿育王)탑'으로 불리는 소형 보탑寶塔 내부를 정밀 확인했다. 높이 1.1m의 보탑 속에 내시경과 X선을 비춰 길이 35㎜, 직경 10㎜의 두개골을 확인했다.
>
> 난징 시 문물국은 "여러 분야 전문가들을 동원해 촬영하고 문헌 기록을 종합한 결과 중국에 전해진 석가모니의 두개골이란 사실에 조금도 의심이 없다"고 밝혔다. 진신 두개골이 발굴되자 난징 시 정부와 언론은 "불교신자라면 부처를 친견하기 위해 꼭 한번 난징을 찾아야 하게 됐다"며 큰 기대에 부풀어 있다.

111 진신 두개골이란 석가모니의 두개골을 말한다. 석가모니가 열반하자 제자들은 다비식을 거쳐 두개골과 치아, 가운뎃손가락 뼈 그리고 8만 4,000개의 사리를 수습했다.

앞서 중국 시안의 법문사法門寺에서 1987년 부처의 손가락 뼈인 진신 불지사리佛指舍利가 발견돼 큰 반향을 일으켰다. 당나라 황실의 전용 사찰이던 법문사의 탑 보수 공사 도중에 우연히 지하 궁전을 발견했고 국보급의 막대한 불교유물들이 한꺼번에 쏟아져 나왔다. 이 진신 불지사리는 유네스코의 세계 9대 불가사의로 꼽히면서 해마다 불교신자 등 수백만 명의 관광객을 불러 모으고 있다.[112]

탑돌이를 하는 이유[113]

불탑에 향화香華를 공양하며 오른쪽으로 세 번 도는 의식(우요삼잡右繞三匝), 즉 탑돌이를 하는 것은 불탑신앙에서 볼 수 있는 신앙형태로서 그 의미는 멸제삼독滅除三毒, 즉 자신의 탐욕과 분노와 어리석음 등을 없애겠다는 의지를 탑으로 화현된 부처님 앞에 다짐하는 행위라고 할 수 있다.[114]

탑돌이란 원래 절에서 큰 재가 있을 때 승려가 탑을 돌면서 부처의 공덕을 노래하면 뒤이어 무리를 이루어 수행하던 데서 비롯되었으나, 불교의 대중화로 민간화되면서 4월 초파일의 민속놀이처럼 변천되었다. 탑돌이 형식은 전국적으로 비슷하지만 각 사찰에 따라 약간의 차이가 있다. 그중 유명

112 중앙일보 2008년 11월 25일자, 베이징, 장세정 특파원.
113 김준오, 천득염, 「탑돌이 유형과 민속적 전개」, 남도민속연구, 2011, vol. 22.
114 佛像과 佛塔을 조성하는 공덕과 더불어 큰 공덕으로 등을 밝히는 공덕을 들 수 있다. 흔히 불교에서는 인간의 지혜를 가리는 모든 어리석음을 캄캄한 어둠에 비유한다. 『佛說施燈功德經』에서 나타나는 등불을 밝히는 공덕은 바로 그런 상징적인 의미까지도 포함되어 있는 것이다. 그와 함께 적게는 越川功德를 비롯하여 불상을 깨끗이 하는 浴佛의 공덕을 설한 『浴佛功德經』과 함께 『右遶佛塔功德經』에서는 역시 큰 신앙형태로 자리 잡은 '관욕'과 '탑돌이 신앙'의 교리적인 배경을 살펴 볼 수 있다.

■ 다메크 스투파 탑돌이

▪ 탑돌이 부조, 간다라(쿠샨시대)

한 것으로는 속리산 법주사 탑돌이다.

한국의 탑돌이 의식은 인도 불교의식에서 유래한 것으로 지속적인 적용과 변화가 이루어지면서 전통적인 불교의식 행위와 민속놀이의 하나로 자리 잡았다. 본래의 의식연행은 사찰에서 석가탄신일이나 큰 재齋가 있을 때 절에서 승려와 신도들이 밤새도록 탑을 돌면서 부처의 큰 뜻과 공덕을 기리고 소원성취 기원을 위한 것에서 비롯되어 점차 불교가 세속화되면서 민간에서 풍속놀이화되었다. 이러한 풍습은 석가 생존 시 제자와 신도들이 석가에게 경배하고 나서 오른쪽으로 3번 돌았다는 예법으로 '우요삼잡右繞三匝'[115] 방식에서 유래한 것으로 본다. 이는 고대 인도에서 고귀한 사람에 대한 최고의 예경법으로 불교의식에서 그대로 따른 것이며,[116] 대상이 자신의 오른쪽에 위치하게 하기 위하여 시계방향으로 돌며, 3바퀴 또는 9바퀴, 108바퀴를 돈다. 이러한 행위는 불탑에도 그대로 적용되어 나타난다. 인도에서는 오른쪽을 더 상위의 공간으로 본다. 동아시아에서도 오른쪽을 더 상위로 보고 있어 특별한 경우를 제외하고는 그대로 적용되었으며, 불보살과 더불어 탑에 대해서도 우요삼잡을 하는 것이 기본이다. 이렇듯 불교의식을 그대로 따른 것이 탑돌이이며, 불법을 따르면서 불법을 떠나지 않고 불법 속에 살겠다는 다짐을 한다.

『삼국유사』의 설화에서 볼 수 있듯이 탑돌이 의식은 지금까지도 부처님께 공양하는 간절한 믿음의 발로이다. 『우요불탑공덕경右遶佛塔功德經』[117]에서는 이런 믿음의 실행인 탑돌이가 사람에게 어떤 공덕을 받는가에 대해 자세히 밝히고 있는데[118] 탑 주위를 바른 믿음으로 돌기만 해도 그 공덕으로 인해 더없는 깨달음을 얻으리라는 것이다. 그런 까닭에 우리 민족에게는 예부터 현재까지 사찰에서의 연등, 관등행사와 함께 민간사상과 습합, 공존하

[115] 일례로 『金剛經』 제2분(菩提法師 역)에서는 "爾時諸比丘來詣佛所 到已頂禮佛足 右繞三匝退坐一面…(후략)"이라 하여 '이때 모든 비구들이 부처님 계신 곳으로 와서 부처님의 발에 절을 올리고 오른쪽으로 세 바퀴 돈후에 한쪽으로 물러나 앉았다'라는 기록이 있다. 이외에 많은 경전에 우요삼잡의 기록이 남아 있다.

[116] 이창식, 「충주 지역 중앙탑돌이의 현상과 활용방안」, 『지역정책연구』, 2002, p.64. 탑 자체의 우상화가 아닌 탑을 봄으로써 부처의 법을 되새기는 것이다. 인도에서 가장 존경을 표시하는 인사법은 그 사람의 주위를 오른쪽으로 홀수 번으로 도는 것으로 절하는 것보다 더 큰 존경의 뜻이다.

[117] 『右繞佛塔功德經』은 실차난다(實叉難陀) (唐 시대 번역, A.D. 695~704) 譯으로, 내용은 "如是我聞：一時, 佛在舍衛國祇樹給孤獨園, 與大比丘僧及餘無量衆俱, 前後圍遶. 爾時長老舍利弗即從座起, 偏袒右肩, 右膝著地, 合掌向佛, 以偈請曰：" 이라 하여, '부처님이 사위국의 기수급고독원에 있을 때, 사리불이 불탑을 오른쪽으로 도는 자의 공덕에 대하여 설해 줄 것을 청하자, 부처님이 게송으로 설한다.' 는 것이다. 이에 대한 내용은 "右繞於佛塔 所得諸功德 我今說少分 汝等咸善聽 一切諸天龍 夜叉鬼神等 皆親詣供養 斯由右繞塔 在在所生處 遠離於八難 常生無難處…(후략)"으로 '불탑을 오른쪽으로 도는 자는 모든 천신과 귀신들이 공양하고, 태어나는 곳마다 8난(難)이 없는 무난처(無難處)에 태어나며…(후략)' 으로 탑을 돌아 얻는 여러 가지 공덕을 설하고 있다.

[118] 경전연구모임, 『조탑공덕경, 욕불공덕경 외』, 불교시대사, 1995, p.7.

면서 우요삼잡의 습속이 중요한 민속행위로 남아 전해지고 있다.

우요삼잡과 함께 탑돌이의 다른 명칭으로 '행도行道' 라는 용어를 사용하고 있다. '행렬을 지어 길을 걷는다.' 는 뜻으로 원래 인도예법으로 불타 및 불교유적지를 예배·공양하기 위한 행위, 즉 우요삼잡을 말한다. 법회에서 승려들이 독경을 하며 열을 지어 불상 주위를 도는 의식을 가리키기도 하며, 불도를 수행하는 것 자체를 가리키기도 한다. 나아가 식후나 좌선 중에 심신을 가다듬기 위하여 일정한 장소를 왕복하거나 주변을 도는 경행經行을 말하기도 한다.[119] '행도行道' 라는 명칭의 사용은 불국사 석가탑에서 발견된 묵서지편에서 '삼잡행도三匝行道' 라는 용어가 나오는 것으로 보아 3번을 돌고 공경을 표하는 행위를 나타내는 용어로 사용됨을 알 수 있다. 이는 '우요삼잡' 과 함께 '삼잡행도' 가 동시에 사용된 것으로 해석할 수 있다. 그리고 민간에서는 '탑돌이' 라는 명칭이 대중에 의해 지속적으로 사용되었을 것으로 보는데, 현행되는 '탑돌이 민요' 를 보았을 때 일반 재가신자들에 의해서는 '탑돌이' 라는 명칭이 사용되어지고, 기록의 차원에서 '우요삼잡' 과 '삼잡행도' 가 사용되었을 것으로 생각된다.

탑돌이길은 일반적으로 '요도繞道' 라 하여 스투파 기단의 아래와 위에 원형으로 돌려져 있는 순회용 길을 말한다. 즉 태양 회전 방향을 따라 돎으로써 새 생명의 탄생을 가져오는 길을 상징한다. 힌디어로 Pradakshina patha[120], 영문 원전에서는 Circumambulatory patha라 하는데 한국에서는 기존에 사용되었던 용어를 일본학자에 의해 요도로 명명하였다. 이후 이를 일반적인 학술용어로 이용하였던 것으로 민간에서 이용되었던 용어인 '탑돌이길' 로 칭[121]하며 탑돌이길을 도는 의식적 행위를 '탑돌이'(Circling Pagoda, Circumambulation)라 한다.

스투파에 예배 드릴 때에는 스투파 주위를 우회하여 선회하는 것이 의례이기 때문에 주위에는 반드시 탑돌이길이 필요하였을 것이다. 스투파 숭배가 성행함에 따라 규모가 커지고 더불어 기단의 폭이 넓혀지면서 기단 아래와 위에는 상하 2단의 탑돌이길이 조영되었다. 상부 탑돌이길에 오르기 위해서 남문의 안쪽에 계단이 설치되었다.

산치대탑과 같은 일반적인 평지사원 스투파 이외에 탑돌이길을 볼 수

---

119 http://100.naver.com/행도(行道), 네이버 백과사전.
120 Pradakshina는 바라문에 의한 종교적 행위로 사용되던 것을 불교에서 차용한 것이다.
121 이희봉, 앞의 논문, p.104~105. 대부분의 탑 연구 원전으로 등장하는 문제의 산치1탑 도면이 용어 형성의 규범이 됐다. 이희봉은 단지 일본학자에 의해 '요도' 라는 명칭이 정립되었다고 주장하여 '탑돌이길' 이라 명명하고 있지만, 繞道나 繞의 명칭은 『三國遺事』의 「金現感虎條」나 『右繞佛塔功德經』과 같은 문헌에서 빈번하게 등장하고 있어 고대부터 지속적으로 사용된 용어이면서, 일본학자도 같은 용어를 사용하고 있음을 알 수 있다. '탑돌이' 라는 용어는 '요도' 와 함께 동시적으로 사용된 용어이다.

1. 카를리석굴 차이티야 탑돌이와 탑돌이길
2. 산치1탑 동문 탑형부조

있는 유구로는 석굴사원 스투파와 여러 지역에서 출토된 부조 조각과 봉헌용 소탑에도 표현되어 있다. 석굴사원에는 Chaitya라 하는 탑원굴이 있는데 이는 스투파를 안치하는 커다란 방형전실方形前室과 원형후실圓形後室이 결합된 형태를 하고 있다. 원형평면의 중앙에는 스투파가 위치하는데 스투파를 중심으로 배면에 반원형의 길을 만들어 놓았는데, 오른쪽에서 왼쪽으로 탑돌이를 할 수 있도록 하였다. 석굴사원의 모든 스투파에서 이러한 방

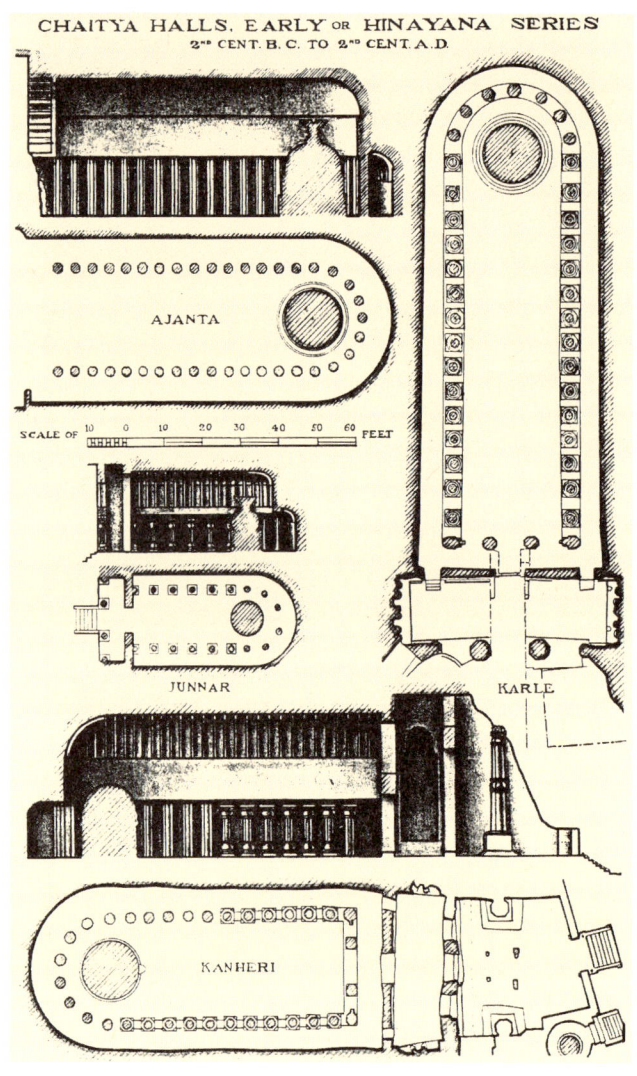

■ 방형전실과 원형후실이 결합된 차이티야 평면유형(Percy Brown, p.22.)

■ 아잔타석굴 차이티야 전면 부조

식의 탑돌이길이 형성되어 있어 초기의 스투파 조영 시부터 지속적으로 행하여진 의식을 볼 수 있다.[122] 그리고 중심이 되는 스투파에서 복발 하부로 1단에서 2단의 난간이 부조되어 있는데, 이는 탑돌이길과 난간의 약화된 표현이라 할 수 있다. 이는 평지사원 스투파와 달리 크기와 규모, 재료적인 차이에 의한 조영방식의 한계로 이해된다. 이러한 석굴사원의 탑돌이는 현재 각국의 불교신자와 인도 내의 소수의 불교도에 의해 의식적 대상이

되며, 힌두교에서도 석가를 힌두신의 하나로 인식하므로 이러한 탑돌이 의식이 지속되고 있다.

또한 일반적인 평지사원 스투파와 석굴사원의 스투파 외에도 탑문과 석굴사원의 내외부에 조각된 각종 탑형부조에서도 난간이 조각되어 있는데, 이는 탑의 외곽에 위치하기 때문에 탑돌이를 연상하게 한다. 난간은 대부분 복발 아래와 드럼 하부, 평두라 칭해지는 하미카 아래에 3단의 난간이 조각되어 있다.[123]

이처럼 대부분의 스투파와 탑형부조에서 탑돌이길과 난간의 유형이 보이고 있어 탑돌이 의식은 재가신자와 승가에 있어 중요한 의식의 하나로 자리하고 있음을 알 수 있다.

한국의 탑돌이길은 인도 시원형태와 직·간접적인 영향을 받아 스투파의 변형과 함께 다른 양상을 보이고 있다. 스투파에서도 시원적인 복발형에서 목조누각형의 탑 유형을 보이는데, 인도 탑돌이길은 중국과 한국의 탑돌이길과는 의장적인 차이를 보인다. 한국에서는 탑 주위로 탑구塔區가 위치하고 있으며 대부분 별도의 탑돌이길은 조성되지 않았다. 이는 하나의 승원 전체가 탑돌이길이 될 수 있는 것으로 불탑 주변의 공간을 모두 탑돌이길로

122 석굴사원의 탑돌이 의식은 중국과 한국의 석굴사원에서도 유사한 양식으로 적용되었다. 중국에서는 운강석굴, 공현석굴 등의 여러 석굴에서 '中心柱形' 탑에서 석굴 중앙에 위치한 누각형탑이 천정까지 이어지는데 주변으로 통로가 형성되어 있어 의식이 이루어지는 공간을 형성하였다. 한국의 석굴사원은 그 예가 거의 없어 탑을 중심으로 탑돌이가 이루어지진 않지만, 석굴암의 예에서 보이듯이 의식의 변화과정을 알 수 있다. 석굴암은 돔형 구조로 중앙에 불상을 안치하고 주위로 탑돌이를 할 수 있는 탑돌이길을 형성하고 있다.

123 탑형부조의 난간조각은 chaitya 스투파와 유사한 양식을 보인다. 그러나 chaitya 스투파는 상당 부분 파괴되고 소실되어 스투파의 형식적인 전개를 이해하는데 탑형부조가 중요한 역할을 하게 된다.

수용한 것이며, 탑구 시설이 탑돌이길을 병행할 수 있다고 할 수 있다. 현존하는 한국의 탑은 몇 기를 제외[124]하고는 인도 탑과는 달리 탑문과 난간이 별도 설치되어 있지 않다.

    인도의 스투파는 난간과 탑문을 통해 외부세계와 경계를 두고 있으나 한국의 탑과 탑돌이길은 가람 전체와 함께 공간의 개방적인 요소가 특징이라 할 수 있다. 이러한 요소는 가람 자체가 하나의 경계를 형성하고 있으므로 탑에 따로 경계를 만들 필요가 없을 것이다. 이는 사상적으로도 중국, 한국, 일본 극동 삼국은 각 지역의 민간풍속과 결부되어 연행이 이뤄지면서 변화, 적용된 것이라 할 수 있다. 이로 인해 민간신앙에서 탑돌이 의식이 접목되어 조탑과 더불어 탑돌이 의식이 다양하게 나타나는 것으로 이해된다.

[124] 불국사 다보탑의 탑 상하부에 난간이 설치되었으나 하부는 현재 소실되었으며, 상부의 난간은 의장용으로 다보불이 앉는 자리를 상징적으로 표현하고 있다. 기단 상부의 1층 공간에 난간을 두르고 공간을 형성하고 있어 탑돌이길 이라 할 수 있다. 또한 고대 삼국의 목탑과 석탑 유구에서 난간 흔적이 보이고 있어 의장적인 요소가 강하다고 볼 수 있다.

제3장
부처의 삶과 가르침, 그리고 불탑

부처의 전생, 선혜보살과 호명보살
고대 인도인들의 종교관과 불교발생
부처의 삶과 가르침
부처의 열반과 건탑建塔
최초의 불교사원과 주변의 탑
룸비니와 카필라바스투, 주변의 스투파

부처의 삶과 가르침, 그리고 불탑

부처의 전생, 선혜보살과 호명보살[1]

불교에서는 생명의 연속성, 즉 무릇 중생은 죽어도 다시 태어나 생이 반복된다고 하는 윤회를 믿는다. 모든 생명체는 윤회하는 생명이 있기 때문에 부처에게도 수많은 전생이 있었다. 남방불교의 한 대장경에는 부처의 전생에 대한 이야기가 무려 547개나 수록되어 있다. 부처는 전생에 사람이기도 했고 원숭이, 사슴, 코끼리 등 여러 존재로 태어났는데, 어떤 모습으로 태어나든 모두 선업을 지었다.

부처의 전생에는 선혜보살(혹은 동자)이었던 적이 있었고 그 후에 다시 호명보살[2]이었던 적도 있었다. 바라문 청년 수메다(sumedha, 무구광無垢光)라고도 하는 선혜보살은 남달리 총명하였고 부유하였는데, 대대로 모아둔 재산과 보물을 가난하고 불쌍한 사람들에게 나눠주었으며, 세속적인 욕심을 버리고 도시를 떠나 고행하며 수행 정진했다. 이처럼 수행하던 선혜는 연등부처[3]가 마침 이 나라에 온다는 소문을 듣고 길에 나섰을 때 왕과 백성들이 모두 다 연등부처를 위해 사람들이 오는 길을 수리하고 은빛모래를 깔고 갖가지 꽃을 뿌리려 하였다. 선혜도 부처께 꽃을 공양하려 하였으나 꽃을 찾지 못하여 근심에 빠졌다. 그러던 중 구리천녀拘利天女가 3천 년 만에 한 번 핀다는 우담바라(혹은 푸른 연꽃 일곱 송이) 꽃을 옥병 속에 감추고

---

[1] 부처의 생애에 관한 내용은 한갑진, 『부처님의 생애』, 한진출판사, 1993; 광명스님, 『불교학개론』, 도서출판 솔과학, 2009의 내용을 참조함.

[2] 선혜동자라고도 한다. 보살(菩薩)은 보리살타의 준말로 보리는 깨닫다, 살타는 유정(有情)의 뜻으로 '깨달은 중생, 깨우치게 해주는 사람'이라는 의미를 지닌다.

[3] 부처의 출현을 시간에 따라 과거불·당래불(當來佛)·현재불로 나눌 때, 과거세에 나타난 부처를 과거불 또는 고불(古佛)이라 하고, 미래에 나타나는 부처를 당래불 또는 후불(後佛)이라고 한다. 과거불에는 석가모니의 전생에 그가 부처가 되리라는 수기(授記)를 주었다는 연등불(燃燈佛)을 비롯한 과거7불(석가모니도 포함됨) 등이 있고, 미래불에는 현재 도솔천에 있다가 석가모니가 입멸한 후 56억 7,000만 년이 지나 사바세계에 태어나 성불한다는 미륵불이 있다.

▲ 부처의 전생, 선혜보살, 합천 해인사의 벽화

있다는 것을 알게 된다. 선혜는 구리천녀를 찾아가 꽃을 나눠주기를 애원하였고 천녀는 꽃값으로 다음 세상에 선혜의 아내가 되기를 소원한다고 말했다. 선혜는 천녀에게 부부의 인연을 맺을 것을 약속하고 다섯 송이의 꽃을 받아 연등부처에게 공양하였다. 수많은 비구에 둘러싸인 연등부처에게 꽃을 바치고 돌아오던 중 비가 내렸다. 그러던 선혜는 연등부처의 발에 진흙이 묻을까 염려되어 땋았던 머리를 풀고 염소가죽옷을 진흙 위에 펴서 비구들과 함께 연등부처가 그 위를 밟고 지나가기를 소원하였다. 연등부처는 선혜를 보고 찬탄하여 '무량수겁을 지낸 뒤 사바세계에 성불하여 석가모니라는 부처가 되어 나와 같이 삼계 중생을 제도하리라.'는 수기授記[4]를 내렸다. 또한 선혜가 카필라에서 살 것이며 아버지는 정반왕이고 어머니는 마야 왕비일 것이라는 말을 남기고 떠났다.

부처의 전생에 관한 얘기중에서 위와 같은 선혜보살 뿐만 아니라 호명보살 얘기도 흥미롭다. 특히 석가가 성불成佛하여 부처가 되기 이전, 즉 전생에서 보살로서 수행한 일과 공덕을 이야기로 구성한 경전인 『본생경』에 의하면 석가모니는 인도에 태어나기 전에 도솔천[5]에 있었으며 그때의 이름이 호명보살護明菩薩이었다고 한다. 호명이란 석가가 보살로 도솔천에 머물렀을 때 부르던 이름이다. 깨달음의 길로 가고자 하는 중생을 보호하고 그 길을 밝게 밝혀주므로 호명護明이라는 이름을 얻었다. 이렇게 부처가 되기 바로 전의 보살을 일생보처보살一生補處菩薩이라고 하며 현재 비어 있는 부처의 자리를 메운다는 뜻을 지닌다.

호명보살은 도솔천에서 중생을 구제해달라는 천인들의 간청을 받아들여 자신이 태어날 지방과 집안, 생모에 대해 살핀 뒤, 사카족 마야 왕비의 태중에 들 것이라 결정했다. 왕과 결혼한 지 20년이 넘도록 아이가 없었던 마야 왕비는 흰 코끼리가 오른쪽 옆구리로 들어오는 꿈을 꾼 뒤 석가모니를 잉태했다고 한다. 호명보살이 도솔천의 신들에게 법문을 설한 후 도솔천을

4 부처가 수행자에게 하는 예언이나 약속.

5 도솔천(兜率天)은 선행을 많이 닦은 이들이 태어난 세계이다. 지족천(知足天), 희족천(喜足天), 묘족천(妙足天)이라고도 하며 이곳에서는 남녀가 서로 손을 잡는 것만으로도 음양을 이룬다고 한다. 이곳에서 처음 태어나면 인간의 4세와 같은 상태라고 한다. 도솔천에는 내원과 외원이 있는데 외원은 천인들이 거처하는 곳이고 내원은 미륵보살의 정토로서 미륵보살은 이곳에 있으면서 성불할 때를 기다리고 있다. 석가모니도 이 세상에 오기 전에 도솔천 내원궁에서 천인들을 교화하고 있었다.

1. 선혜동자와 구리천녀
2. 부처의 전생 호명보살

떠나서 마야 왕비의 몸을 빌려 인간세상으로 오게 된 것이다.

이러한 전생에 대한 설화적인 내용은 본생담本生譚과 본생도에 잘 나타나고 있다. 부처가 전생에서 실천한 선행을 본생담이라 하며 그것을 그림이나 조각으로 표현하는 것을 본생도라고 한다. 또 부처가 인간으로서 마지막 삶, 즉 카필라바스투에서 싯다르타 왕자로 태어나 부처가 되고 열반에 이른 현세적 삶의 이야기를 불전도佛傳圖라고 한다.

아무튼 인도에서는 일찍부터 모든 생명체들은 모습을 바꾸어가며 생사를 반복한다는 윤회의 관념이 있었다. 따라서 부처의 출생 이전과 이후의 모든 삶, 즉 전생과 현생도 이러한 선상에서 이해가 된다. 결국 부처는 오랜 겁 전에 이미 부처가 되기로 서원하여 수많은 삶을 태어나고 죽으면서 선업을 쌓아왔다. 때로는 인간으로, 때로는 미물로 태어나 그때마다 선행을 실천하며 훌륭한 공덕을 쌓은 것이다. 그 결과 반복되는 윤회의 마지막 생에서 깨닫고 부처가 되는 최고의 공덕을 얻을 수 있었던 것이다.

고대 인도인들의 종교관과 불교발생

고대부터 인도인들은 자신의 생이 한 번으로 끝나는 생명체가 아니며 현생의 삶은 다음 생의 시작으로 계속 이어진다고 생각하고 있다. 곧 윤회사상을 믿고 있다. 그러므로 인도인들은 현생의 목표를 달

마야부인의 꿈에 나타난 흰코끼리의 탁태

성하기 위해 초조하거나 조급해하지 않고 서두르지 않는다. 또한 인도인들은 불가사의한 자연의 배후에 자연현상을 지배하는 어떤 초월적 존재가 있을 것이라 생각했다. 인도인들은 여러 민족으로 이루어졌고 따라서 다양한 언어를 사용하고 수많은 신들을 모시고 있다. 그래서 신에 대한 신화가 풍부하고 어디든 신을 모시는 신전이 있다.

대표적인 고대 인도의 종교로서는 베다교에서 발전한 바라문교婆羅門敎(Brahmanism, 브라만교라고도 함)를 들 수 있다. 바라문교는 최고신 브라만에 대한 중요성과 사제계급인 바라문의 지배적 위치를 부여하는 과정에서 비롯되었다. 바라문교는 정통 힌두교와는 구별되는데 힌두교는 시바, 비슈누와 같은 개별적인 신과 그에 대한 신애信愛에 더욱 중요성을 부여하면서 바라문교를 계승했다. 바라문교란 후대의 학자들이 만든 말로 사성계급을 바탕으로 종교가 발달 하였지만 후대에 와서 힌두교로 변신한 종교이다. 따라서 바라문교는 많은 신도를 확보하고 있지만 종교라기보다는 인도의 전통적 민중생활의 근간을 이룬 정통 철학사상과 해석이 신학과 제사, 의례 등 종교전반을 포함한 것이라 할 수가 있다.

기원전 15세기경에 정착한 초기 인도 유럽인들의 종교는 베다교로부터 시작하여 제사주의적 종교인 바라문교로 성장하였으며 지금까지도 힌두교와 자이나교, 불교, 이슬람교를 비롯한 다양한 종교가 있다. 인도에서는 일상에서 종교적 교의에 적절히 순응하며 살아가고 있는 모습을 쉽게 볼 수 있다. 그래서 수많은 인구들의 삶에 있어서 계급간의 큰 투쟁은 없다. 기원전 1,500년경 게르만족의 조상인 아리아인들이 인도를 침입하였고 기원전 1,000년경부터 갠지스강과 야무나강 중간 지점의 비옥한 평원을 차지하였다. 이들은 외부의 침략도 없이 농경과 목축이 순조로 와서 오랫동안 태평시대를 보낼 수 있었으며, 바라문 문화를 정착시켰다. 인도땅에서 살고 있던 드라비다족과 처음에는 공존의 관계를 유지하다 나중에는 결국 지배적 지위를 차지하게 되었다. 인도에는 이들 아리아인들 이외에도 여러 원시부족들이 있었으며 이들은 농경, 목축, 상공업에 종사하였다. 이때 인도의 세습적 계급제도인 사성제도四姓制度가 확립하게 된다. 이 제도는 네 계급의 최상위자로 신에게 제사지내는 의식을 담당하는 바라문婆羅門(브라만), 독립적으로 군대를 통솔하고 정치를 담당한 귀족계급인 크샤트리아刹帝利[6], 농업, 목축, 상업, 공업을 담당하는 서민계급인 바이샤, 최하위 계급에 종사하는 천민계급인 수드라 등이다.

사성 중 바라문이 최상위를 차지한 것은 지배집단인 아리아인이 드라비다인인 원주민들을 예속시킬 때 바라문의 주술이 원주민의 종교보다 더 복잡하고 고도의 주술적인 종교의례를 갖추었기 때문이다. 바라문들은 인간의 운명은 자신들의 의지에 좌우 된다고 하면서 민중을 핍박하였고 자신들의 혈통을 하늘의 범천梵天과 연결시키는 등, 바라문 지상주의 세상을 만들어 내게 되었다. 이 때문에 바라문이 최상위를 차지하게 된 것이다.

석가가 활동하였던 기원전 6세기경 인도 북부는 많은 소국가들이 자리하고 있었는데, 그중 일부는 왕위세습제의 군주국이었으며 또 다른 일부는 지도자를 선출하는 공화국이었다. 이들 나라에서는 점차 농업이 발전하여 정착되었으며 토기, 목공, 직물직조 등과 같이 세분화된 상업중심지도 생겨났다. 이런 결과 점차 정치적으로나 경제적으로 나라가 안정되고 번성하였으나 정신적으로는 동요가 심한 시대이기도 했다. 특히 바라문이 절대적으로 우세한 지위를 차지하고 있는 계층이 엄격한 카스트제도로 변하면서 국민들에게는 상당한 불만이 야기되었다. 이에 영적인 지도자들은 갠지스강 유역을 방랑하면서 대항문화라 할 수 있는 또 다른 삶의 형태를 만들어 갔다. 66개의 새로운 교의가 등장하였으나 그중에서 두 개의 종교만이 영향력이 있는 신앙으로 발전해갔다.[7] 하나는 자이나교이고 다른 하나는 불교이다. 바이샬리 근처의 공화국족장인 마하비라는 서른 살에 출가하여 깨달음을 얻은 뒤 지나(Jina), 즉 '승리자'로 알려지게 되었다. 그는 금욕생활과

[6] 샤카족이 이 계급에 속한다.
[7] 비드야 데헤자, 이숙희 번역, 『인도미술』, 한길아트, 1998, p.39.

갠지스강에서 정화목욕을 하는 힌두교도들

고행을 강조하는 수행방법을 널리 폈다. 이 신앙은 후에 자이나교로 발전하였다. 자이나교는 특히 인도 서부에서 오늘날까지 중요한 종교로 추앙되고 있다. 극단적으로 살생을 금한 그들은 농업보다는 상업을 주로 하였기때문에 현대는 자산가가 많고, 사회의 지도층을 이루고 있다.

또 하나의 반 바라문적인 사상의 교리를 갖는 불교의 교주인 석가가 활동한 시기는 기원전 500년경이다. 이 시기에는 전통적 바라문교에 대하여 반反 베다적인 사상이 일어났다.

북인도에서는 베다의 바라문교가 신봉되고 바라문계급의 권위가 중시되고 있었지만 중인도는 바라문의 권위가 확립되지 않았으며 무사계급의 세력이 강하고 바라문이 그 하위에 있었다. 중인도에는 당시 16개국이 있었는데 그중 코살라(Kosala)국과 마가다(Magadha)국이 가장 강했다. 이 시기에는 현대적 의미의 왕이 출현했고 왕의 권위를 강화하였다. 경제적으로 마가다국은 농사를 주로 지었으며, 상공업의 발달로 상인의 장長인 장자長者(resthin, setti)계급이 나타났다. 마가다국은 경제적으로 풍요했기 때문에 수많은 출가자를 부양할 수 있었으며, 종교에 뜻을 둔 사람은 출가해서 수행자가 되었고 보시에 의해 생활하면서 진리를 찾는 일에 전념할 수 있었다.

수행자에는 바라문婆羅門(Brahman)과 사문沙門(ramana samana)이라는 두 부류의 수행자들이 있었는데, 바라문은 전통 종교인으로 베다의 종교를 신봉하여 제사를 지내고 동시에 우파니샤드 철학의 범아일여梵我一如에 기대어 해탈하고자 하였다. 범아일여의 범梵은 인도의 고대어로 바라문교를 신봉하는 인도의 귀족을 말하며 더러움이 없다는 뜻이다. 한편 사문은 노력하는 사람이란 뜻으로 집을 버리고 출가하여 걸식생활하며 수행하는

명상수행을 하는 불교출가자

'불가촉천민의 싯타르타'라 불리우며, '불가촉천민 해방'의 위대한 인물인 암베드카르

사람들이었다. 이들은 청년 때부터 금욕생활을 하고 숲 속으로 들어가 명상수행을 하거나 혹독한 고행을 하여 해탈하고자 하였다. 결국 이들 사문 수행자가 왕자인 싯다르타의 출가에 결정적인 계기를 준다.

이처럼 기원전 4세기 무렵까지 승려가 유랑하며 수행하는 것은 불교의 전통으로 확립되었다. 그들은 무역로를 따라 유랑하면서 상인과 무역상, 그 밖의 사람들을 개종시켰으며 그 결과 불교신자들은 상당수에 이르렀다. 특히 승려들은 강이 범람하고 전 지역이 홍수에 넘치는 우기의 세 달 동안만 정착할 수 있도록 허락을 받았다. 승려들의 일시적인 은신처는 원래 비를 피하기 위하여 만들어진 피신처로 만들어진 것이었으나 나중에는 결국 불교사원으로 변하였다.

아무튼 젊은 왕자 싯다르타가 출가하여 부처가 되어 창시한 불교는 관능적인 쾌락은 물론이고 극도의 고행도 피했기 때문에 얼마 되지 않아 인도에 널리 전파되었고, 중국과 한국, 일본과 동남아시아에 이르기까지 그 영향력을 크게 미쳤다. 그러나 불교는 수 세기 후 원래 발생했던 인도에서는 거의 소멸되었으나 20세기에 이르러 토착민의 지위향상을 옹호했던 암베드카르(Ambed kar)의 노력으로 다시 일어나게 되었다.[8]

부처의 삶과 가르침

인류 최고의 스승이 된 고타마 싯다르타(Gautama Siddhartha), 즉 석가모니[9]는 유교의 시조인 공자와 비슷한 시기의 인물이고, 기독교의 성인인 예수 그리스도 보다는 수백 년 앞선 시기의 인물이다.

부처(Buddha)란 법을 깨닫는 사람이라는 뜻이다. 부처의 생애는 온갖

8 암베드카르는 불가촉천민의 집안에서 태어났지만 한 선교사의 도움으로 영국에 유학을 떠났다. 영국에서 박사 학위 2개를 받은 그는 미국에서 경제학박사 학위를 또 받고 초대 네루 정부의 법무부 장관으로 발탁되어 민주적인 헌법을 기초했다. 그는 불가촉천민의 인권을 위해 투쟁하였으며 이에 관한 많은 책을 남겼다. 불가촉천민과 억압받는 사람들에게는 아버지와 같은 존재다.

9 釋迦牟尼, 석가는 사캬(Sakya)족을 말하고 모니(muni)는 성인이라는 의미를 가지고 있다. 즉 석가모니란 '석가 족(族) 또는 사캬 족 출신의 성자'라는 뜻, 석가모니의 본래의 성은 고타마(Gautama, 瞿曇), 이름은 싯다르타(Siddhartha, 悉達多)인데 후에 깨달음을 얻어 부처(Buddha, 佛陀)라 불리게 되었다.

10 영어식 표기는 Kapilavastu라고 한다.
11 석가모니의 탄생연대에 대해 기원전 623년설, 기원전 565년설, 기원전 462년설 등 세 가지 설이 있다. 기록에 남아 있는 문헌에 의하면 불멸 후 아소카왕이 즉위하였으므로 불멸연대를 먼저 계산하여 석가의 탄생 연도를 추정하게 된다. 현재 우리나라에서 사용하고 있는 불기는 기원전 623년 설을 따르고 있다.
광명 스님, 『불교학개론』, 도서출판 솔과학, 2009.
12 샤카족은 먼 옛날 부처의 조상이 히말라야 남쪽 설산 기슭에 이주해 와 나라를 세움으로 비롯되었는데, 나라를 잘 세웠다는 뜻으로 샤카, 즉 석가('잘했다' 는 뜻)라는 성을 내렸고, 그곳에서 수행하던 선인의 이름을 따 성의 이름을 카필라라고 이름지었다.
13 부처에게는 수많은 전생이 있었다. 남방불교의 한 대장경에는 석가모니의 전생에 대한 이야기가 무려 547개나 수록되어 있다.

신비로운 기행과 가르침이 가득 차 있어 그의 생애를 알면 불법을 다 들을 수 있다. 그에게는 전생이 있고 현생이 있으며 열반 후에 영원한 진리가 있는 것이다.

부처는 중생들로 하여금 부처의 지혜를 성취하는 길로 들어서게 하려고 세상에 출현하였다. 즉 중생들에게 부처의 지혜를 깨닫게 하려고 세상에 태어난 것이다. 그가 태어나서 깨달음을 위해 정진하고 열반에 드는 한 생애가 곧 진리인 것이다. 그래서 그의 생애가 불교도들을 비롯한 일반대중들의 가장 큰 관심사가 되는 것이다. 또한 입멸 후에는 그의 위대함이 추모되면서 점차 역사적으로 살아있었던 실존적인 인물에 초인적인 전설이 부가되어 신적존재로 자리하게 되는 것이다.

석가모니는 인도의 카필라10)(Kapila, 迦毘羅)성의 성주城主인 숫도다나(Shuddhodana, 淨飯王)왕과 마야(Maya, 摩耶) 부인 사이에서 기원전 623년 4월 8일에 태어났다.11) 카필라의 영어식 표기인 카필라바스투(Kapilavastu)는 인도 고대 불교문헌에 나타난 16개국의 하나인 코살라국에 속한 작은 나라로 석가모니의 아버지인 숫도다나왕이 다스리던 샤카釋迦족12)의 본거지였다.

이 세상에 크나큰 깨달음과 광명을 밝혀 인류를 구제할 위대한 스승, 부처는 태어날 자리에서부터 덕을 많이 쌓은 청정한 집을 선택하여야 하였다. 출생 전13) 과거 도솔천에서 오랜 기간 동안 좋은 일을 하며 수행하던 보살(선혜보살, 호명보살)이 인간 세상에 나타날 시기가 되자, 어느 곳에 탯자리를

1. 부처의 탄생지 룸비니
2. 룸비니의 보리수

■ 1. 갓난아이 석가의 발자국
　2. 룸비니의 연못과 마야데비사원

잡아야 할지에 대한 임무를 맡은 금단金團 천자가 고르고 골라서 정한 것이 고타마(Gautama, 瞿曇)의 집이었다. 이에 도솔천에서 카필라국의 슈도다나왕의 왕비인 마야부인의 몸에 의탁하여 세상에 나고자한 것이다. 마야 부인의 태 속에서 자란 부처는 따뜻한 봄날 룸비니 동산에서 태어났다. 마야 부인은 산달이 되자 당시 인도의 풍습에 따라 친정으로 아이를 낳으러 가는 도중 아름다운 꽃들이 피어난 룸비니 동산에서 산기를 느껴 오른손으로 무우수가지를 붙잡고 보통사람과는 달리 오른쪽 옆구리로 태자를 낳았다. 이때 태어난 태자의 이름은 모든 것이 뜻대로 이루어진다는 싯다르타(Siddhartha)였다.

이러한 연유로 샤카족 왕자로 태어난 싯다르타는 태어나자마자 동서남북 사방을 차례로 둘러본 뒤, 북쪽을 향해 일곱 걸음을 걸었다. 그리고 한 손은 하늘, 한 손은 땅을 가리키며 "하늘 위, 하늘 아래 오직 나만이 존귀하다!天上天下 唯我獨尊"14) "나는 가장 존귀하고 뛰어나다. 이번이 마지막 생이다. 중생을 제도하기 위해 태어났다."라고 3마디의 사자후獅子吼를 한 것이다. 태어나자마자 사방으로 7보를 걸으며 한 손은 하늘을 가리키고 한 손은 땅을 가리키며 사자후를 하자 걸음마다 연꽃이 생겨났다고 한다. 이처럼 스스로의 존엄함을 말하자 아홉 마리의 용이 물을 뿜어15) 태자를 씻겼다.

이러한 설화적인 내용에 대한 프랑스 출신 서명원 신부의 해석은 부처님의 사자후를 이해하는 데 좋은 설명이 된다.16) "거짓말을 하려고 이런 이야

14 거만하게만 여겨지는 '천상천하 유아독존!'은 자기중심적인 거만한 외침이 아니었다. 그것은 온전히 자신을 비운 자만이 던질 수 있는 '자기독백'이었다. 부처는 '무아(無我)'를 설법했다. 유아독존의 '나(我)'와 부처가 설법한 '없는 나(無我)'는 서로 다른 둘이 아니었다. '나' 자신이 없는 자리, 거기에 부처가 있는 것이다. 이 우주에서 끊임없이 생멸하는 삼라만상의 바탕 없는 바탕, 거기에 부처가 있다. 그러니 결국 부처는 "나 없는 나, 오직 그만이 존귀하다"고 외친 것이다.
15 이를 구룡관욕(九龍灌浴)이라 한다.
16 중앙일보 2011년 5월 5일자 신문 기사내용에서 발췌함.

기를 지어낸 게 아니다. 담긴 뜻을 찾는 게 중요하다. '천상천하 유아독존'은 내 안의 불성을 일컫는다. 그건 절대적 선언이다. 예수님도 '나는 길이요, 진리요, 생명이다. 나를 통하지 않고서는 아무도 아버지(하느님)께 갈 자가 없다'고 하셨다. 그것도 절대적 선언이다. 불자들이 불교 안에서 절대적 진리를 찾았듯이, 그리스도교인은 그리스도교 안에서 절대적 진리를 찾았던 거다."

마야 부인은 출산 후 건강이 나빠 출산 일주일 만에 사망하고 말았고 싯타르타 왕자는 마야 부인의 여동생인 이모의 손에 의하여 양육되었다. 당시의 풍습에 따라 이모가 새어머니가 된 것이다. 석가의 탄생지 룸비니에는 석가 열반 후 200년 정도 후에 이곳을 방문한 아소카왕에 의하여 석가탄생지라는 글이 새겨진 비석이 건립되었는데 지금도 남아 있다. 이곳은 석가의 4대 성지의 하나로서 지금까지도 불교신자들의 참배가 끊이지 않고 있다.

■ 출가하는 모습을 묘사한 유성출가상
(용문사 팔상탱)

아소카왕의 석주石柱 근처에는 산후 갓난아이를 씻는 물로 사용되고 있는 깨끗한 연못물이 가득 차 있다. 또한 이 연못 뒤에는 마야데비사원이 있고 그 안에 갓난아이 싯다르타의 발자국이 있다.

싯타르타 왕자는 어려서부터 총명하고 학문과 무예가 뛰어났으며 왕이 되기 위한 예비수업으로 갖가지 수련을 쌓았다. 약하다 걱정하는 이들에게 무예솜씨를 보여주기도 하였다. 그러던 중 남부러울 것 없이 잘 자란 태자가 들에 나가 농사짓는 모습을 보게 되었다. 농부들이 논을 갈아엎는데 흙 속에서 벌레들이 죽어 나왔다. 그런가 하면 동물들이 서로 잡아먹기 위해 싸우는 장면도 눈에 들어왔다. 죽어나가는 시체를 보는가하면, 한없이 맑은 얼굴의 사문도 보았다. 이러한 장면들을 보면서 '사는 것이 무엇인가? 왜 자신의 삶에는 집착하면서 다른 존재의 삶은 생각지도 않는가?' 이런 고민에 빠져 태자는 고요히 명상에 잠기는 경우가 많았다.

싯타르타 왕자의 얼굴에 서린 고민을 감지한 부왕은 태자의 마음을 돌리려고 여러 가지 노력을 기울였다. 사계절을 달리 하여 철마다 기분을 다르게 느낄 수 있는 3궁전을 지어주고 수백의 궁녀들이 태자의 곁에서 시중들며 환락의 세계에 젖어 들도록 하였다. 또 명망 있는 장자의 따님으로 재색을 겸비한 야쇼다라(Yasho dhara)를 태자비로 맞이하여 라울라(Rahula)라는 아들을 낳았다.

또한 '팔리어 경전'에는 부처의 유년에 대한 내용이 있다. 어느 날 시종들과 함께 세상물정을 알아보기 위해 왕궁 밖으로 나간 싯다르타는 열대과일 나무 아래서 명상에 잠겼다. 경전에는 "농부의 쟁기질로 죽은 벌레, 햇볕과 먼지에 그을리고 더럽혀진 농부의 얼굴, 무거운 짐으로 헐떡이는 소를 보며 그는 가슴 가득 연민의 정을 느꼈다. 그리고 말에서 내려 슬픔을 새기면서 천천히 걸었다"고 기록돼 있다.

출가하기 전 동, 남, 서, 북의 성문 밖에서 각각 노인, 병든 사람, 시체와 수행자[17]를 만나 생로병사의 고통을 직접 보고 느끼게 된 것이다. 그는 성장하면서 왜 인간은 이 세상에 태어났고, 왜 병에 걸리며, 왜 늙어 가는가, 또 왜 인간은 죽는가, 죽어서 과연 어떻게 되는가 하는 기본적인 고뇌에 빠졌다. 왕자는 인간의 고통을 해결하고 깨달음을 얻기 위하여 밤낮 면학에 열중하였다. 훌륭한 스승이 있다면 멀리까지도 찾아가 가르침을 얻었고 책을 읽고 명상을 하여 마음을 수양하기를 게을리하지 않았다. 그러나 깨달음을 얻기란 쉬운 일이 아니었다.

왕자에겐 출가의 계기가 된 것이다. 동문 밖 나들이에서 늙음을, 남문 밖에서 병듦을, 서문 밖에서 죽음의 풍경과 마주쳤다. 그리고 인간의 생로병사에 절망했으나 북문 밖 나들이는 달랐다. 수행자로부터 "늙고 죽음이 없는 경지를 구한다"는 말을 듣고 그는 출가를 작정했다. 이제까지 본 사람들과는 전혀 다른 형형한 눈빛과 편안하기 그지없는 얼굴은 왕자의 마음을 사로잡았다. 왕자는 이러한 본질적인 문제에 답을 구하고자 출가를 결심하였다. 출가를 허락해 줄 것을 부왕에게 간청하였으나 부왕은 이를 거절하였다. 오히려 왕자를 욕락으로 돌려놓고자 하였다. 그럴수록 왕자의 뜻은 더욱 굳어져 갔다.

1. 싯다르타왕자의 출가
2. 출가 후 브라만 수행자를 찾아간 왕자
3. 출가 후 옷을 갈아입는 싯다르타왕자

17 사대문으로 짝지어진 생로병사의 장면은 태자의 출가의지를 북돋우려는 作瓶천자가 몸을 만들어 내보인 것이고 사문의 모습은 淨居천인이 만들어 보인 것이라고 불전은 적고 있다. 정병삼, 『그림으로 본 불교이야기』, 풀빛, 2000, p.82.

인도에서는 빨리 결혼하는 관습이 있기 때문에 당시 29세였던 왕자는 그의 자식들이 이미 성장하였고 후계자도 준비된 셈이었다. 때문에 왕자는 어느 날 밤 마부 찬다카(Chandaka, 車匿)가 이끄는 애마 칸타카를 타고 홀연히 성문을 빠져 나왔다. 제석천이 산개를 들고 앞장서고 사천왕이 말 다리를 하나씩 들어 소리 없이 성을 넘으니 정거천인은 성을 지키는 사람들을 잠들게 하였다. 카필라성을 나간 싯다르타는 천리마를 타고서 하룻밤 새 세 왕국을 지나 30요자나(1요자나는 10~15㎞) 떨어진 어떤 강가에 닿았다. 강 언덕에 올라 시종에게 강 이름을 물었다. "최후의 승리를 뜻하는 '아노마' 강입니다." "그렇다면 나도 '아노마' 가 되리라."라고 하였다.

강을 건넌 왕자는 거기서 시종과 천리마를 카필라성으로 되돌려 보냈다. 입고 있던 옷을 사냥꾼과 바꿔 입고 머리를 자르고는 가진 것을 모두 마부 찬다카에게 주며 부왕에게 돌려보내고 혼자서 고행길을 떠났다. 그러고는 '최후의 승자'가 되기 위해 홀몸으로 지금의 네팔령을 동으로 300㎞쯤 가로질러 갔다. 태어난 룸비니와 외가가 있는 데비다하, 광대한 원시 밀림의 치트완을 지나 헤타우다까지 간 다음 인도로 내려간 것이다.

■석가고행상, 시크리출토, 2~3세기경 (라호르박물관)

부처는 혼자이기 때문에 자기 스스로 일하고 먹을 것을 구하고 잠자리도 구하지 않으면 안 되었다. 그 때문에 탁발鉢을 하면서 마가다국의 수도이 라자가하로 향하는 여행을 계속하였다. 당시 마가다국은 강대한 나라로 학자들이나 수행자들이 많이 모아들었다. 부처는 이곳에서 마가다국의 유명한 스승을 모시고 가르침을 받았다.

먼저 당대의 수행인들이 모여 있던 중심지 왕사성에 가서 선정 수행의 대가인 아라다 칼라마라는 선인을 찾아가 제자가 되어 수행하였다. 그의 밑에서 "스스로에 계속하는 것은 없다" 하여 세간의 모든 욕망을 버리는 무소유처경지에까지 올랐으나 이것으로는 자신의 근본 의문을 해결할 깨달음을 얻을 수 없었다. 또 다른 대가 우드라카 라마푸트라를 찾아 더욱 심오한 경지인 "생각도 없고 생각하지 않음도 없다"는 경지에 올랐어도 결과는 마찬가지였다.

그러던 중 당시 마가다국의 빔비사라왕은 석가를 보자

1. 부처께 죽을 바치는 소녀 수자타 (왼쪽)
2. 수자타 스투파

빼어난 그의 기품과 식견에 보통 사람이 아니라고 여겨 군대의 지휘를 맡기고 싶다고 도움을 청하였다. 석가는 부득이 자신의 신분을 밝히고 '사고四苦를 극복하고 깨달음을 얻기 위하여 출가한 자'라는 것을 말하고 거절하였다. 이에 국왕은 깨달음을 얻으면 곧바로 마가다국으로 와서 가르침을 주라고 부탁하고 돌아갔다.

  2개월이 지난 후 두 분의 스승은 석가에게 당신은 충분히 면학하여 왔기 때문에 더 이상 배울 것이 없다고 하였다. 그럼에도 불구하고 석가는 아직 깨달음을 얻지 못하였기 때문에 이보다 더 고행을 하여 깨달음을 얻어야 한다 하고 선인을 찾아 고행의 방법을 배우기 위하여 단득산壇得山으로 올라 수행을 열심히 하였다. 석가의 부친은 석가를 걱정하여 다섯 명의 제자를 골라 석가와 함께 면학을 시켰다. 단득산의 수행이라는 것은 대단한 고행이었다. 음식을 먹지 않고 육신을 학대하는 속에서 정신적 희열을 얻는 고행으로 태자의 몸은 뼈만 앙상하게 남은 몰골이 되었고 수행을 계속하여 영양실조에 걸리고 말았다. 그럼에도 불구하고 석가가 계속해서 수행을 하자 죽었다는 소문이 돌기도 했다. 이러한 인간의 한계를 넘어서는 6년 동안의 처절한 수도의 과정을 불화에서는 설산수도상으로 그리기도 한다.

  석가는 이렇게 6년간이나 계속해서 수행을 하였어도 깨달음을 얻지 못하였다. 그러자 정신을 연마함에는 신체도 건강하고 정신도 평정을 얻어야 한다고 생각하고 단득산을 내려 왔다. 결국 인간의 한계를 이겨내는 극심한 고행을 통해서는 깨달음을 얻지 못한다는 사실을 알게 된 것이다.

  산에서 내려와 갠지스강에 들어가 6년간의 땀과 때를 말끔히 씻고 극도로 쇄한 몸을 풀에 의지하고 있는데 이를 본 수자타가 우유와 쌀로 된 죽을

부처의 고행상(페샤와르박물관)

주었다. 이를 멀리서 지켜본 5비구니는 태자가 고행을 못 이겨 수도자의 길을 포기하였다고 등을 돌려 사라졌다. 그러나 원기를 차린 석가는 부다가야의 보리수 아래에서 정좌를 하고 다시 마음을 단련하며 수행을 계속하였다.

태자는 평범한 보리수를 찾아가 그 아래에서 명상에 들어갔다. 내가 이 이치를 깨치기 전에는 절대로 이 자리를 떠나지 않겠노라는 굳은 다짐과 함께 명상에 잠긴 태자에게 온갖 방해가 일어났다. 깨침을 막아보려는 마군들의 준동이었다. 때로는 엄청난 두려움으로 때로는 아리따운 마왕의 세 딸을 보내 갖은 교태로 유혹을 하기도 하였다. 그러나 도를 이루겠다는 태자의 마음을 돌릴 수 없었다.

그러던 어느 날 밤 그날도 잠자는 시간까지 아끼며 정진에 정진을 거듭하며 수행을 하고 있는데 문득 동쪽 하늘이 밝아지며 밤하늘이 밝아졌다.

1. 깨달음의 보드가야 스투파
2. 깨달음의 보드가야 보리수
3. 보드가야 스투파의 부처 족적(연화)
4. 처음 진리를 전한 사르나트 녹야원

1. 죽림정사에서의 설법
2. 사르나트의 다메크스투파

석가는 어떤 기운이 서린 하늘을 바라보자 그때 유성이 떨어졌다. 잠깐 생각하는 순간 우주의 진리를 알고 순식간에 깨달음을 얻게 되었다. 깨달음은 35세이던 때였다. 마침내 깨달음을 얻자 땅의 신들과 과거의 일곱 부처님이 나타나 이를 증명하였다. 도를 이루어 세상에서 가장 존귀한 분이 된 석가는 한동안 세상의 더 없는 이치를 깨친 즐거움에 잠겨 있었다. 이를 증명하듯 현재 부다가야에는 보리수가 있고 그 옆에 대탑이 자리하고 있다.

그 후 범천[18]과 제석천이 훌륭한 가르침을 사람들에게 알려줄 것을 권하였고 처음에는 망설인 석가 역시 중생구제의 깨달음을 얻는 기쁨을 모든 사람들에게 전하고 싶었다. 그러나 수많은 시간에 걸친 자신의 깨달음을 어떻게 전해야 할지 고민하다가 보리수 밑에 7주간이나 정좌하고 설명하는 방안을 궁리를 하였다. 또한 처음으로 누구에게 진리의 말씀을 전하는 설법을 할 것인가를 생각하였다. 율장에 의하면 깨달음을 얻는 부처에게 최초로 공양을 올렸던 사람들은 미얀마 상인 따뿟사(Tapussa)와 발리까(Bhallika)였다고 한다.

석가에게는 아버지가 그를 도우라고 보낸 다섯 사람의 제자들은 석가가 수행을 포기하고 산을 내려왔다고 생각하고 그들도 단득산을 내려와 사르나트에 있는 녹야원에서 수행을 하고 있었다. 석가는 제일 먼저 그 제자들에게 깨달음을 전하려고 하였다. 다섯 명의 제자들은 석가가 와도 누구인지 깨닫지 못하고 입도 열지 않고 발 씻을 물도 주지 않았다. 그러나 근처에 오자 기품이 있고 후광이 있는 자태에 무릎을 꿇고 씻을 물을 가져다 드리고

[18] 범천은 제석천과 함께 부처를 양 옆에서 모시는 불법의 수호신이다. 청정(淸靜), 적정(寂靜) 등으로 한역된다. 범천은 인도 고대신화에 나오는 만유의 근원인 브라만을 신격화한 우주의 창조신으로서 비슈누·시바와 함께 3대신으로 불린다. 범천은 석가모니에 귀의하여 부처가 세상에 오실 때마다 가장 먼저 부처에게 설법을 청하며, 항상 설법의 자리에 참석하여 법을 듣고, 또 제석천과 함께 불법을 수호하는 역할을 맡고 있다. 제석천과 범천은 제왕이나 보살의 모습으로 장엄하게 화관과 영락으로 치장하고 있다.

19 이러한 내용은 설화적인 것으로 내용이 다소 다른 것도 있다. 즉 첫째 법을 전하는 대상이 제자가 아니라 6년 동안 부처를 수행하였던 5비구였다는 경우도 있다.

옷의 먼지를 털어드리며 집에 초대하였다. 석가는 5인의 제자에게 단득산을 내려온 경위와 부다가야에서 진리를 깨달은 내용을 자세히 설명하자 그들도 진실로 기뻐하며 석가의 제자가 되었다.[19] 그때 제자들에게 설명한 내용은 사성제四聖諦와 팔정도八正道로 맨 처음 말씀을 전하였던 것을 초전법륜初轉法輪이라 한다. 법의 바퀴 곧 진리의 말씀을 전한 것이다. 바라나시의 사슴이 노니는 사르나트(Sarnath, 녹야원)에서 처음으로 법을 설하였으니 이를 기념하기 위한 다르마라지카대탑과 다메크탑이 사르나트에 현존하고 있다. 석가의 생애에 있어 가장 많은 시간을 보낸 것은 태어난 곳도 열반에 든 곳도 아니라 바로 이곳, 즉 최초로 말씀을 전한 녹원전법鹿苑轉法으로 중생들에게도 가장 의미 있는 장소가 되는 것이다.

부처의 열반과 건탑建塔

석가모니는 29세에 출가하여 6년간의 피나는 수행 끝에 35세에 깨달음을 얻고, 진리의 법을 전하기 위해 45년간 각지를 돌아다녔다. 그 결과 그를 따르는 제자와 불교신자가 전국토에 퍼졌다. 45년 동안 제자들을 이끌고 중생을 깨우치다가 80세가 되던 해에 쿠시나가라 지방에서 최후의 포교여행을 마치고 강에서 목욕을 한 후 사라나무가 줄지어선 곳에서 열반에 든다. 인류의 참 스승으로 아시아 인구의 절반 이상을 하나의 정신적 이상 아래 묶어 주었던 성인 석가모니도 결국 80년간의 세상을 살다 생을 마감하였다. 모든 존재는 생기면 사라지는

■ 1. 쿠시나가라의 열반당
  2. 쿠시나가라의 부처열반상

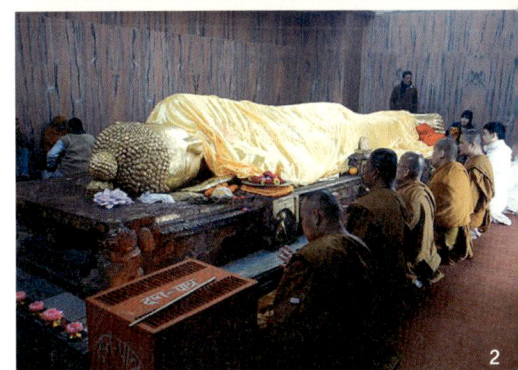

이치를 부처도 벗어날 수 없다는 것을 보여주고자 열반에 든 것이다. 그는 제자들에게 진리와 자신의 마음을 등불로 삼아 정진하라는 유언을 남기고 열반에 드셨다. 죽음을 예감한 부처가 사라나무 숲에 도착하자 사라나무 꽃이 비처럼 내렸다고 한다. "이것은 여래를 진정으로 공양하는 것이 아니다. 수레만 한 아름다운 꽃을 나에게 뿌린다 해도 그건 공양이 아니다. '나' 라는 실체가 없다는 것을 깨닫는 것이 최상의 공양이다."라고 말하며 육신의 죽음을 눈앞에 두고서도 흔들림이 없었다.

부처의 죽음은 단순히 육신의 사멸이 아니라 번뇌의 불길을 남김없이 끊어 버리고 생사를 초월한 것이어서 대반열반大般涅槃, 즉 완전한 열반이라 불렀다. 그러나 불교도들에게 흠모하는 스승의 죽음은 견딜 수 없는 충격이었고 어떤 사람의 죽음보다도 애통한 것이었다. 그들은 부처의 장례를 성대히 치르기로 했다. 경전에 의하면 부처는 생전에 자신이 죽으면 전륜성왕轉輪聖王처럼 장사를 지내라 했다. 전륜성왕은 무기이자 보배인 수레바퀴를 굴리며 세계를 지배하는 제왕을 뜻한다. 그러나 소박하고 금욕적인 수행생활을 영위했던 부처가 실제로 이런 주문을 했을 까닭이 없다.

또한 불암사佛巖寺 석씨원류응화사적釋氏源流應化事蹟에 의하면 아난이 부처께 "열반하신 후 다비가 끝나게 되면 마땅히 어떤 곳에 탑을 세워야 합니까?"라고 여쭙자 "쿠시나가라성 안 네거리 한복판에 칠보탑을 세우되, 탑의 높이는 13층으로 하라. 탑 위에는 상륜을 비롯한 각종 보물들을 장엄하고 아름다운 꽃과 깃발로 장식하라. 뿐만 아니라 난간마다 보배방울을 달며 탑의 사면에 문을 만든 다음, 보배병에 부처님 사리를 모시어 하늘천신과 인간들이 우러러 받들고 공양 올리게 하라."라고 하였다 한다.[20] 물론 이 말은 부처가 직접 한 말인지 정확하지 않다.

또한 불경의 기록에 의하면 제자

20 대한불교조계종 불교중앙박물관, 불교중앙박물관 개관특별전 佛, 2007, p.64.에서 재인용함.

▶ 쿠시나가라의 수도승

부처의 열반과 제자들의 오열(페샤와르박물관)

아라한은 부처에게 "미래희망은 부처님의 가르침을 이어가야 하는데 무엇으로 예배를 할까요?"라고 묻자, 부처는 "나를 안장할 때 먼저 향탕으로 목욕하고 그 다음 면사로 감싸서 불태워 화장하고 사리를 수납하라. 조만간 후에 길옆에 탑묘塔廟를 하나 건축하고 사리를 공양하여 수많은 행자들이 불법을 참배하여 좋은 보람이 얻게 하라."고 하였다. 이 또한 부처가 직접 한 말인지 정확하지 않다. 아마 이러한 말씀들은 초기 불교, 즉 소승불교적 입장이 아닌 것으로 불멸후 몇 세기가 경과한 후에 나타난 대승불교적인 중국의 기록으로 부처의 사후 그를 장엄하게 장사지내고 그를 보다 실존적 인물로 묘사하고자 하는 사람들이 설화적으로 꾸며낸 이야기일 것이다. 부처가 자신의 사후에 불탑을 건립하라고 하였는지는 불교적 입장에서는 분파와 시기, 그리고 전래된 국가에 따라 차이가 있는 것으로 그 자체가 그렇게 중요한 것은 아니겠지만, 열반한 부처가 진리의 말씀과 그를 상징하는 사리를 남겨 보탑을 세우게 하는 종교적 원인을 제공한 셈이다.

종교건축에는 대체적으로 그 종교가 지니는 유토피아적인 세계관 또는 신의 세계를 구현하려는 노력이 공통적으로 나타나기 마련이다. 예를 들어 이집트의 신전과 피라미드, 메소포타미아의 지구라트, 그리스와 로마의 신전, 중세유럽의 교회건축 등은 당대의 모든 지식과 기술이 집약됨으로써 치고익 가치로서 자리를 차지하였지만 초월적 존재에 대한 외경과 신의 존재를 증명하기 위한 노력이 함께 하였기에 가능했을 것이다.

이러한 설화적인 이야기는 부처의 삶과 죽음에 관련하여 수없이 많이 나타난다. 열반 직후의 모습은 더욱 구체적이고 흥미 있다. "부처가 열반에 들자 법을 전하는 정통의식을 제자 가섭에게 주고자 관 밖으로 두 발을 내보였다는 불현쌍족佛現雙足 곧 곽시쌍부槨示雙趺 상을 생겨나게 하였다. 부처의 열반은 북쪽으로 머리를 하고 오른쪽을 아래로 하고 왼쪽을 바라보며 누운 모습이었다. 오른쪽 팔을 굽혀 머리에 대고 편안하게 누워 있었다. 이 소식이 사방에 전해지자 제자들은 물론 국왕과 신자, 소나 말, 벌레들까지 모아들어 석가의 죽음을 슬퍼하였다. 비통해 하는 제자들 사이에 보살들과 인천들이 함께 자리하였다. 이 슬퍼 비탄해 하는 모습은 열반도涅槃圖라는 불화에 잘 나타나 있다. 부처의 관이 동서남북 사문의 안팎에 저절로 공중으로 솟아올라 이를 본 코끼리를 비롯한 중생들이 통곡하여 천하가 진동하였다는 것을 그리고 있다. 사라쌍수는 부처가 열반하자 곧 기운을 잃고 하얗게 말라버려 학림鶴林, 곧 학처럼 흰 나무가 되었다. 또한 성 밖으로 관이 저절로 움직이고 일반인들이 억지로 관에 불을 붙이려 하지만 불이 붙이 않고 나중에 관이 저절로 타올랐다고 한다."[21] 이처럼 마치 이야기 같은 내용들은 부처의 존재와 존귀함을 더욱 의미 있게 하는 성스러운 장엄이 되고 있다.

현재 네팔 땅인 탄생지 룸비니에서 열반지인 인도의 쿠시나가라까지는 버스로 6시간가량 걸리는 거리이다. 말년의 부처는 고향으로 가던 중 쿠시나가라에서 열반했다. 당시 그는 지독한 등창을 앓고 있었다고 한다. 어떤 경우는 음식을 잘못 먹었다고 한 경우도 있다. 그래서 짧은 거리를 가면서도 몇 번이나 쉬면서 갔다. 최근 쿠시나가라에는 현대식으로 새롭게 조성된 열반당과 불탑이 있다. 열반당 안에는 열반 당시 부처의 모습을 재현한 6.1m 길이의 열반상이 옆으로 누워있다. 좁고 조촐한 공간이지만 한없는 성스러움과 정성이 가득하다. 이곳을 드나드는 수많은 불자들에게는 가장 성스럽고 숭고한 장엄을 느끼게 한다.

21 위의 책에서 재인용함.

최초의 불교사원과 주변의 탑

석가가 깨달음을 얻고 진리의 말씀을 전하자 그를 따르는 무리가 많이 늘어나면서 출가제자와 재가신자들로 이루어진 교단이 형성되었고 그들이 머물고 수행하는 장소가 자연스럽게 조성되었다. 마땅

1. 죽림정사의 Karanda연못
2. 인도 최초의 사원인 죽림정사

■ 라즈기르의 유적(법륜 스님)

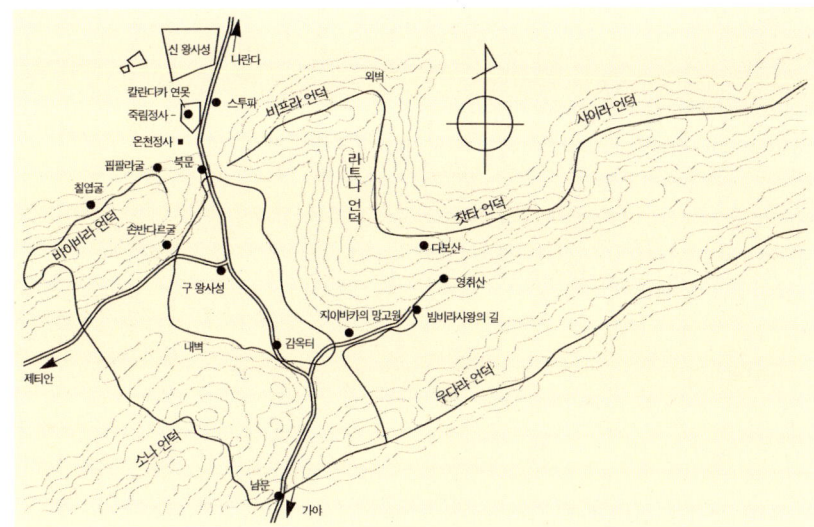

22 Benjamin Rowland, 『인도미술사』, 예경, 2004, p.168.
23 급고독장자는 평생 동안 가난한 사람들에게 베풀었던 사람으로 마음 속 깊이 부처님을 향한 신심을 품은 재가불자이다. 그의 주변에는 항상 사람들이 많이 따랐다. 부처님은 그런 급고독장자에게 대중들을 거느리는 네 가지 방법인 보시하고, 다정한 말을 건네며, 이로운 일을 하고, 함께 일을 하는 사섭법을 갖춘 사람이라고 칭찬을 아끼지 않으셨다. 그는 재가 불자의 가장 완벽한 본보기로 경전에 자주 등장하고 있다. 급고독은 외로운 이를 돕는 자라는 뜻으로 인도말로는 아나타삔디까(An thapindika, 給孤獨)라고 하며 수다타(Sudatta, 須達)가 본명이다. 〈향아숲 불교보급회〉의 글 참조.
24 라즈기르는 빔비사라왕이 머물고 있던 구 왕사성과 아들인 아자타삿투왕에 의해 건립된 신 왕사성으로 나뉘어져 있다.
25 마가다는 석가가 깨달음을 얻은 곳으로 갠지스강 중류, 대체로 오늘날 비하르주에 해당한다.
26 부처님은 이곳에서 아라라까라마 스승을 만나 무소유처의 선정 삼매에 도달하였으나 열반의 길이 아님을 알고 스승 곁을 떠난다. 다시 웃타카라마푸투라를 스승으로 모시고 수행하며 비상비비상처의 선정 삼매에 도달하였으나 이것 역시 고통의 해결방안이 아님을 알고 가야로 떠난다.

히 체계적인 형태가 요구되었고 임시 시설로써는 한계에 부딪히게 되었을 것이다. 특히 무더운 인도의 4~5월 따가운 햇살을 피하기 위한 장소이면서 6~8월의 집중적으로 내리는 우기를 피하기 위해 대피처가 필요하게 되었다.[22] 당시 마가다국의 빔비사라왕은 불교신자가 되었고 불교중흥을 위한 근거지로 죽림정사竹林精舍를 지어 기증하였다. 또한 석가가 녹야원에 머무를 때 그 지방의 부유한 상인인 급고독장자給孤獨長者[23]를 교화시켰는데 그도 역시 불교중흥을 위하여 기원정사祇園精舍를 지어 기증하였다. 결국 이들이 불교 최초의 사원건축이 된 것이다. 이들은 처음에는 승려와 신자들이 머무는 승원으로 출발하였고 나중에는 자연스럽게 불탑과 불상 등을 갖춘 불교사원으로 발전하였다. 따라서 이들 시원적인 불교사원에는 당연히 불탑을 비롯한 불교유적이 들어섰다. 이들 중에는 불탑이 주를 이루었는데 현재도 부처의 사리탑이라고 전해지는 탑, 부처의 기적을 기념하는 탑, 급고독장자인 수다타(Sudatta, 須達)장자의 탑, 그리고 제자들의 사리탑이 여기저기에 남아 있다.

라즈기르(Rajgir), 즉 왕사성[24]은 강대한 북인도의 군주국가 마가다국[25]의 수도였다. 북인도의 정치, 경제, 문화의 중심지로 꽃피우던 라즈기르는 부처와 인연이 깊은 고장이다. 부처는 출가하여 이곳에서 두 분의 스승[26]을

1. 영취산의 칠엽굴
2. 영취산의 여래향실

만나 수행하였고, 마가다국의 빔비사라왕과 첫 만남을 갖게 된다. 빔비사라왕은 석가에게 나라 운영의 도움을 청하였으나 거절하였고, 나중에 깨달음을 얻으면 마가다국으로 와서 가르침을 주라고 부탁하였다. 결국 부처는 깨달음을 이룬 이듬해 라즈기르를 찾았다. 그때 120세인 가섭이 제자가 되었고 가섭은 부처야말로 나의 스승이고 부처를 만나고 나서야 비로소 윤회의 씨앗을 버렸다고 하였다. 이러한 모습을 본 빔비사라왕은 크게 깨달음을 얻었고 왕궁에서 멀지 않은 곳에 있는 아름다운 대나무 숲(혹은 대나무 숲에 지은 절)을 부처께 기증하게 된다. 이곳이 불교 최초의 절인 죽림정사(Venuvana Vihara)이며, 부처님과 제자들은 그곳에 머물면서 정진하며 교화활동을 시작하였다.[27]

이처럼 죽림정사는 불교 최초의 사원건축이었으나, 지금은 사원터임을 추정할 만한 아무런 흔적도 남아 있지 않고 약간의 대나무와 카란다 Karanda 연못만 남아 있을 뿐이다. 또한 죽림정사 부근에는 우리나라에도 있는 영취산靈鷲山을 볼 수 있는데 독수리 모양으로 생겼다 해서 붙여진 이름이다. 그 산 정상에는 부처가 머물렀던 여래향실如來香室과 아난다의 시자실 터, 칠엽굴도 남아 있다. 부처가 연꽃을 들어 대중에 보이자 마하가섭만이 미소를 지었다는 '염화미소拈華微笑' 일화의 배경이 되는 곳이기도 하다.

죽림정사와 함께 초기 불교의 2대 정사로 꼽히는 기원정사는 쉬라바스티(sravasti, 舍衛城)[28]의 부유한 상인인 급고독장자가 부처께 불교의 중흥을 위하여 기증한 절이다. 기원정사는 인도 말로는 제타바나(jetavana) 즉

27 법륜, 『부처님의 발자취를 따라』, 정토출판, 2000, p.103~104.
28 쉬라바스티는 갠지스강 서북쪽에 위치한 코살라국의 수도였다. 당시 인도는 300여 개의 나라가 있었으나 코살라국과 마가다국은 고대 북인도를 형성하고 있었던 16개의 나라들 중 가장 강력한 군주국가였다. 마가다국은 오랜 문화와 전통을 갖고 있는 온화하고 역사 깊은 나라인 반면, 코살라국은 신흥국가로 경제, 정치, 군사력은 다른 나라에 비해 월등했지만 문화, 종교, 사상적인 면으로는 뒤처지는 편이었다.

제다의 숲이라고 한다. 제다태자가 제공한 숲과 급고독장자가 세웠다고 하여 기수급고독원이라고 하였는데, 그것을 줄여 기원정사가 된 것이다. 부처는 『금강경』을 비롯한 경전의 3분의 2를 기원정사에서 설법하였다. 그 이후 이곳은 부처의 중요한 활동 근거지가 되었고 불교의 거점이 되어 수많은 사람들을 부처의 가르침으로 인도하는 역할을 하였다. 기원정사에서 부처가 머물렀던 방을 '여래향실'이라고 하는데, 사람들이 꽃을 부처의 방 앞에 두자 늘 꽃향기가 풍겼고 그래서 붙여진 이름이라고 한다.

　기원정사 구역에는 천불화현탑터千佛化現塔址가 있다. 부처께서 라즈기르에 머물고 있을 때, 제자들은 사위성 사람들을 교화하기 위해서 무언가 기적을 보여달라고 간청하였다. 그래서 부처는 '지금부터 4개월 뒤에 쉬라바스티 동쪽 암라 숲에서 신통을 보이겠노라.'고 선언하고 4개월 후 많은 군중 앞에서 망고를 먹고 그 씨를 땅에 심어 싹을 틔워 거목을 자라게 하고,

■ 쉬라바스티의 유적(법륜 스님)

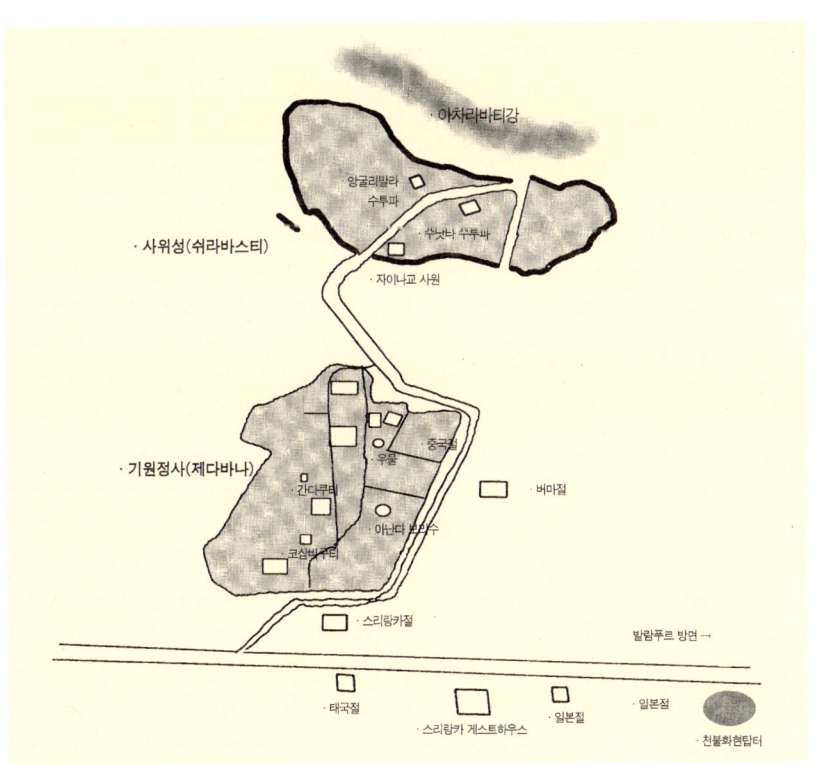

부처의 삶과 가르침, 그리고 불탑　105

1. 기원정사의 옛터
2. 아자타샷투왕 스투파 터

꽃과 열매를 맺게 하였다. 그리고 그 망고 열매가 전부 부처님 모습으로 변하는 기적을 보였다. 이때 천 분의 부처가 나타났다고 하여 천불화현이라고 하는 것이다.

현재 이곳의 불탑은 전부 허물어져 버리고 커다란 동산을 이루고 있다. 이 탑터는 기원정사와 약 1km 정도 거리고 사위성 밖에 위치하고 있다. 이 탑은 천불화현의 기적을 기리기 위해 세운 것인데, 아소카왕이 불교유적지를 기념하며 세운 탑 중에 가장 큰 것이라고 추정되고 있다. 이는 쌓여 있는 벽돌로 미루어 어마어마하게 큰 탑이었음을 짐작할 수 있다.[29]

사위성의 유적으로는 먼저 앙굴리말라 스투파가 있다. 기원정사에서 북쪽으로 걷다 보면 사위성 성문 유적지를 지나 오른쪽으로는 자이나교 사원이 있고, 조금 더 올라가면 앙굴리말라를 기념하는 스투파가 있는데, 앙굴리말라[30]가 부처님을 만나 참회하고 귀의한 곳, 돌에 맞아 죽은 곳, 혹은 여인이 애를 낳던 곳이라고도 한다. 그리고 앙굴리말라 스투파에서 남동쪽으로 100m 지점에 수닷타장자의 탑터(Kachchi Kuti)[31]가 위치하고 있다. 수닷타장자의 탑터로 캇챠(Kacha)라는 벽돌로 여러 차례 수리되었다 하여 현재 캇치치구티라고 불리우고 있다.[32]

또한 죽림정사에서 신 왕사성 쪽으로 가는 오른쪽 길목에 빔비사라왕의 아들인 아자타샷투왕 스투파(The King Ajatasatru Stupa)가 위치하고 있다. 현재는 기단부만 남아 있지만 이곳이 아자타샷투왕이 8등분된 사리를 모셔와 스투파를 세운 곳이라 전한다.

29 법륜, 전게서, p.241~242.
30 앙굴리말라는 '앙굴리'란 손가락을 뜻하며 '말라'는 염주를 의미한다. 스승의 아내에 의해 죄를 뒤집어쓰고 99명의 사람을 죽이고 부처님의 설법을 듣고 출가하여 '비폭력주의자'라는 의미의 '아힘샤 비구가 되었다. 결국은 원한에 맺혀 있던 사람들에 의해 돌에 맞아 죽었지만 죽으면서도 '부처님, 저는 아무런 원망이나 후회도 미움도 없이 평온합니다.' 하면서 열반에 들었다고 한다.
31 왕사성의 의사 지이바카와 사위성의 수닷타장자와 비사카 부인이 부처님이 교화활동을 할 수 있도록 교단을 외호한 공로는 부처님의 10대 제자보다 크다고 해도 과언이 아니다. 또 그들이 부처님 법에 귀의한 깊이도 10대 제자에 버금간다. 그들은 대승불교의 유마 거사나 승만 부인의 모델이 되었다.
32 법륜, 전게서, p.248~251.

룸비니와 카필라바스투, 주변의 스투파

룸비니가 싯다르타가 탄생한 성지라면, 카필라(Kapila, 카필라바스투)는 싯다르타가 깨달음을 이루기 이전 세속에서 왕자로서 보냈던 29년 세월을 고스란히 담고 있는 곳이다. 따라서 이곳은 부처의 제자들에겐 인간으로서 부처를 느낄 수 있는 가장 포근하고 인간적인 곳이기도 하다. 부처의 일생을 8단계로 표현한 8상도에서 도솔래의상兜率來儀相, 사문유관상四門遊觀相, 유성출가상踰城出家相 등이[33] 이곳에서 일어났으니 카필라바스투야말로 불교성지 중의 성지라고 할 수 있다. 즉 태어나고 인생의 무상함을 느끼고 출가했던 곳이 바로 이곳이다.

카필라바스투는 부처의 아버지인 슈도다나(Śuddhodana)[34] 왕이 다스리던 샤카족(석가족)의 본거지였다. 샤카족은 군대를 통솔하고 정치를 담당한 귀족계급으로 인도 사성계급에서 크샤트리아 계급에 속한다. 부처가 탄생할 당시 카필라바스투는 작은 나라였지만 평화로운 나라로서 자존심과 주체성을 유지하고 있었다. 통치자인 슈도다나왕은 정직하고 공정한 지도자로 높이 추앙받았었다. 현재의 카필라바스투성은 붉은 벽돌로 된 성벽과 성문, 성내에 몇몇 건물의 흔적이 남아 있을 뿐이다. 그러나 이곳은 오래전부터 불교의 성지로서 성스러운 공간이 되었다. 불교의 구도자들이 부처의 가르침과 인간으로서 부처를 느끼기 위해 찾아드는 출발지이고 이정표인 셈이다.

『불소행찬不所行讚』

[33] 이들은 하늘나라 도솔천에 호명보살로 사시던 부처님께서 흰 코끼리를 타고 인간세상으로 내려오신 장면, 싯다르타 태자가 사방의 문으로 나가 중생들의 고통을 보고 인생 무상함을 느끼며 출가를 결심하게 되는 장면, 태자가 인생의 무상함을 알고 수도하고자 백마를 타고 마부를 대동하여 왕궁을 빠져 나가는 장면을 말한다.

[34] 슈도다나(Śuddhodana)는 싯다르타의 아버지이다. 정반왕(淨飯王), 백정왕(白淨王), 진정왕(眞淨王)이라고도 하며, 음역하여 수도타나(首圖馱那), 수두단나(輸頭檀那), 열두단(閱頭檀, 悅頭檀)이라고도 불린다. 그는 카필라 성의 성주였으며 조그마한 나라의 왕이었다. 아들 싯다르타를 깊이 사랑하여 그가 출가하려는 것을 알고 이를 막아보려 애를 썼으나 후에 싯다르타가 정각(正覺)에 도달하여 불교를 펴게 되자 독실한 신자가 되었다.

1. 룸비니 지역 지도
2. 카필라바스투성의 건물지

1. 아소카왕의 석주
2. 석주의 명문

을[35] 저술해 유명한 야슈바고사(Asvaghosa, 마명 馬鳴스님)에 따르면, 오랜 옛날 카필라바스투에는 카필 고타마라 불리는 선인이 움막에 살며 선정을 닦고 있었다 한다. 또한 당시 샤카라고 불리는 익슈바쿠왕조의 한 왕자가 사라수나무 뒤덮인 수풀에 살며 카필 코타마 선인을 스승으로 모시고 있었다. 어느 날 카필 선인이 왕자에게 숲에 새로운 도시를 건설할 것을 명령했고 이에 익슈바쿠왕조의 샤카 왕자는 선인의 움막 자리에 도시를 건립하여 카필라바스투라고 불렀다. 그러자 사람들은 그 스승의 이름을 따서 스스로를 고타마족이라고 불렀다.

카필라바스투 성터는 현재 농경지인 평지보다 약간 돋아진 언덕의 모습인데 동서 450미터, 남북 500미터에 이르는 방형方形이다. 싯다르타는 이곳에서 왕자의 신분으로 자라고 결혼까지 하였으며, 노인과 병자와 사문 수행자, 그리고 시체를 보고 고뇌하였으며 참 진리를 얻기 위해 출가를 한 곳이다.

카필라성터에는 수많은 고대 건축물과 주거지의 흔적과 함께 성벽과 동서남북 4면의 성문, 수문실, 수레바퀴 등이 발견되었다. 특히 중앙에는 슈도다나 왕이 머물렀던 것으로 추정되는 왕궁터가 있다. 이들 유적에 대한 분석결과 기원전 8세기 초엽부터 A.D. 2세기 말에 이르는 것으로 밝혀졌다. 특히 어딘가에 태자의 출가를 막기 위해 아버지 슈도다나왕이 지었다는 여름과 장마철, 그리고 겨울의 세 별궁이 있을 것인데 그 가운데 여름 별궁

35 2세기경 고대 인도의 불교시인이라 불리는 마명(馬鳴) 스님이 쓴 부처의 생애에 관한 장편 서사시

터만 추정되고 있다.

  싯다르타가 문밖에서 늙은이의 모습을 보았던 동쪽 성문에는 창고와 상가 터, 그리고 아치를 올렸을 것으로 보이는 성문의 기단부가 조금 남아 있다. 카필라성의 동서남북 사대문 중 유일하게 흔적이 남아 있는 동문 터, 부처는 태자 시절 이 동문으로 나와 늙은 사람의 모습을 처음 보고 충격을 받았다. 그 문터를 나서서 조금 가면 엉성한 철조망을 두르고 있는 두 개의 둥근 벽돌탑 기단이 나타나는데 싯다르타 부모의 묘라고 한다. 소위 복발이라는 탑의 몸 부분이 없어지고 낮은 기단만 남아 있다. 그렇다면 앞쪽의 큰 탑이 아버지 슈도다나왕의 묘탑이고 뒤쪽의 자그마한 묘탑은 어머니 마야 왕비의 것이다.

  또한 싯다르타가 병든 사람을 봤다는 남문은 그 터조차 찾을 길이 없다. 문터가 있었으리라 추측되는 곳에 흙더미가 쌓여 있고 잡초가 그 위를 덮고 있다. 현재 카필라성의 출입문은 서문 쪽에 나 있다. 그곳에는 성문 흔적을 간신히 알아보게 하는 성벽 터의 붉은 벽돌이 바닥에 깔려 있다. 싯다르타는 이 서문을 나서며 사람 시체를 처음 보았다. 현재 그 문밖에는 시신 대신 관리소 건물과 마당이 있다. 싯다르타가 눈동자가 별처럼 빛나는 수행자를 만나 출가하겠다는 마음을 굳혔던 북문도 이제는 터만 남아 있다.

  카필라성에서 동쪽으로 약 20km정도 떨어진 곳에 있는 룸비니는 석가모니가 된 싯다르타 고타마 왕자가 태어난 곳이다. 이 탄생지는 1896년에 아소카왕의 기념기둥이 발견됨으로써 가장 중요한 불교유적지로 인정받게 되

1. 마야데비사원
2. 마야데비사원의 연못

1. 카필라왕궁 터

2. 싯다르타 부모의 묘탑

었으며, 현재 국제적인 후원 아래 정비가 이루어지고 있다. 마야데비사원은 불교의 성지순례자들에게는 주요한 방문지가 되었다. 싯다르타의 어머니인 마야데비의 얕은 양각 부조를 발견할 수 있는 이곳은 그를 낳고, 연꽃잎과 성수로 목욕시켰던 곳이다. 이 연못을 puskarni연못이라 부르는데 싯다르타 왕자가 태어나 처음으로 씻은 곳이며, 마야 왕비 또한 몸을 씻은 곳이라고 전해진다. 이는 법현과 현장의 기록에 남아 있다. 따라서 이곳에는 연못과 보리수, 싯다르타의 발자국 부조를 모시고 있는 마야데비사원, 아소카왕의 방문을 기념하는 기념주, 또한 주변에 조그마한 스투파와 건물지들이 즐비하게 늘어서 있다. 특히 미얀마·태국·스리랑카 등 각국에서 온 불교신자들이 부처의 발자국 주변 붉은 벽돌에 금박을 붙이며 기도를 하기 때문에 벽돌이 온통 금색으로 치장되었다.

또한 마야데비사원 서쪽으로 네팔에서 발견된 가장 오래된 기념물인 아소카왕의 기념석주가 서 있다. 이 기둥은 기원전 249년 아소카왕이 이 성지를 순례한 것을 기념하기 위해 세웠던 것이다. 또한 그는 이곳 룸비니 마을은 세금을 면제하고, 추수세는 생산물의 1/8만 거두었다고 기록되어 있다. 바라문 글자로 새겨진 기둥조각이 기원전 623년에 태어난 부처의 출생지가 바로 이 룸비니라는 것을 증명하고 있다. 현장 스님에 의하면 상단부에 말의 형상이 있었다고 하나 지금은 그 형태를 찾을 수 없다.

카필라바스투에서 남서쪽으로 5km쯤 떨어진 쿠단은 부처로 거듭난 싯다르타가 카필라성을 떠난 지 12년 만에 고향 땅으로 돌아와 머문 곳이다. 이곳은 싯다르타 태자 시절 돌아가신 어머니를 대신해서 돌봐주던 이모 프라자파티 왕비가 부처에게 황금빛 가사를 바쳤으며, 또한 부처의 아들 라훌라가 아버지를 만나 출가한 곳이다. 이러한 역사를 기념한 스투파들을 세워졌으나 지금은 기단부만 겨우 남아 있다.

부처가 탄생한 장소인 룸비니의 서쪽 30킬로미터에 위치한 촌락 피프라와(Piprawha)에는 고대 스투파의 유적이 있다. 그 크기는 직경 35미터, 높이 6.8미터이다. 이 스투파는 1897년에 처음 발굴되었으며 벽돌구조의 유

1. Piprawha 스투파의 사리호
2. Nepal의 Ramgram Stupa

구 안에서는 사암의 두꺼운 판으로 만든 상자가 중앙부분 밑에서 발견되었다. 이 상자의 속에는 舍利壺 5개가 발견되었다. 이 상자 속에는 사자상을 각한 황금 박판, 코끼리상을 각한 황금 박판, 卍자를 각한 도장 등 여러 가지 수장품들이 나왔다. 그중 1개의 사리호에는 명문이 있으며 이것을 해독하여 팔분사리 스투파 중의 하나라고 추정하기도 한다. 명문이 있는 사리호 정상에는 스투파형태와 흡사한 장식이 있어서 고대 초기 스투파의 원형을 추측하게 한다.[36]

또 다른 스투파유적으로는 부처님 사후 최초의 팔분사리탑에 해당한다고 추정되는 곳으로 람그람 스투파(Ramgram Stupa)가 있다. 시원적인 탑 형식으로 생각되는 둥근 봉분의 형태로 복발형을 겨우 유지하고 있는 규모가 큰 스투파로 외부는 흙으로 쌓여 있으나 내부의 모습은 알 수 없다. 이 스투파는 현재도 한국인 승려들이 많이 찾고 있는 의미 있는 곳이다.

[36] 杉本卓洲, 前揭書, p.236~238, p.345~347.

제4장

인도 시원불탑의
의미와 형식

인도 시원불탑의 형식
인도 초기 불탑의 유래
인도 초기 불탑의 구성요소와 상징적 의미
상륜부相輪部의 모습과 상징적 의미
우주목宇宙木의 상징 상륜부
아소카왕이 세운 불탑과 석주石柱

인도 시원불탑의
의미와 형식

인도 시원불탑의 형식

부처가 입멸하고 나서 수습된 불사리의 8분할이 이루어져 건립된 8기의 시원적인 근본탑은 어떠한 모습이었을까? 당시의 근본탑은 어디에 있고 과연 그 흔적이라도 찾을 수 있을까?

흔히 미술사나 불교경전을 비롯한 역사적인 기록에서는 시원적인 불탑의 예들을 언급하고 있으나 불상의 존재는 나타나지 않는다. 또한 부처가 입멸하고 나서 Asoka왕이 인도를 통일시키고, 불교를 중흥시키기까지 약 200여 년간 어떤 형태로든 불교미술의 대상이 되는 것들, 즉 불상이나 불탑 등이 존재했는지 분명하지 않다. 구전에 의하여 불교의 4대 성지라고 하는 곳, 즉 부처가 태어나고, 깨닫고, 말씀을 전하고, 돌아가신 곳이나, 혹은 최초의 불교사원이라고 주장되는 기원정사와 죽림정사 정도만 확인될 뿐이지 부처에 대한 구체적인 흔적이 남아 있지 않으며, 실제로 불교미술이라고 할 만한 것이 있었는지도 의심스럽다.

아마 다소 배타적이며 금욕적이었던 초기의 부처를 따르고 그의 말씀을 좇아가는 집단은 불교 사당이나 승원僧院을 필요로 하지 않았을 것이다. 그냥 아무 곳이나 머물었기 때문에 특별한 공간이 필요하지 않았다. 또한 그들은 부처의 모습을 형상화한 상像을 숭배하지 않았으며, 단지 승려들이 무

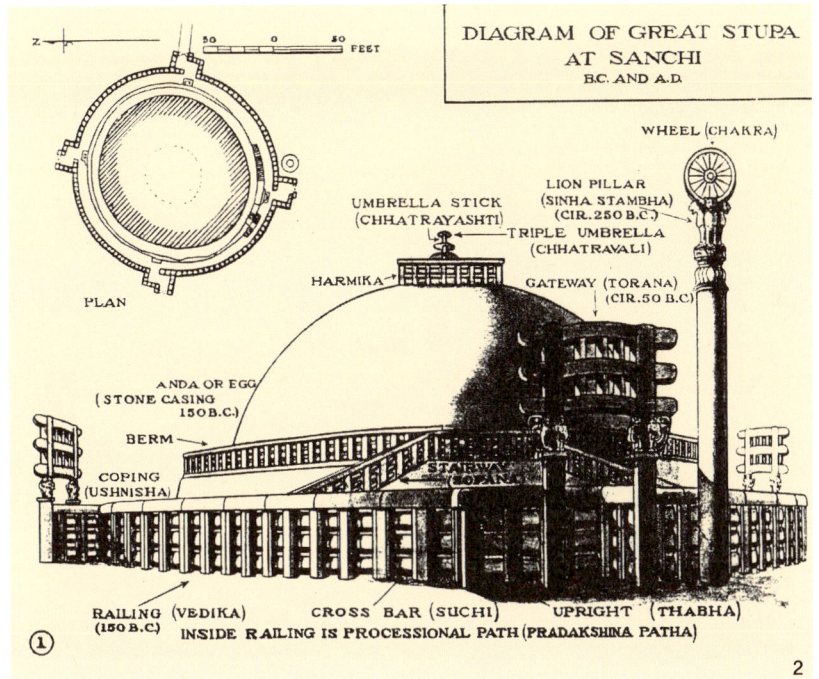

1. 산치 제1탑의 복원도
2. 산치대탑 입면도
   (Percy Brown, p.12.)

　더운 날씨나 우기에 비를 피할 수 있는 임시 거처만을 구했을 뿐이다. 상을 필요로 하지 않았던 것은 상이 부처의 가르침에 적합하지 않았기 때문이다.
　부처 입멸 후에 얻어진 불사리는 불도들의 귀중한 신앙 대상이 되었음으로 당시 인도의 여러 나라들이 서로 다툼을 할 정도로 사리를 얻고자 열망하였다 한다. 그러자 향성바라문香性婆羅門이라는 현명한 자가 나타나 이를 8분하여 여덟 나라에 나누었고 이를 모시기 위한 소위 근본팔탑을 세웠다. 이후 인도를 최초로 통일한 마우리아왕조(B.C. 324~187)의 아소카왕 대(B.C. 273~232)에 이 근본팔탑을 다시 헐고 사리를 나누어 84,000탑을 인도 전역에 세웠다고 한다. 현존하는 가장 구체적이고 확실한 불교유산들은 위대한 군주인 아소카왕에 의하여 조성된 것이 많다. 그는 인도 서북쪽을 침입했던 마케도니아의 알렉산더대왕이 인도를 떠나 회군한 뒤 즉위한 왕이다.
　그러나 시원적인 근본팔탑은 설화적인 존재이고 구체적인 불탑의 건립은 아소카왕 시대에 이루어졌다고 할 수 있으나 오늘날 그 당시의 불탑의

■ 현대건축의 정면에 나타난 불탑과 원시주거형식의 건축

자취를 찾기는 어려운 실정이다. 왜냐하면 산치 제1탑의 경우와 같이 아소카왕 당시 건립된 대부분의 불탑이 후에 외부가 더욱 확장되고 기존의 재료인 벽돌을 새로운 재료인 돌로 개수하였기 때문이다.

흔히 인도의 시원탑 형식은 막연하게나마 스님들이 공양할 때 사용한 사발鉢을 엎어놓은覆 형태인 복발형覆鉢形이었을 것이라고 짐작된다. 몇 곳의 발굴유적 중에서 사리팔분舍利八分 때의 것으로 추정되는 스투파가 발굴되었는데 그 속에 사리용기가 들어 있고, 햇볕에 말리거나 불에 구운 벽돌에 의하여 몇 차례의 증축이 가해진 모습으로 발견되었다.[1] 즉 간다라 지역 스투파와 부다가야 스투파 같이 발굴을 통하여 확인된 바에 의하면 건립 당시는 매우 단조로운 적석積石의 원형탑으로 짐작된다. 따라서 초기부터 인도의 불탑이란 소위 복발과 같은 반구체半球體 형태가 인도 시원탑의 본래 모습이었다고 짐작된다. 즉 초기에는 원형평면인 직경 8m내외의 반구형半球形이었던 것을 수차례에 걸쳐서 증축수리 한 것으로 그 규모나 재료가 변화된 것이었다.

또한 몇 권의 경전[2]과 부처의 행적을 나타낸 각종 부조浮彫에도 인도 초기탑의 형태는 복발형을 하고 있다는 사실을 입증하게 한다. 『사분율四分律』에는 신도들이 석가에게 탑을 세우도록 요청하자 탑의 형태를 방형方形이나 팔각형 또는 원형으로 만들라 하고, 재료에 대해서도 벽돌이나 돌, 나무로 만들라고 하였다.[3] 『마가승기율摩訶僧祇律』에서는 가엽불탑迦葉佛塔의 형태를 말하면서 '세존께서 스스로 가섭 부처님의 탑을 일으키시니 아래쪽 기단은 4방에 두루 난순欄楯을 돌리고 위는 둥글고 이중으로 솟았으며 상부는 네모난 위에 반개槃蓋를 설치하고 또 상륜을 길게 표시하였다'[4]고 되어 있다.

또한 『근본설일체유부비나야잡사根本說一切有部毘奈耶雜事』에서는 벽돌을 사

1 村田治郞, 「東洋建築史」, 建築學大系4, p.19~21.
2 『四分律』은 408년에 竺佛念 등이, 摩訶僧祇律은 416~418년에 法顯이, 그리고 設一切有部는 710년 義淨에 의하여 번역되었다.
3 『四分律』 제52권, 雜健度之2, p.957 下. 「大正藏」 제22권, No.1428.
4 『大正藏』 제22권 No.1425. 摩訶僧祇律, 券第33, 下, p.497.

용하여 기단을 이중으로 하고 탑신 위에 복발을 안치하되 높이는 뜻에 따르도록 하였으며 위에 다시 평두平頭를 배치하되 높이는 보통 1~2척이며 폭은 2~3척이고 상륜은 1, 2, 3, 4 내지 13중이며 그 위에 보병寶瓶을 안치하는 것으로 되어 있다.[5] 『근본설일체유부니타나根本說一切有部尼陀那』제5권에는 "저는 탑의 중간의 빈곳에 문과 지게문을 만들어…… 라마지붕을 얹고 탑 아래에 기단을 만든 다음 붉은 돌가루로 기둥을 칠하고 탑의 벽에는 자줏빛 돌가루로 그림을 그려 놓고자 합니다"라 하여 탑의 표면에 칠을 하였음을 보여주고 있다.

『대당서역기』에도 "네모로 접어 깐 옷 위에 발鉢을 엎어놓고 석장錫杖을 세웠는데 이 탑이 석가의 가르침에 의한 최초의 탑"이라는 기록이 있다.[6] 이 내용은 역자에 따라 다소 차이가 있으나[7] 방형의 기단과 반구형의 복발을 갖추고 찰간이 있는 것으로 보아 현존하는 산치 스투파와 같은 전형적인 시원 스투파형식임을 짐작하게 한다.

『열반경』 2권 조탑법식造塔法式에 따르면 불탑조성과 관련하여 아난이 부처님께 아뢰었다. "부처님이 열반하신 후 다비가 끝나게 되면 마땅히 어떤 곳에 탑을 세워야 합니까?" 이에 부처님께서 아난에게 고하셨다. "쿠시나가라성 안 네거리 한복판에 칠보탑을 세우되, 탑의 높이는 13층으로 하라. 탑 위에는 상륜을 비롯한 각종 보물들을 장엄하고, 아름다운 꽃과 깃발로 장식하라. 뿐만 아니라 난간마다 보배방울을 달며 탑의 사면에 문을 만든 다음, 보배병에 부처님 사리를 모시어 하늘천신과 인간들이 우러러 받들고 공양 올리게 하라"[8] 또 부처님은 "내가 열반한 뒤 나의 전신에 공양하고자 하는 이는 마땅히 큰 사리탑을 세우도록 하여라." 하였다.

이상의 내용으로 보아 석가모니가 살아 있을 때에 이미 탑을 건립한 사실이 있었음을 말해주며 이들은 대체로 복발형인 인도 초기 탑의 형태를 나타내주는 듯하다. 따라서 이러한 문헌과 현존하는 인도 탑에 의지하면 당시의 탑 역시 복발형覆鉢形의 무덤 모습이었을 것으로 추측할 수 있는 것이다.[9] 아마도 그 모습은 인도의 산치대탑과 유사한 형태이었을 것으로 짐작된다.

즉, 인도의 불탑은 산치대탑을 전형으로 하여 유사한 형식을 한다. 산치대탑처럼 인도의 스투파는 4개의 탑문塔門이 있는 울타리를 돌리고, 기단 위

---

[5] 『大正藏』 제24권, 「根本說一切有部毘奈耶雜事」 券제18, 下, p.291. 문헌에 대한 해석은 장충식의 新羅石塔研究에 의하였으나 크기를 척으로 표현하는 부분이 의문스러움.

[6] 玄奘, 『大唐西域記』 券1, 현장, 권덕녀 역, 『대당서역기』, 서해문집, 27쪽에서는 '여래는 그트라푸사와 발리카를 위해 불법을 가르쳤고 둘은 가르침을 다 들은 뒤에 봉양할 수 있는 물건을 달라고 청했다. 여래는 자신의 머리카락과 손톱을 그들에게 주며 그것을 봉양하는 방법을 가르쳐 주었다. 그들은 겉옷과 속옷을 벗어 반듯하게 개어 땅에 켜켜이 놓은 다음, 승려의 공양 그릇인 바리때를 엎은 뒤 지팡이를 세웠다. 그리고 도성으로 돌아오는 길에 여래가 가르쳐 준 순서대로 불탑을 세웠다. 이것이 불자들이 세운 첫 탑이다.' 라 하는 내용이 있다.

[7] '네모로 접어 깐'을 '반듯하게 개'라 하였고, '석장(錫杖)'을 '지팡이'라 하여 차이가 약간 있다.

[8] 대한불교조계종 불교중앙박물관, 『불교중앙박물관 개관특별전 佛』, 2007, p.64.

[9] 松本文三郎, 『塔婆之研究, 印度に於ける 佛教以前の 塔と其以後の 塔』, p.3~4. 이 문헌뿐만 아니라 여러 가지 문헌에서도 이러한 추론은 많다.

에 반구형半球形의 복발覆鉢이라는 돔을 올렸으며, 복발의 맨 위 중앙에 산간이라는 기둥이 박히며, 그 위에 양산 모양의 산개가 꽂혀진 형상이다. 스투파의 반구형 돔 중앙에 박혀 세워지는 기둥은 세계의 중심에서 하늘과 땅을 연결하는 우주목으로 세계축世界軸(axis mundi)을 상징한다. 또한 그 위에 올려지는 원판형 산개는 햇빛을 가리는 일산으로 고귀함의 상징이었다. 더운 지방에서 일산은 존귀함을 상징하는 영물이었다. 스투파의 사방에는 흔히 탑문이 세워지고 기단의 바깥 둘레에는 난순이라는 울타리가 둘러졌다.

인도 초기 불탑의 유래

최초의 불탑인 스투파의 시원적 형태는 어디에서 그 기원을 찾을 수 있을까?[10]

우선은 불탑은 묘墓라는 일차적 기능과 그 형태가 둥그런 모습의 구조체라는 점에서 기능과 형태, 의미를 갖는 유사한 유구에서 기원을 추정해 볼 수 있겠다.

시원탑의 모습은 반구형半球形의 돔, 즉 복발형으로 나타나는 것이 일반적이다. 원형이나 방형의 기단 위에 있는 복발은 내부가 꽉 차 있는 반구형으로 땅에서 하늘까지 이르는 천산天山을 덮는 천구天球의 건축적인 모사품으로서 의도된 것이라 할 수 있겠다.[11] 하늘과 땅 사이의 중간계이다. 또한 스투파의 복발은 우주적인 산으로 표현되며 이는 서방아시아의 전설과 예술품에서 유래된 것 같다. Sumeria의 전설이 고대 인도로 옮겨 온 것이다. 즉 최초로 카오스 상태의 물에서 출현한 것은 응고된 물방울로 표현된 우주적 난卵이다. 또한 물로부터 우주적인 산이 나타난다는 것이다.[12]

선사시대의 토기에서 물은 자연스럽게 물결치는 모습으로 묘사되었으며 근원적인 산은 방추형方錐形으로 표현되었다. 이러한 우주에 대한 해석은 기원전 3,000년 전에 돌을 쌓아 올린 무더기로서 우주적 산을 표현한 Susa의 각판刻版에서 예를 찾을 수 있다.[13] 이와 비교할 만한 것은 우주적 산

10 천득염, 「인도시원불탑의 의미론적 해석–불탑건축의 전래와 양식에 관한 비교론적 고찰」, 건축역사연구 2권 2호, 1993.
11 Benjamin Rowland, *The Art and Architecture of India Buddhist, Hindu, Jain*, The Pelican History of Art, p.79.
12 Ackerman, 「West Asiatic Ancestors of the Anda」, Marg, 11, Ackerman, p.17.
13 Ackerman, 「West Asiatic Ancestors of the Anda」, Marg, 11, p.16~23.
Susa는 메소포타미아의 한 지역으로 고대 Elamite와 이란의 Persia, Parthia 제국의 고대 도시였다.
14 Hutchinson, *Prehistoric Crete*, 1962, p.206.
Minoa시대 크레타의 Knossos 궁전에서 인감은 사자로 둘러싸인 산의 상단에 있는 여신을 보여준다.

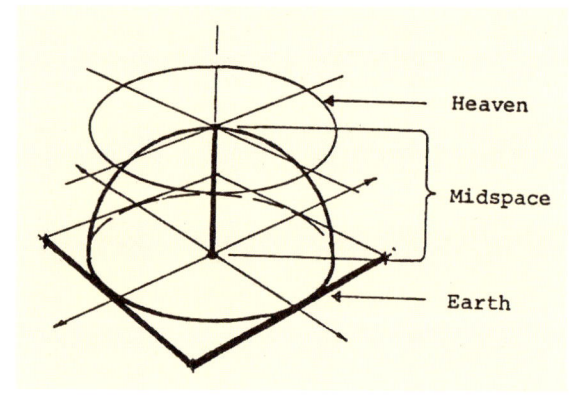

공간축의 구성개념(A. Snodgrass, p.165.), 중간계를 상징하는 반구

■ 크노소스궁전의 인감

의 상단에 여신이 있는 미노아시대 크노소스궁전의 각판에서 볼 수 있다.[14] 또한 메소포타미아의 지구라트와 이집트의 피라미드, 그리고 인도의 스투파에서는 유사한 우주적 도상이 원통형이나 방추형의 형태로 구상화 된다.[15]

초기 역사시대인 Nasik의 제2기 유적에서 발견된 2개의 테라코타 스투파는 유각陰刻되었고 점으로 형태를 묘사하고 있다.[16] 이들은 인더스계곡에서 발견된 linga type의 모습과 관련이 있는 것 같다.[17]

불탑에 더욱더 가까운 것은 기원전 6~7세기의 것으로 간주되는 페니키아의 유적에서 찾을 수 있다. 이 유구는 암리트의 분묘로 추정되는데[18] 고총高塚으로 사체는 지하에 매장되고 그 위에 인도불탑 모양의 건물이 서 있는 모습이다. 기단은 네 마리의 사자가 조각된 방형이고 그 위에 부조(frieze)로 장식된 2개의 원통형 축부가 올려 있으며 최상부에 반구형의 돔이 놓여 있다. 특히 이 형태를 힌두사원의 링가처럼 힘을 발생하는 남근男根으로 유추하는 해석이 있어 흥미롭다.[19] 이 분묘의 형태는 후에 나타날 스투파의 출현을 예견하고 있는 것이다.

■ 1. 힌두사원의 링가
2. 반구형 돔이 있는 페니키아 암리트의 墓(윤장섭, 서양건축사, p.79.)

15 Ackerman, op.cit., p.16~23.
16 Sankalia, *Report on the Excavation at Nasik and Jorwe*, 1950, p.123.
17 Marshall, *Mohenjo-daro and the Indus Valley Civilization*, 1931, p.130.
18 Irene N. Gajjar, *Ancient Indian Art and the West*, p.112; 윤장섭, 『서양건축사』, 동명사, p.79.
19 Ackerman, op.cit., p.20.

1   2

이 아무리트의 분묘에서 특히 관심을 끄는 것은 축부에 있는 계단형 장식과 치형齒形 장식인데 이는 단형 피라미드나 Sunga시대의 치형 장식과 관련시켜 볼 수 있는 것이다.[20] 이 장식들은 선사시대 토기의 문양에서부터 페니키아의 분묘, 바르후트와 산치의 조각품, 불탑 등으로 이어지는 영향을 알 수 있다. 즉 이는 서방아시아와 인도의 선사시대부터 약 기원 원년까지의 끊어질 수 없는 연계를 의미한다고 할 것이다.[21]

물론 불탑 이전의 탑은 그 형태를 파악할 근거가 분명하지 않아 명확히 말하기 어려우나 인류학적인 측면에서 적석습관積石習慣이 원시적인 형태의 누석累石(혹은 土石)단壇을 이루었고, 이러한 둥그런 단이 탑의 기원이 되었을 것이라 추정된다.[22] 그 이유는 탑파의 개념에 적취積聚, 누적累積의 의미가 포함되어 있고 탑파의 형태 또한 이를 쉽게 나타낼 수 있기 때문이다. 특히 적석, 누적의 예는 인도 Gond족의 돌더미, 프랑스의 투석습관投石習慣[23], 몽고의 오보(어워), 한국의 속칭 서낭당 등에서도 잘 나타나고 있다.[24] 옛날 우리나라 사람들은 통행이 잦은 동구 밖이나 고갯마루 신수神樹 아래 돌더미를 쌓아 서낭당을 만들었는데 이곳에 마을과 토지를 수호하는 서낭신이 있다고 믿었다. 정초에 부인들은 간단한 제물을 차려 놓고 가정의 안녕을 빌기도 하였으며 사람들이 이곳을 지날 때에는 거리를 배회하는 악령을 떨치기 위해 두, 세 개의 돌을 던지고 침을 뱉기도 하였다. 또 나뭇가지에는 아이들의 장수를 비는 헝겊조각을 걸기도 하고 상인들의 재리財利를 위해

1. 한국의 서낭당(재현)
2. 미케네의 원형분묘
3. 아트레우스 묘의 벌집형 단면과 원형 평면

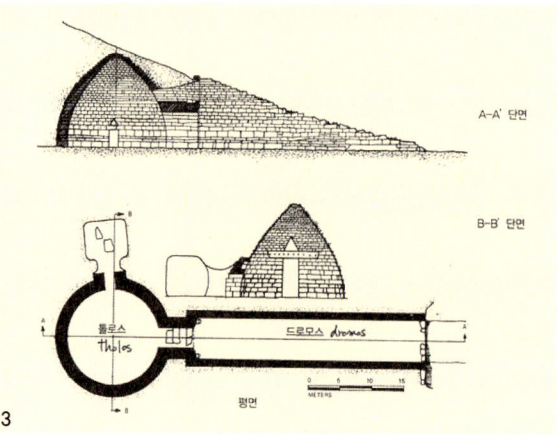

20 Jairazbhoy, Foreign Infuluence in Ancient India, 1963, p.35.
21 Irene N.Gajjar, Ancient Indian Art and the West, p.112.
22 張忠植, 新羅石塔硏究, 일지사, p.63.
23 M.Eliade,Traite d'Histoire des Religions, 1946, Paris, p.190.
24 米内山庸夫, 蒙古草原, 改造社, p.3~4.
孫晋泰, 朝鮮의 累石壇과 蒙古의 오보에 就하여, 손진태선생전집, 태학사, p.195~219.

25 Debala Mitra, *Buddhist Monuments*, The Indian Press Pvt.Ld. 1971. 張忠植, 前揭書, p.63.에서 재인용함.
26 村田治郎, 「東洋建築史」, p.36.
27 Longhurst, *The Evolution of the Stupa, The Story of the Stupa*, 1936, p.12.
28 Atreus의 보물창고라고도 한다.

짚신조각을 걸어 놓기도 하였다. 이와 같이 세계 여러 나라의 적석습관은 죽은 사람을 장사지낸 분묘, 혹은 원시적인 사당이나 제단祭壇으로서, 또한 마을의 경계표나 이정표로서 이용된 것이기[25] 때문에 이들의 공통된 돌무더기에서 탑파의 기원을 유추할 수 있는 것이다.

한편 이상과 같은 적석습관 이외에도 흙을 쌓아올린 만두 모양의 분구墳丘에서 불탑이 유래한다거나 중앙아시아 지방의 대분구大墳丘의 영향이라는 주장도 있다.[26] 다만 이들은 최초의 상징적인 기원이었지 그것만으로는 스투파와 같은 반구형이 성립하지 않는다. 따라서 반구형과 유사한 모습은 돔형의 주거와 묘에서 유래됐으며, 죽은 사람이 생전과 같은 생활을 영위하려고 주거와 유사한 묘 속에 유골을 납장納藏했을 것이라는 생각도 타당한 얘기라 할 수 있겠다.[27] 뿐만 아니라 이러한 돔형(혹은 벌집형)의 묘는 그리스 문화의 시원이 되었던 기원전 1,300년경 미케네의 아트레우스 묘[28]에서 그 예를 찾아볼 수 있고 1,500년 뒤인 2세기 초 로마의 판테온신전으로까지 이어지기도 한다. 이들은 모두 전면은 장방형의 전실을 두었고 그 뒤에 원형의 주실을 배치한 모습이다. 즉 전방후원형前方後圓形의 평면형식으로 여기에서 또 다른 돔형의 묘실을 찾을 수 있는 것이다. 이러한 예는 한반도 남부 지방의 고대 묘에서도 나타난다.

석굴의 건립연대가 밝혀진 가장 이른 시기의 유적들은 아소카왕 때 만들어진 것들로 원형실圓形室과 장방형실長方形室이 결합된 모습으로 소위 전방후원前方後圓의 형식을 하고 있다. 이들의 평면적인 모습으로서는 Atreus

1. 로마스리시석굴내부 후실의 돔형 초가형식
2. 로마스리시 수마다석굴의 단면과 평면(전방후원형)

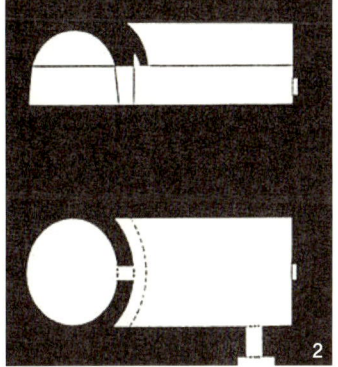

▶불탑의 형태적 모사 로마스리시 석굴

의 보물창고와 같은 형태를 하고 있으나 축조방법이 서로 다르고 지역적으로도 많이 떨어져 이들이 과연 상호관련이 있는지는 분명치 않다. 이들 중 대표적인 석굴의 크기는 원형실이 직경 약 5.76m이고 장방형실은 약 10m×6m 가량 된다. 아소카왕 때 만들어진 석굴들은 Ajivika교에 있어서 수행자들의 우기雨期의 주거로 사용되었다고 한다.

그 후 이러한 아지비카교 석굴은 비슷한 모습을 한 불교용 Chaitya석굴로 바뀌어 B.C. 2C~A.D. 1C 사이에 봄베이시 주변의 데칸고원에 집중적으로 여러 기가 위치하고 있다. 이러한 석굴의 돔형실과 불탑의 형태를 관련지은 것이 다소 무리이나 반구형半球形 돔과 형태면에 있어서 유사성을 발견할 수는 있다. 특히 굴의 입구에서 볼 수 있는 arch나 vault의 형태는 반구형半球形 복발覆鉢 위에 평두平頭를 놓고 산傘을 꽂아 놓은 모습을 연상케 한다.

특히 불탑의 시원적인 형태를 찾고자 한다면 베다(Veda)시대의 동굴분묘나 초기 분묘가 돔형을 하고 있는데, 돔형분묘는 베다시대의 움집에서 유래했다고 하는 점에서도 찾을 수 있다.[29] 고대 인도의 아리안 주거는 평면이 원형이었고 주된 재료는 대나무와 억새풀로 똑바로 세운 대나무를 꼭대기에서 묶어 지붕이 돔처럼 되었다.[30] 둥그런 돔형의 지붕을 한 주거는 기단을 덮고 있으며, 반면 스투파의 돔은 기단 내에 올려져 있는 것이다.[31]

또한 이러한 관점에서 불탑의 초기 형식과 관련지어 인도의 고대유적 중에서 관심을 끄는 것은 석굴과 석조유물에 조각되어 있는 부조의 내용이다. 특히 부조는 석굴보다 실제적인 모습을 뚜렷이 나타내주고 있다. 이들 중에서도 산치에 있는 제1탑의 탑문에는 스투파형이 잘 조각되어 있어 당시의 스투파형식을 짐작하게 한다. 이 탑문塔門은 석재로 된 2개의 수직기둥에 3개의 수평부재가 끼워져 있는데 이들의 각 면에는 코끼리와 스투파를 비롯

---

29 Benjamin Rowland, *The Art and Architectur of India Buddhist, Hindu, Jain*, The Pelican History of Art, p.473.
30 Percy Brown, Indian Architecture, Buddhist and Hindu Periods, p.2~5.
  Satish Grover, *The Architecture of India, Buddhist and Hind*, VIKAS Publishing House PVT LTD, p.14.
31 Irene N.Gajjar, *Ancient Indian Art and the West*, p.111~113.

한 다양한 내용의 부조가 새겨져 있다. 탑문에 새겨진 스투파는 그 모습이 서로 똑같지는 않으나 형식은 대체적으로 비슷하다.

일반적인 스투파형 부조의 모습은 기단이라 할 수 있는 중국식 표기인 태기台基를 1단내지 2단으로 하고 그 상단에는 난순欄楯을 돌렸는데 난순이 없는 경우는 장엄용莊嚴用 장식을 하였다. 태기 위에는 반구형의 복발을 놓은 다음 평두平頭를 얹고 그 위에 다시 산개傘蓋를 세웠다.

산치의 현존탑들은 평두의 모습이 장방형의 책상과 비슷한 모습인데 비하여 이들 부조에 나타난 평두의 모습은 층단層段을 이루며 내쌓기 한 위에 여러 개의 산傘을 수직 방향으로 중첩 시키거나 혹은 경사지게 꽂아 다양한 면모를 보이고 있다. 또한 산의 주위에는 깃발이 휘날리고 있는 모습도 보인다.

결국 사리8분의 근본탑은 간단한 형태를 한 것으로 원형圓形 봉분峰墳의 단계를 크게 벗어나지 못했을 것이고, 산치탑까지 이르는 2~3백 년 동안 스투파에 그 당시 건축적 분위기에 맞는 재료나 형태 및 장엄이 이루어졌을 것으로 여겨진다. 즉 스투파의 의미상 제일 우선적인 납장納葬이라는 기능과 석존釋尊의 상징으로서 권위가 필요했을 것이며 이를 위해서 복발 부분을 보다 크고 안정되게 축조하였으며 지고至高, 천상天上, 천체天體의 상징으로서 원圓과 구球를 선호하지 않았나 하는 생각이 든다.

그러나 이러한 논의는 실증적인 근거가 부족하여 추정으로 끝날 수밖에 없는 한계가 있다. 결국 석존釋尊이 세상에 살아 있을 때나 입멸직후入滅直後

1. 산치대탑 북문 부조에 나타난 베다 시대의 초가 움집
2. 산치 제1탑 남문의 탑형부조

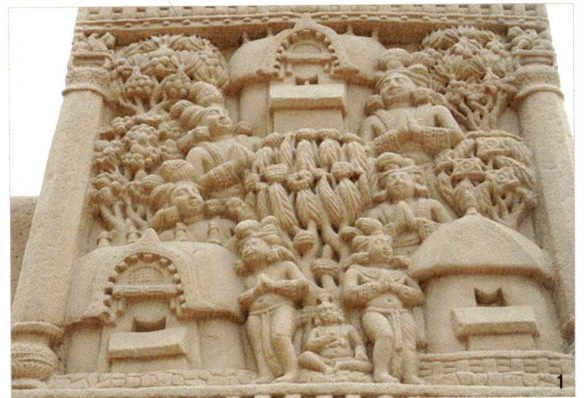

에 건립된 탑파가 현존하지 않기 때문에 불탑의 시원형식을 정확히 알 수 없고 불멸후佛滅後 약 2세기 가량이 지난 아소카왕 때에 건립된 것으로 탑파의 시원형식을 추정하고 초기 탑파형식의 기본형으로 삼는 것이다.

인도 초기 불탑의 구성요소와 상징적 의미[32]

불탑의 일차적 의미는 석가의 진신사리를 봉안하는 묘이다. 그러나 탑이 갖는 상징적인 의미는 다양하고 그 구성요소 안에 함축적인 뜻이 내포되어 있다. 탑파는 석가의 열반 후에 석가가 남긴 정신적인 체계를 건축적 구조물로 대신하는 것이고 가장 존귀한 숭엄의 대상이다.

불탑에서는 피라미드에서 발견할 수 있는 간결한 건축적 형태와 질량감을 느끼게 한다. 시원불탑의 기본적인 도형이 원형이라면 피라미드는 방형을 기하학적 도상으로 삼았다. 불탑의 건축적 완결은 원圓과 방方의 균형과 교호交互에 있는 것이다. 탑파건축의 불완전한 역동성은 성스러운 유적을 둘러싸고 보호하는 기능을 갖고 있으며 확고한 우주적 구조체를 잘 표현하고 있는 것이다. 불탑과 그의 장식들은 순수한 장제적葬祭的인 기능이외에도 정교한 상징주의와 관련되고 부분적이나마 서방아시아의 천지학天地學(Cosmography)으로부터 줄기를 갖고 있다. 메소포타미아의 지구라트와 이집트의 피라미드와 같이 탑의 기본개념은 우주의 건축적 도형이다.[33]

인도불탑의 초기 형태는 산치탑과 같은 소위 복발형인데 형식상 정형화

1. 간결한 건축적 질량감의 피라미드
2. 우주 건축적 도형인 메소포타미아의 지구라트

[32] 천득염, 「인도시원불탑의 의미론적 해석-불탑건축의 전래와 양식에 관한 비교론적 고찰」, 건축역사연구 2권 2호, 1993을 참고로 재구성함.
[33] Benjamin Rowland, *The Art and Architecture of India Buddhist, Hindu, Jain*, The Pelican History of Art, p.79.

된 것으로 아래로부터 기단, 복발覆鉢, 평두平頭, 산간傘竿, 산개傘蓋 등으로 구성되며 부가적으로는 상하의 요도繞道, 4개의 탑문塔門, 난순欄楯(柵)을 두었다. 이는 크게 기단부와 복발, 그리고 평두부로 구분되는 대지와 중간계, 그리고 천상이라는 3분적 공간분할의 의미를 지닌다. 그렇다면 이러한 인도 불탑의 구성요소들은 구체적으로 어떠한 기능과 의미를 갖는가? 또한 단순한 기능 외에 특별한 상징과 의미는 없는가? 인도의 고대인들은 스투파에 어떠한 의미를 부여하였을까?

기단(medhi) : foundation, base

기단은 탑의 하부구조로서 중국에서는 탑기塔基, 기좌基座, 기대基臺, 대臺, 기基, 단壇으로 부르고 일본에서는 태기台基, 한국에서는 기단이라고 불러지고 있다. 또한 중국에서는 원형의 것을 대기臺基, 방형의 것을 기단基壇이라고 구분지어 부르기도 한다.

기단은 건조물의 터전이 되는 단壇을 지칭하는 말로 건축 역사상 거의

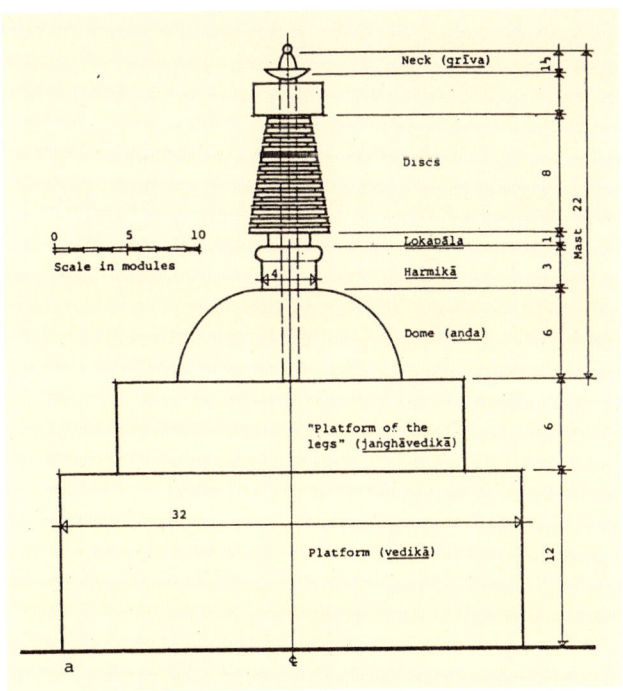

■불탑의 공간개념과 명칭(Adrian Snodgrass, p.368.)

모든 건조물에서 기단을 구축하고 있다. 기능적으로는 상부의 하중을 지반에 전달해주는 역할을 하고 있으며 단을 높여 습기를 방지하고 통풍을 돕는 역할도 하고 있다. 기단이 높으면 주변의 건조물에 비하여 상대적으로 중요도가 높아지며 중심성이 강조되는 위계를 갖게 되는 것이다.[34] 기단에 건축적 의미를 부여하게 되면 상징적 의미와 구조적 의미로 나누어지게 된다.[35] 먼저 상징적으로 계단은 입체적 방향성을 나타낸다. 기단과 함께 불탑과 불탑의 신체를 격상시킬 뿐만 아니라 불법의 힘이 계단을 통하여 세상으로 널리 퍼지도록 하는 의미를 갖고 있기 때문이다. 한편, 일부 경전에서는 기단 네 귀퉁이에 계단을 두는 경우를 설명하는데 이는 일반적으로 한 변의 중앙에 두는 것과는 다른 구성이다.[36] 보통 난간과 함께 조성하여 모서리 부분으로는 난간을 두고 중앙에 계단을 두게 되는데 변상도에서 이러한 모습을 확인할 수 있다.

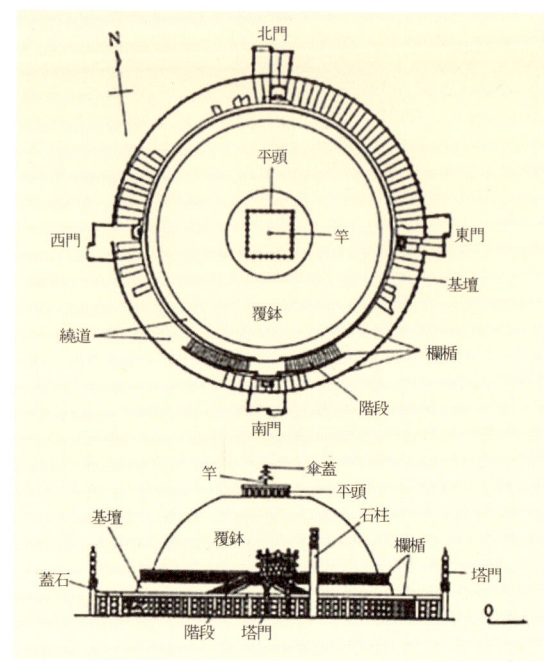
■일본학자의 산치스투파 원 도면

이러한 기단은 귀중한 것을 높이 '대臺'와 '단壇' 위에 모셔서 경의를 나타내는 의미를 갖으며 권위의 상징이다. 중국의 천단天壇이나 메소포타미아의 지구라트, 이집트나 마야의 피라미드 등 거의 모든 성스러운 구조물들은 보다 높이 올려놓고자 하는 의지를 볼 수 있다. 즉 대와 단은 신과 좀 더 가까이 있어 접촉이 가능한 곳으로 보는 것이다. 또한 인간과 구분되는 전지전능한 절대자가 있는 천상天上으로 인지되기도 하며 지고至高의 의미를 갖게 되는 것이다.

인도시원불탑에서 볼 수 있는 기단의 모습은 어떠하였을까? 또한 산치대탑과 같은 초기 불탑의 하부구조를 과연 기단으로 불러야 하는가?

아소카왕 시대 최초의 스투파에는 기단이라 할 만한 시설이 없었으나 기원전 2세기 숭가왕조 이후부터 나타나는 것으로 보인다.[37] 그 후 일단一段이었던 기단은 2단, 혹은 3단으로 변하고 간다라 지방에서는 복발이 발달한 불탑과 그 하부구조를 구축하고 있는 기단이 기능적으로 분리되는 건축

34 라채화, 「한국전통건축의 상징성에 관한 연구」, 고려대학교 박사학위 논문, p.34.
35 김버들, 조정식, 「경전 속에 나타난 탑의 건축적 요소에 관한 연구」, 대한건축학회 논문집 계획계 통권 232호, 2008년 2월.
36 『일체여래정법비밀협인심다라니경』, 이 보탑의 네 귀퉁이에 계단을 모두 다 장엄하고자 하여 상륜과 깃대를 세우고 주위에 방울을 매달며……. 김버들, 조정식, 「경전 속에 나타난 탑의 건축적 요소에 관한 연구」, 대한건축학회 논문집 계획계 통권 232호, 2008년 2월에서 재인용함.
37 Heinrich Gerhard Franz, Stupa and Stupa-Temple in the Gandharan Region and in Central Asia, p.39~58.

38 L. A. Govinda, *Psycho-cosmic Symbolism of the Buddhist Stupa*, p.26.
39 Heinrich Gerhard Franz, *Stupa and Stupa-Temple in the Gandharan Region and in Central Asia*, p.39~58.

물의 기단형식으로 변한다. 즉 원형의 기단이 방형으로 변하며 기단은 기둥과 벽, 바닥床등의 기능을 갖는 구조체로 변하기도 한다.[38] 세일론이나 미얀마, 인도네시아에서는 상하의 기단으로 나누어지고 하부는 2중, 상부는 3중의 낮은 층으로 겹쳐져 있는데 이는 손목과 발목에 끼운 장식적인 링을 의미하기도 한다.[39] 물론 초기 경전에는 방형의 기단을 언급하는 경우가 많아 원형탑신의 모양과는 달리 방형의 기단도 많이 있었지 않았나 하는 생각도 든다. 또한 불탑을 방분方墳이라 하는 경우도 있어 이를 짐작케 한다. 뿐만 아니라 후대에 건립된 미얀마나 태국 등 동남아시아의 불탑은 방형과 팔각형, 원형을 혼합한 형식으로 만들어진 것도 있어 지역과 나라에 따라 다양한 기단의 형태가 가능하였음을 알 수 있다.

인도 초기 불탑의 기단 모습을 구체적으로 알 수 있는 흔적은 산치탑에서 볼 수 있다. 복발 아래에 복발보다 약간 넓게 만들어진 원형 기단이 있다. 마치 복발의 위를 잘라낸 것과 같다. 기단의 상부에는 탑돌이를 위한 복도 모양의 단이 있는데 이를 상부요도上部繞道(terrace, upper pradaksina patha)라 하며 지면에 있는 탑돌이용 통로를 하부요도下部繞道라 한다. 이 상부요도의 외곽에는 기단 아래로 떨어지는 것을 방지하기 위한 '난순欄楯'이라고 하는 난간이 설치되어 있고, 하부요도의 외곽에도 역시 담장과 같이 영역을 한정해주는 울타리 모양의 난순이 돌려져 있다. 불탑경배인 탑돌이는 위와 아래에서 모두 가능하다. 즉 울타리인 아래 난순의 안에서도 경배할 수 있지만 복발의 하부인 기단상부에서는 계단으로 올라가야만 탑돌이를 할 수 있다.

이런 시원불탑의 기단형식은 후대로 내려오면서 다양한 모습으로 변한다. 후대에 크기가 작아진 석굴사원의 차이티야 스투파나 간다라 지방의

1. 기단 위를 난순으로 돌린 산치 제3탑
2. 여러 단의 기단, 보로부두르 탑

불탑형식으로 변모하면서 기단의 모습도 보다 복잡해지고 달라진다. 즉 차이티야 스투파의 기단은 돔형의 복발과 원통형으로 높아진 기단이 되고 다시 원통형 기단부는 여러 층을 이루며 중첩된 대좌형식을 보인다. 이 경우 간다라 지역의 모라 모라두 소형스투파는 짧은 옥개형식을 갖춘 여러 층단의 원형기단에 복잡한 불감들이 마련되었고, 바그 스투파에서는 팔각대좌 위에 원통부가 조성되었다. 한편 간다라불탑은 산치스투파 복발의 하부에 있는 원형의 기단이 점차 방형의 넓은 단壇(Platform)으로 변모한다. 이 단의 수도 일단에서 수 개의 단으로 되는 경우도 있으며 안쪽의 단이 밖의 단보다 높다. 탁실라 모라 모라두(Mohra Mohradu)사원의 대형스투파는 여러 개의 수직기둥형 필라스터를 갖춘 건축적 방형기단, 혹은 마치 축대와 같은 모습을 취하는 경우도 있다. 특히 이 넓은 방형의 단은 그 위에 원형의 스투파를 올려놓아 천원지방天圓地方이라는 동양적 사상과도 일치함을 알 수 있다. 네팔의 보드나트 스투파와 인도네시아 족 자카르타에 있는 보로부두르 스투파는 기단의 모습이 만다라형의 도상을 갖고 있어서 기단이 복발을 받쳐주는 단순한 의미뿐만 아니라 천상계와 중간계를 수직으로 연결하고 지탱해주는 지하계를 상징할 수도 있다.

이러한 기단에는 상부로 오르는 계단이 있기 마련이다. 중국에서 기록된 경전에는 계단을 방아方牙라고 하여 불탑 기단부의 정방형에 맞게 4방에 배치하고 있으며, 기단과 함께 탑신을 높여줌으로써 탑의 위상을 높이는 역할을 한다. 또한 인도의 시원형탑이 극도로 축소되어 중국이나 한국탑의 꼭대기에

■ 1. 산치대탑의 요도와 난순, 계단
2. 기단부가 발달한 라오스 비엔티엔의 탓담스투파
3. 만다라도상을 지닌 네팔의 보드나트수투파의 기단
4. 모라 모라두 대형 스투파
5. 모라 모라두 소형 스투파

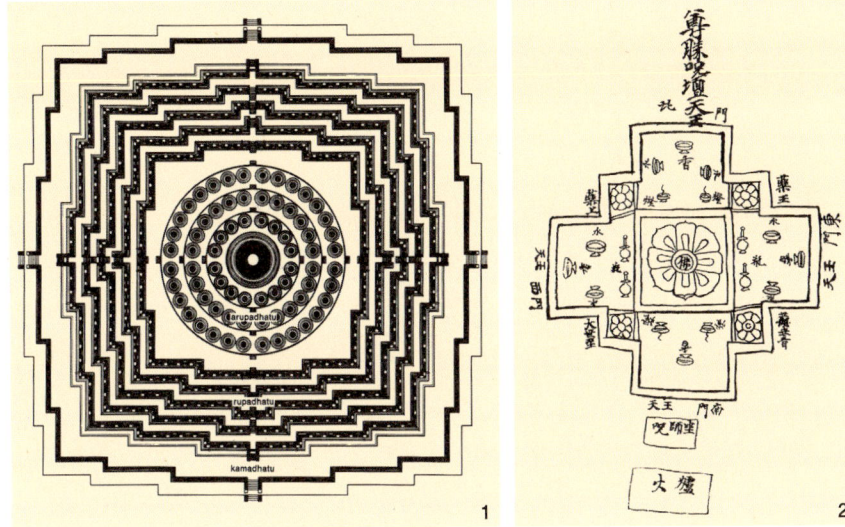

1. 깨우침을 위한 단계를 나타낸 만다라도상 보르부드르 스투파
2. 중국의 오래된 만다라 드로잉 (9~10C), Martin Brauen, 『The Mandala』, p. 14, 29.

올라가 있다고 보는 경우에는 이 기단이 한국탑의 상륜부에 있어서는 노반 露盤에 해당한다고 할 수 있겠다.

그렇다면 이러한 복발하부의 단이나 기단 외곽에 설치된 단을 탑파의 일부분으로 보아야 할 것이며 이를 기단이라고 지칭할 것인가가 문제이다. 이 단을 지칭하는 구체적인 용어가 없어 이제까지는 기단과 드럼이라는 말과 혼용하고 있다. 즉 그동안 시원불탑의 하부구조를 기단이라고 하여 왔는데 이는 잘못된 용어라는 견해가 있다.[40] 물론 돔 구조인 복발과 연속되는 원통형 하부구조를 단순히 기단이라고 부르기에는 다소 문제가 있다고 생각된다. 앞선 일본인 불탑 연구자들이 명명하고 그 후 한국인들이 부담 없이 받아들여 온 인도 시원탑의 기단은 건축용어로서의 기단과는 다소 다르다. 동북아시아 목조건축에서의 기단이나 그리스신전에서의 기단은 본 건물을 올려놓기 위한 별개의 바닥 구조물이지만 인도의 시원스투파에서는 복발(돔)과 일체가 되는 아랫부분에 해당한다. 이를 브라운은 '발디딤 통로'라는 뜻의 영어 'berm'으로 정확히 표기한다.[41] 서양권에서는 돔 건축구조의 하부를 나타내는 원통부圓筒部 드럼에 가까워 인도학 연구자들이 일반적으로 'drum'으로 표기한다. 이희봉 교수는 기단이라 부르는 것은 잘못이며 드럼이나 원통부로 제안하였다. 그러나 필자의 생각으로는 간다라식 불탑이나

40 이희봉, 「탑 용어에 대한 근본고찰 및 제안」, 건축역사연구 제19권 4호 통권71호, p.59.
41 Percy Brown, *Indian Architecture, Buddhist and Hindu*, p.28, 1942/1971.

동북아시아 불탑의 경우는 분명히 발달된 하부구조가 있기 때문에 이를 기단이라 하는 것이 적절하며, 산치의 시원형식 스투파나 석굴의 차이티야스투파의 하부구조는 원통부, 혹은 대좌臺座라고 하는 것이 좋겠다고 생각한다.

복발覆鉢(anda) : hemispheric cupola or dome

복발은 기단 위에 얹은 반구형상半球形狀의 부분으로 마치 바리때鉢, 즉 사발인 발우鉢盂를 엎어 놓은 모양 같아서 복발이라는 이름이 붙여졌다. 인도 시원탑에서는 탑의 주체로서 전체의 대부분을 차지하고 있는 반면 한중일의 불탑에서는 맨 꼭대기인 상륜부에 축소된 모습으로 올라가 있다. 복발의 어의가 '뒤엎어 놓은 공양 밥그릇' 이라 해석할 수 있어 잘못된 한자식 표현이라고 보는 경우도 있다.[42] 그러나 복발이라 함은 단순히 바리때를 엎어 놓은 모양 같아서 붙여진 이름이기도 하지만 7세기에 현장스님이 쓴 『대당서역기』에 석가가 사용하던 옷과 바리때와 석장 등을 사용하여 탑을 건립하였다는 기록으로 보아 석가가 죽은 후에도 그를 추모하기 위한 것이었지 않나 하는 생각이 든다.[43] 즉 불교에서는 발鉢이 비구比丘의 사유물로 인정되는 경우를 흔히 볼 수 있다. 석가는 성도후成道後 4주간이 되었을 때 지금의 미얀마 출신인 2인의 상인이 과자와 우유를 봉납했다. 그러나 용기가 없음을 알고 사천왕이 석발石鉢을 헌납하였다고 전한다. 아잔타석굴에는 석존에게 발을 헌납하는 모습이 있고 돈황에는 발을 들고 있는 석존도 있다. 이러한 것은 발을 숭배하는 관습을 의미하며, 아마라바티에서 출토된 불발숭배부조佛鉢崇拜浮彫에서 불발은 석존을 암시하는 물건 중의 하나로 생각한다.[44]

복발의 형태는 흙을 둥그렇게 쌓아올린 분묘형에서 유래하였다는 설과 돔 형태의 주거에서 유래하였다는 설 등 다양하다.[45] 사람이 사는 둥근 모

[42] 승려의 가장 심각한 항의 형태로 불교에서 밥그릇을 뒤엎는 복발행위는 불경스러운 행동으로 이해할 수도 있다. 또는 복발갈마라고 하여 잘못을 저질렀다고 생각되는 재가불자에게 승가측이 징벌을 내리는 것이다. 또한 복발이 반구형이 아니고 구형에 가까운 것도 있다고 보는 경우도 있다. 따라서 복발을 영어식으로 돔이라고 불러야 한다는 이주형 교수와 佛卵이라고 해야 한다는 이희봉 교수의 주장도 일리가 있으나 복발은 현재까지도 한자문화권이라고 할 수 있는 동아시아에서는 인도식 스투파의 돔을 가리키는 보편적인 용어가 되고 있다. 우리나라의 석탑 상륜부에도 복발이라는 부분이 있는데 그곳에 인도 스투파의 원형이 간직되어 있다.

[43] 윤창숙, 앞의 논문, p.43.

[44] 石田茂作監修, 『佛敎考古學講座 5』, p.147~149. Heinrich Zimmer, *The Art of India Asia, Its Mythlogy and Translation*, Vol.2, Princeton University Press, 1960, Bollingen Series, 34, p.95. 上記 윤창숙의 논문에서 재인용함.

[45] Irene N. Gajjar, *Ancient Indian Art and the West*, p. 111~113.

■ 복발하부가 중첩된 세일론의 Kiri Vehera(스투파)

양의 주거형태를 죽은 사람의 집으로 한 것으로, 이는 산사람과 죽은 사람을 동일시하는 사상에서 온 것이라고 생각된다. 이 원형은 하늘 모양을 본뜬 우주산宇宙山으로「장아함경長阿含經」에서 보이는 상징적인 불교의 극락정토의 기원으로 보기도 한다.[46]

복발은 파괴와 창조, 죽음과 부활을 포함하는 모든 것을 감싸주는 하늘인 무한대의 돔을 모방한다. 초기의 불교도들은 물방울이나 난卵을 잠재적인 창조력의 상징으로서 스투파의 복발에 비교하였다. 또한 복발은 알卵을 의미하는데, 그 형태에서 유래했다고 하기보다는 인도에서 고대부터 태초에 물에서 탄생되는 '황금의 알'로 우주창조의 뜻을 포함한 것이라고 보기도 한다. 스투파의 몸체를 이르는 반구형의 복발을 불교문헌은 안다(anda), 혹은 가르바(garbha)라 부른다. 안다는 알이라는 뜻이고 가르바는 자궁이라는 뜻이다. 알이나 자궁은 생명의 근본이며 존재의 가장 근원적인 형태를 상징한다. 일찍이 리그베다에서도 세계의 근원이 되는 '황금빛 자궁'을 여러 곳에서 노래한 바 있다.[47] 알 또는 자궁의 형상은 인도문화에서 불교 이전부터 즐겨 쓰던 생명의 상징을 불교도들이 차용한 것이다.[48] 안다는 고대 인도의 신화에서 우주와 같은 뜻이었다. 세일론에서는 방房(chamber)으로 혹은 지성소(Holy of Holies)로 번역된다. 또한 힌두사원에서 가장 내부에 있는 지성소는 여성의 자궁을 뜻하기도 한다. 자궁방인 가르바그리하(garbagriha)와 근원적으로 같은 의미이다. 이는 과거의 씨앗을 미래의 생명형태로 생성시키거나 변환시키는 어머니의 자궁처럼 창조력의 중심으로 간주된다. 그와 같은 기능은 난卵에 의해 재현되고 이는 스투파의 돔에 적용되는 것을 쉽게 이해할 수 있다.[49] 이와 같은 내용은 한국의 난생설화卵生說話에서도 유사한 형태로 나타난다.

또한 복발의 내부에 봉안되어 있는 사리舍利는 쌀이라는 의미를 지닌다. 스투파의 자궁 안에 든 씨앗으로서 즉 생명력의 요체로서의 의미를 지닌다. 결국 스투파 속에 봉안되어 있는 사리는 '자궁 속의 알'[50]이며 속 알을 품은 겉 알, 즉 '안다'는 차후에 무한히 성장하여 피어날 물보라 문양, 넝쿨 모양으로, 또 늘어뜨린 수술로 고이 감싸서 장엄되는 스투파의 핵심 조형물이다.[51]

---

46 杉本卓洲,『インド佛塔の研究』, 東京, 平樂寺書店, 1984, p. 192~219.
47 이미림 외,『동양미술사』, 미진사, p.211.
48 이주형,『인도의 불교미술』, 인도국립박물관소장품전, p.15.
49 L. A. Govinda, *Psycho-cosmic Symbolism of the Buddhist Stupa*, p.8.
50 Adrian Snodgrass, *The Symbolism of the Stupa*, Cornell Univ. Southeast Asia Program, p.189.
51 이희봉,「탑 용어에 대한 근본 고찰 및 제안」, 건축역사연구 제19권 4호 통권71호, p.58.

위와 같은 복발의 의미론적 해석 이외에 기하학적으로 보면 인도 탑파의 가장 기본이 되는 구성요소는 복발, 즉 반구半球이고 구의 부분적인 구성인 자는 원圓이 되는 것이다. 탑파의 평면과 단면, 외양이 모두 원이다. 원은 집중의 상징이다. 원으로 이루어진 구球는 여러 면面의 힘을 조절하거나 관련된 힘들의 평형상태를 이루고, 긴장을 이완시키거나 그 자체 내에서 휴식의 조화를 이루도록 하는 집중의 원칙인 것이다. 표면의 모든 점들은 중심과 동등하게 관련이 되고 각각은 그 의미와 중요성을 갖게 되며 외부적 영향에 대하여 안전하게 되는 것이다.

그렇다면 복발의 내부는 어떤 모습일까?

기원전 3세기경 아소카왕이 만든 스투파의 대표적인 사례로서는 산치스투파를 들 수 있다. 산치스투파의 복발은 일건벽돌이나 소성벽돌로 이루어진 것이었으나 지금의 모습은 Sunga왕조 때 수리한 것으로 표면을 벽돌모양의 돌로 쌓았다. 탑문에 나타난 부조에 의하면 이 복발에는 여러 가지 장엄이 이루어져 있는 것을 볼 수 있다. 산치 제1스투파처럼 화려하게 장엄된 스투파는 완성하는데 수십 년이 걸렸다고 한다. 본래 이러한 스투파는 표면에 부드러운 흰색 혹은 밝은 빛깔의 회가 칠해지고 여러 빛깔로 채색된 조각으로 장식되어 있었다고 한다.

일반적으로 복발은 그 내부가 돌이나 벽돌, 흙 등으로 가득히 차 있다. 나가르주나콘다의 탑과 탁실라의 탑 등 몇몇의 탑에는 원통형기단 내부가 방사상放射狀, 혹은 동심원상同心圓狀의 벽으로 조립되고 그 벽 사이의 공간에 흙 같은 것이 채워지기도 했다. 남인도의 아마라바티 부근의 간타살라 스투파의 경우는 복발하부 기단내부의 평면형식이 원형과 방사형, 방형 등이 혼합된 구

■ 기단부가 강조된 미얀마의 shwezi gon paya 불탑

132 인도 불탑의 형식과 전래양상

■ 나가르주나콘다 탑의 기단 내부
(방사형)

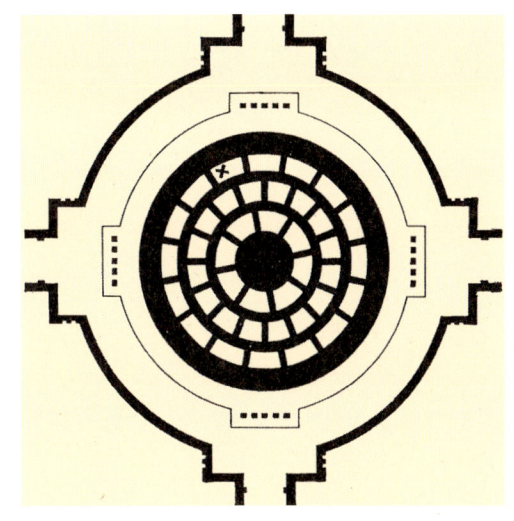

조를 하고 있으며, 나가르주나콘다의 마하체티야탑의 기단부 평면형식은 방사형을 하고 있다. 이처럼 특이한 구조를 하고 있는 것은 거대한 탑을 안전하게 축조하기 위한 기술적인 요인 이외에 다른 신앙적 의미 때문에 선택된 것 같다.[52] 즉 독일인 미술사학자인 제켈은 벽돌은 중심으로부터 각 방위로 뻗어 있어서 마치 만달라 도상과 같은 도형의 중심에서 광선이 발산되는 것 같은 형상을 나타낸다고 하였다. 그러니까 이 형태는 외부에서는 보이지 않는 것이지만 스투파에 봉안된 성스러운 실체를 강조하는 중요한 의미가 있었다고 생각된다.

이처럼 의미심장하고 다양한 뜻을 지닌 시원형 불탑에 있어서 복발은 반구형이지만 후대에 이르러서는 구형에 가까운 모습으로 변화해 간다. 즉 인도의 여러 석굴사원에서 흔히 볼 수 있는 소형스투파는 대부분 구형球形이고 한국 실상사동탑의 복발과 정토사 흥법대사부도에서도 복발의 모습이 약간 납작한 구형에 가깝다. 이런 이유로 이희봉 교수는 이제까지 복발이라고 불려왔던 것을 공양을 하는 발을 엎는 다는 것은 불경스럽다는 것이 아닌가 하는 이유로 '부처님의 알'이라는 뜻인 불난佛卵으로 부르는 것을 제안하였다. 그러나 이러한 용어는 적절하지 않다고 생각된다. 왜냐하면 복발이라고 불러도 크게 문제 없으며, 이제까지 불려온 용어를 일순간에 바꾸기가 어렵고, 복발이라는 용어가 일인학자들에 의하여 만들어진 것이 아니라 아주 오래전부터 중국의 불교경전이나 『대당서역기』를 비롯한 여러 기록에서 사용되었으며, 발을 엎는 것이 결코 경망한 일이 아니라는 것이다.

이러한 스투파의 주체인 복발은 어떤 모습으로 변모하였을까?

52 이를 만다라적 도상으로 이해하는 경우도 있다.

사리팔분舍利八分이 이루어져 세워졌던 시원불탑에 있어 복발은 아마도 적석형의 봉분이었을 것이다. 봉분 위에 산傘을 꽂아 부처의 신체와 같은 존귀한 진신사리가 있음을 밝히고자 하였을 것이다. 그와 동시에 시간이 흘러 감에 따라 귀한 분의 신골을 존엄하게 모시고자 하는 의지는 이를 더욱 장엄하게 꾸미게 되었을 것이다. 이런 이유로 아소카왕 대에 기존의 조그마한 복발형 봉분을 다시 크고 정연한 반구형으로 만들어 규모도 커지고 외부의 모습도 깔끔하게 잘 다듬어진 반구형의 복발로 거듭 났다. 그 후 마우리아 왕조를 거쳐 쿠샨시대에 이르러서는 아소카왕의 초기 형식 스투파가 변화를 이루어 갔다. 즉 특히 간다라 지방을 중심으로 거대한 복발중심의 스투파가 기단이 확실하게 구축되고 복발부이 상대적으로 축소되게 되었다. 물론 거대한 스투파가 조성되기도 하였으나 기단이나 상륜부에 비하여 복발이 적어졌다는 것이다. 이는 인도 서북부의 봉헌용 소형스투파나 중인도의 차이티야석굴사원의 스투파에서 뚜렷이 나타나는 모습인데 기단부가 2중으로 되고 몸통부가 되는 태기(혹은 고동부鼓胴部, 영어식 표현으로 하면 드럼)에 해당하는 부분이 발달하고 복발이 퇴화되는 현상이다. 초기의 거대한 반구형半球形 복발은 차츰 적어지고 복발의 하부가 원통형 드럼과 방형의 기단으로 확실히 건축기단의 모습으로 구축되며, 역사다리꼴의 평두와 점점 더 작아지며 쌓아진 산개에 의해서 현저한 상승감을 나타내 보인다. 이러한 탑형식은 간다라탑형식에서 뚜렷이 나타나게 되었고 결국 이 형식이 중국으로 전래되어 기존의 목조불탑과 습합되었으며 그 정상부에 조그마한 복발형으로 얹어져 상륜부의 일부가 되었다. 이는 중국을 비롯하여 한국과 일본의 불탑에 공통적으로 나타나는 모습이다. 뿐만 아니라 석탑과 전탑, 청동탑 등의 불탑에서도 그 정상부에 규모가 축소된 복발이 상륜부의 일부분으로 남아 있게 되었다.

평두平頭(harmika) : kiosk

평두는 복발의 정상에 있는 평평한 상자형箱子形으로 신성한 곳을 둘러싸는 vedika라는 방형의 울타리(난순의 일종) 안에 해당한다. 그러나 울타리 안에 상자 모양의 유골함 시설이 있어 이를 평두라 하는지, 아니면 복발의

복발이 잘 보존된 실상사삼층석탑의 상륜부

1. 평두가 표현된 탑형조각
2. Jatabana Stupa의 상자 모양 평두
3. 바자석굴 외부 스투파의 하미카 (평두)

상부를 평평하게 만들고 울타리로 둘러싼 부분을 평두라 하는지 분명하지 않지만 현재까지 알려진 바에 의하면 전자라 생각하는 경우가 많다. 그러나 단어가 주는 의미는 복발의 정상부를 평평하게 만들었기 때문에 일본인 학자들이 명명한 것이 아닌가 여겨진다. 이 평두의 중심에는 수직의 산간이 꽂히고 1, 2, 3개의 산개가 이를 덮고 있다.

산치대탑의 평두는 간단한 책상 모양이나 탑형부조에 나타난 평두는 역피라미드형으로 층단을 이루는 모습을 하고 있어 평두형식은 다양한 형태가 있었던 것으로 생각된다. 산치대탑이 아닌 다른 탑, 특히 스리랑카의 대형탑에서는 평두와 울타리가 하나의 상자 모양을 띠기도 한다. 즉 울타리 안에 상자 모양의 시설이 보이지 않고 그 중앙에 날카로운 산간이 높게 꽂혀 있을 뿐이다.

그러나 스투파형식이 발전하면서 대부분의 스투파 정상부는 초기 산치탑과는 다른 모습으로 변모하였다. 즉 사각의 난간 위에 네 기둥과 아치창으로 표시되는 건물 몸체와 제일 꼭대기에 '내민 역피라밋형 층단 처마구조물'[53])이 올라가 있다(아래 사진3). 바자석굴이나 베드사석굴 스투파의 평두인 하미카에서 볼 수 있는 것처럼 역피라밋형은 중국 석굴사원의 탑이나 한국석탑상부의 앙화仰花에 해당한다고 할 수 있겠다. 즉 인도 시원탑의 평두는 중국과 한국, 일본탑에서는 보이지 않으며 대신 앙화가 나타나고 있는데 이는 평두가 변화된 것이라고 생각된다.[54])

평두는 실제로 스투파에 있어서 가장 신성한 곳이다. 그래서 사리봉안장소라 여겨지며, 또한 복발 위에 있어서 높은 곳이고 신성한 공간이기 때문에 그 주변을 난순으로 돌린 것이라 생각된다.

53 J. Fergusson, *History of Indian and Eastern Architecture*, p.70. 이희봉의 논문에서 재인용함.
54 윤창숙, 앞의 논문, p.46.

인도 시원불탑의 의미와 형식 135

특히 평두는 상부가 평평하게 되어 있기 때문에 붙여진 한자식 명칭으로 경전에도[55] 나오는 용어인데 사리용기를 이 속에 납장納葬하였다고 한다. 그러나 실제로는 스투파의 여러 유례를 발굴한 결과 사리는 복발의 중심부 아래쪽과 기단의 중심 윗부분에 사리실을 설치하고 그 속에 사리용기를 두고 보석류나 금박엽金薄葉 등의 장엄구莊嚴具를 첨가하여 납장하고 있다. 다만 예외 없이 대부분의 사리기는 스투파의 중앙 축을 따라 발견된다. 중앙의 축이 스투파의 중심을 관통하고 있고 그 위쪽에 찰주인 산간과 산개가 놓여 있는데 그 중심축에 구멍이 나 있고 그 안에 사리기가 봉안되어 있는 것이다. 이러한 경우는 불탑이 보이는 어느 나라나 똑같이 공통된 모습이다.

평두는 33천天의 신들이 거주하는 천계를 나타낸다. 또한 평두는 일반적으로 신전 또는 궁전[天宮]으로 본다. 이때에 궁전은 영혼이 출입할 수 있는 곳으로 신성함을 나티내는 것이다.[56] 평두는 제단의 형식을 취하고 있으며 유골을 보관하는 용기로서 경배되었으며 죽음과 부활을 초월한 지성소를 상징하고 있다. 번제燔祭를 드리는 제단으로서 이해한 것이다. 이 번제는 자기희생과도 의미가 상통한다. 성인들은 다른 사람을 희생시키는 대신에 자신을 세상에 희생시키는 것이다. 자기 몸을 희생하고 여러 조각으로 부서져 이 우주를 생성시켰다는 인도의 베다시대 전설에 나타나는 Mahapurusa에 관한 얘기는 이를 의미하기도 한다.[57] 부처는 이를 자기 자신의 내적 희생으로까지 확대시키고 있다. 즉 "참된 가치는 단지 하나의 희생에 있다. 우리 자신의 욕구에 대한 희생이다."라 하였다.

또한 네팔과 티베트 스투파의 평두에는 인간의 눈을 그린 형태를 하고

1. 평두에 지혜로운 인간의 눈을 표현한 네팔 Bodhnath 스투파. 가운데 코의 위치에 있는 의문부호는 숫자1에 해당하며, Unity(통일, 일치)를 뜻한다. 13단의 제단형은 가르침의 13단계를 나타낸다. 양산이 씌여진 꽃 모양은 청정함을 의미한다.
2. 다층의 기단부와 눈이 표현된 티베트의 스투파 칸체 쿰붐
3. 인간의 눈을 그린 평두, 칸체 쿰붐

55 『根本設一切有部毘奈耶雜事』卷第十八
56 J. Przyluski, *The Harmika and the Origin of Buddhist Stupa*, IHQ, vol.11, 1935. p.199~210; 高田修, 『佛敎美術史論考』, 東京, 中央公論美術出版, 1969, p.40~42.
57 Benjamin Rowland, op. cit., p.473.

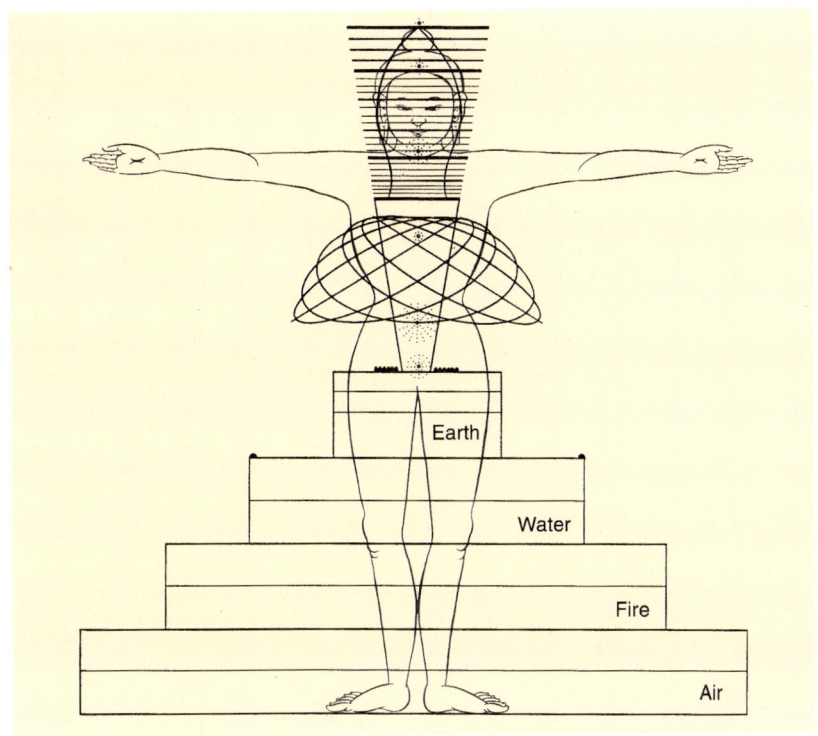

챠크라 우주와 인체 사이의 구조적 대응관계, Martin Brauen, 『The Mandala』, P. 52.

있다. 이는 스투파 내에 숨겨져 있는 명상하고 있는 인간의 모습을 제안하고 있는 것이다. 또 눈과 눈 사이에 또 다른 제3의 눈을 가진 인간을 표현하며 내적 성찰을 기대하고 있는 것이다. 뿐만 아니라 평두를 불의 요소로 비교하는 개념도 있다. 불은 시각視覺, 즉 내면의 시각에 해당되는 것이다. 기단부에는 발을 꼬고 있으며, 복발에는 몸이 어깨까지 이르고 있으며 평두에는 머리가 있다. 이는 정신적이고 생리적인 원리가 인간의 신체와 일치하는 것이며 다시 물질적인 감각의 대상으로부터 속계가 아닌 순수한 정신세계의 해탈로 오르는 것이다.[58]

　이러한 수직체계에 따라 복발 위에 있는 평두는 하나 이상의 성스러운 우산, 즉 산개와 산간에 의해 그 정상부를 장식한다.

산개傘蓋(chattra) ; honorific umbrella

산개란 복발의 맨 위 꼭대기에 있는 원반 모양을 하고 있는 목재 또는 석

[58] L. A. Govinda, *Psycho-cosmic Symbolism of the Buddhist Stupa*, p.5.

재의 원판圓板으로 일산日傘, 혹은 우산과 같은 모양을 하고 있어서 생겨난 이름이다. 죽은 자의 봉분 위에 깃대를 꽂고 다시 그 위에 무언가 햇빛가리개를 씌운 데에서 비롯되었을 것이다. 그러나 불탑에서는 축소되어 상징에 불과할 뿐 햇빛을 가리는 역할은 하지 못하고 있다.

■ 카를라 차이티야스투파의 나무 산개

산개란 반개盤蓋, 보개寶蓋라고 부르기도 하며 한국탑의 보륜寶輪 혹은 보개寶蓋에 해당한다. 한국탑의 상륜부는 보륜이 있고 그 위에 보개가 덮여 있으나 인도의 초기 탑에서는 보륜과 보개가 따로 없어 구분지어 부르기가 곤란하나 보개 쪽에 더 가깝다고 생각된다. 산개는 보개나 천개와 마찬가지로 권위와 명예의 상징이었다. 즉 인도에서는 왕처럼 존귀한 신분을 지니는 사람에게 시종이 씌워주는 햇빛가리개로서 산개는 고귀함의 상징이 되고 있다.

산개인 chattra는 산스크리트어로 햇볕을 가려주는 일산日傘이라는 뜻을 가지며 그 어원은 chad-(shade, shelter)에서 유래되었다. 한역漢譯하여 개蓋, 산개傘蓋, 회개繪蓋, 보개寶蓋, 천개天蓋, 일산日傘 등으로 표현한다. 한국 불탑연구의 선구자인 고유섭은 반개盤蓋라 하였다. 영어로는 parasol, umbrella라고 말할 수 있다.

■ 수산리 벽화의 일산

이처럼 산傘은 무더운 날씨인 인도에서는 햇빛을 가리기 위한 실용적인 의미와 함께 종교적인 권위와 고귀함을 상징하는 것이다. 스투파의 맨 꼭대기 정중앙에 있는 것과 마찬가지로 신성한 나무 꼭대기나 법륜의 꼭대기에도 씌워진다. 이러한 예는 인도 뿐만 아니라 고대 이집트의 벽면, 아시리아의 부조, 페르세폴리스 등에서도 나타나고 있다. 또한 그리스에서는 상위계급의 징표로서 사용되었고 중국에서는 죽은 사람에게 주어지기도 하였다.[59] 특히 여러 불교국가의 불상 위에 산개가 있는 예가 많고 이는 천개天蓋로서의 의미를 갖기도 한다. 그리고 산개는 중국에서 불교전래 이전에 이미 '화개華蓋'라 하여 사용되고 있었음이 밝혀지고 있다.[60] 왕의 머리 위에 시종이 화개를 받쳐 들고 있는 모습이다. 한국에서도 고려사高麗史의 기록과 평남 남포의 고구려시대 수산리벽화修山里壁畵에 일산日傘을 쓰고 있는 예가 나타나고 있다.

또한 산개의 의미는 중첩된 우주계면宇宙界面으로 이해된다. 이는 권위의 상징으로 다른 것 위에 있으면서도 동등한 평행을 유지하는 의미를 갖는다. 깨달음에 이르는 단계를 의미하기도 한다. 거대한 우주목宇宙木에 걸쳐진 무수한 평면, 층층이 겹쳐진 보다 높은 세계를 나타낸다. 이는 불계佛界의 중심에 서 있는 깨달음의 나무와 산의 정상에 있는 생명의 나무의 개념과도 융합된다. 이는 다시 부처가 우주의 중심에 서 있다는 의미와도 상통한다.[61]

이처럼 산개와 산간으로 이루어지는 소위 상륜부는 우주목을 가장 간단히 줄여놓은 형태이다. 즉 땅과 하늘을 연결시켜주는 축인 것이다.[62] 또한 이는 고대사회에 있어서 태양숭배의 의식을 행하는 "의식용 깃대"와도 상통되는 것이다. 즉 왕과 같은 고귀함의 상징인 일산은 우주의 지배자로서 강력한 힘을 갖는 왕과 성스러운 축과 우주의 중심이라는 의미를 지니는 성스러운 나무의 가

1. 권위와 고귀함의 상징 일산
2. 중국 青海湖畔의 經幡: 산간, 산개와 유사한 표현인 룽다

[59] Longhust, *The Story of the Stupa*, 1936, Chapter 1, "The Umbrella as a Symbol of Religious Sovereignty."
[60] 小杉一雄, 「佛塔の露盤について」, 『佛敎美術史硏究』 第9冊, 東京, 早稻田大 大學美術史學會, 1942, p.9.
[61] L. A. Govinda, *Psycho-cosmic Symbolism of the Buddhist Stupa*, p.8.
[62] John Irwin, *The Axial Symbolism of the Early Stupa*, The Stupa: its religious, history, and architectural significance, Wiesbaden : Steiner, 1980. p.15.

1. 산치1탑. 산개가 3개인 스투파부조
2. 산개가 여럿인 판둘레나 차이티야 9굴의 스투파 부조

지로 빛을 가리는 의미인 것이다. 이러한 까닭에 네팔에서는 산개와 산간 대신에 살아 있는 나무를 탑 꼭대기에 두는 경우가 있으며 이는 여러 가지 부조에도 나타난다.

산개는 원칙적으로 원판형이나 시대와 지역에 따라 형태가 다르고 1개만이 아니라 3개를 위로 중첩하고 있으며 후대에는 13개 이상의 산개가 겹쳐 있는 예를 볼 수 있다. 시간이 흐를수록 산개의 개수가 늘어나는 경향이 있다. 불경에는 1,2,3,4 내지 13개로 한다고 기록되어 있다.[63] 또한 산개의 수를 13개로 규정하고 있는데 이는 계급에 따라서 그 수를 정한 것으로 보여 진다.[64] 『대당서역기』에는 카니시카탑은 25륜이었다고 하여 그 수는 항상 일정하지 않은 것 같다. 산개와 산간으로 이루어지는 상륜부는 일반적으로 1본이나 부조와 불상 주변의 장식에 나타난 탑에서는 3, 4, 5본인 경우도 있다. 즉 인도의 경우는 중앙의 1본은 수직으로 똑바로 서 있으나 양쪽의 2본은 비스듬하게 누워 있고 그 끝에 번幡을 달고 있는 경우와 3본 모두 수직으로 서 있는 경우가 있다. 번은 불전내의 기둥이나 불佛, 보살菩薩의 위덕을 알리는 장엄구인데 깨달음과 항마降魔의 표시로 세운다.

또한 중국과 일본의 경우는 3, 4, 5본의 상륜을 세워 다양한 형태를 보인다. 이들은 대부분 장식적인 소형탑으로 실제의 탑에서는 거의 대부분의 상륜이 1본이다. 이러한 모습은 운강석굴이나 용문석굴 등의 탑형부조에서 잘 알 수 있다.

티베트 네팔의 스투파들은 중첩된 여러 층의 계단형 산간과 산개가 합해져 평두 위에 위치하고 있다. 네팔의 보드나트스투파의 산간은 계단형 산간이 13단에 이르는데 맨 위에는 보개처럼 아름다운 보관이 올려 있다. 이는 마

[63] 「大正藏」第24券, 「根本說一切有部毘奈耶雜事」券 第18, 下, p.291.
[64] 8중은 如來, 7중은 菩薩, 6중은 緣覺, 5중은 羅漢, 3중은 斯陀含, 2중은 須陀한, 1중은 轉輪王, 일반교도의 무덤은 상륜이 없는 것이다.

65 John Irwin, *The Axial Symbolism of the Early Stupa*, *The Stupa : its religious, history, and architectural significance*, Wiesbaden : Steiner, 1980.
66 中村 元, 圖說佛敎語大辭典, p.270.
67 Cunningham, A., *Archaeo logical Survey Reports*, vol.3, Calcutta, 1871, p.103.
Satish Grover, *The Architecture of India*, Buddhist and Hind, VIKAS Publishing House PVT LTD, p.42.
68 John Irwin, *The Axial Symbolism of the Early Stupa*, *The Stupa : its religious, history, and architectural significance*, Wiesbaden : Steiner, 1980. p.29.
69 사찰이란 말은 절인 사와 절을 나타내주는 깃대, 찰(刹多羅chattra의 약칭)의 의미를 혼합한 것이니 산간이 깃대와 관계가 있으리라 짐작된다. 즉 산간이 사찰의 중심인 불탑을 의미하므로 사찰은 결국 불탑이라고도 할만하다.

치 한국석탑의 상륜에 있어 보륜과 보개가 나라를 달리하여 서로 다른 모습으로 형상화된 것과 같은 형식이다. 특히 세일론의 스투파는 날카로운 첨탑, 즉 중세 고딕교회의 스파이어와 같은 산간이 탑 정상의 중앙부에 자리한다. 산간에 산개가 꽂혀 있는 형식이 인도식이라면 세일론의 스투파의 정상부는 산간과 산개가 하나의 매스로 표현되어 다소 변화된 모습이라 할 것이다.

산간傘竿(yashti, yupa, svaru)[65] ; pole or staff

인도 초기 불탑의 복발 정상은 평평하게 되어 있고 그 위에 수직의 짧고 가는 기둥인 산간傘竿이 세워진다. 산치대탑의 경우 산간에는 세 개의 원판형 산개가 꽂혀 있고 산간 둘레에는 네모난 울타리가 둘러져 있다. 이를 평두라 한다.

인도미술연구자인 브라운이 umbrella stick이라고 부른 산간은 산스크리트어로 yupa 하는데 베다성전에는 여러 신에 대하여 제사를 지내기 위하여 세운 것으로 꼭대기에 제물용 동물을 매다는 기둥, 즉 제주祭柱를 뜻한다.[66] 티베트語로 srog-sing이라 하는데 life-wood로 직역할 수 있으며 '생명의 나무' 라는 의미를 갖는다. 고대사회의 전통에 나타나는 여러 종류의 '성스러운 나무' 들 가운데에 근본적인 관계가 있다고 생각된다. 이 나무들은 Tree of Life, Wishing Tree, Tree of Paradise 등으로 이들은 궁극적으로 같은 의미를 갖는 것이며, 땅과 하늘이 갈라지고 우주가 생성된 중심의 위치에 존재하는 것으로 본다. 결국 이 생명의 나무(우주목)는 보리수와 관계를 지을 수 있으며,[67] 기독교의 십자가와도 관련시킬 수도 있다고 보는 견해도 있다.[68] 또한 한국의 짐대나 솟대의 의미하고도 일맥상통한다. 몽고에서 볼 수 있는 오보(어워)와도 유사하다고 생각된다.

산간은 평두平頭 위의 중앙에 복발까지 파고 들어가 세운 봉으로 여러 개의 산개가 겹쳐져 얹어져 있다. 산간傘竿은 초기에는 대부분 목재였는데 나중에 석재로 변한다. 물론 철재로 된 것도 있다. 한국탑의 찰주擦柱, 혹은 찰주刹柱, 찰간刹竿에 해당한다.[69] 산傘을 세우는 봉棒 즉, 산간傘竿을 하나로 하는 것은 원시적인 묘에서는 아마 안전을 기원하는 뜻으로 지신에 지내는 고사인 지진地鎭, 즉 토지신을 모시는 의미이고 대지에 봉을 세워서 봉 위에

■ 순천 선암사 서탑의 찰주형 산간

공물供物을 얹은 풍습이 있는 것이 스투파에도 계승되었기 때문이 아닌가 생각된다. 이러한 예는 고대사회의 태양숭배신앙에서 나타나는 깃대의식(sacrificial post)에서도 볼 수 있다. 이는 세계의 중추 내지는 "생명의 나무", "우주목宇宙木"이라는 의미를 부여하고 있으며 우주축宇宙軸으로 천天과 지地를 연결하는 것으로 표현되고 있는 것이다.[70] 고대인들은 나무를 신성시 여겨 우주목, 우주축, 세계축世界軸(axis mundi)으로 가장 중심이 되는 곳에 두는 것이다. 우주축은 우주 하부의 물로부터 정화淨火로 이루어진 천상계天上界로 이어지는 것이다. 산간은 땅속 수계로부터 솟아올라 천계에 연결되는 우주의 주축을 상징하고 있다. 즉 이 축은 인간과 신의 성계聖界를 연결시켜 주며 우주적 질서를 인간이 사는 지구상에 부여해주는 것이다.[71]

우주목은 끊임없이 재생을 반복하는 우주, 우주적 생명의 무한한 원천을 상징하는가 하면, 천상의 천국 혹은 현세의 천국을 상징하기도 한다. 많은 고대전승에서 세계의 신성성, 풍요성, 영속성을 나타내는 이 우주목의 형상은 한편으로는 창조, 다산, 입문을 상징하면서 최종적으로는 절대적 실재 및 불멸성의 관념과 관련되어 있다.[72] 여러 나라에 전하는 우주목 신화에는 옛날 인간이 지구상에 모습을 드러내기 훨씬 이전, 거대한 한 그루의 나무가

70 杉本卓洲, 『インド佛塔の研究』, 平樂寺書店, 1984, p.193.
71 John Irwin, The Axial Symbolism of the Early Stupa, The Stupa : its religious, history, and architectural significance, Wiesbaden : Steiner, 1980.
72 미르치아 엘리아데, 이윤기역, 『샤마니즘-고대적 접신술』, 까치, 1992, p.251.

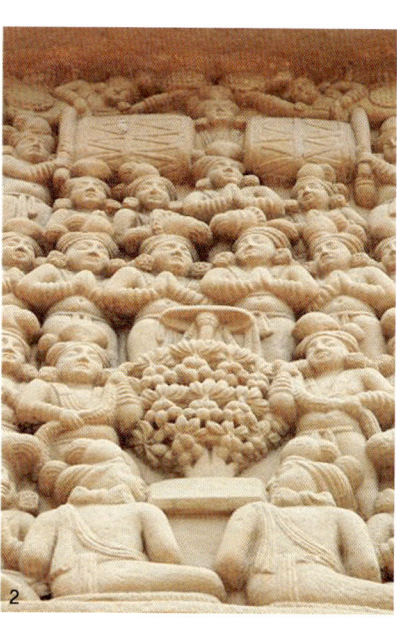

1. 바르후트스투파 기둥의 우주목 숭배(B.C. 2, 캘거타 박물관)
2. 산치대탑 탑문의 보리수로 대체된 석가 숭배

■ 스리랑카 Rankot Vehera 상륜부(평두, 산개, 산간)

하늘까지 뻗어 있는 것으로 표현된다. 우주의 축인 그 나무는 삼계三界를 가로지르고 있었는데 뿌리는 땅속 깊이 박혀 있었고 가지들은 하늘에 닿아 있었다. 곧게 뻗은 나무는 천상과 지하의 심연 사이를 연결하고 있었고, 이로써 우주는 영원히 재생될 수 있었다. 모든 생명의 원천인 나무는 수많은 생명체를 보호했고 그들에게 양식을 주었다. 신들도 이 나무에 휴식을 취하곤 했다.[73] 이처럼 모든 우주목에는 우주의 축, 혹은 세계의 중심이라는 이미지가 내재되어 있다. 대체로 중앙에 있는 것은 북극성을 향해 수직으로 뻗어 있고 아래로는 심연의 중심축으로 뻗어 있는 기둥으로 이해된다. 도상학적으로는 산, 계단, 사다리, 기둥 등으로 표현되기도 하지만 대부분 나무로 표현된다.[74]

이러한 우주목의 상징적 도형은 결국 상륜부를 이루는데 찰주에 산개가 중첩되어 상륜부가 높아지면 이는 새로운 힘을 갖게 된다. 스투파의 일반적인 외양은 더 이상 돔에 의하여 지배되지 않고 상승하는 움직임에 의해 결정되면서 그 모습이 높아지게 된다. 즉 후대의 스투파에서는 하부 구조가 중층으로 되었으며 복발이 좁아지고 평두가 커지며 상륜부가 길어졌다. 따라서 종교적 조망의 방향이 과거로부터 성장하는 미래로, 완성된 부처의 이상으로부터 지향하고자 하는 염원으로, 세상 그 자체로부터 성취되어야 할 저 세상으로 바뀐 것이다. 이는 수직적으로 발전하는 지향성을 지닌다. 외부적으로는 활동적이고 생산적이지만 내부적으로는 안정성을 지닌다.[75] 또한 탑파에서 복발은 달을 숭배하고 모성적인 Siva와 관련이 있지만 이 상륜부는 수직적이고 태양 숭배적이며 남성적인 Vishnu의 의미를 지니기도 한다.[76]

이 산간의 변화된 예로 특이한 것이 있다. 마투라 부근에서 발견된 1~2세기경의 것으로 석조로 된 것이다. 지하에 묻힌 부분은 방형이며 거칠고 중간 부분은 8각형으로 줄로 올가미를 하여 공물을 메었다. 끝 부분은 굽어져 있

---

73 자크 브로스, 주향은 역, 『나무의 신화』, 이학사, 1998, p.13.
74 조지프 캠벨, 이은희 역, 『신화와 함께 하는 삶』, 한숲, 2004, p.235; 정명철, 「마을숲 기능의 재해석과 활용방안 연구」, 전남대학교 석사학위논문, 2007년 8월.에서 재인용함.
75 L. A. Govinda, op.cit., p.45.
76 Anagrika B. Govinda, *Some Aspects of Stupa Symbolism*, 1940, p.2.

고 그 끝에 밀로 만든 바퀴나 가락지를 붙였는데 이는 태양의 상징으로 나타나고 있다.[77] 지하에 묻힌 방형의 부분은 의식수행자가 땅속에 남아 있는 선조의 세계를 얻을 수 있음을 의미하며, 팔각 부분은 공간적인 영역을 나타내고, 최상부는 천국을 의미한다.[78]

이러한 기둥과 바퀴, 그리고 태양의 상징적인 관계는 세계 도처에서 의식을 수행하는 데 있어서 자주 나타나고 있다. 켈트족의 태양의식에서는 간竿 꼭대기에 밀로 만든 둥그런 떡을 올려놓고 간 주위를 춤추며 도는 의식이 있는데 교차로에서 이루어진다. 또한 멕시코에서는 성스러운 나무에서 형상을 따온 십자가의 꼭대기 위에 밀가루로 만든 신을 모셔놓은 곳에서 의식을 행한다.[79] 특히 아소카왕의 석주에서도 이러한 우주목으로서의 상징성이 나타난다. 아소카왕의 석주는 페르세폴리스의 궁전건물에 쓰였던 석주에서 유래한 것으로 보이는데[80] 이처럼 기둥을 세우는 관습은 아소카왕 이전부터 인도에 존재했다.

결국 산간은 우주목으로서 생명의 나무로서 땅과 하늘을 연결해주는 축의 역할을 해주는 것이며 이러한 의식과 상징성이 간을 세우고 조각하는 행위로 남는 것이다.

이러한 산간과 산개가 통합되어 만들어진 탑의 상부를 한국과 일본에서는 상륜부相輪部라고 한다. 반면 중국에서는 탑정塔頂이라고 한다. 이처럼 한, 일 두 나라에서 불탑의 상부구조를 상륜이라고 하고 있으나 왜 '서로 상 相'인 상相을 쓰는 이유가 명확하지 않다. 단순하게 생각하면 탑의 맨 위에 있으니 '윗 上'인 상上이라고 하는 것이 적합할 것 같다.[81] 이를 이희봉 교수는 일본학계의 오류를 우리가 무비판적으로 답습하고 있다고 한다.

또한 인도 스투파의 산개傘蓋는 햇빛가리개인 일산, 즉 존귀함의 상징으

1. 베드사석굴 하미카와 상륜부의 연꽃형상(우주목)
2. 산치 탑문의 해탈의 나무와 산개

77 Vogel, J. Ph., *The sacrificial posts of Isapur*, In : Annual Report 1910-11, Archaeological Survey of India, p.40~48.
78 John Irwin, *The Axial Symbolism of the Early Stupa, The Stupa : its religious, history, and architectural significance*, Wiesbaden : Steiner, 1980.
79 Robertson, J. M., *Christianity and Mythology*, London, 1936, p.372.
80 이미림 외, 『동양미술사』, p.209.
81 이희봉, 「탑 용어에 대한 근본 고찰 및 제안」, p.63.

로 보는데 비하여 한국탑의 보륜寶輪은 보배로운 바퀴, 즉 진리의 바퀴法輪 (dharma-chakra)로 이해한다. 그렇다면 산傘과 륜輪은 같은 의미인가 아니면 전혀 다른 별개의 것인가? 둘은 의미론적 입장에서는 유사한 존귀함과 절대적 진리인 권위를 상징하여 비슷하다. 그러나 양산과 바퀴는 인도 초기 불탑에서는 다른 의미를 가진다. 불탑의 꼭대기에 있는 일산과 비슈뉴 신이 왼손에 들고 있는 절대무기로 아소카왕이 기념 돌기둥에 즐겨 사용하였던 법륜은 전혀 다르다. 다만 혼란스러운 것은 동북아 지역 중한일 3국의 불탑 상륜부에 인도탑형식이 올라가 앉으면서 산이 륜이라는 이름으로 대체된 것이다. 즉 인도탑의 일산이 한중일탑의 보륜으로 변모되면서 진리의 바퀴 모양으로 이해되었고, 같은 의미의 '바퀴 륜輪'으로 쓰이게 된 것이다. 즉 내용은 다르나 모양만 같은 것이다. 다시 말하면 상징적 입장에서 보면 산과 륜이 같은 가치와 의미를 지닐지라도 인도탑에는 보륜이 없고 보개라 할 수 있는 일산 만 있는 반면 한중일탑의 상륜부에는 일산日傘이라 할 수 있는 보개와 진리의 바퀴인 보륜이 함께 있는 것이다. 결국 인도 초기 탑의 산과 산개에 비하면 한국과 일본 불탑 상륜의 생김새는 더 복잡하고 그 의미 또한 더 다중적이다.

요도繞道(Pradakshina patha) ; circumambulatory path

요도는 스투파 기단의 아래와 위에 원형으로 돌려져 있는 순회용 길을 말한다. 그 외곽은 난순, 즉 난간이 돌려져 있다. 위의 난순은 높은 곳에서

인도 시원형탑의 평면도와 요도

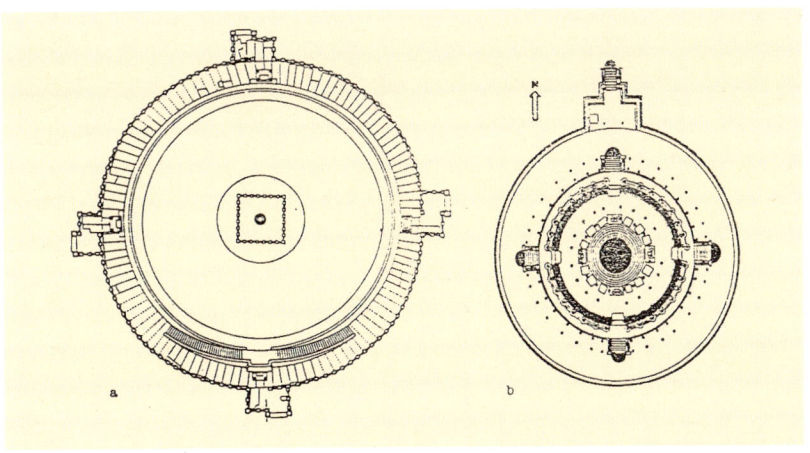

떨어지지 않기 위한 난간의 역할을 하고 아래의 난순은 신성한 장소를 보호하고 경계 짓는 외곽을 위요한다.

흔히 탑파에 예배 드릴 때에는 탑파 주위를 왼쪽에서 오른쪽으로 태양이 움직이는 방향에 따라 우회右回하여 선회하며 경배하는 것이 의례[82]이고 이를 탑돌이라 한다. 불교경전을 한자로 번역하면서 탑 둘레를 도는 행위를 요잡繞匝이라 하였으나 현대어에서는 쓰지 않은 고어이다. 그래서 요도繞道라는 어려운 말이 생긴 것이다. 이 요잡 때문에 주위에는 반드시 요도가 필요하였을 것이다.

탑파 숭배가 성행하여 감에 따라 규모가 커지고 더불어 기단의 폭이 넓혀져 기단의 아래와 위에는 상하 2단의 요도가 사용되었다. 산치대탑의 경우 상부의 요도에 오르기 위하여서는 남문의 안쪽에 계단이 설치되었다. 이 요도에 오르면 사원의 경역이 더 넓게 보이며 탑돌이를 기단 위에서도 할 수 있다.

경배자들이 동쪽의 문을 통하여 경내에 들어오면 경배를 위한 의식으로 요도를 따라 시계방향으로 동남서북의 순서로 돌며 경배하게 되는데 이는 태양이 하늘에 뜨고 지는 괘적을 의미한다. 또한 이처럼 탑의 주위를 몸의 오른쪽으로 도는 것을 우요右繞(pradakshina)라고 하는데 이는 불교 이전의 태양신화나 태양숭배에서 후에 차용된 부처의 정신적 행적으로 이해된다.[83] 이를 불교의식화 한 것을 탑돌이라 하는데 우뚝 솟은 네 개의 출입문과 난순이 도는 방향에 따라 탑돌이 회전을 의미하는 만달라적 표현으로 나타난다.

위와 같은 돌이 의식은 탑돌이길 뿐만 아니라 불상을 도는 선회로가 있는가 하면 기독교 건축에서 십자가를 모셔놓은 지성소 외곽을 도는 복도도 있다. 대승불교가 되면서 인도의 석굴사원에서는 불상을 모신 사당방 외곽을 돌도록 좁고 어두운 골목길이 파진다.[84] 한국의 사찰에서도 초기에는 불당 정중앙에 불상을 모시는 불단을 네 기둥으로 돌려 그 외곽을 돌며 참배하였던 긴 행랑이 있었다 하는데[85] 이 또한 성스러운 대상에 참배를 드리는 돌이 길이라고 할 수 있겠다. 이러한 예는 미얀마의 불탑형 사원 파토(Phato)에서도 여실히 나타난다.

특히 대부분의 초기 스투파가 파괴되어 현재는 기단부만 남아 있는 유구가 다수인데, 그나마 초기적 형태를 유추할 수 있는 대상으로 산치대탑을

82 B.P. Groslier, *Indochina*, London, 1962, p.214. Dietrich Seckel, 『The Art of Buddhism, 불교미술』, 이주형 옮김, 예경, p.33. 에서 재인용함.
83 Benjamin Lowland, op. cit., p.79.
Havell, *Vedic Chandra Cult and Stupa*, Handbook of Indian Art, 1920, Chap.2.
84 이희봉, 「인도불교석굴의 시원과 전개」, 건축역사연구, 2008, p.148.
85 김동욱, 『한국건축의 역사』, 기문당, p.95.

1. 보드가야 대탑의 요도와 탑돌이
2. 베드사석굴 스투파의 2중 난간, 층단은 탑돌이길을 암시

들 수 있다. 산치스투파는 초기에 조성된 것이지만 후대에 대부분 개, 보수되어 원형이라 할 수 없으므로, 이와 동시대에 조성된 평지사원 스투파의 탑문과 난간, 불교석굴사원 차이트야(Chaitya)당의 봉헌스투파와 석굴사원[86]의 벽면에 다양하게 조각된 탑형부조를 통해 초기의 탑 형식과 탑돌이길 유형을 파악할 수 있다.

인도의 초기 스투파 구성은 크게 기단, 복발, 상륜부로 구분되는데 기단부는 탑돌이길繞道과 난순欄楯(欄干, Vedika), 탑문塔門(Torana)으로 이루어진 구조이다. 특히 기단 상부에는 복도 모양의 단이 있어 복발 하부와 이어지는데 이를 상부요도(terrace or upper pradakshina patha)라 불리며 지면에 있는 하부요도와 구분된다. 이 상부요도의 외곽과 하부요도의 외곽에는 난간이 돌려져 있다.[87] 후대로 내려오면서 간다라 등의 불탑 기단 외곽에 조성되어 있는 원형의 단은 방형의 넓은 단壇(Platform)[88]으로 변모한다. 이 단의 수는 일단에서 수 개의 단으로 되는 경우도 있으며, 안쪽의 단이 밖의 단보다 높다. 기단 외곽의 이 단을 불탑의 일부분으로 보아야 할 것인지 문제이고, 이 외곽부를 지칭하는 구체적인 용어가 없어 기단이라는 말과 다소 혼동이 되고 있다. 한국의 탑파에서는 '탑구塔區', '행도行道', '요도繞道'라는 용어가 쓰이고 있으나, '탑돌이길' 이라는 의미를 내포한다.

86 석굴사원의 스투파는 스투파 유형 분류에서 봉헌용 스투파로 분류된다. 평지사원 스투파의 전형인 산치대탑의 경우 진신사리로 추정되는 사리기가 발견되어 중심적인 신앙의 대상이 되는 스투파로 볼 수 있으나, 석굴사원의 스투파는 암벽을 파고들어가 통으로 스투파를 조각하고 있어 사리가 안치되지 않는다. 이에 따라 봉헌용 스투파라 명명하고 있으나 위치와 조각 방법에 따라 평지사원 스투파의 탑문과 난간의 탑형부조, 석굴사원 벽면의 탑형부조에 대해 용도에 따라 봉헌용 스투파를 분류할 수 있다.

87 천득염,「인도시원불탑의 의미론적 해석」,『건축역사학회』제2권 2호 통권4호, 1993, p.95~104.

88 이 넓은 방형의 단은 그 위에 원형의 스투파를 올려놓아 '天圓地方' 사상과도 일치함을 알 수 있다. 이러한 기단에는 상부로 오르는 계단이 있기 마련으로 중국에서 기록된 경전에는 계단을 '方牙'라고 하여 불탑 기단부의 정방형에 맞게 4방위에 배치도록 하고 있으며, 기단과 함께 탑신을 높여 줌으로써 탑의 위상을 높이는 역할을 한다. Burgess, J., *The Buddhist Stupas of Amaravati And Jaggayya peta*, London, 1887; 村田治郎,『東洋建築史, 建築學大系4』, 彰國社, p.45.에서 재인용)

난순欄楯(vedika) : stone fence, railing

인도 초기 불탑에 있어 주변을 돌리는 책柵을 한자로 난순欄楯, 고난高欄 또는 난간欄干이라고 한다.

인도의 시원형 불탑에서 난순은 맨 아래 지면과 맨 꼭대기 위, 그리고 중간, 세 곳에 설치되어 있는 울타리, 혹은 난간과 같은 시설이다. 즉 맨 아래에 설치되어 있는 난순은 불탑의 몸체의 바깥을 둘러싼 외곽 울타리이고, 또 다른 하나는 기단의 위 외곽, 즉 복발의 바로 아래에 있는 난간과 같은 시설이며, 마지막 하나는 복발의 맨 위 평평한 곳에 평두平頭라는 이름으로 설치되어 있는 울타리이다. 이들은 위치에 따라 기능을 조금씩 달리하고 있다. 즉 맨 아래에 있는 난순은 불탑 전체라 할 수 있는 신성한 경역을 에워싸고 있는 울타리이며 그 사방 동서남북에 탑문(torana)이 있다. 이 난순은 탑문과 함께 불탑의 외곽을 돌리기 때문에 지면에 탑돌이 공간이 자연스럽게 마련된다. 중간의 난순은 브라운이 '발디딤 통로', 즉 bcrm(해자와 성벽사이의 통로)라 한 부분으로 기단상부의 외곽을 돌려 기단 위에서 떨어지지 않게 하기 위함이고, 맨 위의 난순은 복발 정상부에 설치하여 그 중앙에 사리함을 두고 산간과 산개를 꽂게 한 또 다른 형태의 성역을 만드는 방형의 난간이다. 이를 일본연구자들이 평두平頭라고 한다. 평두는 후대에 탑의 규모가 적어지면서 상자 모양으로 변하였고 난순은 그 외부에 장식으로 나타나고 있다.

난순이란 일본인들이 만든 말로 상하上下의 요도繞道와 평두 주위를 돌린 책柵, 즉 난간을 말한다. 일반적으로 건축에 있어서 난간은 기단 외곽 주위

1. 산치 제1탑의 난순과 계단, 탑문
2. 산치 제2탑의 난간과 부조

■ 산치 3탑의 난순. 사자가 코끼리를 공격하는 부조(좌)
산치 제2탑의 난순(우)

뿐만 아니라 매 층에 두기도 한다. 인도 초기 탑 요도의 주위에는 원래 대부분 목조난간을 돌린 것 같으나 그것이 나중에 석조난간으로 바뀌었고 난간의 표면에 부처의 전생과 일대기를 표현한 부조를 가했다. 즉 지금 남아 있는 스투파들의 울타리와 탑문은 모두 돌로 축조되었지만 축조방식이 목조가구방식에 가깝다. 따라서 울타리를 이루는 수직부재와 수평부재가 서로 짜임하는 곳에서 목조가구의 기법을 여실히 보여주고 있다. 그래서 일찍이 나무로 만들어지던 것이 언젠가부터 돌로 바뀌었음을 알 수 있다. 일례로 산치 탑과 함께 숭가왕조시대인 기원전 1세기에 세워진 바르후트의 불탑은 울타리가 온통 부조로 장식되었다.[89] 물론 이들은 모두 석재로 된 난순이다.

이처럼 예배 대상물의 주위에 난순을 돌린 것은 신성해야 할 장소를 구획하기 위함이며, 동시에 신성한 것을 장엄으로 하기 때문이었다. 이러한 예는 힌두문화의 우주목 숭배에서, 또한 부처가 해탈한 보리수와 같은 신성한 나무를 보호하는 데에서 비롯되었다고 한다. 일반적인 경우 위계가 높은 건물일수록 난간으로 장엄하여 장식을 하고 있다. 이들은 내부의 구성물을 보호하고 속된 세계로부터 성스러운 장소로 분리된 것과 같은 의미를 나타내며 지성소로 들어가기 전에 경배자들의 경건한 심성을 준비하게 한다. 이들은 표면에 재앙을 막기 위한 상서로운 문양과 부처와 관련된 내용들이 부조로 장식되어 있다.

특히 불교경전 중 조탑을 언급하는 부분에는 반드시 난간, 난순을 언급하고 있다. 이는 난간이 탑의 주변을 보호함으로써 외부의 악업을 막고 내부의 신성한 힘을 중심으로 모아 무궁한 힘을 간직한다는 결계結界의 의미로서 총지總持[90], 혹은 타라니陀羅尼를 의미한다.[91]

89 Alexander Cunningham, *The Stupa of Bharhut*, London: W.H. Allen, 1879. 이주형의 글에서 재인용함.
90 부처의 말을 외어서 모든 법(法)을 가진다는 뜻이다.
91 한국불교연구원, 『불국사』, 일지사, 1974.

이 난순은 4방향의 탑문과 같이 구역을 설정하고 의식을 행한다는 의미에 있어서 불교 이전의 메소포타미아나 베다에서 기원한 태양숭배의 사상과도 관련이 있다 할 수 있다.[92] 또한 인도의 고대 아리아족의 마을에서 목재와 대나무로 마을의 외곽을 돌리고 출입문을 설치하였는데 이로부터 난순과 탑문이 기인되었다고 볼 수도 있다.[93] 즉, 아리아인들이 인도에 처음 들어왔을 때 그들의 취락에는 맹수들의 습격에 대비하기 위하여 특수한 구조의 울담을 만들었다. 그 울담은 나무기둥을 주위에 돌아가며 세우고 기둥 사이에는 3개의 대나무를 수평으로 끼어놓은 다음 기둥상부에 난간대를 돌렸다. 이 같은 목책 난간구조는 거의 모든 건축에 널리 사용되었고, 후대에도 보호를 상징하는 장치로 흔히 사용되었으며, 취락뿐만 아니라 종교적 시설을 보호하기 위해 상징적으로 사용되었다.[94]

이 난순이 가장 잘 남아 있는 것이 산치의 탑인데 산치탑의 난순은 4개의 탑문에 의해 4방에서 분리된다. 이 경우 그 4분원分圓은 16개의 기둥으로 나누어진다. 그러나 시원탑에는 난순이 없었고 단지 장식으로만 조각되어 있었다. 현재는 초기의 것이 목조였기 때문에 없어지고 석조로 대체된 것이 몇몇의 탑에 남아 있는데 목조였던 시대의 구조방법이 잘 표현되어 있다. 즉, 위에 입석笠石(ushnisha)이 가로 놓이고 이것을 지탱하는 수직의 속석束石(또는 石柱, thabha)이 서 있고 속석과 속석 사이를 연결하는 볼록렌즈 모양의 단면을 갖는 관석貫石(suchi)이 대개 3단 정도 수평으로 돌려져 있다. 이들 입석笠石, 속석束石, 관석貫石에는 부조를 가한 것과 없는 것의 2종이 있는데 없는 쪽은 목구조의 직사直寫에 가깝고, 부조가 있는 것은 발전된 모습으로 장식을 위하여 여러 종류의 석조를 첨가한 것이다.

이 석조 난순을 사용한 것의 기원은 목조 책만이 아니고 선사시대의 분

■ 1. 산치 제3탑의 난순 속석
  2. 스톤헨지, 기원전 2,750~1,500년 경의 환상석열(stone circle)
  3. 불국사 다보석탑의 난간

92 Benjamin Rowland, *The Art and Architecture of India Buddhist, Hindu, Jain*, The Pelican History of Art, p.79.
93 Satish Grover, *The Architecture of India, Buddhist and Hind*, VIKAS Publishing House PVT LTD, p15.
94 윤장섭, 『인도의 건축』, 서울대학교 출판부, p.42.

묘 등에 있어서 stone circle에서 유래한 것이 아니었나 하는 추정도 가능하다. 이들은 원과 원, 혹은 점과 원의 조합으로 이루어진다.[95] 이러한 관계는 환상環狀의 거석열巨石列로 이루어진 영국의 스톤헨지에서도 찾을 수 있다. 천문학자인 G.S.Hawkins는 스톤헨지를 태양의 고도와 달의 주기를 계산하는 고대의 컴퓨터라고 하였고, L.E.Stover와 B.Kraig는 장례센터라고 하여[96] 스투파가 갖는 배치형식과 기능에 유사함을 발견할 수 있다. 이는 물론 시간의 변화를 측정하는 도구로서의 의미도 있지만 시간의 경과를 의미화 하여 예시해주는 것으로서의 의미도 강한 것이다.

특히 중국의 경전에는 불법을 수호하고 총지摠持 하는 난간은 구리 및 칠보와 같은 귀한 재료로 기단, 탑신 등에 놓여 단청으로 장엄하게 하였다고 기록되어 있다. 『마하승기율』에서는 사방의 기단과 함께 난간을 구성하도록 하고 있다.[97] 난간의 형태와 구성은 목조탑을 표현하는 변상도나 현존하는 석탑[98] 표면에 새겨진 난간을 통해 보다 구체적으로 알 수 있다.

탑문塔門(Torana); entrance-gate

탑문은 불탑의 주변을 원형으로 돌아서 있는 난순, 혹은 난간에 부가적으로 설치된 문으로 동서남북의 4개소에 설치되어 있다. 이 난간은 4개의 탑문에 의해 4방에서 분리가 되는데, 그 4부위四分圍은 16개의 기둥으로 나누어진다.[99] 높이가 10미터가량인 탑문은 난순이 설립된 다음에 설치되었으며 난순으로부터 몇 피트가량 떨어져 있고 약간 앞으로 돌출되어 있다. 출입구의 위치가 난순으로부터 굴절되어 있음은 요도를 따라 탑을 순회하는 순례자들의 프라이버시를 보장해주기 위함이며 나중에는 효과적으로 안전을 보호해 주기 위함이다.[100] 우뚝 솟은 네 개의 출입문과 난순은 탑을 오

■ 산치 제1탑과 탑문

---

95 Winand Klassen, *History of Western Architecture*, p.6.
96 Dora P. Crouch, *History of Architecture*, p.8.
97 김버들, 조정식, 「경전속에 나타난 탑의 건축적 요소에 관한 연구」, 대한건축학회 논문집 계획계 통권 232호, 2008년 2월.
98 실상사 백장암3층석탑에서 난간의 모습이 나타난다.
99 『마하승기율』에서는 사방의 기단과 함께 난간을 구성하도록 하고 있다. 김버들·조정식, 「경전 속에 나타난 탑의 건축적 요소에 관한 연구」, 『대한건축학회 논문집』 계획계 통권 232호, 2008.
100 Satish Grover, *The Architecture of India, Buddhist and Hind*, VIKAS Publishing House PVT LTD, p.42.

른쪽에 두고 도는 방향으로 탑돌이 회전을 의미하는 만달라적 표현으로 알려져 있다. 이 4방향의 탑문과 같이 구역을 설정하고 탑돌이 의식을 행한다는 의미에 있어서 불교 이전의 메소포타미아나 베다에서 기원한 태양숭배의 사상과도 관련이 있다 할 수 있다.[101] 또한 인도의 고대 아리아족 마을에서 목재와 대나무로 마을의 외곽(목책울담)을 돌리고 출입문을 설치하였는데 이로부터 난간과 탑문이 기인되었다고 볼 수도 있다.[102]

아리아인들의 취락에서 맹수들의 침입을 대비하기 위하여 돌려져 있는 목책에는 특별한 형태의 대문이 있었는데 그 형태가 탑문(토라나)에 그대로 계승된 것으로 보인다. 이 대문의 형태는 양쪽 문기둥 상부에 원형의 나무판을 3개 가로지르고, 여기에다 3개의 대나무를 수직으로 관통해서 만들었다. 취락의 거주자와 가축들은 이 대문을 통하여 목초지와 경작지로 출입하였다. 이 대문의 형태는 스투파의 대문에 계승되었고 후대에는 남부인도 힌두교사원의 탑문인 고푸라(gopura)에 까지 영향을 미친 것으로 추정된다. 또한 스투파의 탑문형식은 동아시아에 전해져서 중국 패루牌樓의 구조와 형태, 한국의 홍살문 및 일본 신사의 도리이鳥居 형태에도 영향을 준 것으로 추정된다.[103]

■ 힌두사원의 문 고프라

■ 1. 제주 올래 출입구의 정랑과 정주목
2. 신성한 장소의 표식인 홍살문 (방산서원)
3. 중국 平遙文廟의 패루
4. 일본 太宰府 天滿宮의 도리이(鳥居)

101 Benjamin Rowland, *The Art and Architecture of India Buddhist, Hindu, Jain*, The Pelican History of Art, p.79.
102 Satish Grover, *The Architecture of India, Buddhist and Hind*, VIKAS Publishing House PVT LTD, p.15.
103 Percy Brown, *Indian Architecture Buddhist and Hindu Periods*, Taraporevala, 1941, p.6, 윤장섭, 인도의 건축, 서울대학교 출판부, p.43.에서 재인용함

1. 탑문의 위치적 도상인 스와스티카(Swastika)
2. 탑문의 위치와 상징적 도상 (A. L Dalla piccola, fig ⅩⅥ/1)

    인도의 불탑은 성격상 개방적이기보다는 밀폐된 공간이기 때문에 드러내지 않으면서도 충분히 스스로를 신성시할 수 있는 건축이다. 그 중심으로부터 사방으로 성스러운 힘이 방사되어 나감으로서 다른 종교적 건축과 비교할 때 공간을 추월한 절대적인 구현물이 된다.[104] 이런 경우 문은 이러한 힘의 분산과 방향성을 암시하는 것인데 문을 포함한 창호의 표현은 표면장엄에 의해 평면적으로 표출되기도 한다.

    이 문들은 Buddha-Dharma의 우주적인 정신세계를 강조한 사계四界로 향하여 개방된 것으로 모든 존재에 대하여 와서 보라고 초대한다. 난순과 탑 사이의 내부공간 즉 요도와 복발하부인 기단 위의 상부요도上部繞道는 태양괘도의 방향으로 의식적儀式的인 순회를 하는 것으로 이용된다. 탑문의 방향성은 일출日出(Sunrise), 천정天頂(Zenith), 일몰日沒(Sunset), 천저天底(Nadir)와 일치한다. 태양이 천체를 밝힘과 같이 부처는 정신세계를 밝힌다. 그리고 동문東門은 부처의 탄생, 남문은 깨달음, 서문은 법륜法輪의 시작과 교의의 선포, 북문은 해탈과 해방을 의미한다.[105]

104 디트리히 젝켈, 이주형 역, 불교미술, 예경, 2002, p.173.
105 L. A. Govinda, Psycho-cosmic Symbolism of the Buddhist Stupa, p.8.

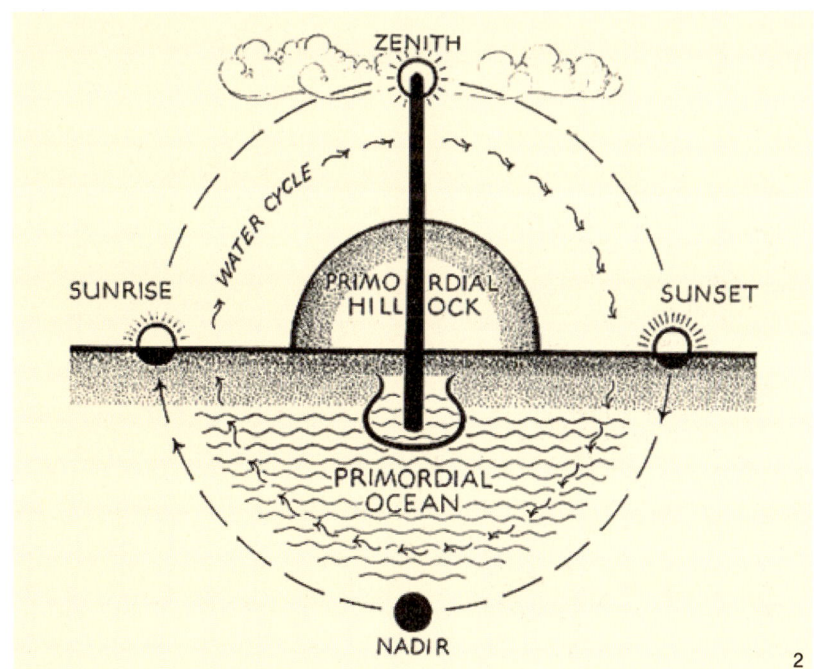

1. 산치 제1탑의 탑문
2. 산치 제1탑 탑문기둥

    이 문들은 Swastika[106]의 네 팔처럼 그 팔들이 대지에 나타난 것과 같은 방법으로 건축되었다. 아름답게 조각된 문들은 난순의 장식 중에서 가장 빼어난 아름다움을 지닌다. 현존하는 산치탑을 비롯한 탑문의 부조浮彫에는 정치하리만치 잘 표현된 불전도[107]나 본생담[108], 아리아인들의 취락 등의 모습이 잘 나타나 보인다.

    탑문의 모습은 2본本의 기둥상부에 완만한 곡선의 파형波形을 나타낸 수평부재가 대개 3본本 가로질러 있는데 때로는 2본本 혹은 1본本의 경우도 있다. 탑문塔門의 경우도 목조탑문에서 석조로 만든 탑문이 출현함에 따라 각 부재의 표면에 무수한 부조浮彫를 첨가하고 있었던 점은 석조난순石造欄楯과 같은 모습이다.[109] 특히 산치대탑의 울타리에는 별다른 문양이 보이지 않으나 4개의 탑문은 여러 가지 상징적 의미의 도상으로 부조되었다. 이러한 부조의 주제는 다양한데 약샤(yaksa)와 약시(yaksi) 등 재래의 풍요신, 본생담本生譚, 윤회의 바퀴, 삼지창, 그리고 보리수와 스투파 경배장면을 볼 수 있다.

    이 밖에 다수를 차지하는 것이 부처의 전생과 마지막 삶의 이야기들이다. 생명 있는 존재들이 모습을 바꾸어 가며 생사를 반복한다는 윤회의 관

106 스와스티카는 옛날부터 부와 행운의 상징으로 널리 사용되어왔다. 어원은 범어 '스바스티카'(svastika)로서 '행운으로 인도하는' 이라는 뜻을 지닌다. 그리스도교와 비잔틴 지역에서는 스와스티카가 그리스어 알파벳 가운데 하나인 감마의 대문자 'T' 4개를 조합해서 만든 십자가라고 알려져 있었다. 인도의 힌두교·불교·자이나교에서는 스와스티카가 길상으로 널리 사용된다.
107 불전도란 석가모니의 생애를 표현한 그림으로 입태, 탄생, 출가, 항마, 성도, 초전법륜, 열반 등의 주제를 다룬다.
108 불교문헌에는 부처가 전생에서 실천한 수많은 선행을 서술하는 수백 가지의 이야기가 실려 있다. 이러한 이야기를 本生譚이라 하고, 그것을 그림이나 조각으로 표현한 것을 본생도라 한다.
109 John Marshall, Alfred Foucher, *The Monuments of Sanchi*, Swatti Publication. plate no. 7-105.

110 이는 원형 화면의 위쪽에 커다란 원숭이가 자신의 몸을 다리 삼아 다른 원숭이들이 오른쪽의 나무에서 왼쪽의 나무로 피신할 수 있도록 도와주고 있는 모습을 나타낸다. 그 아래로 물고기들이 헤엄치는 강이 흐르고 원숭이들을 잡기 위해 그물을 펼쳐들고 있는 사람들이 있다. 다시 그 아래에는 기운이 빠져 땅에 떨어져 죽게 된 원숭이가 인간의 왕과 마주 앉아 군주의 도리를 설하고 있는 모습이 보인다.

념이 표현되어 있다. 때로는 인간으로 때로는 동물로 태어나 그때마다 보시와 인욕의 선행을 실천하며 훌륭한 공덕을 지은 석가모니는 윤회 속의 마지막 삶에서 부처가 되는 최고의 과보果報를 얻을 수 있었던 내용을 표현하고 있다.

한편 기원전 1세기 초경에 세워진 지금의 바르후트불탑에도 탑문과 울타리가 4분의 1밖에 남아 있지 않지만, 여기에만도 70여 가지의 본생도가 조각되어 있다. 그 가운데 〈대원大猿 본생〉은 원숭이 왕이 스스로를 희생해 자신의 원숭이 무리를 구한 이야기를 나타내는 것으로 주인공을 두 번 제시하여 고대미술에서 흔히 볼 수 있는 연속도해법을 쓰고 있는 것으로 유명하다.110)

또 한편 탑문의 부조에는 아리아인들의 취락이 묘사되어 있다. 이 취락에는 몇 개의 주거들이 한 구역 안에 중정을 중심으로 배치되어 있으며 가축사와 곡식창고가 부수되어 있다. 원형, 정방형 및 장방형의 주거형태가 함께 나타나 있다. 대나무 뼈대를 휘어서 만든 원추형 또는 각추형의 지붕 상단에는 정화頂花 장식을 달았다. 장방형 주거는 반원통형의 박공지붕으로 되어 있다. 리그베다의 기록에는 대나무구조의 초가지붕이 주로 사용된 것으로 되어 있으나 부조에는 대나무 뼈대에 흙을 바른 흙벽돌이 사용된 주거

1. 바르후트불탑의 탑문과 울타리
2. 인도의 고대 민간 건축형식을 보이는 산치 스투파 부조

인도 시원불탑의 의미와 형식 155

들이 표현되어 있다.[111]

한국의 분황사모전석탑이나 화엄사사자삼층석탑 등에 있어서도 이와 유사한 방식으로 전후좌우 사방에 대칭으로 문을 배치하여 불탑 평면상에서 방향성과 대칭성을 강조하였으며, 문의 좌우에는 탑을 수호하는 신장상을 두기도 하였다.

상륜부相輪部의 모습과 상징적 의미

불탑의 맨 꼭대기, 정상부에 여러 층의 바퀴 모양의 산개(보륜)가 올려 있는 부분을 상륜부라 한다. 어느 나라의 불탑에서나 상륜은 불탑을 일반건축물과 더 높은 위상으로 구분하며, 모시는 존재의 품격을 결정하는 권위 요소로 작용한다. 따라서 다수의 불교경전에서는 원륜圓輪이 높이 솟아 표상이 되었기 때문이라고 하여 상륜부의 상징적 의미에 대해서 언급되고 있다.

한국탑의 상륜은 가장 윗부분에 해당하며, 불탑의 인지성을 높이는 요소로서 주로 돌과 금속을 주요한 소재로 사용한다. 한자로 상륜은 서로 상相, 바퀴 윤輪으로 탑의 정상부를 지칭하는 말인데 글자 자체만으로 해석하기에는 무슨 의미인지 이해하기 힘들다. 그러나 상륜의 상은 사물을 보고 다

111 Christopher Tadgell, *The History of Architecture in India*, Phaidon Press, 1944, p.7.

1. 모라 모라두 봉헌소탑
2. 실상사 백장암 3층석탑 상륜

- 1. 산치 제1탑의 상륜, 평두와 산개
- 2. 스리랑카 Polonnaruva 스투파 상륜
- 3. 네팔 Boudhanath 스투파 상륜

스린다는 의미로서 판단과 교육의 지표를 뜻하며 불교에서는 경전의 가르침을 상징한다. 윤은 윤회의 뜻으로 부처의 가르침이 계속됨을 의미하며 반복된 생의 잉태를 의미한다.

한국불탑의 상륜은 노반露盤에서 시작되며 그 위에 복발, 그리고 이어서 앙화, 보륜, 보개, 수연, 용차, 보주의 순으로 구성된다. 이슬을 받는 그릇인 노반은 옥개석 상면에 놓이는 방형부재로서 승로반의 줄임말이며 석탑이 신성한 조형물임을 상징한다. 또한 노반은 탑신부와 상륜부의 경계가 되며 경사면의 옥개석 위에 상륜부를 반듯하게 올리도록 한다. 복발은 일반적으로 생명의 잉태와 알, 그리고 자궁을 상징한다. 한편으로는 죽은 자의 집과 하늘을 의미하며 우주산의 기원인 극락정토를 상징하는 복발은 노반 위에 반구형의 형태로 조성되며, 이는 산치탑의 지붕 모양에서 유래하였다. 부처나 보살과 같은 수행자만 앉을 수 있는 귀한 자리임을 암시하는 앙화仰花는 늘 귀하고 깨끗한 곳임을 상징한다. 전륜성왕을 뜻하는 보륜은 불법을 전파한다는 의미를 내포한다. 고귀함을 뜻하는 보개는 덮는다는 의미로 소중한 보륜을 위에서 덮어 보관하여 석탑이 귀하고 청정한 성물임을 상징한다. 물이나 불을 뜻하는 수연水煙은 불법을 사바세계에 두루 비춘다는 의미가 있다. 그리고 가장 상부에는 원구형의 장식으로 만물을 지배하고 변화시킬 수 있는 신통력을 가진 위대한 힘의 상징인 용차龍車와 오염되지 않는 여의주나 마니주를 상징하는 보주寶珠는 득도의 개념을 내포하고 있다.[112]

인도탑의 시원형이라고 할 수 있는 산치탑의 상륜부는 평두와 산개, 산간으로 이루어진다. 평두는 일반적으로 신전이나 궁전을 의미하는데 영혼이 출입할 수 있는 신성함을 나타내며 죽음과 부활을 초월한 지성소를 상징

[112] 박경식, 『석조미술의 꽃 석가탑과 다보탑』, 한길아트, 1998, p.163
윤창숙, 한국탑의 상륜부에 관한 연구, 1993.

하고 있다. 산개는 한국탑의 보륜이나 보개에 해당하는데 인도탑에서는 보륜과 보개가 달리 표현되지 않고 모두 산개라 하여 같은 모습이다. 이는 무더운 날씨에 햇빛을 가리기 위한 실용적인 의미와 함께 종교적인 권위와 고귀함을 상징하기도 한다. 이러한 예는 이집트와 앗시리아, 페르시아 등에서도 부조로 나타나고 있다. 산간은 산개를 세우기 위한 봉인데 고대사회의 태양숭배신앙에서 나타나는 깃대의식을 뜻하며 생명의 나무나 우주목이라는 의미를 함유하고 있다.

또한 네팔탑의 상륜부는 어느 나라의 탑에 못지않게 거대하고 장엄하며 상징적 의미를 내포하고 있는 모습이다. 특히 평두 부분에 인간의 눈을 그려 넣어서 명상하고 있는 인간의 모습을 나타내고 있다. 특히 중국 초기 불탑형식은 석굴사원의 부조에서 볼 수 있는데 목조불탑의 상륜부가 잘 나타나고 있다.

■ 중국 운강석굴 39굴의 중심주 탑

우주목宇宙木의 상징 상륜부

위에서 얘기한 상륜부의 모습은 무더운 지방에서 뜨거운 태양빛을 가리는 양산과 성스러운 공간을 장식하는 역할을 조형화 하지만 상징적으로는 땅과 하늘을 연결해주는 우주목을 형상화하여 간단히

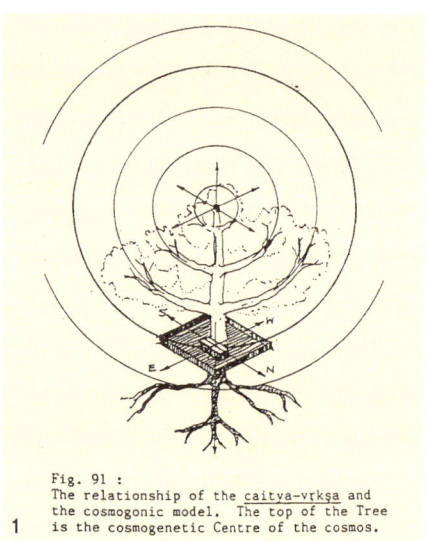

■ 1. 우주목 사상이 적용된 세계
　2. 우주목 개념의 필라

158 인도 불탑의 형식과 전래양상

만들어 놓은 형태라 할 수 있다. 또한 이는 상징적으로는 생명의 나무이고 성스러운 나무이며 꼭대기에 제물용 음식을 매다는 기둥이고 고대인들의 '의식용 깃대'와도 의미가 통하는 것으로 추정되고 있다.

고대인들은 대부분 종교적인 내용에 근거하고 있는 세계관을 가지고 있는데, 그중에서도 가장 보편적인 것은 수목숭배라고 할 수 있다. 그들은 어떤 생명체보다 더 오래 사는 나무를 경외敬畏했다. 하늘과 가장 가깝게 닿아 있는 생명체인 높고 큰 나무가 인간이 사는 땅과 신성한 하늘을 연결시켜 신들이 다니는 통로의 역할을 한다고 믿었다. 여러 나라에서 전해오는 우주목 신화를 보면, 인간이 지구상에 모습을 나타내기 훨씬 이전에 거대한 한 그루의 나무가 하늘까지 뻗어 있는 것으로 표현하였다. 우주의 축인 나무는 삼계三界를 가로지르고 있었는데 뿌리는 땅속 깊이 박혀 있고 가지들은 하늘에 닿아 있었다. 곧게 뻗은 나무는 천상과 지하의 심연 사이를 연결하고 있고, 이로써 우주는 영원히 재생될 수 있었다. 모든 생명의 원천인 나무는 수많은 생명체를 보호했고 양식을 주었다. 신들도 이 나무에서 휴식을 취하곤 했다.[113]

나무는 자연 속에 있는 하나의 대상일 뿐이고 나무의 생명은 탄생과 죽음의 순환에 불과할 텐데 종교적 관점에서 보면 해석이 달라진다. 즉 우주목은 끊임없이 재생을 반복하는 우주를, 우주적 생명의 무한한 원천을, 거룩한 것을 갈무리하는 신성한 저장고를 상징하는가 하면, 천상의 천국 혹은 현세의 천국을 상징하기도 한다. 많은 고대전승에서 세계의 신성성, 풍요성, 영속성을 나타내는 우주목의 형상은 한편으로는 창조, 다산, 입문이고 최종적으로는 절대적 실재 및 불멸성의 관념과 관련되어 있다고 할 수 있다.[114] 따라서 가스통 바슐라르에 의하면 우주목은 "원초적 이미지이며, 다른 모든 이미지들을 산출하는 활동적 이미지"[115]라고 했다. 우주목은 생명의 나무인 동시에 영원불멸의 나무이다.

우주목이 내포하고 있는 여러 가지의 상징은 농경사회가 시작되면서 종교적 대상이 된다. 이때부터 나무는 성스러운 것으로 숭배하게 된다. 오랫동안 수목정령은 농작물의 풍요와 가축의 번식을 돕고 여자에게 아이를 잉태케 하고 순산을 약속한다고 믿어졌다. 그것은 세계의 여러 신화에서 마주하게 되는 어머니로서 대지나 태모신胎母神의 이미지와 일치하고 있다. 이처럼

---

113 자크 브로스, 주향은 역, 『나무의 신화』, 이학사, 1998, p.13. 정명철의 「마을숲 기능의 재해석과 활용방안 연구」, 전남대학교대학원 석사학위논문, 2007에서 재인용함.
114 미르치아 엘리아데, 이윤기 역, 『샤마니즘-고대적 접신술』, 까치, 1992, p.251.
115 가스통 바슐라르, 정영란 역, 『공기와 꿈』, 민음사, 1997년, p.443.

1. 내소사의 당산나무
2. 약시상(B.C. 2) 지모신이자 다산의 상징, 숲의 정령, 동아시아에서 '야차'

나무숭배의 배경에는 인간은 자연적 재난을 인간의 힘으로 모두 극복할 수 없다는 것을 깨달았기 때문이다.

사실 인간에게 나무는 종교적으로든, 세속적으로든 위대한 존재일 수밖에 없다. 오랜 옛날부터 나무는 인간에게 먹을 것을 제공해주었고 대부분의 신화는 인류가 나무의 열매를 먹고 생명을 유지했음을 밝혀준다. 인간은 나무를 이용해 자신과 신들의 거처를 지었고 나뭇잎이 옷이 되기도 했다. 또한 벼락을 맞은 나무에 불이 붙으면서부터 인간은 신의 선물인 불을 얻게 되었다.

옛사람들은 고갈되지 않는 생명의 원천을 나무에게서 발견했다. 나무에 깃들인 조상의 영혼은 태아의 형태로 여자의 뱃속으로 들어간다고 생각했다. 그러한 예로 오스트레일리아의 와라뭉가 족은 아이들의 정령이 나무속에 숨어 있다가 어머니의 뱃속으로 들어간다고 말한다. 나무를 통해 태어난 생명은 또한 죽어서도 나무로 돌아간다. 인간에게 죽음은 우주적 생명의 원천과 다시 접촉하는 것이다. 죽음은 존재 양식의 변화, 다른 차원으로의 이행, 우주적 모태로의 회귀에 불과하다. 인간은 죽음을 통해 우주의 모태 속으로 돌아가 다시 씨앗의 상태를 획득하여 생명의 원천인 배젖이 된다는 것이다.[116]

또한 한국의 수목숭배 역시 오랜 전통을 이어오고 있다. 고대로부터 한

116 김영래, 『편도나무야, 나에게 신에 대해 이야기해다오』, 도요새, 2002년, p.111.

국인들은 수목에 땅이나 마을을 지켜주는 수호신이 거처하고 있다고 믿어 왔다. 나경수는 "단군신화에서 신단수는 하늘과 땅을 잇는 우주목"이며, "이질적 경계를 넘을 수 있을 것으로 믿어진 우리 민족의 신앙적 장치며 종교적 관용구"[117]라고 했다. 대부분 수목으로 구성된 당산이나 서낭당은 마을의 수호신이며 신과 교통할 수 있는 신성한 공간으로 받아들여지고 있다. 그래서 신목이 있는 마을에서는 대부분 정초나 정월 대보름에 동제를 지내오고 있으며, 신목을 함부로 훼손하면 벌을 받는다고 믿었고 치성을 올리면 병을 고치거나 재앙을 물리칠 수 있다고 믿었다.

인도에서는 민간신앙의 수호신으로서 약샤나 약시를 들 수 있는데 이들은 비하라석굴사원의 벽면에 장식적으로 표현되거나 성역인 스투파를 보호하는 모습으로 적극적으로 도입되고 있다. 즉 석굴사원의 벽면 장식은 불국토를 호위하고 장엄하기 위한 다양한 내용들이 표현되어 있고 불탑에 있어서는 난순이나 토라나 등에 수호신이 다른 영스러운 대상과 어우러져 아름답게 조각되어 있다. 특히 여신은 꽃다발이나 꽃봉오리를 손에 쥐기도 하고 하프를 쥐기도 하는데 특히 주목할 만한 것은 나무와 결합되어 있는 형식의 약시상이다. 말라 죽어도 다시 무성하게 재생을 반복하는 수목은 모든 것을 만들어내는 여신의 육체와 결부되어 풍요한 영원의 생을 상징적으로 표현하고 있다. 보통 약시는 오른손을 들어 열매가 달린 나뭇가지를 잡고 왼팔과 왼다리를 가지에 휘감는 매혹적인 포즈를 취한다. 약시는 상반신이 알몸으로 풍만한 유방을 나타내고 귀걸이, 목걸이, 팔찌, 허리 장식 등 풍부한 장신구로 몸을 치장하고 있다. 결국 재생의 생명력을 지닌 나무와 여성의 생산성이 약시와 결합하여 생명의 부활과 윤회를 이루는 것이다.

이런 입장에서 보면 우주목으로 상징되는 수목신앙이 결국 불탑의 중심에 상륜이라는 부재로 반영되어 불탑을 더욱 성스럽게 하고 장엄하게 하고 있는 것이다.

아소카왕이 세운 불탑과 석주石柱

현존하는 인도의 가장 구체적이고 확실한 불교유산들은 마우리아왕조(기원전 324~187년경)의 위대한 군주인 아소카(Asoka)

---

[117] 나경수, 『신명의 재발견』, 전남대학교 호남학연구단, 2007년, p.70.

1. 아난존자사리탑 옆의 아소카왕의 기념주
2. 로리안 난단가르(Lauriya Nandangarh), Simpson, Sir Benhamin 사진, 1986.

왕에 의하여 조성되었다. 그는 인도 서북쪽, 소위 간다라 지역을 침입했던 알렉산더대왕이 인도를 떠난 뒤 즉위한 왕(기원전 273~232년경 재위)이다. 특히 인도에서 불탑숭배가 비약적으로 발전한 것은 부처가 열반하고 난 약 200년 후인 기원전 3세기경의 아소카왕 때이다. 기원전 4세기 말 인도는 파탈리푸트라에 도읍을 둔 마우리아왕조가 등장하여 대제국을 건설했다. 찬드라굽타의 손자인 아소카는 이 왕조의 3대 왕이다. 그는 카링가국을 정복하고 반도의 남단을 제외한 인도 대륙의 거의 전역을 수중에 넣어 광활한 인도 지역을 처음으로 통일하였다. 그는 무우왕無憂王 혹은 전륜성왕轉輪聖王[118]이라 불리기도 한다. 불교를 자기가 이룬 대제국의 정신적 지주로 삼았으며 불교가 지향하는 인도주의적 입장에서 제국을 통치하였다. 또한 그는 헬레니즘세계에 이르기까지 각지에 포교승을 파견했다.

이러한 아소카왕은 그가 반포한 칙령들을 정교하게 마애법칙磨崖法勅으로 돌에 새기거나 기념석주를 건립하도록 하였다. 이는 그가 전국에 세웠던 아소카왕의 기념석주에 나타난 비문을 통해 구체적으로 많이 알려졌다. 이 비문은 판독이 가능한 인도의 고문서 중에서 가장 오래된 것이다.

또한 아소카왕은 부처의 8대 성지를 순례하고 공양을 행하였다고 한다. 탄생의 땅 룸비니, 왕자로서 삶을 산 고도 카필라바스투, 깨달음을 얻은 보

[118] 산스크리트 cakra(輪)와 vartin(轉)이 합성되어 파생된 말로서 '자신의 전차바퀴를 어디로나 굴릴 수 있는' 곧 '어디로 가거나 아무런 방해를 받지 않는' 통치자를 뜻한다. 전세계를 통치한다는 전륜성왕에 대한 최초의 언급은 B.C. 3세기 마우리아왕조시대에 아소카 왕의 업적을 칭송하는 경전 및 기념비에 나타난다. 이 세기의 불교와 자이나교의 사상가들은 보편적 군주관에 정의와 도덕의 수호자라는 측면을 부각시켰다. 제왕으로 해석되기도 한다.

162 인도 불탑의 형식과 전래양상

드가야, 초전법륜의 땅 사르나트, 열반의 땅 쿠시나가라를 순례하였고 가는 곳마다 그의 행적을 기념하기 위한 기념주를 세운 것이다.

아소카왕의 출생과 관련한 연기설화는 부처와의 인연을 강조하고 있다. 흙장난을 하던 어린이가 석가모니에게 흙으로 된 밥을 공양하여 그 공덕으로 나중에 불교를 인도 전역에 널리 전파하게 된 아소카왕이 되었다 한다. 그는 기원전 268년경 왕위에 올라 36년간 재위했다고 추정된다. 아소카왕은 할아버지와 아버지를 이어 3대에 걸쳐 정복사업을 벌이다가 동인도의 칼링가국(지금의 오릿사)에서 수십만이 죽고 사로잡히는 참상을 보고 크게 뉘우치고 불가에 귀의하여 불교를 신봉하게 되었으며, 그 후로는 무력에 의한 정복을 중지하였다. 그는 모든 인간이 지켜야 할 윤리인 다르마(dharma: 法)에 의한 정치를 이상으로 삼고 이를 실현하는 데 진력하였다. 또한 그는 부모와 어른에 순종하고 살생을 삼가는 등의 윤리를 백성들에게 장려하였고 백성들이 이를 철저히 지키도록 하였다. 인도에서 다르마는 이법理法, 또는 정의를 뜻하는 일반적인 말이나 불교도들은 이를 자신들의 정법을 가리키는 데 썼다. 그는 다르마에 의한 통치를 천명하는 칙령을 자신의 제국 곳곳에 새기게 했다. 또한 맨 위에 사자와 법륜이 올려진 높은 석주石柱(pillar)를 만들어 거기에 칙령을 새기기도 했다. 이를 후세에 아소카왕의 기념주라고 부른다. 그는 독실한 신심으로 곳곳에 있는 부처의 성스러운 흔적들을 좇아 성

마하보디불탑 주변에 있는 아소카왕의 기념주

지를 순례하고 기념물을 세웠다. 특히 현재까지도 기념주의 모습으로 잘 남아 있어 당시 그의 칙령이나 그가 다녀간 흔적을 알 수 있게 한다.

이 조형물은 인도미술사의 시작을 알리는 기념비적 작품으로 중요한 의미를 지닌다. 이 기념물은 20미터가량의 석주 위에 연꽃 모양의 받침이 있고 그 위에 사자 등의 동물이 올려진 형식이다. 처음에는 30개 정도 건립되었다고 추정되는데 현존하는 것은 단편을 포함하여 15개 정도이다. 완전한 것으로는 로리아 난단가리에 남아 있는 석주 1개뿐이다. 물론 바이샬리에 있는 것도 완전한 것이지만 아소카왕 이후의 것이라는 주장이 많다.

1. 페르세폴리스의 주두
2. 페르세폴리스의 기둥
3. 그리스 이오니아식 주두 위의 스핑크스

아무튼 이 석주는 주초석이 없이 땅에 직접 묻는 굴립식掘立式의 단일석으로 된 원주로 정상에는 종을 엎어놓은 모양으로 늘어진 연판蓮瓣을 새긴 주두를 위치시키고 그 위에 원반형의 정판頂板을 놓은 뒤, 다시 그 위에 환조로 만들어진 사자를 올려 놓았다. 로리아 난단가리의 예에서는 기둥의 높이가 12미터, 기둥바닥의 직경이 90센티미터로 위로 올라 갈수록 직경의 크기가 감소하고 있으며 주신에는 홈을 새기지 않았다. 이 기둥은 추나르(chunar) 지방에 있는 채석장에서 채굴된 회갈색의 사암을 사용하고 있는데 기둥전체를 연마하여 광택을 나타내고 있다. 주두 부분의 조각은 완성도가 높아 빼어난 아름다움을 보여주고 있는데 정판의 측면에는 팔메트, 화문 등의 그리스풍의 식물 문양이 부조되어 있다. 맨 위에 올려진 동물은 사자, 소, 코끼리가 현존하고 있고, 말도 있었던 것 같다. 특히 사르나트와 산치에서는 서로 등을 맞댄 네 마리의 사자가 주두를 이루고 있는 모습도 있다.

이러한 주두형식은 외래적인 요소가 많이 나타나고 있다. 특히 고대 페

1. 사르나트 아소카 왕의 주두
2. 아소카와 석주 동물 문양

르시아, 즉 현재 이란의 페르세폴리스궁전에서 볼 수 있는 석주에서 유래한 것이라 생각된다. 세부적으로 보았을 때 정상에 동물조각을 둔 점과 연판을 상징하는 종 모양 형식, 돌을 연마한 점 등이 공통되는 요소이다.[119] 물론 페르세폴리스의 기둥은 건축에 이용된 기둥으로서 맨 위에 두 마리의 황소가 하나의 몸을 이루어 있고, 그 위에 수평부재를 받치고 있어 약간은 서로 기능과 형태가 다른 모습이기는 하지만 고대 근동 지방에서 시작되어 세계 각지에 널리 유포되었던 것이라고 할 수 있다. 특히 단독의 기념주로는 스핑크스상을 얹은 그리스 델포이의 예가 알려져 있는데, 정판에 부조된 식물문이나 맨 위에 올라가 있는 동물의 살아 있는 듯한 모습에는 헬레니즘의 영향도 보인다.

이처럼 기둥을 세우는 관습은 아소카왕 이전부터 고대 인도에 존재했다. 이러한 기둥은 하늘과 땅을 연결하는 세계축(axis mundi)이라는 상징적 의미를 지닌다. 기둥이 세워지는 곳은 상징적으로 우주의 중심축이 되었다. 베다의 모든 문헌이 언급하고 있는 기둥 스캄바는 희생제 때 천지의 교류를 가능하게 하고 만유를 주재한다고 찬미 받은 우주축으로서 성수의 기둥이 암시되어 있다. 위쪽의 연꽃 받침 때문에 기둥은 땅에서 솟아난 연꽃줄기를 나타내며 세계창조신화와 관련되어 있다고 볼 수도 있다. 따라서 이런 기둥

[119] 미야지 아키라, 김향숙·고정은, 『인도미술사』, 다홀미디어, p.47.

에는 불교적인 의미만이 아닌 인도의 전통적인 상징이 복합적으로 반영되었다고 할 수 있다.[120] 이러한 석주 위에는 황소[121], 코끼리, 말, 사자와 같은 동물의 거대한 상이 양식화된 연꽃 장식 위에 올려 있다. 이들 동물은 인도에서 일찍부터 신성하게 여겨진 동물로 현재 인도에서 황소를 숭배하고 있는 모습은 이러한 것을 나타낸 예라 할 수 있다. 결국 아소카왕의 석주는 이러한 고대 인도로부터의 성스러운 기둥의 전통을 계승하고 있는 것이라고 할 수 있다.

이러한 주두 가운데 가장 유명한 것은 부처의 첫 설법지인 사르나트에 세워진 4사자 석주이다. 이 주두 위에는 매우 정교하고 생생한 모습으로 새겨진 네 마리 사자가 등을 맞대고 앉아 있는데 원래 그 위에는 32개의 바퀴살을 가진 직경 83센티미터의 수레바퀴가 올려 있었다. 수레바퀴, 즉 법륜은 부처님이 사르나트의 녹야원에서 최초의 설법을 통해 진리를 설했던 것을 상징한다. 또한 수레바퀴는 태양의 상징이며 정법의 상징이기도 했다. 동시에 삶과 죽음을 반복하는 윤회의 상징이며, 왕권의 상징이기도 했다. 네 마리 사자는 사방을 향해 위압하고 포효하는 정법의 왕 부처의 상징이다.[122] 이 주두는 인도 역사상 가장 이상적인 군주로 추앙받은 아소카왕을 의미하며, 현재는 인도를 상징하는 국가적 조형물이 되었다. 제국과 궁정을 배경으로 만들어진 이 석주들은 공적 기념물이라는 기능에 있어서나 그 형태에 있어서 고대 페르시아의 아카이메네스왕조 미술에 원류를 두고 있다.[123]

후세 불교도에 의해 다소 윤색된 내용이지만 아소카왕은 부처의 8대 성지와 부처의 유골이 봉안된 여덟 개의 스투파에 참배했다. 그 가운데 일곱 개의 스투파를 열었고[124] 유골을 다시 잘게 나누어 84,000기의 스투파를 인도 각지에 만들게 했다고 한다. 아소카왕은 인도미술사에서 불탑을 적극적으로 조성한 사람으로 더 유명하다. 아무튼 아소카왕이 84,000기의 불탑을 세웠다고 하는 설화적인 내용을 어떻게 이해하여야 할 것인가? 팔만사천이라는 수는 인도인들이 많다는 뜻으로 쓴 상징적인 수로 이를 그대로 받아들이기에는 곤란하다. 그러나 아소카왕이 세운 스투파는 상당히 많았을 것으로 짐작된다. 특히 인도뿐만 아니라 간다라, 아프가니스탄, 네팔, 스리랑카에까지 포교승을 보내었으니 자연스럽게 스투파가 많이 건립되게 되었

■ 산치탑문 기둥 위의 사자상

120 이미림, 이주형 외, 『동양미술사』, p.210.
121 기원전 3세기경에 출토된 람푸르의 황소 주두는 뛰어난 솜씨를 보여준다.
122 이미림, 이주형 외, 『동양미술사』, p.210.
123 Dietrich Seckel, 『The Art of Buddhism, 불교미술』, 이주형 옮김, 예경, p.34 .
124 라그마탑으로 알려진 하나는 그곳을 지키는 용왕, 혹은 코브라 때문에 열지 못했다고 한다.

125 法顯은 북위사람으로 338~422까지 살았으며 399~414까지 인도를 여행하였고 여행에 관한 내용은 『법현전』에 전하고 있다.
126 중국 승려 玄奘(602~664년)의 인도여행기로 629부터 645까지의 인도여행을 정리한 것이다.
127 『삼국유사』 권3 塔像 제4, "遼東城育王塔條"

을 것이다.

84,000기의 불탑을 세웠다는 내용은 중국어로 번역된 불교경전에 나타날 뿐만 아니라 5세기에 쓰여진 『법현전法顯傳』[125], 7세기의 『대당서역기』[126] 등 인도기행서에 아소카왕이 세웠다고 전하는 불탑을 실제로 여기저기에서 보았다고 나타나고 있다. 그러나 인도의 경전에는 스투파라고 하지 않고 Vihara를 만들었다든가, Chaitya를 만들었다고 하고 있어 스투파와 차이티야, 혹은 비하라를 동일한 의미로 사용하였지 않았나 하는 생각이 든다.

위와 같이 팔만사천이라는 수는 인도인들이 많다는 뜻으로 쓴 상징적인 숫자로 동시에 인간의 육신이 팔만사천 개의 부분으로 이루어졌다는 믿음의 반영이었다. 따라서 아소카왕은 부처의 사리를 8등분해서 만든 8기의 스투파 중에서 적어도 7기의 스투파로부터 사리를 파내고 모아서 많은 스투파뿐만이 아니고 불사리를 모신 정사精舍나 사당을 무수히 세운 것이라 생각되며, 84,000이라는 수효를 반드시 스투파만으로 한정할 필요는 없을 것이다. 즉 정확히 84,000의 숫자로 불탑이 건립되었다기 보다는 그렇게 많은 불탑이나 불탑과 유사한 시설이 건립된 것이라 해석하는 것이 적절할 것이다. 현재 인도에서 전해지기를 아소카왕이 세운 스투파는 적어도 수백 기에 달한 듯하다. 오늘날 인도에 남아 있는 대규모 스투파들 가운데 상당수는 아소카왕 때까지 그 기원이 올라간다. 중국인들은 그 가운데 몇 기가 중국 땅에 만들어졌다고 믿었다. 또한 하나는 고구려 영토였던 요동성에서도[127] 조영된 것으로 기록되고 있다.

아소카왕이 이렇게 많은 스투파를 만든 것은 불교도들이 손쉽게 부처에

1. 카를라석굴 차이티야의 열주와 사자주두
2. 화엄사4사자3층석탑의 사자상

인도 시원불탑의 의미와 형식 167

1. 사자가 있는 중국의 墓標
2. 베드사석굴의 기둥과 사자주두

게 찬배할 수 있도록 하기 위함이었고, 자신의 영토 전역에 스투파를 세움으로써 불교를 국가에서 공인한 종교로 널리 유포할 수 있었다. 인도같이 광대한 땅에 여덟 개의 스투파만 있다면 부처를 상징하고 기리는 이 기념물을 접하는 데 어려움이 아주 많았을 것이다. 그는 멀리 서북쪽 변방의 아프카니스탄과 북쪽의 네팔, 남쪽의 스리랑카에까지 포교승을 보내고 불탑을 만들게 했다.[128] 이에 따라 불교는 더 넓은 지역으로 확산되고 전통적인 바라문교를 넘어 비약적으로 세력을 키워갈 수 있었다. 이와 더불어 불탑을 비롯한 여러 불교미술도 아소카왕 대에 이르러 화려한 꽃을 피웠다. 부처 열반 이후 수백 년 동안 금기시 되었던 불상조성 등 불교미술들이 아소카왕 대에 이르러 개화기를 맞이하게 된 셈이다.

아소카왕 시대에 만들어진 스투파로 추정되는 대표적인 예는 바로 산치 제1스투파와 사르나트 녹야원의 다르마라지카(Dharmarajika) 스투파, 인더스강 상류 탁실라유적의 최고유물이라고 할 수 있는 다르마라지카 스투파, 스와트의 붓카라대탑 등이다. 물론 이들 이외에도 많은 불탑에는 아소카왕이라는 전설적인 내용이 따라 붙는 경우가 많다. 이들은 모두 아소카왕이 불교를 전파함과 더불어 적극적으로 스투파를 건립하였음을 충분히 보여주는 소중한 예로 그가 불교의 조형 활동에 영향력을 지대하게 미쳤음을

128 이주형, 『인도의 불교미술』, 인도국립박물관 소장품전, 한국국제교류재단, p.14.

알 수 있다.

현재 보이는 산치 제1스투파의 석조로 된 외관은 아소카왕 대에 만들어진 원래의 모습은 아니었다. 즉 아소카왕이 만든 최초의 스투파는 연와조로 직경이 현재 모습의 약 1/2 크기였는데, 숭가왕조의 1대 왕인 푸슈아미트라(기원전 184~148년)왕이 확장하였다고도 하기도 하고 혹은 기원전 1세기경에 이 지역을 통치한 사타바하나왕조시대에[129] 지금의 모습으로 증축한 것이라고도 한다. 원래의 조그마한 탑을 아소카왕이 창건했다고 생각할 수 있는 것은 명문銘文이 있는 아소카왕의 기둥 일부분이 이 스투파의 옆에 서 있기 때문이다. 만약에 아소카왕이 이 탑을 만들지 않았다 해도 최소한 여기를 다녀간 것은 분명하다 할 것이다.

인더스강 상류의 탁실라에 있는 최고의 유적이라고 할 수 있는 다르마라지카 스투파도 지금은 외부가 돌로 쌓여있어 원래의 모습을 볼 수 없지만, 최초의 스투파는 아소카왕이 창건한 것으로 추정되고 있다. 그 이유는 다르마라지카라는 호칭의 기원이 Dharmarajika(法王)로 부처의 진신사리 위에 세운 스투파를 의미한다고 생각할 수 있다. 또한 이 스투파가 탁실라에서 제일 오래된 것이며, 탁실라는 아소카왕이 즉위 이전에 수 년간 살아온 곳이기 때문에 부처의 진신사리를 세분해서 스투파를 세울 때에는 먼저 탁실

■ 사르나드 녹야원의 나트마라시카 탑 흔적

129 안드라왕조와 같은 고대 인도의 왕조.

■ 탁실라(Taxila)의 다르마라지카 불탑

라에 세울 가능성이 크다는 것이다. 또한 탁실라에 진신사리의 스투파를 칭하는 건축이 있는 것은 아소카왕과의 관계밖에 생각할 수 없다는 것 등을 그 이유로 들 수 있다.[130]

이런 가능성을 추정한 결과에 의하면 적어도 마우리아왕조시대(B.C. 322~B.C. 185)에는 스투파가 지금은 파키스탄 영토인 인더스강 상류 지역에 진출한 것으로 추정할 수 있다. 이곳을 간다라라고 하는데 이곳에서 서양의 건축·미술요소들과 만나 소위 간다라식불탑과 불상이 출현하게 된 것이다.

130 村田治郎, 전게서, p.33.

제5장
인도 초기 불탑(스투파)형식의 변화 양상

숭가왕조시대(B.C. 2세기~A.D. 1세기전반)의 스투파
사타바하나왕조(B.C. 30년경부터 A.D. 250년경까지)의 스투파
쿠샨시대의 스투파형식
굽타왕조(Gupta, 320~647)시대의 스투파

인도 초기 불탑(스투파) 형식의 변화 양상

숭가왕조시대(B.C. 2세기~A.D. 1세기 전반)의 스투파

인도불탑의 초기 형식이라 할 수 있는 아소카왕 이후의 불탑은 어떤 모습으로 변화되었을까? 숭가왕조(기원전 180년경~기원전 80년경)는[1] 마우리아왕조를 이어 나타난 왕조로 중인도를 본거지로 하였는데 불안한 정치적 상황에도 불구하고 인도 조형미술의 개화를 이룬 왕조이다. 마우리아왕조의 마지막 왕 브리하드라타의 장군이었던 푸샤미트라는 왕을 살해하고 숭가왕조를 세웠다. 이 시기에 불교는 갠지스강을 비롯하여 북인도로 그 세력을 꾸준히 넓혀가고 있었다. 약 100년간으로 짧았던 숭가왕조는 인도조형미술의 개화기를 이루었다고 할 수 있다. 마우리아왕조에서 숭가왕조로, 다시 숭가왕조에서 사타바하나왕조로 시대가 내려오면서 불탑의 모습은 규모, 재료, 부속시설 등에 있어 변화는 있었지만 그 기본적인 형식이라 할 수 있는 복발형覆鉢形은 후대에까지도 비교적 잘 유지되어 내려왔다. 그 후 쿠샨왕조에 이르러서 스투파형식에서는 구체적으로 변화된 양상을 보이기 시작한다. 다만 아쉬운 것은 당시의 모습을 정확히 알 수 있는 유구가 몇 되지 않다는 것이다. 이 시기의 불탑으로는 바르후트 스투파, 산치대탑, 사르나트의 다르마라지카 스투파, 탁실라의 다르마라지카 스

---

1 아소카왕 이후의 통치자들은 다르마에 의한 중앙집권적인 통치를 하기가 어려웠다. 아소카왕의 사후 약 반세기 동안 마우리아왕조는 급속히 쇠퇴의 길을 걸었고 마지막 왕 브리하드라타의 장군이었던 푸샤미트라에 의해 숭가왕조가 건립되었다.

2 Dietrich Seckel, 이주형 옮김, 『The Art of Buddhism, 불교미술』, 예경, p.141.

투파, 스와트의 붓카라대탑, 아마라바티, 나가르주나콘다 등의 불교유적 흔적을 중심으로 탑의 모습을 짐작할 뿐이다.

　석가모니의 입멸 후에 건립된 시원적인 8기의 불탑은 어찌 보면 설화적인 존재라 할 수 있어 실존 여부조차도 알 수 없고, 구체적인 모습을 파악할 수 있는 불탑은 아소카왕의 마우리아왕조(B.C. 322~B.C. 185)부터 건립되기 시작한 것들이다. 그러나 이 불탑 역시 원래의 탑을 나중에 증축하여 원래 모습은 추정만 가능하다. 즉 마우리아왕조에 만들어진 초기 불탑들, 소위 아소카왕이 만든 불탑은 벽돌과 흙을 중심으로 둥근 봉분을 만들고 그 정상에 양산형의 산傘이 꽂힌 둥근 봉분형峰墳形으로 정상 주변에 목조 책栅이 돌려져 있었을 것으로 추정된다. 규모도 15미터 내외로 현존하는 숭가왕조시대의 탑보다 훨씬 작은 모습이었다.

　이러한 마우리아왕조시대의 초기 불탑형식은 숭가왕조시대에 이르러 또 다른 변화가 이루어지는데, 우선 벽돌과 흙을 중심으로 축조되었던 기존 탑 외부를 석조로 둘러쌓은 모습으로 증축하여 규모가 훨씬 커졌다. 일반적으로 인도와 인도네시아의 스투파는 원래의 스투파 위에 후대에 돌이나 흙을 덮어 확장한 경우가 많은데, 이는 스투파의 크기가 후원자의 신앙심과 권위를 나타낸다고 여겼기 때문인 듯하다. 또한 스투파를 확장할 때, 기존의 스투파를 파괴하는 신성모독을 범하지 않기 위해 기존의 스투파 위에 돌을 덧 씌워 새로운 외관을 만들고 그 사이를 흙이나 자갈로 채우는 것이 관행이었다.2) 산치 제1스투파의 현재 모습도 이러한 과정을 거쳐 확장된 것이라고 추정된다.

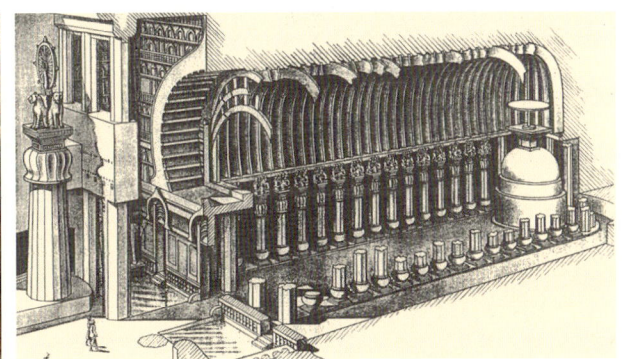

카를라석굴 기원후 1세기(좌)
카를라석굴의 스투파(Percy Brown, p.20.)(우)

1. 스리랑카 제타바나 스투파의 제단
2. 나가르주나콘다 스투파의 아야카와 불상부조

뿐만 아니라 봉분형 복발 위에 양산 모양의 산이 꽂아진 간단한 모습이었던 시원적인 불탑에 1단 혹은 2단의 기단이 새롭게 생겼으며, 기단 위와 아래의 주위에 2중의 탑돌이길인 요도繞道를 설치했다. 물론 대기臺基 위로 오르기 위한 계단도 설치되었다. 또한 목조 책柵으로 봉분형 복발 주변을 돌렸던 난순은 나중에 석조로 변하여 위, 아래의 요도뿐만 아니라 맨 꼭대기의 평두平頭에도 돌려졌다. 이 난순은 성스러운 공간을 에워싸는 기능과 높은 단에서 떨어지지 않으려는 난간과 같은 기능을 가졌을 것이다. 뿐만 아니라 맨 아래 기단 주위에 있는 요도의 외곽에 난순을 돌리고 동서남북 4방향에 토라나(Torana)라는 탑문이 건립하였다.

특히 불탑의 규모가 커지고 장식화된 경향이 나타난 시기인 기원전 2세기부터 기원후 1세기까지는 규모가 큰 석굴사원도 많이 만들어졌다. 이러한 석굴사원은 비하라형석굴과 차이티야형석굴로 나누어진다. 비하라석굴은 다수의 승려가 더위와 비를 피해 집회와 강학, 수련, 기거를 하는 승원이고 차이티야석굴은 스투파를 모시고 경배하는 일종의 석굴사원이다.

이 중 차이티야석굴의 스투파는 인도 초기 불탑의 변화 양상을 살필 수 있어서 의미가 큰 연구 대상이다. 즉 석굴 안의 중심부에 탑이 있거나 석굴사원의 벽면에 나타난 탑형 부조(relief Stupa)를 통하여 당시 불탑의 모습을 짐작할 수 있기 때문이다. 이러한 스투파는 산치탑의 모습을 대부분 따르고 있지만 기단부와 상륜부에서 변화된 양상을 보이고 있다. 즉 기단이 두 단으로 되며 탑의 형태가 가늘고 길어지는 모습으로 변하거나 기단부에 불상이 자리하는 모습으로 변화하는 것이다.

또한 약간 후대에는 드문 예이지만 스투파의 복발 하부 4면에 제단 모양을 첨가하고 그 상부에 5개의 가늘고 긴 Ayaka라고[3] 부르는 독립기둥을 세웠다. 승기율僧祇律에 "방아사출方牙四出"이라고 하는 것도 이 아야카였을 것이라고 말하여진다. 이러한 아야카의 예는 아마라바티(Amaravati)의 석판 부조에서 볼 수 있는 스투파나 세일론의 현존하는 불탑에서 흔히 볼 수 있는 형식으로 아마 후대에 증축되면서 제단형식으로 부가된 것이 아닌가 생각된다. 아마라바티는 인도 남동부 안드라프라데시 주에 있는 도시이다. 인도 고대왕조인 사타바하나 왕조의 수도였으며, 밀교의 발상지로 유명하다. 이 유적 중에서 최초로 건립된 아마라바티 탑은 기원전 200년경 건축된 것으로 추정된다. 그후 150년경 대승불교를 체계화한 용수龍樹(나가르주나)가 중축하여 250년경 완성되었다.

바르후트(Bharhut)의 스투파

인도 시원 불탑의 모습을 구체적으로 알 수 있는 유구가 거의 없기 때문에 결국 바르후트의 스투파는 마우리아왕조의 아소카왕 이후 새로운 경향을 보이는 숭가왕조 최고最古의 스투파라고 할 수 있다. 베레나스시의 서남서쪽, 직선거리로 약 260km가량 떨어진 갠지스강의 지류인 손강의 오른쪽 해안에 있었던 바르후트의 스투파(기원전 2세기경)는 1873년 커닝햄(Cunning ham) 장군이 발견했을 당시 이미 많이 파손되어 있었다.[4] 알라하바드 서남쪽의 작은 마을 바르후트에 현존하

1. 바르후트 스투파 전경
2. 바르후트 스투파 복원 입면, 평면도(미야지 아키라, p.75.)

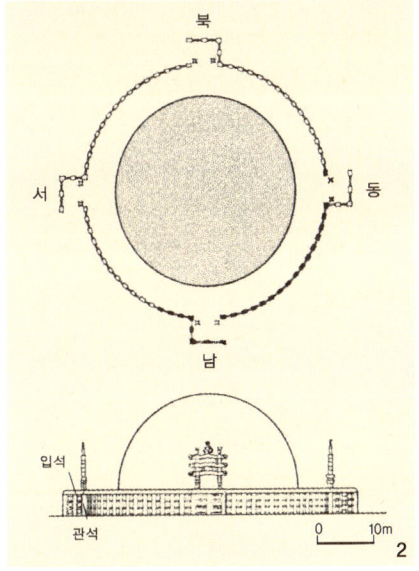

3 아야카는 안드라의 영향을 받은 스리랑카의 불탑에도 있는데 스리랑카에서는 이를 wahalkhada라고 한다. 山本智教는 다르마라지카의 이 대를 안드라 또는 스리랑카 출신의 사람들이 증축한 것으로 추정하고 있다.

4 A. Cunningham, *The Stupa of Bharhut*, London, 1879.

는 불탑 가운데 가장 오래된 불탑이 있다. 기원전 2세기 경으로 추정된다. 이 스투파는 직경 약 20.6m이고 주위를 돌리는 책책, 즉 난순은 거의 절반 정도 밖에 남아 있지 않았지만 난순의 전체 길이는 약 83m에 이르고 있다. 난순의 높이는 2.7m 혹은 1.37m로 동서남북의 사방에 출입구가 있고, 동쪽의 출입구만 당당한 석조 탑문이 세워져 있었다. 이 탑문과 정교한 부조가 새겨진 난순, 드럼 모양의 기단 일부 등은 지금 캘커타 박물관에 전시되어 있다. 난간은 기둥과 기둥 사이에 위와 아래, 그리고 중간에 끼워 넣은 3매의 관석貫石과 위에 얹은 입석笠石으로 되어 있는데 도처에 많은 장식이 부조되어 있다. 탑문기둥은 팔각주를 4개씩 묶은 형태로 연판형蓮瓣形 주두 위에 정판頂板을 놓고 그 위에 꿇어앉아 있는 2마리의 사자를 조성하였다. 이 탑문기둥에 3개의 수평 횡량橫梁을 마치 도리처럼 얹었고 맨 위쪽의 횡량 위에는 중앙에 팔메트 문양이 떠받치고 있는 법륜을 두었으며 그 좌우에는 각각 불, 법, 승 삼보를 상징하는 삼보표三寶標(Tri-ratna)를 배치하고 있다. 이러한 모습을 보면 어떻게 스투파를 장엄할 것인가 고민하였음이 나타나 있는 것을 알 수 있다.

즉 바르후트스투파의 난순에 나타난 조각의 주제는 불교미술의 원천으로서 성스러운 예배물, 본생도本生圖, 불전도佛傳圖로 나눌 수 있다. 성스러운 예배물은 불교신자 사이에서 예배하여야 할 성스러운 대상으로 스투파, 보리수, 성단, 법륜, 불족적, 삼보표 등이다. 이들은 대부분 불교 이전부터 신앙되고 있던 상징물로서 불교도들이 이들을 받아들여 본래의 의미에 불교적인 의미를 부가한 것이다. 스투파는 열반, 보리수는 깨달음, 법륜은 불교의 진리, 삼보표는 불법승을 뜻한다. 이러한 상징적 도상은 연화, 덩굴 문양 등

■ 1. 산치 탑문의 삼보표
   2. 바르후트의 베산타라 자타카(Vessantara Jataka), A.D. 2
   3. 삼보표(노란색 W자 모양). 유근자. 월간불광, 2011. 6.

176 인도 불탑의 형식과 전래양상

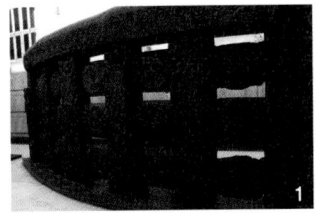

1. 바르후트불탑의 난순
2. 바르후트 프라스나지라 불리는 기둥(B.C. 2), 캘커타박물관

과 함께 필시 불교미술의 시원적인 형식을 이루었을 것으로 생각된다.[5] 무엇보다도 의미가 있는 것은 이 탑의 난순에 원시적인 사천왕상이 조각되었다는 점이다. 남방의 증장천왕과 북방의 다문천왕이 있다. 불행하게도 동방과 서방의 천왕은 찾을 수 없다. 그럼에도 많은 연구자들은 현존하는 두 신상을 사천왕상의 초기형태로 보고있다. 다만 신상의 형태가 후대의 것처럼 무서울 정도로 호령하거나 표효하는 분노의 표정이 아니라 극히 부드럽고 온화한 모습을 하고 있다. 또한 입고 있는 옷도 무사 복장이 아니라 인도 귀부인의 전통복인 도티(Dhoti)차림을 하고 있어 주목된다. 양손을 모아 합장하고 다리는 똑바로 펴거나 약간 구부린 입상으로 아귀를 밟고 있다. 그렇지만 사천왕이 밟고 있는 아귀의 모습은 오늘날 우리가 흔히 보는 고통스런 모습이 아니라 여유롭고 미소짓는 모습으로 표현되어 있는 점도 특이하다. 또 다른 특징은 눈을 지그시 감고, 머리에 터번을 쓰고 귀걸이가 팔찌로 장식한, 남성상과 여성상이 혼재된 독특한 모습에 있다.(이대암 글, 관조사진, 『사천왕』, 한길아트, 2005, p.200)

이 스투파가 만들어진 연대는 동쪽 문의 기둥 명문에서 숭가왕조 치세에 다나브티가 문과 석조건축을 기증했다고 기록되어 있지만, 또 다른 명문에는 숭가왕조의 여러 왕비를 비롯해 파탈리푸트라, 코삼비, 마투라 등 갠지스강 주변의 북부 도시뿐만 아니라 데칸 지방의 나식이나 카라드 등 멀리 떨어진 곳에서 사는 자들도 참여하고 있다고 기록하고 있다. 특히 여러 도시의 상인, 예술가, 비구와 비구니, 일반 서민 등의 기부자 이름들이 남아있다.[6] 이곳 바르후트는 특별히 부처의 성지였던 적은 없지만 서인도의 중심지 웃자이니에서 비디샤를 거쳐 코삼비, 파탈리푸트라에 이르는 고대 교통로의 요지로서 번영했던 것으로 보인다.

또한 이 스투파가 완성되기 전후에는 카불 등을 정복하고 있었던 그리스

5 미야지 아키라, 앞의 책, p.63.
6 村田治郎, 전게서, p.41~48.

계의 메난드로스왕(불교에서는 미린다왕, 약 B.C. 160~140년경)이 중인도에 침입해서, 빌사 근처를 거쳐 파탈리푸트라로 진출하는 도중에 이곳을 통과했을 것으로 생각된다. 결국 이 스투파는 기원전 2세기 중반경의 작품으로 추정되며, 부조에서 보이는 다양한 모습은 이 시대의 건축을 포함한 포괄적인 사회문화 현상을 말하는 것으로 가장 신뢰할 만한 자료라 하겠다.

사타바하나왕조(B.C. 30년경부터 A.D. 250년경까지)의 스투파

사타바하나(Satavahana)왕조는 마가다 지방을 중심으로 자리하고 있었던 칸바왕조의 시무카(simuka)에 의하여 칸바왕조를 멸하고 서부 데칸 지방에서 새로이 건립되었다. 사타바하나왕조 지배기의 연대에 대해서는 여러 설이 있지만 최초의 왕 시무카를 기원전 30년경으로 두는 설이 유력하다. 제3대 샤타가르니왕 때에 이 왕조는 번영을 이루고 말와 지방을 포함한 서인도의 지배권을 확립한 것으로 보인다. 이때에 이르러 고대 인도미술은 최초의 융성기를 맞는다. 숭가왕조와 칸바왕조시대에 불교미술은 왕조 세력과 직결되지 않고 민중 사이에 기반을 쌓았기 때문에 왕조의 정권에 직접 좌우되지 않는 미술의 지속성과 발전을 가져올 수 있었다.[7)]

사타바하나왕조의 중심 지역인 말와 지방의 대표적인 불교유적은 산치사원이다. 산치사원은 무슬림에 의한 파괴를 면해서 현재에도 유구가 다수 잔존하고 있으며, 인도 불교미술의 지속성을 여실히 말해주는 점에서 미술사상 아주 귀한 유적이다. 19세기에 발견된 이후 많은 주목을 받았던 산치유적은 고대 상업도시로서 번영하였던 비디샤(베스나갈)에서 그다지 멀지 않은 나지막한 언덕 위에 스투파, 사당, 승원 등이 다양하게 모아져 큰 불교사원을 이루고 있다.

주지하는 바와 같이 산치불교사원은 여러 시대를 걸쳐서 완성되었다. 즉 다양한 스투파와 사당, 승원이 한 시대에 완성된 것이 아니라 누대에 걸쳐서 이루어진 것이다. 특히 중앙부에 자리한 제1탑은 아소카왕 대에 초창되어 숭가왕조에 증축되었고 4기의 탑문은 사타바하나왕조에 이르러 건립되었으며 이후에 사당과 승원이 이루어진 것으로 보인다. 즉 이를 연대 상으

7 마야지 아키라, 전게서, p.73.

로는 2단계로 구분할 수 있는데 아소카왕 시기 이후 숭가왕조와 사타바하나왕조의 고대 초기(기원전 3~1세기경)를 1기로 하고 굽타왕조시대 이후 중세기(4~11세기경)를 2기로 구별한다.

산치불교사원과 대탑

현재 인도 중부의 보팔지구 빌사(bhilsa)에서 멀지 않은 산치에는 불교미술사에 있어 주목할 만한 불교유적이 있다. 산치는 부처의 성지는 아니지만 교통과 상업, 행정의 중심지인 이곳에 불교사원을 조성함으로서 많은 신자를 통한 세수의 증대 등을 목적으로 지역적인 중심성을 확보하고자 한 곳이었다. 데칸고원의 약 90m정도 높이의 언덕 위에 3기의 스투파를 비롯해 수도용 승원, 말굽형 차이티야사원 등 여러 불교건축 유적이 있다. 정상에 있는 가장 큰 스투파는 산치대탑이라 불리는 제1스투파이고, 제1탑 근처의 서북에 조금 작은 제3스투파가 있으며, 거의 같은 크기의 제2스투파는 언덕 서쪽의 아래 중간 위치에 있다. 이들 이외에도 산치사원단지에는 복원되지 못한 소형스투파가 10여 기 있다. 이 산치불교유적은 아소카왕 때에 시작되었다고 알려져 있으나 아소카왕 보다는 그의 왕비가 이 정사를 이미 건립해 놓은 것이 아닌가 하는 추정도 있다.

■ 산치 제1스투파

1. 산치 콤플렉스의 45불당
2. 산치대탑 아소카왕 석주(연대추정에 결정 증거가 됨)

불멸 이후 수많은 스투파들이 세워졌지만 그 원형을 찾아본다면 산치대탑을 들 수 있다. 인도의 스투파 가운데 가장 유명한 이 거대한 탑은 인도에서 가장 오래된 석조건축물이며 동시에 가장 뛰어난 불교유적이다.

인도에 최초로 세워진 여덟 개의 불탑은 대부분 위치가 정확히 알려져 있지 않다. 그 가운데 부처의 출신 종족인 카필라바스투의 석가족이 받았던 유골과 바이샬리의 리차비족이 받았던 유골을 모신 불탑들만이 위치가 알려져 있으나 그나마도 의문이 없지 않다.[8] 이들 불탑은 후대에 여러 겹으로 덧씌워 증축되어 원래의 모습을 알기도 어렵다. 이러한 사례 중 대표적인 스투파로 산치탑을 들 수 있다. 특히 탑파의 양식에 관하여 기록된 불교의 문헌 중에서 산치탑의 증거를 찾아볼 수도 있다. 『마가승기율摩訶僧祇律』(卷第三十三)에는 "爾時世尊自起伽倻佛塔, 下基四方周匝欄楯, 圓起二重方牙四出, 上施盤蓋長表輪相, 佛言, 作塔法應如是."라고 하였는데, 이것을 Sanchi의 탑에 적용하여 보면, 여기서 '원기이중圓起二重'은 기단과 탑신에 해당하고, '주잡난순周匝欄楯'은 난순을 돌렸음을 의미하며, '반개盤蓋'는 당연히 산개傘蓋를 뜻하는 것이다. 문헌의 기재와 산치탑의 실물이 완전히 일치하고 있음을 알 수 있다.

산치에 봉헌된 비문들과 함께 스리랑카 역사서인 마하왐사(Mahavamsa, 大史), 디빠왐사(Dipavamsa, 島史)를 살펴보면, 산치사원군에서 불교의 시작과 번성이 아소카왕의 아내 데위(Devi) 왕비와 위디사(Vidisa) 지방의 부유한 상단의 종교적 행적에 기인하고 있음을 알 수 있다. 이곳의 불교유적은 아소카왕 때에 건립되기 시작된 것으로 왕위에 오르기 이전에 웃자인(Ujjain) 지방의 총독으로서 주둔하는 동안 위디사 지방 상인들의 우

[8] 杉本卓洲, 『印度佛塔の研究』, 京都, 平樂寺書店, 1984, p.330~375.

두머리 딸인 데위와 결혼하였음을 기록하고 있다. 아소카왕은 데위와 결혼하여 왕자 마힌다(Mahinda)와 공주 상가미타(Sanghamitta)를 낳았는데 이들은 후에 출가하여 스리랑카에 불교를 전하게 된다. 마힌다 왕자는 스리랑카로 불법을 전하러 가기 전에 위디사에 있는 어머니 데위 왕비를 방문했고 같이 웨디사산의 정사精舍(Vedisagiri-Vihara)에 올랐다고 한다. 산치언덕으로 추정되는 이 웨디사기리사원에서 데위 왕비는 마힌다 왕자에게 아버지에 대한 이야기를 전한다. 마힌다 왕자는 스리랑카로 떠나기 전에 이곳에서 한 달을 머물렀는데 어머니가 죽은 후 정복전쟁으로 왕비와 자식들은 잊고 지내는 아소카왕을 찾아 어머니 소식을 전하게 된다. 아소카왕은 죽은 아내를 기리기 위해 웨디사기리로 추정되는 산치에 불탑을 세운 것이 현재 산치대탑이라고 전한다. 일설에는 데위 왕비 무덤 위에 커다란 탑을 지었다는 설이 있다. 또한 아소카왕은 정복전쟁을 멈추고 진리에 의한 통치를 선언하며, 멀리는 스리랑카에까지 왕자와 공주를 전법사로 보내어 불교를 통치이념으로 삼았다는 사실이 아소카석주에 명기되어 있어 이러한 내용을 확인할 수 있다.

인구밀도가 높으며 상업활동이 활발하여 부유했던 위디사 지역과 근접해 있는 산치는 불교수행을 위해 필요한 이상적인 요소를 모두 갖추고 있다. 봉헌 비문을 보면 불교사원을 설립할 당시 필요한 경제적 지원은 위디사의 부유한 상인 계층에서의 신앙심에서 비롯되었고, 도시근교에 두 개의 중요 무역로를 비롯하여 베뜨와(Vetwa)강과 베스(Bes)강의 합류점에 위치하고 있는 것도 종교적 풍요로움과 명상을 위한 적합한 분위기를 조성하는 요소가 되었다. 이러한 조건들이 마우리아왕조 이후에도 산치 지역이 불교사원단지로

1. 세일론의 Jetavana Stupa (272~363년)
2. 산치 언덕에서 바라본 풍경

인도 초기 불탑(스투파)형식의 변화 양상 181

▪ 산치 제1탑 4탑문 내부의 불상

번성할 수 있는 계기가 되었고 결과적으로는 대탑의 단계적 증축과 많은 사원과 스투파를 형성하게 되었다. 마우리아왕조 이후에 숭가왕조에서도 산치는 그 명성을 이어갔으며 이후 사타바하나(Satavahana)왕조에서도 종교적 영향력과 위치는 계속되었다. 이후 등장한 굽타왕조는 예술적 발전에 필요한 정치, 경제적 안정을 가져왔고 산치 사원단지가 건축과 조각활동이 활발해지는 계기가 된다. 다만 이곳은 외진 곳이기 때문에 불교가 서서히 쇠퇴하기 시작하면서 잊혀진 것 같다. 즉 『법현전』과 『대당서역기』에도 기록되어 있지 않을 정도로 외진 곳이고 오히려 그 때문에 황폐해진 곳 없이 19세기끼지 보존되었던 것이다. 그러나 오히려 19세기 초에 발견되고 나서 발굴이나 도굴이 계속되어 황폐해져 버렸다. 20세기가 되어서야 인도 고고조사국이 이 불적을 조사해서 원래의 재료가 남아 있는 모습으로 복원한 것이 현재의 상태이다.

이 중에서 특히 제1탑은 인도에서 가장 오래된 석조건축물이며 동시에 가장 뛰어난 불교유적이다. 3기의 스투파 중, 제1스투파는 대형의 고전적인 것이고 제3스투파는 중형의 전형이라고 말할 수 있겠다. 제1스투파는 현재 직경이 36m가량 되고, 높이가 16.4m인 돌을 벽돌 모양으로 다듬어 쌓은 석조탑으로 그 내부에 있는 아소카왕 시대의 벽돌 스투파를 증축한 것이다. 원래 아소카왕 시대의 스투파는 현재 스투파의 절반 정도였을 것으로 추정되고 있다. 여러 가지 상황으로 보아 최초의 스투파는 마우리아왕조시대인 아소카왕에 의하여 축조된 것으로 알려지고 있는데 지상에 반구형의 몸통부인 복발을 축조하고 그 정상에 하나의 산傘이 세워져 있으며, 주위에는 목조의 책柵을 돌렸을 것으로 생각된다. 아소카왕 시대에 만들어진 벽돌탑을 거친 돌로 쌓아 더욱 크게 한 것은 숭가왕조의 1대 왕인 푸슈아미트라(B.C. 184~148경)시대인 것으로 추정된다. 즉 규모를 두 배 크기로 증대 시킴과 함께 반구半球의 복발하부에 기단부라고 할 수 있는 태기台基를 붙이고, 태기

1. 망고나무를 잡고 있는 동문의 약사상
2. 산치 제1탑 난순의 명문

위와 주위에 2중의 요도繞道를 설치했다. 또 복발 위에 있는 평두平頭 위에 사각상자 모양의 난순을 돌리고 그 중앙에 석조의 산을 세웠다. 산간이 서 있는 부분은 석조상자의 두꺼운 돌 덮개로 되어 있다. 그곳에 부처의 사리를 넣어두었다고 하지만 진위를 알 수 없다. 이후 사타바하나시대에 남쪽부터 북, 동, 서쪽 순서로 탑문이 조성되고 굽타시대에 들어 각 탑문 앞에 불상이 조성되어 현재의 모습이 갖추어졌다.

현재의 모습을 보면 알 수 있듯이 산치 제1스투파는 정교하게 조각된 네 개의 탑문으로 출입할 수 있으며 특히 남문 정면에 위치한 계단을 통해 상부 요도로 진입할 수 있다. 4개소의 출입문 중 가장 먼저 지어진 것은 남쪽에 위치한 토라나로 이는 석탑의 가장 중요한 입구이다. 이는 아소카석주의 위치와 가까울 뿐만 아니라 탑신을 일주하는 요도로 올라갈 수 있는 계단과 연결되기 때문이다. 또한 스투파를 대하는 중요한 의식인 탑돌이가 시작되는 지점임과 동시에 상부요도로의 연결이 되는 접점이다. 토라나를 지나면서 시계방향으로 시작하는 탑돌이는 한 바퀴를 돌아 다시 남문에 다다르면 상부요도로 올라가는 계단으로 통해 생명성과 우주, 진리의 상징인 탑신 주변을 다시 탑돌이하고 계단을 통해 탑돌이를 마무리한다.

4개의 탑문들은 대체로 A.D. 1세기경에 건립된 것으로 추정되는데, 각각의 문이 건립되는 시기는 그리 차이가 나지 않았던 것으로 여겨진다. 서문 남쪽 기둥과 남문의 중앙 처마도리는 모두 Balamitra라는 사람이 기증했다는 기록이 남아 있다. 4개의 탑문 중 북문은 완벽한 모습을 보여주는데 비해, 남문은 가장 많이 손상되어 있다. 이들을 만든 석공들은 아마도 상아나 금속을 세공하는 장인들로 추정되는데 토라나의 조각 방식이나 서쪽 기둥을 조각한 사람이 Vidisa의 상아세공 기술자였다는 사실로 입증된다.[9]

9 박경식, 「Sanchi 1탑에 關한 硏究」, 문화사학 제3호, 한국문화사학회, 1995, p.138~172.

높이 8.6m 정도 되는 4개의 토라나는 사각형 평면으로 되어 있는데, 각 문을 지탱하는 2개의 방형 기둥 상단에는 아치형태의 보 3개를 가로로 걸쳐 놓고 각각의 부재는 전후좌우를 비롯하여 부재 하부에까지 빈틈없이 부조되어 있다. 2개의 기둥과 각각의 보 사이에는 주두와 같은 부재가 있는데 북문과 동문의 주두는 코끼리조각이 되어 있고, 서문에는 난장이, 남문에는 아소카석주의 주두와 같은 날개 달린 사자가 조각되어 있다. 이와 같은 주두와 면해 있는 보의 모퉁이에는 여러 가지 형태의 나무를 붙잡고 있는 약시의 조각상이 있다. 풍요와 다산을 상징하는 약시상은 망고나무를 붙잡고 있는 동문의 약시상이 가장 아름답고 매혹적이다. 이는 불탑난순(Bharhut)의 초기 인물상에서 보여지는 심미적인 면들이 여기에서는 반나半裸의 여자가 비스듬히 나무에 매달려 있는 관능적인 모습으로 표현되어 있다. 각 탑문을 지탱하는 석주에 표현된 조각 중 가장 중요한 특징은 석주의 내측 면에 조각된 수문장의 존재이다. 이 조각은 양감이 강하세 되어 있고 화려한 장식과 터번, 얇은 하의로 표현되어 있다. 이는 귀인의 용모로 수문장들이 지키는 4방 토라나의 내부가 신성하고 진귀한 장소임을 암시한다. 특히 서문에 조각된 수문장은 인도식이라기보다는 그리스식에 가까운 옷차림과 이국적인 창, 방패를 들고 있다. 외국인의 모습을 하고 있는 조각 역시 살이 많고 몸의 선

1. 산치 제1탑 서문의 난장이
2. 산치 제1탑 탑문의 약시상
3. 산치 탑문에 조각된 보살상

184 인도 불탑의 형식과 전래양상

10 박경식, 위 논문, p.139.
11 '나투다'란 한문 원본의 現字를 번역한 것으로서 '나타나다'라는 말의 고어이다.

이 부드러우며 전통적인 인도 양식을 따르고 있다. 이 같은 석주에 조각된 수문장들은 Pitalkhora석굴의 입구에 있는 수문장과 비교해 볼 때 인물 대부분이 갑옷을 입고 있지 않으며 무기도 지니지 않은 편이다. 그러므로 이들은 후기 인도 불교예술에서 알려진 보살이나 보살의 원형이라고 볼 수 있다. 대개의 불교예술 작품 속에서 보살은 보석과 터번, 이 외 갖가지 장식으로 고귀한 사람임을 나타내는데 이러한 형상은 산치대탑의 8개의 석주 내측 면에 남아 있는 수문신에 원형을 두고 있음을 확인할 수 있다.[10]

탑문의 전후면과 측면, 기둥, 주두에까지 빼곡히 조각된 부조는 부처의 전생담과 각종 동식물 문양, 수호신 등 다양한 서사적 부조와 부처의 일생, 입멸 후 불교의 역사적 사건들, Manushi-Buddhas와 관계된 사건들, 그리고 인도의 전통적 장식과 토속 신상에 관계되는 조각들로 분류된다. 본생담은 주로 부처의 전생을 중심으로 하고 있고 모든 장면들은 부처의 인간적인 형상을 보이지 않고 있다. 이는 여전히 석존에 대한 숭배의 형태가 무불상에 의한 표현이 진행되어졌던 것으로 전생과 현생에 나투었던[11] 석존을 표현한 것이라 해석할 수 있다. 이러한 스투파 도상과 함께 상징적 도상 또한 동시적으로 표현되어지고 있다. 해탈을 의미하는 보리수, 부처의 족적, 그리고 설법 행위에 대한 상징적 표현 등 다양한 방식으로 표현되어짐을 알 수 있다.

▶ 산치 제3스투파

대탑 바로 옆에 있는 제3스투파는 대탑보다 규모가 작다. 단아하고 간명한 모습이다. 제1스투파의 동북 45m 떨어진 위치에 세워졌으며, 크기는 직경 15m, 높이 8m 정도로 정상에 평두가 있고 석재로 된 일산 하나가 조성되어 있다. 토라나 탑문은 남쪽에만 있으며 제1스투파에 비해 전부 간략한 모습이다. 기단 상단의 탑돌이길인 요도와 난순은 잘 남아 있다. 스투파의 중심부에서 대기 상부의 수평면 주위에 사리실이 설치되어 있는데 그곳에서 사리용기가 2개 발견되었다. 사리용기의 명문에 의하면 하나는 사리불, 다른 하나는 마하모가라나大目犍連의 사리인데 두 사람은 함께 부처의 수제자였다. 이름 있는 제자의 사리를 안치하여 모신 것으로 보았을 때 고승도 부처와 함께 숭경되어졌던 것으로 짐작된다. 현재는 남쪽 탑문만 남아 있고 탑 주위를 돌리는 난순은 사라졌으나 평두에는 난순과 산개가 있다.

제2스투파는 산치사원 단지의 서쪽 외부에 다소 떨어진 낮은 지형에 자리하고 있다. 난순으로 둘러싸였으며 제3스투파와 거의 같은 크기이다. 이 탑은 상륜부는 없어졌고 상단의 요도에 난간도 없으며 외부에 탑문인 토라나도 없다. 그러나 난순의 기둥과 가로대의 부조는 조각 수법이 뛰어나서 장식적으로 주목할 만한 것들이 많다. 이 스투파에서도 중앙부에 기단 상부의 수평면보다 조금 높은 위치에 사리실이 있고 사리용기를 넣어두고 있다. 용기의 명문에 의하면 아소카왕 시대의 고승 10인의 사리라고 한다.[12] 반면 난순 기둥과 가로대에 장식 부조가 잘 남아 있어 이 탑의 설립 의미와 당시의 규모를 짐작케 한다. 이들 불탑 이외에도 산치사원군에는 크고 작은 불탑 20여 기가 있었으나 현재는 완형으로 복원되지 못한 봉헌 스투파가 10여 기가 대탑 주위에 자리하고 있다.

1. 산치 제3스투파의 탑문
2. 산치 제2스투파
3. 산치 2탑 난순의 스투파 부조

[12] 村田治郎, 전게서, p.44.
James Fergusson, *History of Indian and Estern Architecture*, John Murray, London, 1910, Book 1, p.104~116.

1. 산치 제1탑 남문의 석주
2. 산치사원 배치도(윤장섭, 『印度의 建築』, p.60.)

이곳은 산치대탑을 비롯하여 제2, 3스투파가 있고 다수의 소형 사원을 포함하여 예배당을 갖춘 불교사원이었다. 산치사원은 현재 원형이 보존, 복원된 3기의 스투파와 복원되지 않은 봉헌스투파들, 기단부와 기둥 등이 남아 있는 8곳의 사원 및 예배당을 볼 수 있다. 그중에서도 대탑 남문 좌측에 위치한 아소카석주는 이미 부러져 원형을 잃고 있지만 그 기단부와 주신柱身이 보관돼 있어 산치사원의 조성을 산치대탑 건립과 함께 아소카왕이 시작했음을 증명하고 있다. 그 외에도 많은 석주가 있지만 이들은 각기 다른 시대에 다른 주체에 의해 세워진 것들이다. 아소카석주의 주두 사자상은 사르나트의 사자상에 비해 위용이 떨어지지만 산치유적지 입구 박물관에 전시되어 당시의 모습을 간직하고 있다.

산치대탑의 동쪽에 위치한 제5스투파와 28번 사원은 평지붕으로 남쪽을 향하여 기단부로 오르는 계단을 내고 있는 방형의 사원이다. 사원 내부에는 연꽃잎 위에 앉은 불상과 불두 주위에 정교하고 화려한 광배가 있는 것으로 보아 간다라 문화가 인도에 들어오고 불상의 제작이 성행한 6~7세기경 건립된 사원으로 볼 수 있다. 사원 중앙의 기둥을 제외한 나머지 상부구조와 주두들은 중앙의 기둥 2기와 양식상의 차이를 보이고 있어 10~11세기경 증축했음을 확인 할 수 있다. 이 기둥들은 굽타시대의 것이고 불상도 원래는

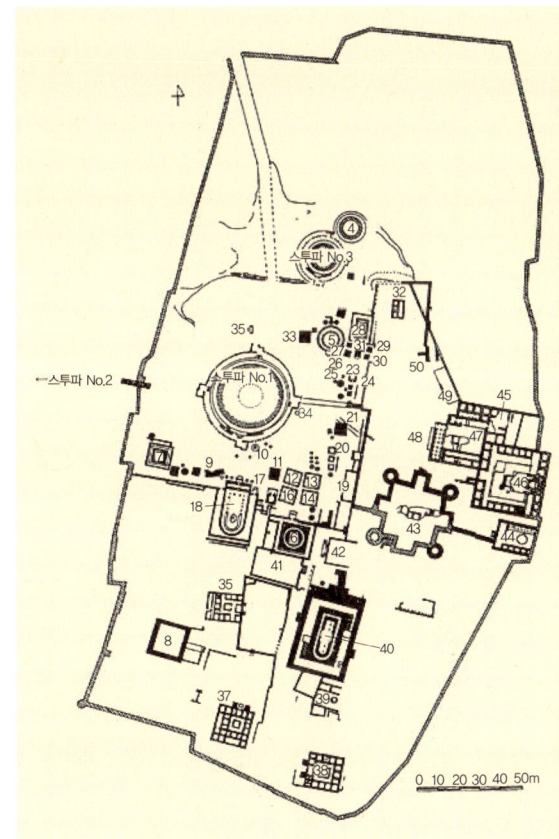

좌대 위에 앉은 것이 아니었다고 하므로 사원이 재건되었을 당시 이곳으로 모셔져 온 것임을 알 수 있다.[13] 이 사원의 입구에는 5개의 뱀머리蛇頭를 가진 나기니(Nagini, 뱀신의 여왕)가 서있다. 나가(Naga, 뱀신의 왕)와 짝을 이루는 나기니는 이 사원의 수호신 역할을 한다.

대탑의 동쪽 계단으로 올라서면 산치사원에서 가장 큰 규모의 법당과 사원이 함께 있는 45, 46, 47번 유적이 있다. 탑형식의 45번 법당과 그와 연결된 46번, 47번 승원은 양식으로 보아 오래된 것은 7~8세기경의 것으로 보인다. 이 사원은 법당으로 사용된 공간과 남, 서, 북쪽의 작은 방들과 석판으로 포장된 마당, 그리고 작은 탑과 기초석, 기둥이 있는 베란다와 감실로 구성되어 있다. 불탄 흔적이 있는 7~8세기 잔해들 위에 9~10세기경 다시 건립되었는데 기둥이 있는 베란다의 바닥면은 1미터 정도로 높고 속이 비어 있는 법당은 뾰족한 탑(sikhara)의 모양으로 되어 있다. 전실前室을 갖춘 사가형 법당은 항마촉지인을 하고 있는 불상이 있는데 곳곳이 부서진 사이로 잘게 주름진 가사의 흐름이 나타난다. 사원의 외벽과 입구, 그리고 내부에는 힌두교의 영향을 받은 조각들이 보이는데 이는 부처가 힌두에 귀의한 수호신으로 자리한 후에 조성된 것으로 볼 수 있다.

대탑의 남동쪽에 위치한 7번 법당은 낮은 기단 위에 편편한 지붕의 사각형 사원인데 발코니형식의 현관과 멋들어진 아치가 남아 있는 것으로 보아 굽타시대에 조성된 것으로 추정할 수 있다. 적정한 구조와 균형, 장식들의 분배가 돋보이고 남아 있는 사원유적들 중 가장 잘 보존되어 있어 산치불교유적군의 위용을 엿볼 수 있게 한다.

7번 법당 남동쪽에 위치한 18번 사원은 마우리아시대와 숭가시대에 유

13 대연 스님, 『불교성지순례』, p. 281. 산치불교사원군의 번호지정은 발굴당시 지정된 것으로 스투파와 석주, 사원, 법당 등 발굴된 순서로 번호가 지정되었다.

1. 산치 콤플렉스 제18법당
2. 제28사원과 Nagini상
3. 산치 제45사원의 차이티야

■ 산치대탑 서측의 승원

행한 반원형 홀의 초기 양식을 보여준다. 7세기에 세워진 이 사원은 원래 기둥이 12개였으나 현재는 9개만 존재하고 있으며 아치형 평면을 이루고 있다. 이 사원은 대탑의 남문과 마주하고 있으며 인도 서부의 법당 양식(chaitya-griha)와 유사하게 반원형 주법당에 불상 또는 탑을 배치하고 측면 회랑으로 구성되어 있다. 다만 석벽 대신에 견고한 벽돌로 벽을 쌓은 것이 상이하다. 끝이 가늘어지는 이 기둥들은 각 측면에 부조와 5미터가량의 8각기둥들로 조성되었는데 이것은 인도 중서부의 마하라쉬트라주에 있는 석굴사원에서도 볼 수 있는 일반화된 양식으로 보아 7, 8세기경에 조성된 것임을 알 수 있다. 10세기에서 11세기경 이 사원이 확장된 것을 알 수 있는데 돌메우기 방식으로 반원형 홀의 지면이 높아지고 깊게 조각된 문설주가 설치되어 있다.

대탑의 서측 가파른 계단으로 내려가면 비교적 큰 규모의 승원유적이 있다. 장축과 단축이 각각 33미터의 넓이로 외벽들을 납작한 벽돌을 쌓아 만든 것이 흥미로운 부분이다. 이 승원은 인도의 전형적인 비하라 방식으로 중앙에 넓은 마당과 울타리가 있는 베란다, 그리고 사방으로 승방이 배치되어 있다. 동쪽 출입구와 서쪽의 법당을 제외하고 모두 22개의 작은 방이 조성되어 있다. 배치를 보면 출입구가 대탑을 향하고 있으며, 법당과 대탑이 마주보게 함으로써 이 승원 역시 대탑을 중심으로 조성된 산치불교유적군의 전형으로 여겨진다. 발굴 작업 중에 많은 양의 숯이 발견되었는데 이것들은 베란다 기둥과 작은방의 지붕이 모두 목재로 건축되었음을 의미한다. 그 밖에 크고 작은 많은 탑과 조각들이 곳곳에 산재되어 있고 각기 다른 시대의 것으로 보이는 유적들이 넓게 분포되어 있다. 제2스투파의 위치로 볼 때 울타리가 있는 유적군보다 훨씬 넓은 범위로 산치의 불교유적군이 조성되었음을 알 수 있다. 이상의 사실로 미루어 보아 산치불교유적군은 모두 아소카왕이 건립한 시원적 불탑인 산치대탑을 중심으로 산치구릉 전체에 불교유구가 가득했고 당시 이 지역 불교의 중심지 역할을 수행했던 것으로 보인다.14)

산치대탑 탑문과 바르후트불탑 난순의 부조浮彫15)

인도 초기 스투파의 사방에는 탑문(torana)이 세워지고, 기단의 둘레에는 울타리가 둘러졌다. 난간 혹은 난순(vedika)이라고 불리는 울타리의 실질적인 기능은 봉분을 보호하는 기능을 하지만 의미로서는 세속 세계로부터 성스러운 영역을 구분하여 장엄하게 보호하는 것이다.

오늘날 우리가 보는 산치대탑은 그 내부의 중심부는 현재 크기의 반 정도로 마우리아왕조시대 아소카왕이 만든 것이며, 기원전 1세기에 증축되었고, 다시 기원후 1세기에 화려하게 조각된 탑문이 사방에 세워진 뒤의 모습이다.

아소카왕 사후 국력이 급격히 쇠퇴해진 마우리아왕조는 기원전 185년 '푸샤미트라' 장군이 반란을 일으켜 새로운 슝가왕조(기원전 180~72)를 세움으로써 멸망하고 만다. 이후 슝가왕조는 인도 북부의 대부분을 차지하는 대국으로 성장했고, 남부에는 안드라왕조가 들어서게 되는데 두 왕조 모두 불교가 번성하고 미술문화가 발전하여 불교미술의 초기 고전기를 구가하게 된다. 즉 아소카왕 시대 이후로부터 2~3세기 뒤에야 비로소 불교미술사에서 가장 시기가 올라가는 중요한 건조물을 볼 수 있게 되는데, 그것이 바르후트 스투파와 산치대탑이다. 물론 그 이전에도 아소카왕의 석주 등 당대의 모습을 짐작하는 유구들이 있지만 불탑으로서는 이들이 시원적인 것들이다.

산치대탑에는 동서남북의 방향에 4개의 웅장한 탑문이 세워져 있는데, 탑문은 남문, 북문, 동문, 서문의 순으로 제작된 것으로 추정되고 있다. 탑문은 약간의 곡면을 띤 수평재인 3개의 평방들이 마치 2개의 수직 기둥 사이를 통과하는 것처럼 되어 있어서 초기 시원탑의 탑문이 목조로 만들어 졌음을 짐작할 수 있으며, 그 이전 목조건축 양식의 잔영을 보여주고 있다.

산치대탑에 있는 4기의 탑문은 기원후 1세기경에 세워지는데 앞면은 물론 후면, 그리고 기둥에 이르기까지 부처님의 전생이야기인 본생담과 불전

---

14 대연스님, 『불교성지순례』, p. 281~287.

15 溝口史郎, 『サンチーのストゥーパ』, 鹿島出版會, 2005. 김인진, 「인도 산치대탑 '탑문'의 부조 도상 연구」를 주로 인용함.

■ 산치 제1탑 동문

16 코끼리가 물을 품어내 락슈미를 씻기고 있는 도상은 부처의 탄생을 상징한다. 스투파 및 보리수와 그 앞의 빈 대좌는 부처의 깨달음을 상징한다.

17 불족적 또한 부처를 상징하는 것으로, 특히 깨달음을 얻기 위해 고행을 떠난 부처의 모습을 상징한다.

이야기 등과 관련한 아름다운 서사부조가 화면을 가득 메우고 있다. 반면 기원전 1세기 초 바르후트불탑의 울타리에도 온통 부조가 가득하다. 그러나 산치대탑은 탑문에만 부조가 있고 바르후트불탑의 경우에는 난순에 부조가 가득하여 주요한 조각의 위치가 서로 다르다. 다만 바르후트불탑에는 탑문이 일부 남아 있어 약간의 부조를 확인할 수 있을 뿐이다.

이러한 두 불탑에서 보이는 부조의 주제는 참으로 다양하다. 풍요와 상서로움의 상징인 각종 동물과 식물 문양, 초기적 사천왕상이라 생각되는 약샤와 약시 등을 포함하는 재래의 풍요신, 그리고 보리수와 스투파 경배 장면을 볼 수 있다. 이 밖에 다수를 차지하는 것이 부처의 전생과 마지막 삶의 이야기들이 들어차 있다. 부처가 전생에서 실천한 선행을 본생담本生譚이라고 하고 그 내용을 그림이나 조각으로 표현하는 것을 본생도本生圖(Jataka)라고 하는데 이러한 의미의 부조가 두 스투파에 가득한 것이다. 또 부처가 인간으로서 사는 마지막 삶, 즉 카필라바스투에서 싯다르타 왕자로 태어나 부처가 되고 열반에 이른 삶의 이야기를 표현하는 것을 불전도佛傳圖라고 한다. 불전도의 주제는 부처가 보인 여러 기적(예를 들면 쉬라바스티[舍衛城]에서의 기적), 원후봉밀猿猴蜂蜜, 삼도보계三道寶階, 사문출유四門出遊 또는 사문유관四門遊觀, 항마성도降魔成道 등을 비롯하여 코끼리 왕이나 서민의 보리수 예배, 법륜주法輪柱 예배 등 그 내용이 다채롭다. 또 본생도의 주제로는 자기의 모든 것을 내어주는 베산타라(Vessantara) 태자 본생, 여섯개의 상아를 가진 코끼리왕(붓다의 전생) 육아상六牙象 본생本生(Saddanta-jataka), 6만마리의 원숭이를 구한 원숭이왕의 이야기인 마하카피 본생, 샤마카 본생 등 당시 사람들에게 잘 알려져 있던 불교설화가 선택되었다.

그러나 초기 불교의 불탑에 표현된 불전도에서는 한결 같이 부처가 등장하지 않는다. 이 당시 미술의 가장 큰 특징은 예배 대상인 부처의 상은 표현하지 않으며, 부처가 나와야 할 자리에는 부처가 깨달음을 얻을 때 그 밑에 앉았던 피팔라나무(보리수)와 빈 대좌인 금강좌金剛座[16], 그리고 부처의 발자국인 불족적佛足跡[17], 부처가 설법한 진리를 상징하는 수레바퀴인 법륜法輪[18] 등이 부처를 대신할 뿐이었다. 이는 불전도에서 부처를 인간적인 형상으로 표현해서는 안 된다는 금기가 있었거나, 부처를 표현하기 위한 적절한 형상이 아직 정립되어 있지 않았던 것으로 보인다. 이런 상황은 인도 전역에서 볼 수 있는 것으로 지역에 따라서는 기원후 2세기까지도 지속되었다. 이 시기를 '무불상시대' 또는 '초기 불교미술시대'라 부르고 있다. 시대적으로는 마우리아왕조, 숭가왕조, 전기 안드라왕조가 여기에 해당된다. 특히 산치대탑의 탑문에 새겨진 조각들은 무불상시대 불교미술의 대표적인 예라고 할 수 있는데, 이전의 마우리아왕조시대의 특징인 고졸한 활력이 남아 있으면서도 정교함과 성숙함이 나타나고 있다.

그렇다면 탑문과 난순의 부조에 특정한 질서와 규범이 들어 있을까? 지금까지의 연구 결론은 어떤 통일적인 도상 프로그램 같은 것을 발견하지 못하고 있다. 이러한 조각들은 불탑을 건립하는데 주도적인 역할을 하였던 사람들이 장인들로 하여금 자신들이 원하는 장소에 원하는 수제를 새기도록 했던 것으로 생각된다.

인도에서는 일찍부터 생명 있는 존재들이 모습을 바꾸어가며 생사를 반복한다는 윤회의 관념이 있었다. 석가모니의 출생 이전과 이후의 모든 삶도 예외는 아니었다. 그러나 그는 생사에 매몰되지 않고 오랜 겁 전에 이미 부처가 되기로 서원하여 수많은 삶을 태어나고 죽으면서 선업善業을 쌓아왔다.[19] 때로는 인간으로, 때로는 동물로 태어나 그때마다 보시와 인욕의 선행을 실천하며 훌륭한 공덕을 쌓은 것이다. 그 결과 윤회 속의 마지막 삶에서 부처가 되는 최고의 과보果報를 얻을 수 있었다. 이런 내용이 불탑의 난간이나 탑문에 새겨져 의미 있는 도상으로 남게 된 것이다.

현재 남아 있는 제일 오래된 불탑인 바르후트불탑은 울타리의 일부 밖에 남아 있지 않지만 70여 가지의 본생도가 조각되어 있다. 남방불교의 팔리어 대장경에는 무려 547가지의 전생前生 이야기가 있다고 한다. 이 도상중 하나인 '대원본생大猿本生'이라는 본생담 부조는 원숭이 왕이 스스로를 희생해 자신의 원숭이 무리를 구한 이야기를 나타낸다. 원형의 틀 속에 나타난 부조의 위쪽에 커다란 원숭이가 자신의 몸을 다리 삼아 다른 원숭이들이 오

---

18 법륜은 녹야원에서 첫 설법을 상징한다. 부처가 진리의 수레바퀴를 돌렸다는 것을 신비적으로 해석하자면 태양의 바퀴를 돌렸다는 뜻이며, 이는 곧 태양의 움직임을 통제하는 것을 의미한다. 바퀴를 돌리는 것은 고대 인도인의 관념 속에 있던 세계 군주 또는 전륜성왕이 지닌 힘을 의미한다. 그러므로 부처를 상징하는 법륜은 '부처의 가르침에 대한 찬탄이자, 태양이 모든 공간과 시간을 지배하듯이 불법의 힘이 전 우주를 지배하고 있는 것'을 상징한다.

19 이미림, 이주형 외, 『동양미술사』, 미진사, p.212.

20 이미림, 이주형 외, 위의 책, p.213.

른쪽의 나무에서 왼쪽의 나무로 피신할 수 있도록 도와주고 있다. 그 아래로 흐르는 강에 물고기들이 헤엄치고 있는데 원숭이들을 잡기 위해 그물을 펼쳐 들고 있는 사람들이 있다. 다시 그 아래에는 기운이 빠져 땅에 떨어져 죽게 된 원숭이가 인간의 왕과 마주 앉아 군주의 도리를 설하고 있는 모습이 보인다.

이 부조의 도해법은 주제를 두 번 제시하여 고대미술에서 흔히 볼 수 있는 연속도해법(continuous narration)을 쓰고 있다. 전체적으로 공간구성이나 인물의 표현방법 등이 아직 높은 수준이라고 할 수는 없고 아소카석주 조각에서 볼 수 있는 마우리아 궁정미술에도 미치지 못한다.[20] 사람이나 동물들은 예외 없이 당시 사람들이 가장 익숙하게 알아볼 수 있는 전형적인 형태로 조성되어 있다. 도상 분석과 같이 연속도해법이 보편적으로 사용되고 있어서, 한 이야기에 속하는 여러 장면들이 연속적으로 한 화면 안에 등장하고 있다.

한편 산치대탑 4기의 탑문에 나타난 부조 도상을 분류하면 무불상시대의 부처 표현, 건축물 표현, 각종 상서로운 동물 문양, 약샤와 약시, 본생도 및 불전도, 탑형부조 등 여섯 종류로 분류하여 도상 및 양식적 특징을 살펴볼 수 있다.

산치대탑 탑문에 조각을 함에 있어 조각가에게 주어진 문제는 부처의 가르침과 여러 신기한 이야기를 가장 쉽게 알아볼 수 있는 모습으로 참배자들에게 제시하는 데에 있었다. 이 과정에서 원판의 모양과 크기는 부분적으로는 주제 제시가 극도로 단순화되는 데에 영향을 미쳤다.

산치대탑 탑문 부조에는 부처의 모습이 구체적으로 불상의 형태로 표현되지 않고 보리수, 스투파, 불족적佛足跡, 삼보 등으로 상징과 암시로서 표현되고 있어 초기 불교미술시기라고 할 수 있는 무불상시대의 전형적인 양식을 확인할 수 있다. 그리고 마우리아왕조시대부터 숭가왕조, 전기 안드라왕조시대까지의 건축물의 모습도 탑문의 부조에 많이 표현되고 있어 지금은 없어져버린 지난 시대의 목조건물의 모습도 추정해볼 수 있다. 또한 인도의 자연신인 약샤와 약시가 산치 대탑으로 들어가는 탑문의 기둥에 표현되고 있는 점에서 인도 재래의 고유 자연신앙이 새로운 종교인 불교 안으로 흡수되었던 양상이라고 할 수 있다. 즉 전통 민간신앙의 내용과 새로운 종교가 지고지순한 신앙의 대상을 장엄하게 하는 장식으로 표현하는 과정에서 글과 그림으로 표현할 수 없는 심오하고 다양한 내용을 돌에 조각함으로써 강렬하게 나타내고 있는 것이다.

쿠샨시대의 스투파형식[21]

쿠샨왕조(기원 전후부터 3세기 중엽)[22]는 인도 불교미술의 번영기라 할 수 있는 시기이다. 흔히 이 시기에 이루어진 인도 불교미술은 서북인도(현 파키스탄)의 간다라미술과 북부 본토의 마투라미술로 나누어 보는 경향이 일반적이다. 그러나 쿠샨의 두 가지 형식 이외에도 동인도나 남인도 지방에서도 불교유적인 스투파와 사원지가 발견되고 있어, 각 지역에서는 나름대로의 독자성을 지닌 문화가 발전했음을 알 수 있다. 쿠샨시대 미술은 스키타이 민족인 쿠샨의 지배 아래 서북인도, 펀잡, 아프가니스탄, 파키스탄 일대(Tadgell의 지도참조)에서 발달했던 양식을 지칭[23]한다. 또한 쿠샨미술의 이해에 있어 중요한 지역이 되는 간다라는 일반적으로 인도 전통과 헬레니즘 문화가 혼재하면서 발전한 것으로 이해된다.

여기에서 쿠샨시대 스투파로 한정함은 미술과 건축분야에서 고전기, 즉 마우리아(B.C. 317년, B.C. 180년), 숭가(B.C. 185년, B.C. 72년)와 함께 쿠샨 불교미술의 중요성이 증대하고 있어 이를 중점적으로 특징을 정리하고자 했다. 그간의 쿠샨미술 연구는 주로 간다라와 마투라 불상이 중심이었으며, 동시에 불교사원도 다각도에서 진행되었다.[24] 쿠샨시대의 스투파 양상에 대한 이해는 지속적으로 다양하게 연구되었으나, 이에 대한 포괄적인 특징을 제시하고 있는 사례가 미약한 편이다. 그러므로 본장에서는 각 대상의 세부적인 특징 고찰을 통해 당대의 발전 양상을 이해하는데 도움이 될 것이다. 이는 인도에서 시작된 불교미술과 건축이 간다라를 통해 중앙아시아와 중국, 그리고 한국으로 이어지는 계통성을 이해하는 데 있어 중요한 역할을 할 것이기 때문이다.

이 장에서는 쿠샨시대에 새로운 양식이 적용되고 양식적으로 변화되는 스투파를 주요 대상으로 한다. 즉 초기의 전형적인 스투파는 최초 조영 이

---

[21] '쿠샨시대 스투파'의 형식은 천득염, 김준오, 「인도 쿠샨시대의 스투파형식」, 건축역사연구, 2012년 12월의 내용을 그대로 이용하였다.

[22] Susan L. Huntington, The art of Ancient India, Buddhist, Hindu, Jain, Weatherhill, New York, 1985, p.125. 쿠샨왕조는 1~5C에 존재한 왕조이나, 일반적으로 영향을 미친 시기는 1C 말에서 3C로 인식된다. 그러나 본고에서는 쿠샨왕조의 미술 양식이 이후 인도 전역에서 지속적으로 영향을 미쳤으므로, 5C까지 그 연원을 한정한다.

[23] Benjamin Rowland, 이주형 역, 「인도 미술사」, 예경, 2004, p.114.

[24] 쿠샨을 비롯한 인도 전역에 걸쳐 있는 불교건축과 미술에 대해서는 19세기 영국식민지시대부터 J. Mashall, J. Fergusson 등을 비롯해 여러 국가의 학자들에 의해 지속적으로 연구되었다. 물론 이 연구들에서는 쿠샨시대 건축과 미술에 대해 다양하게 언급되고 있다. 그러나 대부분의 문헌과 연구에서는 스투파의 전체적인 특징보다는 각 대상에 대한 개설적인 내용이 주를 이뤘다. 그나마 근래에 연구된 손신영(2005)의 논고에서는 스투파 기단의 발전에 대해 언급하고 있어 많은 도움을 주었다.

■ 인도의 시대별 지역 분포(Tadgell)

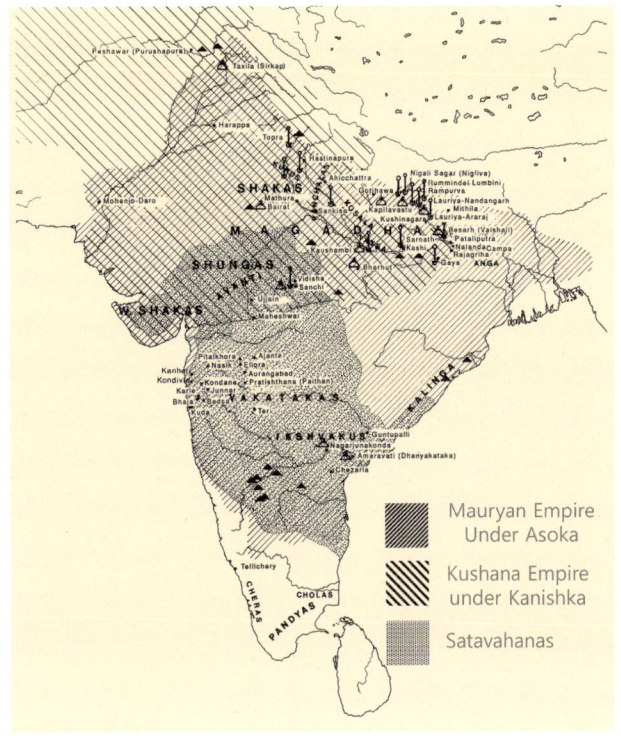

후 점차 발전하였는데, 특히 쿠샨시대 들어 다양한 형식으로 변모하고 있다. 주요 대상으로는 주로 간다라 지방이 중심이 되지만, 이와 함께 쿠샨시대 영역에 포함되는 서북인도와 중북인도의 석굴사원까지 포함[25]된다. 이를 위해 본서에서는 각 사례들에 대한 기초적인 사료와 기 연구사례의 검토, 그리고 일부 지역의 답사를 통해 살펴 보았다. 그러나 간다라의 경우 미발굴지를 포함하여 크고 작은 유구가 많고, 이외의 지역에서는 비교적 그 사례가 적은 특징을 보이고 있어 분포와 대상에서 차이를 보인다. 그러므로 다수를 차지하고 방대한 범위에 산재하는 유적 중 대표적인 유구와 유사성을 보이는 사례를 제시하고, 그 특징에 대해 서술하였다. 그러나 스투파의 외형적 형식뿐만 아니라 심도 있는 연구를 위해서는 각 사례에 대한 구체적인 특징과 발전 양상에서 보다 세부적인 검토가 이뤄져야 하나, 이에 대해서는 미흡한 점이 많다.

25 남인도는 쿠샨왕조와 공존한 후기 사타바하나왕조에 해당하므로 지역적으로나 시대적으로 차이가 있다. 그러나 두 왕조는 양식적 발달사에서 서로 긴밀한 연관성을 보이므로 유사사항에 대해서는 일부 언급하였다. 또한 중요특징 중 하나인 보드가야의 마하보디(Mahabodhi) 고탑형 스투파는 간접적으로 포함될 수 있으나 시기적인 문제가 있어 제외하였다.

쿠샨시대의 역사적 배경과 발전

마우리아왕조와 숭가왕조[26], 그리고 사타바하나왕조[27]를 거치면서 인도의 불교미술은 민중에게 확고히 뿌리를 내려 번영기를 맞이했다. 이 시기 인도 서북부의 간다라 지역에서는 중국 서쪽의 흉노에 쫓긴 월지족月氏族[28]을 비롯해 알렉산더대왕이 이끄는 그리스 등 외래 이민족의 침입이 잦았다.[29] 이 영향으로 인도는 헬레니즘문화(그레코로만 계통)가 전래되면서 불교미술에 있어 커다란 변모와 새로운 전기를 맞이하게 된다.[30] 즉 인도 서북방에 전래된 헬레니즘문화를 흔히 간다라미술이라고 한다. 이전까지의 인도는 민족주의적이면서도 보수적인 경향의 고유한 민족문화를 지속하고 있었으나, 다양한 외래문화를 흡수·소화함으로써 자국의 문화를 윤택하게 하였다. 이는 지중해에서 멀리 떨어진 동양의 인도에 이르기까지 헬레니즘문화가 전래됨으로써, 문화사적으로 문명교류의 큰 상을 연 계기가 됐다. 이러한 문화전파는 비록 정복이나 상업거래를 통한 것이었으나, 결국 문화·문명의 교류와 통합이 이뤄져 새로운 문화를 탄생하게 된다.

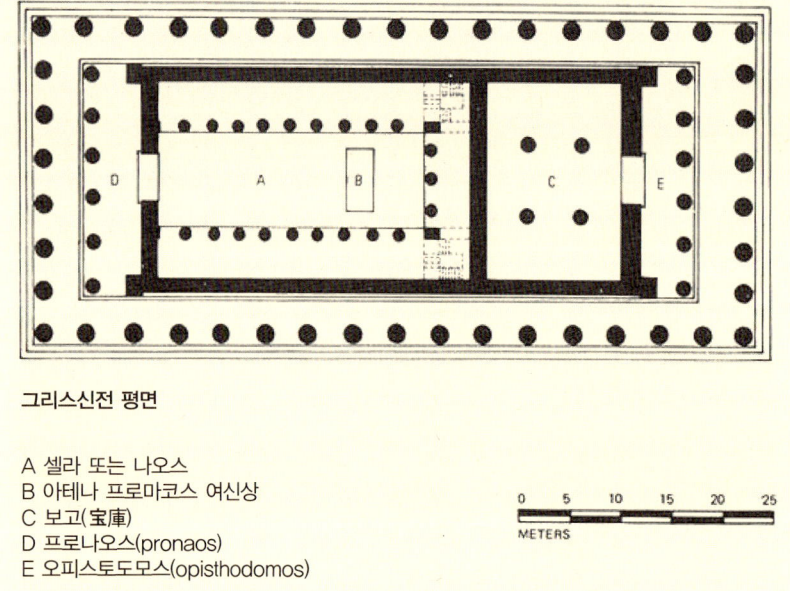

그리스신전 평면
A 셀라 또는 나오스
B 아테나 프로마코스 여신상
C 보고(宝庫)
D 프로나오스(pronaos)
E 오피스토도모스(opisthodomos)

■ 그리스 파르테논신전의 평면도(비난트 클라센)

[26] Benjamin Rowland, 이주형 역, 전게서, p.68. 마우리아왕조와 숭가왕조는 인도 미술에서의 '초기 고전기(Early Classic)'라고 할 수 있다. 즉 두 시기에는 마우리아왕조 아소카왕의 상징적인 팔만사천 스투파 건립을 시작으로, 숭가왕조에서 산치와 바르후트, 남인도의 아마라바티 등의 사원이 발견된다. 여기서 초기 고전이라 함은 부처 입멸 이후 최초 불교건축 조영부터 마우리아 이전까지의 기간으로 본 격적인 불교미술이 개화되면서 고졸한 조형 표현이 점차 성숙해지는 시대라 할 수 있다.
[27] 기원전 3세기 말부터 기원후 3세기 전반까지 데칸고원 일대를 지배하던 고대 남부 인도의 왕조로, Andhra왕조라고도 한다.
[28] 기원전 128년경~기원후 450년경까지 박트리아와 인도를 통치한 민족
[29] 이주형, 『아프가니스탄, 잃어버린 문명』, 사회평론, 2007, p.75.
[30] 아프가니스탄과 파키스탄 지역은 아케메네스왕조의 지배를 받았고, 알렉산더대왕을 계승한 셀레우코스왕조 때 박트리아를 중심으로 그리스의 식민지를 형성하게 된다. B.C. 2세기 초 박트리아의 그리스인은 마우리아제국의 붕괴를 틈타 서북인도로 침입하여 인도, 그리스인의 왕국을 건립하였다. 이와 같은 장기간에 걸친 다수 민족의 이동은 인도세계에 그리스-헬레니즘문화의 도래를 촉진시켰다.

1. 스와트의 붓카라 스투파
2, 3. 그리스형식인 탁실라 잔디알 신전과 이오니아식 주두(blog. Sanctification love, Jesus love)

이러한 서양의 헬레니즘문화는 사상을 비롯해 다양한 미술과 건축양식이 인도에 전달되어 표현되는데, 초기에 축조된 건축의 예는 드물게 보이고 있다. 이러한 사례 중 대표적인 예로는 1세기경에 조성된 탁실라 잔디알(Jandial) 신전을 들 수 있다. 이 신전은 평면이 그리스신전과 매우 유사하기 때문에 주목된다. 신전의 평면형식은 이오니아식 기둥 뒤로 신전이 있고, 계단을 따라 올라가면 지성소가 나온다. 지성소와 연단 사이에는 공간이 있는데, 그 곳에 스투파가 있었을 것으로 추정된다. 일반적으로 그리스신전에서는 기둥이 있던 자리에 커다란 창을 규칙적으로 낸 벽(석축)이 축조된다. 신전 내부의 구성은 전실, 내진, 후실로 이루어지는데, 기본적으로 그리스와 간다라 지역이 서로 동일한 형식을 보인다. 더욱이 입구에는 2개의 이오니아식 주두가 세워져 있어 그리스 형식이 반영된 것이라 할 수 있다. 이들 양자 간의 차이점은 내진과 후실 사이에 견고한 돌더미벽이 있는 점이라 할 수 있는데, 이 자리에는 높이가 약 12m인 스투파가 있었을 것으로 추정된다.[31] 이처럼 잔디알신전은 어떤 종교에 속한 것인지 분명하지 않지만, 건축 평면의 디테일에 나타난 모습으로 보아 헬레니즘의 전통을 계승한 건축임을 알 수 있다.[32]

간다라 지방에 불교가 본격적으로 전해진 것은 마우리아왕조 시기라 할 수 있는데, 아소카왕은 탁실라의 다르마라지카(Darmarajika)와 스와트의 붓카라(Butkara) 제1사원지 스투파 등을 건립[33]했다고 한다. 즉 스투파는 인도 중북부에서 처음으로 조성되어 서북부인 간다라로 전파된 것이지만,

31) J. Marshall은 이 스투파의 존재로 보아 이 건물을 조로아스터교 신전일 것으로 생각했지만 확실한 근거는 없다.
32) 미야지 아키라, 김향숙 역, 『인도미술사』, 다홀미디어, 2006, p.112.
33) 문명대 외, 『간다라에서 만난 부처』, 한언, 2009, p.458. 다르마라지카와 붓카라사원은 유구의 발굴을 통해 마우리아왕조시대까지 그 연원을 추정하고 있다. 그러나 중심 스투파는 이후 개보수와 증축을 거쳤으므로 마우리아왕조시대에 축조된 원형은 알 수 없다.

이들 두 곳에서 유행한 시기는 대체로 비슷하다고 본다. 원형의 기단 위에 복발을 얹은 불탑의 모습으로 불탑 외곽을 탑돌이하는 통로를 돌렸다. 물론 통로 밖에는 소형감실을 둔 모습이다. 그러나 간다라에서 불교사원이 활발하게 조영된 것은 쿠샨왕조 이후의 일로 간다라 탁실라를 중심으로 다수의 사원지가 발굴되었다. 이 사원지의 대다수는 심하게 붕괴되었지만 가람배치의 흔적을 찾을 수 있다. 간다라에는 4,000내지 5,000곳에 불교사원이 있었다고 전해지나, 현재까지 페샤와르, 스와트, 탁실라에만 약 1,000여 곳이 확인되었다.[34] 이와 함께 남인도 지방[35]과 중북인도에서도 불교문화의 흔적은 이른 시기부터 나타났다.

쿠샨시대의 스투파형식

1) 발전된 원형기단

쿠샨시대 스투파의 최초 양식은 산치나 바르후트 스투파와 같이 시원형에서 점차 발전된 것이다. 특히 이러한 형식은 간다라 스투파에서도 다수 확인할 수 있다. 이들은 기단과 드럼, 반구형 복발이 있고 대부분 조각과 부조가 부가[36]되어 있다. 그러나 이 형식에서 상부 구조가 완연한 상태를 가진 대상은 보이지 않고 있다.

발달된 원형기단을 보이는 사례로는 대표적으로 간다라의 다르마라지카(Dharmarajika), 마니키알라(Manikiala), 붓카라(Butkara) 제1사원지, 알리 마스지드(Ali Masjid), 자말가리(Jamalgarhi) 스투파와 동북인도 사르나트의 다르마라지카, 바이샬리의 다비탑(Ramabhar), 원후봉밀터 스투파 등을 들 수 있다.

먼저 간다라의 다르마라지카나 붓카라 1사원지 스투파는 앞서 언급하였듯이 산치나 바

34 손신영, 「간다라 방형기단의 일고찰」, 강좌미술사 25호, 2005, p.127.
35 미야지 아키라, 김향숙 역, 전게서, p.160. 불교의 남인도 진출은 이 또한 아소카왕 시기까지 거슬러 올라가는데, 마이솔 지방에서는 아소카 마애법칙(磨崖法勅)이 6곳 발견되었고, 또한 아마라바티에서도 소형의 석주법칙(石柱法勅)이 발견되었다. 그러나 1~4세기경 사타바하나왕조의 익슈바쿠왕 대에 와서야 안드라 지방에서는 불교미술이 번성하기 시작하였다. 대표적인 유적으로는 간타샬라, 바티프로루, 아마라바티, 자가야페타, 나가르주나콘다 등이 있다.
36 Benjamin Rowland, 『인도미술사』, 이주형 역, p.135.

■ 다르마라지카 대스투파와 주변의 감실형 실

[37] 중국에서는 이를 塔基라 하며 일본인들은 鼓胴部라고 한다. 북의 배 부분, 즉 북의 몸통에 해당한다는 의미이다. 이희봉 교수는 이를 영어권의 명칭으로 드럼을 채택하였다.

르후트 스투파처럼 B.C. 3세기 아소카왕 시기에 세워진 것이라 전해지고 있다. 이 스투파들의 공통점은 원형기단에 복발을 얹은 전형적인 모습이다. 이런 스투파는 여러 시기에 걸쳐 증축하고 확장되었는데, 확장과정에서 그 모습이 조금씩 변화됐을 가능성이 높다. 남아있는 유구와 각 사례들의 평면을 보았을 때 간다라 스투파는 비교적 복발의 원형을 어느 정도 유지하고 있음을 알 수 있다. 그러나 원형기단은 간다라에 분포하는 수많은 스투파 유구 중 차지하는 비율이 적은 편이다. 이는 이후 언급되는 방형기단이나 십자형 평면이 발전되면서 나타나는 현상이라 할 수 있다. 즉 간다라의 원형기단 스투파는 그 개체가 적고, 조성연대가 비교적 기원전으로 추정되고 있어 초기 유형이 지속적으로 영향을 미치고 있음을 말한다.

반면 동북인도에서도 원형기단을 가지는 스투파의 개체수가 소수 나타나고 있는데, 대부분 쿠샨 이전부터 조영되어 지속된 것이다. 세부적으로 보았을 때 간다라 스투파는 기단에서 감실이나 불상과 같은 형식의 구조가 발전했고, 동북인도 사르나트의 다르마라지카 등의 스투파에서는 대부분 기단과 복발만이 남아 있다. 이 유형의 스투파에서는 복발이 기존의 크기와 유사하게 유지되는 특징을 보인다.

2) 준첩되고 높아진 기단형식

쿠샨시대 스투파는 인도 서북의 간다라를 중심으로 세부적인 변화를 보이기 시작하는데, 특히 기단부에서 두 가지의 특징적인 변화를 보이고 있다. 첫째는 알리 마스지드(Ali Masjid)나 자울리안(Jaulian) 스투파를 포함하는 다수의 유구와 로리안 탕가이(Loriyan Tangai)에서 출토된 소형봉헌

1. 사르나트의 다르마라지카 스투파
2. Ail Masjid 스투파(Photo by Beglar, Joseph David, 1878)
3. 발달된 방형기단의 Jaulian 스투파 (이희봉 사진)

스투파에서 볼 수 있듯이 종래 원통형 드럼(Drum, 台基, 鼓胴部)[37]에 원형과 사각평면의 받침대가 새롭게 부가된 것이다. 이 받침대는 기단이라고 할 수 있는데, 중인도의 평지사원과 석굴사원 스투파에서는 원형으로 시작하였다. 이러한 기단을 갖은 스투파에는 대부분 계단이 설치되나, 소형의 봉헌스투파에서는 보이지 않기도 한다.

또 하나의 변화는 기단의 사면에 전체적으로 장식을 가미한 것이다. 기단 하부에는 코린트식 기둥이나 드물게 이오니아식 기둥형식으로 몇 개의 구획을 나누어 공간을 만들었다. 그리고 각 기둥 사이에는 아치형 감실을 두기 시작하고, 점차 불상과 같은 조상이 부가된다. 이 형식은 헬레니즘의 건축적 경향이 스투파 조형에 그대로 반영된 것으로, 간다라에서 발전된 특징 중 중요한 부분을 차지한다.

기단에서 보이는 이 두 경향은 서로 연관성을 보이는데, 원형과 방형을 형성하면서 스투파에 장식적 경향이 강해지고, 신앙의 차원에서 대상의 권위를 높이기 위해 기단의 층수를 증가시키면서 고준화된 것으로 여겨진다. 즉 스투파는 신앙의 대상인 부처를 모신 사당이므로, 그 자체를 중요하게 여겼기 때문이다. 이처럼 기단부만을 여러 겹으로 높게 구성하는 스투파는 알리 마스지드와 모라 모라두(Mohra Moradu) 스투파가 위치하는 아프가니스탄 남부와 파키스탄의 스와트 지역에서 보이는 주요 형식이다.

한편 중인도의 석굴사원에서 볼 수 있는 스투파나 부조스투파들은 대부분 기단부가 원통형과 방형으로 차츰 높아지면서 전체적인 모습이 가늘어지고 있다. 초기의 평지사원 스투파는 규모가 아주 크고, 기단부가 단층으로 낮은 반면, 석굴사원 스투파는 상대적으로 그 규모가 적어진다. 그리고 간다라 지방에서는 봉헌용 소형스투파처럼 기단부가 중첩되어 높아진 모습으로 변화하고 있다. 이는 시기상으로 석굴사원 스투파가 평지사원 스투파에 비해 후대에 조성된 것이고, 또한 규모가 작은 까닭에 의장적으로 수직적인 조형성을 강조하여 장엄한 것이라 생각된다. 즉 다양한 왕조들이 교차하면서 고대 인도 내적인 정세 변화와 함께 간다라에서의 외적인 요소들이 서로 습합되면서 스투파 본래의 의미보다는 장식적 의미가 더 강조되어 나타난 것

Loriyan Tangai의 봉헌스투파
(Calcutta Museum)

38 간다라 방형기단은 대체로 쿠샨왕조 들어서면서 발전한 양식적 경향으로 이해된다. 반면 중인도 석굴사원에서는 방향기단이 1~2C 이후 불교침체기를 거친 이후에 본격적으로 조영된 것으로 보고 있다. 즉 석굴사원 스투파와 부조스투파는 대부분 4~5C 이후 원형과 방형기단이 다단을 형성하면서 높아지는 경향이다. 이에 대한 내용은 이희봉 교수의 다수 논고와 김준오의 「인도 초기 Stupa 형식 연구」(2012)에서 언급하고 있다.

1. 사르나트의 다메크 스투파
2. 사르나트의 봉헌스투파

이라고 할 수 있다. 즉 간다라 스투파의 영향으로 인도 중북부에 소재한 석굴사원의 스투파에서는 기단부가 발달하면서 고준한 모습으로 변모한 것[38]이라 할 수 있다.

이와 함께 사르나트의 다메크(Dhamekh) 스투파에서도 높아진 기단형식을 볼 수 있다. 현재 스투파는 원형을 잃어 그 형태가 명확하지 않다. 주변에는 유사한 형태의 봉헌스투파가 남아있어 이를 보았을 때, 다메크 스투파는 하부의 지대석 위로 장식된 기단이 높게 부가된 것으로 추정된다.[39] 또한 스투파는 높아진 원형기단과 함께 복발이 작아지는 경향이다. 그러나 이는 봉헌스투파에 한정한 것으로 완전한 형태의 유사한 사례는 보이지 않는다.

3) 방형기단의 스투파

쿠샨시대 스투파는 이전의 일반적인 원형기단 스투파와 달리 페샤와르의 탁트이 바히(Takht i Bahi)를 비롯해, 탁실라의 자울리안(Jaulian), 모라 모라두, 스와트의 사이두 샤리프(Saidu Sharif), 싱게다르(Shingardar), 굼바투나(Gumbatuna), 굴다라(Guldara), 지난 왈리 데리(Jinnan Wali Dheri), 디르 찻파트(Dir Chatpat) 등의 간다라 스투파와 북인도 구자라트의 데브니모리(4C)나 날란다사원 등에서 방형기단이 조성된 것이 특

39 Christopher Tadgell, *The History of Architecture in India*, Phaidon, 1994, p.33.
40 손신영, 위의 논문, p.138.

1. Takht i Bahi 복원도(P. Brown, p.33.)
2. 굴다라(Guldara) 스투파, 이주형, 『아프가니스탄, 잃어버린 문명』, p.144.

징적이다.[40] 또한 방형기단은 봉헌용 소형스투파에서도 그대로 반영되어 표현되고 있다. 기단이 정사각형 혹은 직사각형인 이 스투파는 정면으로 계단이 있고, 기단 위로 복발이 올라가는데, 이는 시각적인 강조와 함께 높은 위계를 상소하기 위함이다.

간다라 스투파의 방형기단은 대체로 로마와 헬레니즘의 영향을 받아 형성된 양식으로 보기도 하나,[41] 이를 증명할 수 있는 근거는 분명치 않다. 그러므로 스투파의 원형기단이 방형으로 변모된 것을 로마의 건축에서까지 찾으려 하는 논거[42]는 큰 의미가 없을 것으로 생각된다. 인도의 방형기단과 함께 바퀴살구조는 로마에서도 보이고 있으나, 이는 단지 하나의 유사한 형식이었을 뿐 직접적인 연관성을 찾기 어려워, 독자적인 발전 양식으로 보고 있다.[43] 따라서 간다라 방형기단의 유래는 로마와 교역의 산물이라 단정 짓기는 어렵다.

방형기단 스투파는 1~2세기경 탁실라에 등장하여 간다라 전역으로 확대되었는데, 3세기 이후 본격적으로 유행한 것으로 추정된다. 그리고 4~5세기에는 인도 전역으로 퍼진 것으로 생각된다. 또한 서쪽의 아프가니스탄이나 동북의 중앙아시아 불교사원에 이르기까지 간다라 스투파형식은 영향을 미치게 되고, 일반 스투파, 그리고 석굴사원의 봉헌스투파나 부조에서도 방형기단이 나타나고 있다. 간다라에서 출토되는 부조에서도 방형기단이 다수의 개체에서 보이고 있다. 이는 이후 5세기에 세워진 날란다대학의 방

41 桑山正進, 「Stupa 方形基壇の由來」, 足利惇氏博士喜壽記念 Orient學, Indo 學論集, 國書刊行會, 1978; 미야지 아키라, 김향숙 역, 전게서, p.126.에서 재인용. 이러한 기단부의 형태는 로마의 석관형식에서 유래하였다고 보는 견해도 있다.
42 이 의문은 간다라 양식이 표현되는 미술과 건축 등에서 쉽게 받아들일 수 있을 것이나, 당대의 사상적, 양식적 변화나 지진과 같은 자연재해에 대처하면서 자연스럽게 변모된 양상으로 본다.
43 손신영, 위의 논문, p.141.

44 A. Ghosh와 J. Marshall은 각기 다른 근거로 전체유적을 편년하였고, 방형기단도 조성연대가 조금씩 다르게 추정하는데, 고쉬는 2세기 전반으로, 반면 마샬은 1세기 전반으로 보고 있다.
45 村田治郎, 『東洋建築史』, p.61~62; 손신영, 위의 논문, p.139. 자이나교에서도 스투파를 예배했는데, 이는 마투라에서 출토된 봉헌용 스투파 석판부조에 의해서 알 수 있다.
46 宮治昭, 『印度美術史』, 吉川弘文館, 1997, p.66.
47 이주형, 『간다라 미술』, p.60.
48 미야지 아키라, 김향숙 역, 전게서, p.114. 특히 이 모티브는 서양으로 전파되어 힘과 권력을 상징하는 문양으로 활용되고 있다. 즉 프리메이슨(Freemason)이나 미국 사법부의 상징 등에도 쌍두독수리의 모티브가 사용되고 있다.
49 Susan L. Huntington, 전게서, p.130.

형기단 스투파에까지 영향을 미치게 된다.

간다라에서 방형기단을 갖춘 스투파는 탁실라의 도시유적 시르캅(Sirkap)에서 가장 먼저 나타난다. 이 도시 유적은 B.C. 2세기 박트리아를 세웠던 그리스인에 의해 건설되었고, 전면으로 스투파 기단으로 추정되는 것이 총 8기 남아 있다.44) 이곳은 B.C. 3세기경 본격적으로 불교사원과 스투파가 건설되었으므로, 발굴된 유구를 통해 스투파의 존재를 입증할 수 있었다. 그러나 이 유적은 불교의 스투파인지, 자이나교 스투파인지에 대한 의문이 있는데, 대체적으로 자이나교로 보고 있다. 즉 불교스투파는 자이나교 스투파와 외관상 차이가 없으므로 이러한 주장이 일견 타당해 보인다.45)

그리고 시르캅 F지역의 쌍두독수리 스투파는 방형기단을 보이는 다른 예로 주목된다. 스투파는 약 6m 폭의 방형기단인데, 상부의 복발은 파손됐다. 기단의 중앙에는 사리를 수장하기 위한 작은 실이 설치되어 있었으나, 사리용기는 도둑을 맞았는지 보이지 않는다. 이 스투파는 기단의 측면에 있는 장식이 특징적으로, 그리스 계통의 코린트식 기둥을 세우고, 기둥과 기둥 사이의 패널에 신전풍의 박공을 정면으로 향하게 한 감실을 조성했다. 감실의 정상에는 머리가 둘 달린 독수리 부조와 인도풍의 토라나가 남아 있다. 여기서 코린트식 기둥과 박공은 그리스계 건축의 영향이고, 머리 둘 달린 독수리 도안은 서방으로부터 전해진 스키타이계라 말해진다.46) 또한 이는 바빌로니아나 히타이트, 그리스의 기하학 양식에 쓰이던 도안으로 보기도 한다.47) 즉 사카파르티아 양식과 함께 인도계 모티브인 곡선적인 박공과 토라나 형태가 동시에 공존하는 걸로 보아 이 쌍두독수리 스투파는 탁실라 지역에서 동서양의 문화가 동시에 혼재하면서 발

■ 닐탄다사원의 방형기단 봉헌스투파

쌍두독수리 스투파(손신영 사진)

전했음을 보여준다.[48]

　또한 탁트이 바히는 발굴조사를 통해 스투파와 다수의 승방, 그리고 수도원으로 구성됐음을 알 수 있다.[49] 이곳은 세 구역으로 나눠지는데, 스투파는 주탑원의 중심에 위치하고, 방형기단만 남아 있다. 스투파는 정면으로 계단이 있어 이를 통해 오를 수 있다. 그리고 스투파를 중심으로 동남서 3면으로 15실의 작은 감실형 불전이 둘러싼 형식이다.[50]

　간다라에는 비록 일반 스투파는 아니지만 로리안 탕가이와 같은 봉헌스투파를 통해서도 어느 정도 형태적 특징을 추정할 수 있다. 대부분의 스투파는 완형이 남아 있지 않으므로, 이러한 봉헌스투파는 방형기단의 스투파를 이해하는 데 있어 중요한 역할을 한다. P. Brown이 추정 복원한 탁트이 바히 사원의 주 스투파를 보았을 때, 방형기단 스투파는 로리안 탕가이 봉헌스투파와 아주 유사한 형식을 보이고 있다.

　또한 방형기단에서 주목되는 것으로는 기단 정면으로 계단이 설치된다는 것이다. 계단은 짧거나 길어진 형태를 보이는데, 대부분 정면의 한 방향으로 설치되고 있다. 탁실라 다르마라지카에서는 계단 정면으로 돌출되는 매우 독특한 테라스 형식을 보이는데, 이는 간다라에서 거의 나타나지 않는 형태이다. 이 형식은 남인도 안드라 지방에서 흔히 볼 수 있는 것으로, 보통 플랫폼(Platform)[51]이라 한다. 방형기단을 높게 해서 앞에 계단을 설치하는 것은 탁실라를 포함하여 모라 모라두 등 다수의 서북인도 스투파와 봉헌스투파에서도 유사함을 보이고 있다. 이러한 경향은 서북인도에서 늦어도

50 문명대 외, 『간다라에서 만난 부처』, 한언, 2009, p.422~423.
51 손신영, 위의 논문, p.120. 손신영은 이 제단 형식을 아야카(Ayaka)라 했으나, 아야카는 제단(Platform) 위에 세워지는 다섯 개의 기둥을 말한다.

A.D. 1세기경부터 발생해 인도 전역에 영향을 미친 것으로 생각된다.

북인도에서는 방형기단의 사례가 소수 확인되었는데, 이는 고탑형 스투파와 어느 정도 연계되기도 한다. 사례로는 구자라트의 데브니모리(4C)와 신드의 미르푸르 하스(5~6C), 날란다를 들 수 있으나, 미르푸르 하스는 쿠샨왕조 이후에 조영된 것이다. 데브니모리 스투파는 방형기단이 남아 있고, 그 위로 드럼과 복발이 올라간 것으로 보인다. 날란다사원에서는 중심 스투파가 대부분 파괴되어 그 원형을 알 수 없으나 방형의 기단과 상부의 괴체가 남아 있다. 이를 보았을 때 북인도의 방형기단 스투파는 큰 기단과 높은 드럼부가 발전했는데, 이는 이 시기에 조성된 스투파의 한 특징이라 할 수 있다.[52]

이상의 내용을 보았을 때 쿠샨시대에 발전한 스투파의 가장 큰 특징은 방형기단의 출현이라 할 수 있다. 방형기단의 구조는 측면에 부가되는 기둥과 박공, 감실 그리고 각종 장식의 부가 등으로 특징지을 수 있는데, 이는 로마·헬레니즘의 직접적인 영향과 발전으로 이해된다. 이러한 방형기단의 예는 석굴사원에서도 다수 보이는데, 칸헤리, 아잔타, 담나르 등의 석굴사원 내외부에 부가된 소형스투파와 중형 규모의 차이티야스투파 그리고 부조스투파에서 나타나고 있다. 그리고 바그석굴에서는 6각형의 기단도 나타나고 있어 점차 원형이나 방형의 형태를 벗어나 다양한 모습으로 변모되고

[52] 미야지 아키라, 전게서, p.190 191.

 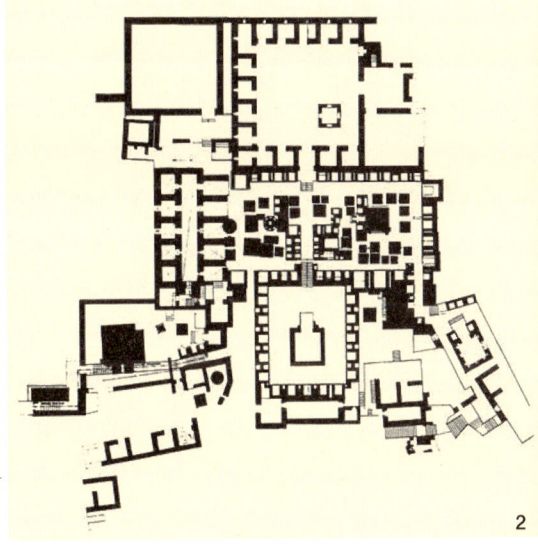

1. Dhamnar 3굴의 방형기단
2. Takht i Bahi 배치도 (Christopher Tadgell)

▪ 기단이 중첩된 Mohra Moradu Taxila Museum 봉헌스투파의 복사품

있음을 알 수 있다.

4) 축소된 복발

초기 스투파와 달리 쿠샨시대에 변화되는 형식 중 또 다른 하나로는 복발이 축소되는 모습이라 하겠다. 이는 서북부 인도 간다라 지방의 방형기단 스투파와 소형봉헌스투파, 그리고 중인도 석굴사원의 차이티야 스투파에서 뚜렷하게 나타나는 양상이다. 특징적으로는 기단이 2중 이상으로 분화되고, 몸통부에 해당하는 드럼이 나층으로 발달하였으며, 복발이 점차 축소, 퇴화되는 현상이다. 즉 스투파는 초기의 거대한 반구형 복발에서 점차 작아지고, 복발 하부인 드럼이 원통과 방형기단으로 변모되면서 다수의 단으로 구축된다. 이와 함께 역사다리꼴의 하미카는 점차 작아지고, 산개는 여러 단으로 겹쳐지면서 수직적인 상승감이 뚜렷하게 나타난다. 이처럼 복발이 작아지는 것은 스투파 자체가 작아지거나 여러, 다단을 이루면서 수직성이 강조되고, 상대적으로 복발이 축소된 것으로 생각된다. 즉 축조되는 과정에서 자연스럽게 기단과 상륜부가 커진 것이다. 특히 방형기단을 보이는 스투파는 주변으로 다수의 봉헌스투파가 부가되고, 부속채가 부가되면서 이러한 경향이 더욱 뚜렷하게 나타나고 있다. 앞서 언급한 P. Brown의 탁트이 바히의 추정 복원도나 로리안탕가이 봉헌스투파는 이러한 경향이 뚜렷하게 보이는 사례이다. 그러나 복발이 작아지는 경향은 중심 스투파를 제외한 소규모 봉헌스투파에만 한정하여 보는 견해도 있으나, 이는 초기 스투파형식을 계승한 원형 기단에서의 한 경향이라 할 수 있다. 즉 쿠샨시대의 발전된 방형기단과 다층형, 십자형 평면을 보이는 스투파에서는 대체로 전체 크기에 비해 복발이 작아지고 있다.

탑문과 난순이 없는 간다라지역
Bhamala Stupa
산치스투파의 난간과 탑문

이 형식은 대부분 다수의 유구가 남아 있는 간다라 스투파에서 주로 보이고 있으나, 중북인도에서도 다메크나 케사리아(Kesaria) 스투파 등에서도 작아진 복발 유형을 일부 볼 수 있다. 그러나 발전과 변화를 보이는 다수의 북인도 스투파에서 완전한 형식을 갖춘 상부구조는 흔치 않다.

5) 난간과 탑문의 변화

쿠샨시대 이전의 중인도에서는 산치스투파처럼 스투파를 둘러싼 난간이나 탑문이 조성되는 것이 일반적이었다. 그러나 이러한 난간과 탑문은 간다라를 중심으로 하는 서북인도에서 어떠한 난간과 탑문의 사례도 보이지 않고 있어 지역을 달리하면서 나타나는 특징이라 할 수 있다. 반면 중인도 평지사원의 스투파 탑문이나 난간에서 보이는 장엄조식은 간다라 지방에서 주로 스투파 기단이나 드럼부 등에 장식화 되어 차이를 보인다. 즉 거의 대부분의 간다라 스투파에서는 탑문과 난간이 없어지고, 스투파 자체에 각종 조각으로 장엄된다는 점이 특징[53]이라 할 수 있다. 일례로 알리 마스지드 스투파에서는 방형기단에서 층단을 형성하면서 드럼 하부구조가 세분화되고 고준해진다. 다시 말해 간다라 스투파는 기존에 난간으로 둘러싸인 원형 스투파에서 벗어나 작은 원형 돔이 올려진 높은 방형기단으로 구성된다. 난간이 없어지면서 스투파는 불상이 안치된 사당으로 둘러싸인 장방형 뜰 안

53 Benjamin Rowland, 『인도미술사』, 이주형 역, p.137.
54 Vidya Dehejia, 이숙희 역, 전게서, p.86.

에 세워지게 된다.[54]

중인도에서는 초기에 이어 후기 석굴사원인 칸헤리, 엘로라, 아잔타 등의 차이티야스투파 기단부에서 일부 난간이 나타나고 있다. 대체로 석굴처럼 좁은 공간에 조영되는 스투파는 주변으로 난간을 돌리거나 탑문을 설치하지 못한 대신, 스투파 자체에 돌출된 부조로 표현되었다. 이 형식은 점차 감실이나 건축적인 구조로 발전, 적용되면서 간접적으로 난간을 표현한 것으로 본다.

이를 보았을 때 쿠샨시대 스투파의 난간 표현은 중인도의 석굴사원에서처럼 스투파 표면에 상징적인 의미로 지속된다. 간다라 스투파는 시기적으로 서인도석굴사원 조영과 유사한 시기에 발전된 것으로, 이는 양자 문화 간의 문화적 동질성에 의한 영향이라 할 수 있다. 즉 간다라 스투파에서는 독립된 난간이 조성된 사례가 알려지지 않고 있으며, 단지 스투파 자체에 장식용 난간이 부가되고 있다. 특히 방형기단의 상부에 작게 묘사되고 있거나 봉헌스투파의 기단과 상부 장식으로 난간이 부가되고 있어 주목된다.

그리고 중인도에서 스투파 근처에 조성되던 탑문은 간다라 지역에서 사원의 외곽으로 위치하면서 스투파가 사원 전체 영역의 일부로 변화된다. 이

케사리아(Kesaria) Patra(발우, 鉢盂) 스투파

◀ 이중기단의 아잔타 26굴 스투파. 기단에 불상이 자리함

는 승가僧伽와 신도가 증가하고, 각종 의례를 위한 부속건물이 추가되면서 승가의 영역이 점차 커지는 현상 중 하나라 할 수 있다. 그러나 산치나 보드가야의 마하보디처럼 기존에 부설된 난간과 탑문은 그대로 유지한 채 주변으로 상가의 영역을 넓히는 경우도 보인다.

6) 불상이 표현된 스투파

서북인도와 중북인도 스투파에서 보이는 또 다른 변화 양상으로는 스투파의 기단부에 불상의 출현을 들 수 있다. 이는 스투파를 포함하는 불교 조형행위에 있어 혁신적인 변화라 할 수 있다. 불상의 출현은 대체로 쿠샨왕조의 1세기 말로 보는데, 불상은 점차 스투파 탑신이나 벽감의 부조로 나타나기 시작한다. 이는 이후 굽타왕조에 이르러 그 의미가 스투파를 대신하거나 능가하게 된다.

이러한 양식적 변화는 간다라에서 불상이 발전하면서 스투파와 불상이 결합된 것으로 인식되는데, 로리안 탕가이 봉헌스투파를 비롯해 다수의 스투파 유구에서 확인할 수 있다. 이들을 보았을 때 간다라 스투파에 부가된 불상은 기단이나 드럼 면에 작은 감실을 만들고, 그 안에 불상을 모시게 되는데 크기가 작은 편이다. 이는 불상이 발전하면서 주 신앙 대상이 스투파에서 불상으로 점차 변모해가는 과정으로 이해된다. 즉 불상이 스투파 전면으로 등장하고 있으나 스투파의 일부로 장엄되고 있고, 신앙의 중심은 여전히 스투파임을 알 수 있다.

앞서 언급하였듯이 간다라 스투파에 표현되는 불상은 전반적으로 크기가 작은 편이다. 이는 간다라 지역이 초기 쿠샨 양식의 스투파가 발전된 곳이라는 의미가 크다. 즉 봉헌스투파를 비롯한 일반사원 기단에 부가된 벽감의 불상, 그리고 복발에 조각된 불상은 전반적으로 그 크기가 작아 주로 전생담이나 부처의 생애, 과거불 등을 담은 불전도나 장식으로 표현되고 있다. 이는 불상의 도상학적인 발전과 함께 스투파에서도 건축적 발전이 동시에 이뤄진 것이다.

불상의 표현은 이후 인도 전역으로 전파되는데, 중인도와 남인도에까지 영향을 미치게 된다. 중인도의 초기 석굴에서도 유사한 형식이 점차 발전한

55 중인도의 석굴사원은 대부분 쿠샨시대 영토의 경계에 위치하고 있다. 이 지역이 정확하게 쿠샨영역이었는지는 알 수 없지만, 직간접적으로 영향을 미쳤을 것이므로 스투파 발전의 계통성을 가진다.

다. 스투파에 불상이 결합된 사례의 예로는 후기 칸헤리 비하라와 담나르 비하라, 아잔타 차이티야, 그리고 피탈코라 불전벽화와 아잔타의 벽화 등을 들 수 있다. 석굴사원 차이티야[55]는 중심이 되는 장소에 스투파가 자리하지만, 기단과 복발의 일부에 당당한 모습으로 불상이 위치하면서 스투파라기보다는 오히려 불상이 중요한 의미를 차지하고 있는 것 같은 느낌을 준다. 이는 스투파와 불상, 혹은 스투파와 불전이 하나로 결합된 형식이라 할 수 있다.[56]

여기서 주목되는 사례로는 칸헤리와 담나르 비하라를 들 수 있다. 칸헤리 석굴은 초기부터 후기에 이르기까지 오랫동안 조영된 석굴사원이다. 비하라 3굴은 비교적 후대의 것으로 판단되는데, 불상이 스투파에 부가되고 있다. 그러나 이 유형이 시원적인 것인지는 분명하지 않는데, 비하라에 건립된 스투파형식에서 어느 정도 고식의 형태를 보이고 있어 주목된다. 그리고 담나르의 비하라 스투파에서도 이와 유사한 형식의 스투파를 보이고 있다. 담나르석굴의 조성연대는 4세기 이후이므로, 그 선기 이후 간다라 양식이 전파하는 과도기적 형태의 스투파를 보이고 있다. 즉 담나르는 당대 쿠샨의 중심지인 간다라와 어느 정도 거리가 있고, 마투라와 근접한 곳이자 샤카왕국이 연해 있는 국경 지역에 위치하고 있다. 또한 이 지역은 산치와 아잔타, 엘로라 등과 근접해 있는데, 바자석굴과 함께 스투파의 과도기적인 발전을 보이고 있다. 그러므로 담나르석굴은 발전된 쿠샨 양식의 스투파가 점차 중인도와 남인도로 이동했던 경로 중 하나라 할 수 있다. 비록 남인도의 아마라바티와 나가르주나콘다 스투파에 불상이 혼합되어 나타난 부조보다 후대의 것이나, 스투파와 불상이 결합된 양식의 계통성을 보이고 있어 주목된다.

그리고 아잔타 19굴은 차이티야 중심 굴로, 후기에 해당하는 5세기경 조영되었다. 후기에 해당하는 비하라에서는 불상 위주의 불전도가 중점적으로 표현되었으나, 19굴과 26굴에서는 여전히 스투파가 중심이 되고 있다. 이 차이티야에서의 스투파+불상 표현은 화려하게 장식되고, 고준해진 스투파와 함께 정교하게 묘사된 불상이 전면에 표현되고 있다. 물론 스투파는 여전히 차이티야의 중심을 차지하고 있으나, 석굴에 진입했을 때 관람자는 눈높이에 조성된 불상이 눈에 들어오게 된다. 즉 차이티야스투파는 자체적으로 부가된 불상이나 감실이 커지고 화려해지면서 스투파와 불상의 중요

■ Kanheri 석굴의 불상과 석난간 표현

56 규모가 큰 비하라(vihara), 즉 승원의 중심에서는 불상이 안치된 불전과 같은 사당이 자리하게 되면서 가람의 중심이 스투파에서 점차 불상으로 옮겨가고 중요한 위치를 차지하기 시작한다.

57 초기 사원에서는 부처를 따르던 제자들을 중심으로, 그리고 사후에는 스투파를 중심으로 다수의 신자들이 모였다. 더불어 승려의 수가 증가함에 따라 이들을 수용하기 위한 대형의 비하라와 수행에 필요한 여러 부속 건물들이 가미되면서 하나의 집단을 이루게 된다. 이러한 형식이 바로 승가(僧伽藍摩, Sangharamma), 즉 초기 가람의 출발인 셈이다.

58 이 소형불전의 경우 불상이 봉안되었는지, 아니면 스투파를 예배한 곳이었는지는 분명하지 않다.

도를 분간하기 어려울 정도로 불상이 발전한다. 이를 보았을 때 스투파는 여전히 중심적인 역할을 하고 있으나, 점차 불상이 그 자리를 대신해 가는 것으로 볼 수 있다. 이와 유사한 사례로는 아잔타 차이티야 정면의 부조스투파나 피탈코라 차이티야 내부에 표현된 불전벽화 등을 들 수 있다.

7) 봉헌용 소형스투파와 감실의 등장

불교사원을 구성하는 기본단위는 경배의 대상인 스투파와 승려들이 머무는 비하라로 이루어진다. 이 중 비하라가 우선하여 나타나며, 부처 사후에 스투파가 조성되면서 하나의 사원을 구성하게 된다.[57] 이러한 불교사원의 발전은 경내에 다수의 스투파와 건물, 그리고 이들에 부가된 감실의 등장으로 이어진다.

쿠샨시대 스투파에 있어 또 다른 변화로는 스투파 숭배열이 고조됨에 따라 봉헌되는 스투파의 증가를 들 수 있다. 즉 불교사원의 중심에는 대형스투파가 자리하고, 주변으로 봉헌을 위한 다수의 소형스투파나 감실형 불전[58]들이 에워싸는 모습으로 변모된다. 이들은 감실 내부에 봉헌용 스투파가 자리하고 있는 경우가 많다. 물론 초기 사원에서도 봉헌스투파는 지속적으로 조영됐을 것으로 이해되나, 점차 다수의 봉헌스투파가 집중적으로 부가되고 있어 주목된다. 이 형식은 스투파와 승원이 건립되면서 초기 불교사원

1. 아잔타 19굴 정면 파사드의 부조스투파
2. 피탈코라 차이티야의 산개가 표현된 불상도

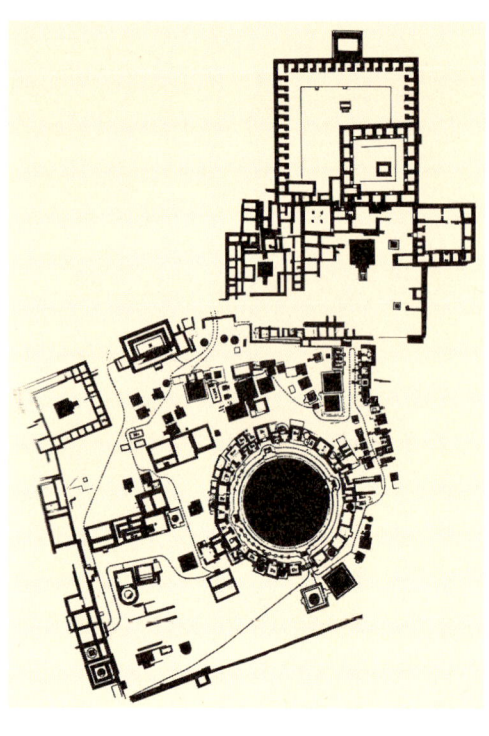

▪ Dharmarajika 배치도(Christopher Tadgell)

의 정형에서 발전된 형식으로 변모한 것인데, 대표적인 사례로 간다라의 다르마라지카 스투파나 붓카라 1사원지 스투파, 마니키알라 스투파, 날란다사원 등에서 볼 수 있다.

본래 중인도와 간다라의 초기 가람에서는 선후를 달리하여 승원과 탑원이 발생하였으나, 쿠샨시대에 조성된 간다라사원에서는 다발적으로 승원과 스투파가 결합된 대형가람이 형성되고 있다.[59]

일례로는 탁실라의 다르마라지카 스투파를 들 수 있다. 대형스투파를 둘러싼 소형의 봉헌스투파군은 B.C. 1세기 후반부터 A.D. 1세기에 조성되었는데, 이를 통해 봉헌을 위한 다수의 소형스투파 출현 시기를 추정할 수 있다.

이는 스투파 자체의 변화 이외, 주변의 시설물들이 부가된 변화 양상도 나타나고 있어 중요하다. 즉 탁실라의 다르마라지카 스투파와 같이 쿠샨시대 스투파에서는 숭경을 위해 봉헌된 소형스투파와 사당(감실)들이 대형스투파 주위를 둘러싸는 경향으로 발전하고 있다. 이는 기존의 비하라가 넓은 중정을 두고, 그 주위를 둘러싼 소형의 실들이 배치된 점과 어느 정도 유사한 모습이다.

이와 같이 대형 승가로 발전된 유적으로는 탁실라 남부 라왈핀디 지역의 마니키알라 스투파를 들 수 있다. 이 스투파는 일부 파손된 상륜을 제외하고 현재까지 잘 보존되어 있다. 구체적으로는 전통적인 반구형 복발스투파에 가깝고, 기단도 낮은 모습이며, 원형기단의 동서남북 4면에 계단이 있

59 손신영, 위의 논문, p.119. 물론 이들 이외에도 스투파는 승원의 마당이나 실내에 조성되기도 하며, 탑원 안에 건립되는 등 다양한 형식으로 이루어졌다.
60 Francine Tissot, 前田龍彦 佐野滿里子 翻譯, 『Gandhara-圖說, 간다라 異文化地域의 生活과 文化』, 東京美術, 1998, p.54. 손신영의 위 논문에서 재인용.

다. 그리고 스투파 둘레에는 14기의 소형스투파와 15개소의 소형 승방인 감실이 있어 특징적이다. 대형스투파의 벽기둥으로 장식된 기단은 내부를 거친돌로 쌓고, 편암으로 쌓았는데 그 안에 감실이 표현되어 있다.[60] 이렇듯 간다라 스투파에서는 다수의 사례를 통해 볼 수 있듯이 스투파에 감실이 조영되는 것이 하나의 경향이었음을 알 수 있다.

감실의 조영은 북인도의 다메크, 케사리아 스투파에서도 작으나마 표현되고 있는데, 이는 이후 마하보디와 같이 내부불전이 동시에 조영되는 형식으로 발전하게 된다. 그리고 후기 석굴사원의 차이티야와 비하라에 부가된 스투파에서도 불상이 표현되고 있다.

8) 기단 내부의 바퀴살구조 형식

쿠샨시대 스투파의 또 다른 특징으로는 기단 내부에서 바퀴살구조 형식이 나타나는 것을 들 수 있다. 일반적으로 스투파의 중심부라 할 수 있는 복발의 밑, 즉 기단 내부에는 잡석과 흙으로 채워지고 있다. 그러나 바퀴살 구조의 기단에서는 대체로 그 중심으로부터 사방으로 두께가 0.9~1.5m인 석조 지지벽이 방사선 모양으로 뻗어 축조된다. 이러한 기단의 내부구조는 간다라와 남인도 스투파 기단에서 다수 나타나고 있다.

파키스탄 Manikyala 스투파의 원형 기단과 감실(손신영 사진)

■ 남인도의 Nagarjunakonda 제9스투파의 기단

　바퀴살 모양의 기단 내부구조는 남인도의 나가르주나콘다 대스투파를 대표할 수 있다. 비록 나가르주나콘다는 남인도 스투파를 대표하고, 쿠샨 지역에 속하지 않지만 유사한 시기에 조영된 간다라 지역에서도 동시에 발전했다. 남인도에서는 22기의 스투파에서, 간다라 지역에서는 7기에서만 바퀴살을 보이고 있어 남인도를 중심으로 발전한 것으로 보인다. 간다라에서 바퀴살을 보이는 대상으로는 다르마라지카와 샤지키 델리(Shahjiki-Delhi), 스와트계곡 붓카라 제1사원지, 마왈핀디의 마니키알라(Manikiala), 페샤와르의 자말가리(Jamalgarhi), 타칼 발라(Tahkal Bala), 필 카나(Fil Khana) 스투파를 들 수 있다.[61]

　특히 이 구조는 제정로마시대의 황제묘 구조에서 나타나고 있어 서로 연계가 된 것으로 추정되기도 한다. 로마 건축의 영향과 선후관계에 대한 문제는 어느 정도 영향이 있었을 것이나, 이는 단지 추측일 뿐이고, 인도 재래의 전통건축이 반영되면서 표현된 것이라 할 수 있다. 즉 바퀴살구조는 대규모의 지진이나 하중을 고려해 구조보강 차원에서 견고한 돌쌓기 방법이 채택된 것으로 보인다. 그리고 이러한 바퀴살구조의 기단을 갖는 스투파들은 모두 원형에서 출발했다는 공통점을 갖고 있다.

　바퀴살구조를 보이는 스투파는 규모가 매우 크기 때문에 'ㅁ'자형 실을

61 桑山正進(1998), 손신영 위 논문에서 재인용, p.121.

형성하면서 기단을 조성하고, 그 바깥쪽에 원형의 두꺼운 벽체를 하나 첨가한다. 이러한 벽돌벽은 골조를 쌓은 다음 중간에 흙을 채워 기초를 완성하게 된다. 이 방식은 인도 각지 스투파에서 이용된 일반적인 구축방법이다. Rolland는 이러한 바퀴살구조를 동심원적 만다라 도상으로 해석했다.

일례로 스와트의 붓카라 제1사원지에서는 바퀴살구조를 연상하는 원형 기단의 대형스투파가 남아있고, 탁실라의 다르마라지카 스투파에서도 복발의 내부를 바퀴 모양으로 구축했다. 이 스투파는 다르마라지카 스투파와 유사한 시기인 아소카왕 대에 축조된 것으로 4차례에 걸쳐 축조됐다.[62] 그러나 붓카라 스투파 바퀴살구조가 4번의 축조과정 중 언제 조영된 것인지는 알 수 없다.

9) 십자형十字形 평면의 스투파

쿠샨시대에 이르러 나타나는 스투파의 또 다른 양상은 평면형식의 변화이다. 일반적인 스투파 형식은 아소카왕 시대에 주성된 것처럼 반구형을 유지했다. 그러나 기단평면에서는 원형과 함께 변모된 4각형(방형)이나 8각형, 十자형 등의 다양한 형식으로 발전된다. 이 중 십자형 평면은 이전과 달리 더욱 발전된 양식이라 할 수 있다.

특히 간다라에는 수많은 불교 사원이 있지만 이 중 카니슈카 스투파지로 추정되는 샤지키 델리가 가장 유명하다. 샤지키 델리는

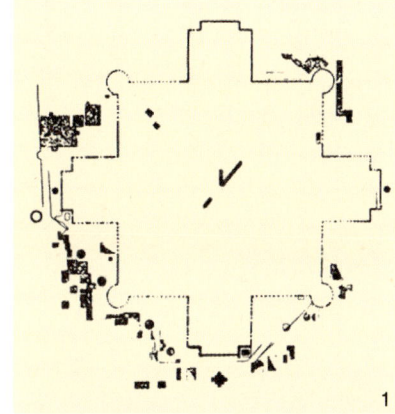

1. Shahjiki Delhi 평면의 네 면에 부가된 비하라(Miyaji Akira, p.123)

2. 페샤와르(Peshawar) Shah-ji-ki-Dheri 스투파에서 발견된 카니슈카(Kanishka)사리기(페샤와르박물관)

---

62 손신영, 위의 논문, p.123.
63 玄奘의 『大唐西域記』 제2권 「健馱邏國」 기록에서는 "....周小 窣堵波處建石窣堵波欲以功力彌覆其上, 隨其數量恆出三尺. 若是增高踰四百尺. 其趾所周一里半, 層基五級, 高一百五十尺方乃得覆小窣堵波. 王因喜慶復於其上更起二十五層金銅相輪. 即以如來舍利一斛而置其中式修供養. 營建總傑見, 小窣堵波在大其東南隅下傍出其半. 王心不平, 便卽擲棄逐住窣堵波第二級下石基中半現...."라 기록하고 있다.

1908~9년 인도고고국에서 페샤와르 동남 교외의 언덕을 발굴하면서 소위 카니슈카 스투파 유적[63]이라고 생각되어지는 유구를 발견했다(그 중심부에서는 카니슈카라는 명문이 새겨진 동제銅製의 사리기가 발견되었다). 이 스투파는 법현과 현장뿐만 아니라, 푸쉐가 카니슈카 대스투파라 추정한 이래 1908~1909년에 스푸너가 발굴한 결과, 방형기단 각 면으로 돌출부가 있는 평면이 알려졌다.[64] 발굴된 스투파 기단은 한 변이 약 55m의 방형이고, 사방으로 각각 15m가량 돌출된 계단이 나 있는 십자형 평면이다.[65] 이는 탁실라 제3기에서 보이는 사면 승방식과 유사하다.[66] 이 스투파는 현재까지 알려진 간다라 지역 스투파 중 가장 크고, Frang가 언급한 탁실라 근처의 바말라(Bhamala)스투파와 더불어 간다라에서 보기 드문 십자형 평면임을 알 수 있어 중요하다.

이를 통해 보았을 때 십자형 평면의 스투파는 이전 양식과 전혀 다른 형식으로 발전된 것이다. 즉 이는 기본적인 방형 평면에서 점차 사방위에 대한 수호 개념이 적용되고, 만다라 개념이 반영되면서 발전된 것이라 할 수 있다. 그러나 이 형식은 인도에서 그 사례가 많지 않다. 반면 동남아시아에서는 십자형 평면이 미얀마, 캄보디아, 태국, 인도네시아 등지에서 주로 보이고 있으나, 이들은 대부분 그 연대가 한참 뒤의 것들이다. 이 유형 중 가장 유명한 인도네시아 보로부두르(Borobudur)는 만다라가 적용된 평면에 기단과 테라스를 계획하고, 그 위로 복발이 올려진 형태로 발전했다.

샤지키 델리와 같은 십자형 평면은 소수 사례를 제외하고 인도에서 보기 힘든 평면이다. 십자형 평면은 간다라의 바말라 스투파와 중북인도 비하르주의 케사리아(Kesaria) 스투파에서도 발전된 형식의 유사한 사례를 보이고 있다. 이 중 케사리아 스투파는 기단 하부가 명확하지 않지만 중간에 다층의 테라스가 있고, 상부 복발은 반 이상 무너진 상태로 남아 있다.[67] 이 스투파는 위에서 보았을 때 만다라 형태를 하고 있어 십자형 평면의 발전된 형태임을 알 수 있다.

10) 승원 내부의 스투파와 Apse형 차이티야

스투파는 불교가 본격적으로 발전하는 초기 승단에서 가장 중요한 위치

---

[64] 桑山正進, 『Shahjiki-dheri의 主塔의 變遷』, 東方學報, 第67冊(東京大學人文學硏究所, 1995. 손신영의 위 논문에서 재인용, p.122.

[65] 방형기단의 크기는 여러 글에 따라 각기 다르게 나타나고 있다.

[66] 미야지 아키라, 김향숙 역, 전게서, p.123. 그러나 이러한 평면은 일반적으로 쿠샨왕조 이후부터 보이고 있으며, 기단의 크기가 현장의 기록과 맞지 않고, 사리기 또한 정교한 작품이라 보기 어려운 점 등 여러 가지 문제를 안고 있다. 따라서 과연 샤지키 델리 스투파가 카니슈카 스투파인지, 그리고 후대에 대대적으로 보수를 한 것인지에 대해서는 의문의 여지를 남기고 있다.

[67] 대연, 『불교성지순례』, EAST WARD, 2000, p.150~152. 케사리아 스투파는 역사적 사료를 근거했을 때, 그 연대가 마우리아 아소카왕까지 올라간다. 그리고 스투파는 숭가왕조, 쿠샨왕조 때 보수와 증축을 거치면서 거대한 스투파로 변모하였다. 발굴의 결과, 둘레가 427m이고, 높이가 15.5m인 이 스투파는 표층 일부만 발굴되었으며, 하부의 구조는 아직까지 조사가 되지 않아 그 규모가 보로부두르보다 클 수 있다고도 한다.

68 손신영, 위의 논문, p.134. 이 유형의 스투파는 일반적으로 Griha-stupa라 한다. 실내에 스투파가 조성된 사례로는 모라 모라두나 붓카라 3사원지 등에서도 확인할 수 있다. 구릉 아래에 자리하는 독특한 입지조건과 주 스투파가 없는 배치, 각각의 방이 연결되어 실내에 조성된 원형기단의 스투파, 실내의 궁륭형 천정에 돌을 쌓은 것 등 다양한 형식으로 조성된다.

를 차지했다. 특히 초기의 사원에서는 중심이 되는 스투파를 중심으로 점차 승원과 강당 등의 부속건물이 추가되면서 승단을 이루게 된다. 이는 초기 석굴사원에서도 유사한 형식을 띤다. 초기 석굴사원의 차이티야는 비록 사리가 봉안되지 않았지만 평지사원의 유형을 어느 정도 따르고 있고, 차이티야스투파를 중심으로 승원이 부가된다.

이러한 승원(비하라)은 간다라에서 대승불교가 발전하면서 개인적으로 예불을 할 수 있는 봉헌스투파가 부가[68]되기 시작한다. 이러한 발전 형태는 승원 내부 마당에 부가되거나, 승원 내부에까지 확대되는 경향을 보이기 시작한다. 탁실라의 다르마라지카에는 북쪽 승원구역 중심부에 4기의 스투파가 있고, 서쪽에서도 스투파 기단이 남아 있다. 이러한 변모된 스투파 조형의 배경은 언제 어디서나 예불할 수 있도록 하기 위함이자, 개인적인 봉헌의 의미가 부여된 것으로 생각된다.

또한 승원에 스투파가 부가되는 형식은 석굴사원에서도 유사하게 나타나는데, 바그, 담나르, 산치, 준나르, 칸헤리 등 다수의 석굴사원에서도 보이고 있다. 그러나 간다라와 석굴사원 승원에 조영된 스투파 중 어느 곳에서 먼저 조영되기 시작했는지에 대한 선후문제는 알 수 없다. 그러나 필자의 견해로는 본격적인 불상의 발전과 함께 스투파 양식이 변모하는 간다라

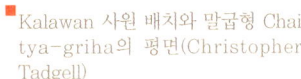
Kalawan 사원 배치와 말굽형 Chaitya-griha의 평면(Christopher Tadgell)

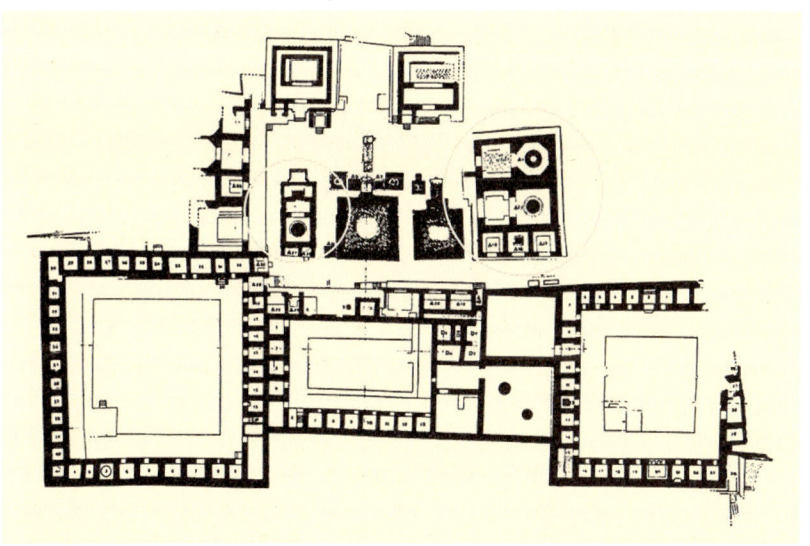

▶ 산치사원의 17사당

에서 먼저 조영된 것으로 생각된다. 간다라 불교사원과 스투파 연대는 대체로 1~3C를 전후하고 있고, 석굴사원 승원에 부가된 스투파가 5세기 이후 것이므로 쿠샨의 중심지에서 점차 전파된 것으로 본다. 또한 간다라와 데칸고원 중간지점에 위치하는 담나르와 바그석굴사원은 비하라에 부가된 스투파의 연대가 3~4C 이후에 조영된 것으로 보고 있어 더욱 설득력을 가진다.

시르캅에는 중시인도 데칸고원 석굴사원에서 주로 보이는 차이티야와 유사한 형식의 불전형 봉헌스투파가 조영된다.[69] 이 유형은 Apse(후진後陣)형 차이티야로, 방형 전실과 궁륭형 천장의 후진에 스투파가 축조된다. 이 유형은 간다라 지역의 사원에서 다소 조성되고 있어 주목되는데, 건물은 방형이나 원형의 실과 전실 공간으로 구성된다. 또한 전실과 후실이 결합된 차이티야형식을 보이기도 한다. 이 형식의 스투파는 차이티야스투파와 어느 정도 유사한 전개를 보이는데, 유구의 형식과 시기별 구분으로 보았을 때 승원의 구성 중 늦은 시기에 부가된 것으로 이해된다. 여기서 주목되는 것은 시르캅이 도시유적이라는 것이다. 이 도시유적은 중심 가로의 동측 대지에 전방후원 평면을 보이는 불당과 전면으로 스투파와 유사한 기단 유구가 남아있다. 이를 보았을 때 차이티야석굴과 유사한 평면 형태의 건축물이 산치와 같은 불교사원뿐만 아니라 일반적인 시가지에도 건설되고 있었음을 알 수 있다.[70]

이러한 Apse형 스투파 유형은 붓카라 3사원지와 같이 석굴사원 차이티야를 연상하게 한다. 사례로는 붓카라와 함께 다르마라지카, 니모그람(Nimogram), 타렐리(Thareli), 칼라완(Kalawan) 등의 사원[71]에서도 주 스투파 주변으로 봉헌스투파가 부가되고 있음을 확인할 수 있다. 그러므로 이

69 Christopher Tadgell, 전게서, p.30.
70 윤장섭, 전게서, p.66~67.
71 손신영, 위의 논문, p.135~136.

유형의 평면은 석굴사원 차이티야스투파가 전후기에 걸쳐 지속적으로 발전하면서 점차 간다라에 영향을 미친 것으로 본다. 초기 석굴사원의 차이티야는 산치의 제17, 18, 40 법당에서도 유사 사례가 있고, 남인도의 나가르주나콘다에서도 소형스투파와 불상을 각각 모신 대칭형 쌍 차이티야 구조[72]를 확인할 수 있다. 산치의 경우에는 최초 조영 이후 지속적으로 증축된 유구인데, 이 중 사당형 불전은 7C에 부가된 것이고, 스투파가 부가되지 않는다.

쿠샨시대 스투파의 특징

쿠샨시대 스투파는 인도 초기 전형 양식에서 점차 발전되어가는 양상을 이해할 수 있는 대상이 된다. 특히 이 시기의 형식은 B.C. 3세기 이후 유지되어온 불교와 불교건축에서 혁신적인 발전 양상을 보이는데, 인도 전역에 걸쳐 영향을 주었다. 즉 쿠샨시대 불교미술과 건축은 간다라를 중심으로 외래 헬레니즘문화의 영향과 자생적 인도문화가 성숙하면서 큰 변화를 보이게 된다. 그러면서 신앙의 중심적 대상과 체계에서 점차 다양한 양상으로 발전된다. 여기에서 쿠샨시대를 중점으로 언급하고자 한 것은 시대적, 내외재적 요소에 의해 불교의 다양성이 확대되면서 미술과 건축에서 변화와 특징을 보이기 시작했기 때문이다. 즉 이러한 현상적인 변화에 대해 쿠샨시대 양식이 반영된 스투파를 중심으로 여러 양상을 이해하고자 한다.

이상의 사례를 통해 보았을 때 쿠샨시대 스투파의 특징으로는 크게 10가지로 대표할 수 있다.

첫째는 초기 스투파의 전형 양식인 원형기단이 지속적으로 발전된 것으로, 비록 그 사례가 많지 않으나 기본적인 양식과 형태가 유지되고 있음을 알 수 있다. 둘째는 스투파에서 기단이 추가되거나 중첩되면서 전체적으로 높아지는 현상이다. 셋째는 기단이 중첩됨과 동시에 방형기단을 보이는 스투파가 본격적으로 조성된 것(이는 동북아시아 불탑의 전형적인 기단으로 발전)이다. 여기서 중첩되고 높아진 기단과 방형기단은 쿠샨 양식에서 가장 특징적이면서 모든 양식적 발전과 연계된다. 넷째는 원형기단을 가지는 초기형을 제외하고, 스투파가 전반적으로 높아지면서 장식적인 경향이 강해지고, 복발의 중요도가 감소하면서 축소되고 있음을 들 수 있다. 원형기단

---

[72] 남인도의 나가르주나콘다는 3C 이후 조성된 사원으로 주 스투파가 조성되고, 5C 이후 조성된 것으로 보인다.

을 제외한 세 가지 특징들은 서로 연관성을 보이는데, 이 특징들은 높은 위계를 가지는 스투파의 강조와 숭배가 목적이 된다. 또한 이는 관람이나 시각적 극대화를 고려하면서 변모된 양상이라 할 수 있다. 다섯째는 스투파가 고준화되면서 난간이 약화되고 탑문의 위치가 변화되는 것이다. 난간의 표현은 장식적이거나 상징적인 문양으로 대체되기도 하며, 탑문이 커진 사원의 외곽으로 위치가 변경되기도 한다. 여섯째는 신앙 대상의 변화에 의해 스투파에 불상이 본격적으로 적용되는 양상이다. 즉 간다라·마투라 미술의 발전은 서양의 사상과 이념이 반영되면서 인간중심적이고 현세적인 실용 양식으로 변모된다. 이 결과 불교건축에서는 불전이나 스투파에 불상이 부가되기 시작한다. 일곱째는 불상의 출현과 연관성을 가지는 것으로, 중심이 되는 스투파 주변이나 기단부에 감실이 조영되면서 불상과 소형스투파가 부가되는 형식이다. 이는 봉헌물의 성격이 강한데, 다수의 불상과 스투파, 주상들이 조영되었다. 여덟째는 기단 내부의 구조직인 변화형식이다. 이는 지질학적 특징이 반영되면서 지진을 대비하고, 스투파의 자체적인 내구성을 강화하기 위해 기단 내부를 바퀴살 모양으로 보강한 것이다. 아홉째는 일반적인 스투파와 달리 방형기단의 발전형인 십자형 평면이 나타난다. 이는 고탑형과 만다라형 스투파와 연관성을 가진다. 열째는 승원 내부 마당이나 Apse(후진)형 차이티야와 같은 실내 공간에 조영된 스투파이다. 이는 석굴사원 차이티야 형식이 사원의 전체 영역으로 확대된 것을 의미하며, 점차 개인적인 신앙의 대상이 필요에 의해 발전된 형식이다.

이상의 특징들은 쿠샨시대 조형 활동에서 큰 역할을 하였으며, 인도 전역에 지속적인 영향을 미쳐 다양한 건축이 이뤄지게 된다. 또한 이는 동남아시아와 중앙아시아, 나아가 중국과 한국에까지 직간접적인 영향을 미치게 된다. 그러므로 본장에서는 동아시아의 문화, 미술, 건축 등에서 다양한 영향을 미친 쿠샨의 스투파에 대해 세부적으로 이해할 수 있었다. 이후의 연구에서는 쿠샨을 전후로 하는 발전 양상과 함께 주변국으로 발전되는 과정에 대한 연구가 이뤄져야 할 것이다.

굽타왕조(Gupta, 320~647)시대의 스투파

73 미야지 아키라, 앞의 책, p.183 184.

서북인도를 중심으로 발전하였던 쿠샨왕조는 3세기 중엽에 분열되면서 국력이 약해졌고 결국 쇠망하였다. 그 후 4세기 초 마가다 지방에서 발흥한 굽타왕조는 100년도 되지 않아 북인도 지역 전역을 통일하고 마우리아왕조에 못지않은 넓은 왕국을 구축하였다. 굽타왕조는 쿠샨왕조의 외래적 색채가 강한 문화를 계승하면서도 한편 인도 본래의 힌두문화를 잊지 않고 다방면에 있어 후대의 모범이 되는 고전적인 인도문화를 창조했다. 즉 굽타왕조는 여러 방면에 있어 크게 발전을 이루어 인도적인 문화를 완성시킨 민족주의 고양의 시대이다. 따라서 이 시대가 바로 인도의 황금시대, 혹은 인도의 르네상스라고 불러지고 있는 것이다. 굽타시대는 조형미술에 있어서도 하나의 인도적 완성을 이룩한 시대이다. 건축은 일반적으로 소규모였다 할 수 있지만, 후대에 발전하는 형태를 이 시기에 이미 보이고 있다. 조상彫像은 불교, 자이나교, 힌두교의 종교상에서 "생명의 완성으로 초월하기 힘든 양식"(H. 게츠)을 확립한다. 그리고 굽타 조각은 "육감적이면서 정신적"인 양식으로 도달하고 있으며, 확실히 인도에 있어서 규범적이고 고전적인 미의식을 창조한 것이다. 이 굽타 양식은 이후 중세 인도미술뿐만 아니라, 동남아시아, 중앙아시아와 더 나아가 동아시아 여러 국가에서 고전으로서의 역할을 담당하고, 막대한 영향을 미친 점에서 중요하다.[73]

320년 찬드라굽타(Candragupta) 1세가 즉위하면서 굽타왕조가 시작된다. 굽타왕조의 굽타라는 이름은 이 왕조의 건립자인 찬드라굽타 1세에서

■ 산치의 17법당 전경

유래한 것이다. 굽타제국의 실질적인 건설자는 그의 아들인 사무드라굽타(Samudragupta)로 갠지스강 상류 지역에서부터 중인도를 포함한 북인도를 지배했다. 이 왕의 다음으로 비크라마디티야(무용의 태양)라고 불려진 찬드라굽타 2세 때(재위 376~415년경)에 굽타왕조는 최성기를 맞이한다. 찬드라굽타 왕은 사카족을 멸망시켜 북인도 전역을 제패하였으며, 나아가서 서부 데칸과 남방의 여러 세력에도 영향을 미쳤다. 중국 승려 법현은 이 왕의 치세 중에 인도를 방문하였고,[74] 수도 파탈리푸트라의 웅장한 목조와 석조건축들의 모습을 기술하고 있다.

불교의 발전과 불상숭배 열기가 고조되면서 굽타시기에는 본격적으로 불상만을 모시기 위한 법당이 요구되었다. 그 예로 산치 제17법당에서 당시의 건축형식과 사상의 적용을 볼 수 있다. 형태적으로는 단층건물의 평지붕에 방형의 현관과 후실을 갖춘 간소한 모습을 하고 있다. 법당 내부에 불상이 안치되는 것으로 일반적인 법당과 같은 진입 동선이 표현됐다. 이러한 형식은 당대의 힌두교 사당과 동일한 구조를 보이는 것으로, 이후 조영된 힌두사원의 일반적인 배치형식과 일치한다. 이는 불교에서 먼저 조영된 것인지, 힌두사원의 것을 차용한 것인지 명확하지 않지만 일반적인 견해는 힌두사원의 것을 차용한 것으로 본다. 이러한 힌두사원 평면은 이전의 전후실이 통합되어 표현된 석굴사원 차이티야 형식과는 다른, 전혀 새로운 것이라 할 수 있다.

굽타시대의 조형예술에 있어 건축분야는 이전부터 있었던 건물의 여러 형식들이 완성되었다. 굽타왕조의 불교건축은 차이티야석굴을 비롯하여 스투파와 고탑형식의 정사가 대표적인 것이다. 특히 스투파는 주로 아잔타석굴과 엘로라석굴 등에 있는 것을 보았을 때 복발이 상대적으로 작아지고 기단부와 상륜부가 발달한 형식과 힌두사원의 시카라와 같은 고탑高塔형식이 나타난다.

아잔타석굴은 봄베이 동북 파르다푸르(Fardapur) 부근 인드야드리(Indhyadri) 언덕의 계곡을 따라 동서 약 550m에 걸쳐 29개의 석굴로 이루어졌다. 중앙부가 가장 오래되고 양쪽으로 갈수록 연대가 내려오나 편의상 서에서 동으로의 순서에 따라 번호를 붙였다. 중앙부의 제8, 9, 10, 11, 12, 13굴들은 기원전으로 소급되며 제6, 7, 14~20굴이 제2기인 5세기의

[74] 미야지 아키라, 앞의 책, p.180.

75 Benjamin Rowland, 이주형 역, 전게서, p.197.

굽타왕조에 개착開鑿되었고 나머지는 6~7세기로 떨어진다. 이들 중에서 제 9, 10, 19, 26의 4개굴이 스투파가 있는 차이티야석굴이고 나머지는 스투파가 없이 승원의 역할을 하는 비하라석굴이다.

초기 형태에서 발전한 아잔타차이티야석굴은 정형적인 모습으로 변모되었으며 불교의 침체기를 거쳐 굽타시대에도 지속적으로 조성되었다. 굽타시대에 만들어진 대표적인 아잔타의 제19굴은 바자나 카를리석굴 이후에 일어난 여러 변화들을 반영하고 있다. 바실리카형의 평면은 아잔타의 대승불교시기 석굴들에서도 그대로 유지되고 있다. 내부를 둘러싸고 있는 열주列柱들의 둥근 주신柱身에는 꽃잎 장식띠가 새겨져 있고, 그 위쪽에는 까치발 모양을 한 주두柱頭 아래의 기둥 목 부분에 둥근 연꽃 모양이 올려 있다. 주두들은 좁은 간격을 두고 배열되어 있어서 마치 연속적인 고부조로 된 트리포리움 프리즈를 보는 듯하다.[75] 일례로 서양미술의 시발점이자 전형 양식을 확립한 그리스 고전 양식이 발전되는 양상과 유사함을 보이는데, 인도 초기 양식이 그리스의 아르카익기 조각과 같이 딱딱하고 단순한 형식을 보였다면, 점차 고전기와 헬레니즘기를 거치면서 사실주의적인 형식과 대비된다. 그러나 이러한 형식은 외형적인 면에서의 적용일 뿐 근본적으로 내포하고 있는 의미는 다르다. 그리스에서는 이상적인 아름다움을 표현하기 위해 해부학적 완벽함과 비례미를 강조하는 전개였던데 반해, 인도의 조각형식은 정신적인 측면에서의 강조로 부처나 다양한 불상표현에 내재한 이상

■ 아잔타 19굴의 차이티야스투파

■ 아잔타 석굴

향을 표현하고 광의의 불교교리에 대한 상징성과 함축적 의미를 표현하고자 하였다.

이러한 형식적 전개는 인도 스투파나 건축양식에서도 유사한 전개를 보이는데, 인도불교의 중세 암흑기(침체기)를 거치고 나서 서양의 르네상스, 바로크적 경향과 유사하게 발전한다. 그러나 조각과 건축에 있어 장식이 발달하였고, 다양한 사상이 접목되어, 점차 인도, 이슬람 문화가 강조되면서 전통적인 불교사상은 본질적인 의미가 퇴색된다. 특히 최전성기의 후기불교인 굽타시대의 석굴사원 조영에서 그 화려함이 최고조에 이르지만 점차 당대의 일반 건축양식과 힌두 양식의 건축양식이 반영되면서 고탑형식과 사원의 십자형 평면 배치형태, 다층의 불전건물로 발전되어 불전과 스투파가 동시에 적용되는 건축형식이 주가 된다.

전체적인 아잔타석굴사원의 형식으로는 주두 위쪽에 있는 둥근 천장의 허리부분에는 감실들이 고딕 성당의 채광창 모양으로 파여져 있는데, 그 안에는 불입상과 불좌상이 교대로 새겨져 있고, 감실 사이에는 꽃잎 장식이 조각되어 있다. 전체적인 느낌은 매우 화려하고 웅장하며 양감이 뚜렷하여 '바로크적' 이라고 할만하다. 회랑 안쪽의 스투파 또한 비슷한 양상을 보여준다. 바자와 칼리석굴에서는 내부의 기둥이나 프리즈가 간소한 장식으로 되어 있고 스투파도 단순한 반구형半球形에 불과하다. 그러나 아잔타에서는 이와 대조적으로 기둥이나 프리즈처럼 스투파도 정교하게 꾸며져 있다. 하

76 Benjamin Rowland, 이주형 역, 전게서, p.198.

나의 암괴로 된 스투파는 거의 천장에 닿을 정도로 높이 솟아 있다. 높이 드럼과 반구형 보다 더 큰 돔의 전면에는 기둥과 보개寶蓋로 이루어진 감실이 만들어져 있고, 그 안에 부처의 입상이 조성되어 있다.[76]

일반적으로 석굴사원의 스투파형식은 초기 평지사원의 스투파와는 처음부터 형식과 전개에서 전혀 다른 양상으로 진행되었으므로 초기 석굴사원 양식과 비교하였을 경우 표현방법에서 시대적, 양식적인 차이를 보인다.

즉 초기 석굴사원의 차이티야스투파에서는 크게 반원형 복발, 복발과 1:1의 비율을 보이는 드럼(기단)과 상륜부의 하미카, 그리고 산개로 구성되어 균형미와 균제미가 조화를 이루었다. 전반적으로 그 높이가 높지 않고 세부적인 장식성이 미미하다. 복발도 단순한 복발에 문양이 보이지 않았으나, 초기 이후 여타 석굴의 탑형부조에서 장식적 경향이 나타나기 시작했으며, 대체로 단순한 형태를 하고 있다. 드럼은 초기의 단순한 원통형 드럼에 점차 상하의 띠돌림을 하고 장식과 함께 건축적 구성요소가 보이기 시작한다. 드럼부가 부조에서 3칸으로 등분되었는데 이는 기둥형식을 표현한 것이다. 그러면서 드럼 상부의 난순을 조각하고 있어 의미상 탑돌이길을 표현한 것으로 이해된다. 이러한 드럼부 건축형식은 이후 감실을 보이는 형식으로 발전하게 되는데 평지사원인 아마라바티 스투파부조에서 전면에 불입상이 등장하는 것을 예로 들 수 있다. 이는 이후 칸헤리, 담나르 승방굴의 비하라 스투파에서 감실이 확연해진다. 일반적으로 건축형식의 스투파는 간다라 지역에서 발전된 형식으로 이해되므로 이는 간다라 지역에서 헬레니즘 양식이 습합되면서 새로운 양식으로 발전된 것이라 할 수 있다. 이러한 형식은 다시 서인도의 석굴사원과 중인도의 평지사원에 적용되었을 것으로

1. 초기 석굴사원의 스투파인 콘디비테 스투파
2. 칸헤리 비하라 2굴의 스투파
3. 아잔타 19굴 화려한 외부 아치창

■ 석굴사원 정면의 아치형 장식

본다. 특히 담나르석굴과 바그석굴에서 그 형식적 반영이 보인다. 일관된 양식적 적용은 아니지만 4각에서 6각의 대좌와 2중기단, 2~3단의 드럼, 복발의 소형화와 구형화의 진행을 보이고 있어 점차 정형화된 양식으로 변화된다. 상륜에서는 산개가 천정새김 되는 경우도 있어 점차 다양한 장식이 부가되었다. 이러한 양식은 서인도의 석굴사원, 특히 아잔타 19굴이나 26굴에서 확연하게 나타나는 모습으로 상식적 요소가 강조되는 경향으로 정의할 수 있다.

석굴스투파의 돔 상부에는 길쭉한 정식頂飾이 솟아 있고, 하미카와 차트라(산개)가 보이며 꼭대기에는 생명의 감로수를 담는 용기인 시카라형식의 병(kalasa)이 올려 있다. 석굴 내부와 스투파를 화려하게 장엄한 것, 또 불상을 스투파 전면에 봉안하여 부처의 인간적인 모습을 강조하고 있는 것 등은 대승불교의 발달과 밀접한 관련을 가지고 있다. 즉, 스투파의 벽면에 새겨진 많은 불상들은 『법화경』에 서술된 사방의 무수한 불타를 상징하는 것이며, 스투파 자체도 같은 경전에 묘사된 신비로운 기적을 보이는 스투파와 관련이 있다.[77]

석굴의 외관 또한 내부 못지않게 화려하게 장엄되어 있다. 초기의 차이티야처럼 위쪽에는 연꽃잎 모양의 차이티야 창이 있다. 아래쪽에는 내부의 기둥과 같은 방식으로 화려하게 장식된 두 개의 기둥이 현관을 받치고 있다. 차이티야 창 주위와, 석굴 정면이 뒤로 물러나면서 형성된 앞뜰의 좌우 측벽은 많은 감龕들로 채워져 있고, 감마다 다양한 크기로 고부조 불보살상들이 새겨져 있다. 이 상들은 전체적으로 보았을 때 어느 정도 대칭적으로 배치되어 있으며, 도상적으로는 많은 신비로운 불타들을 묘사하는 도형, 즉

77 Benjamin Rowland, 이주형 역, 전게서, p.198.

만달라라고 할 만한 구성을 이루고 있다. 차이티야 창의 좌우측에는 두 명의 수호신(또는 약샤 수문장)들이 새겨져 있다. 튼튼한 근육질의 체격을 가진 이들은 르네상스의 미켈란젤로 조각에 표현된 예술작품에서 지각되는 압도적인 힘이라는 뜻의 '테리빌리타(terribilita)'와 비교될 만한 것으로서, 불교의 적들을 물리치는 신적인 힘을 표현한다. 도상적으로 이들은 바르후트나 산치의 난순 울타리에 새겨진 약사상들의 후예라고 할 수 있다. 이 상들의 배치와 전체 벽을 수많은 불상으로 채우고 있는 구성 등은 후대에 중국의 육조六朝시대나 당대唐代석굴에서도 볼 수 있으며, 그 원류가 되었다고 할 만하다.[78]

굽타시대 차이티야스투파 중 일례로 아잔타 제19굴 차이티야의 세부요소 특징을 살펴보면 석굴의 양식적 전개를 가늠해 볼 수 있다. 석굴 전체의 구성은 초기 석굴사원의 경향이 전반적으로 적용되고 있다. 전면의 입구와 장미창의 형식이 그러한 경향이라고 할 수 있으며, 내부 전실의 궁륭형 천정과 후실의 원형천정이 하나로 이어져 있다. 특히 상부의 천정에서 서까래가 표현되어 있어 목구조의 형식이 그대로 반영되고 있다. 즉 암괴를 깎아 목구조의 서까래를 갈비뼈처럼 그대로 재현하고 있는 모습이 보인다. 이는 전기의 석굴사원에서부터 지속된 형식으로 다수의 후대 석굴사원에서도 그대로 보이고 있다. 또한 열주와 상부구조에서 건축 특징을 보인다. 특히 주두에 해당하는 부분에 각종 공양자상과 서사부조가 조각되고 있어 장식성이 강해지는 특징이다. 이는 차이티야와 함께 후기 양식에서 주요한 특징으로 나타나는 비하라굴의 불전 양식에서도 유사함을 보이고 있다. 대부분 번잡해지고 조각이 풍부해졌지만 차이티야당의 양식과 구성은 변화가 없다.

[78] Benjamin Rowland, 이주형 역, 전게서, p.199~200.

1. 아잔타 19굴 차이티야스투파 상륜부
2. 아잔타 19굴 정면
3. 아잔타 19굴 내부 천장

1. 아잔타 19굴 스투파
2. 칸헤리 3굴 탑형부조

　아잔타 제19굴에 있는 스투파는 초기 복발형 스투파들에 비해 기단부가 2단으로 현저하게 높아졌으며 장식이 복잡해졌다. 더구나 정면에는 커다란 불감을 설치하여 서 있는 불상을 안치하고 있다. 복발이라고 할 수 있는 탑신은 기단에 비해 아주 간단하고 아무런 장식도 하지 않았으며 구형球形, 혹은 타원형에 가까운 모습을 하고 있다. 평두 부분도 다소 복잡하게 되어 있지만 가장 발달한 것은 상륜부로서 이상한 모양의 보개寶蓋 3개와 보주寶珠 2개를 가진 장대한 모습으로 변모하였다.

　굽타왕조시대 차이트야스투파형식은 기존의 조형형식에서 큰 차이는 없으나 세부적으로 복잡해지고 다양한 장식이 부가되면서 이전의 양식과 달리 변화된다. 특히 스투파 중앙에 감실과 같은 불전佛殿이 조성되면서 스투파와 불전, 불상이 일체화된다. 초기 석굴사원의 스투파가 낮고 안정적인 균형미를 갖추었다면, 후기의 석굴 사원의 스투파 양식은 고준화와 다양한 형식이 혼재하는 모습이라고 할 수 있다. 일견 지나친 형식화와 변화는 본질적인 형태를 해치고 조잡해질 수 있으나 후기 불교전성기 발전과정의 정수로서 각 세부요소들이 조화를 이루고 있다.

　중앙의 불입상佛立像은 그 형식이 당대 조각 양식에 비해 단조로움을 보인다. 딱딱한 정면부동의 자세로 자유로운 표현이 가능한 시기였는데도 이

● 아잔타 19굴 스투파의 산개

질적으로 느껴진다. 불전은 스투파의 복발과 기단부 앞쪽으로 돌출되어 표현하였는데 여기에 감실을 조성하고 양측의 기둥 사이로 불입상을 세웠다. 또한 스투파의 기단부에서 건축적 요소가 나타난다. 즉 다수의 민흘림기둥과 전면 감실 표현, 뒤로 후퇴하면서 건물의 익랑처럼 각 면에서 돌출되면서 단을 형성하고 있어 '亞' 자 형태가 되었다. 이는 간다라의 방형기단에서 밀종密宗(밀교, 진언종)이 전개되면서 나타나는 '亞' 자형 스투파와 한국의 고려 말과 조선 초의 경천사탑, 원각사탑의 라마형식과 비슷한 모습이라 하겠다. 간다라 양식과 밀교사상이 중심 스투파의 양식에 함께 적용되고 있음을 말하는 것으로, 당대의 힌두교 양식이 반영되고 크게 유행하기 시작하는 밀종이 적용되면서 나타나는 형식이라 할 수 있다. 그러면서 기단은 다층으로 변하는데 이는 칸헤리, 담나르, 바그 석굴사원의 탑형부조와 차이티야스투파에서도 그 형식을 보이고 있다.

담나르와 바그 석굴사원은 위치적으로 중서부의 석굴사원보다 간다라 지방과 연해 있으므로 담나르의 스투파 양식은 그 중간적인 연계역할을 했을 것으로 본다. 복발은 점차 구형으로 변화되고 타원형을 보이는 예가 많다. 그러나 그 크기가 작아지고 복발과 기단의 비가 약1:1.5로, 초기 석굴사원의 일반적 경향인 1:1 비율과는 차이를 보이고 있어 상륜의 산개와 함께

1. 아잔타 26석굴(5세기, 불상이 있는 스투파)
2. 엘로라 10굴, 7세기, 기단부에 불상이 있는 불탑

인도 초기 불탑(스투파)형식의 변화 양상 **229**

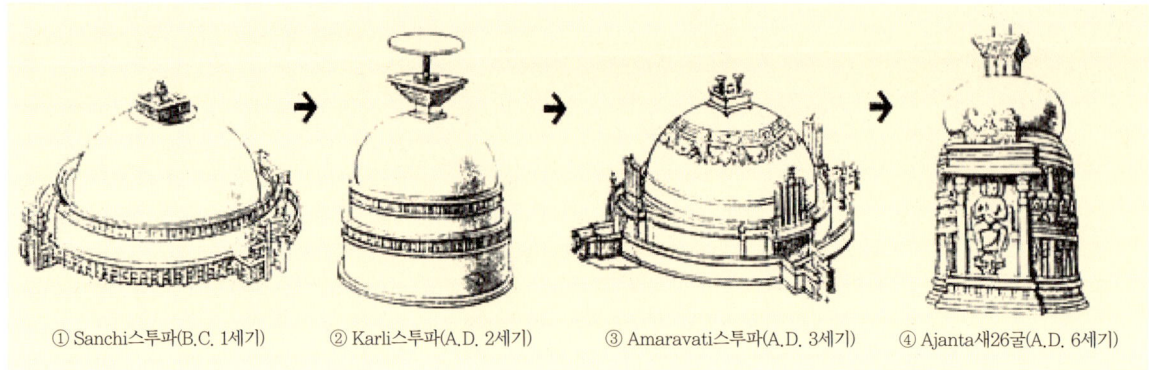

① Sanchi스투파(B.C. 1세기) ② Karli스투파(A.D. 2세기) ③ Amaravati스투파(A.D. 3세기) ④ Ajanta새26굴(A.D. 6세기)

■ 인도탑파의 계통도

고준화 된 후기 양식을 보인다. 상륜부의 형식은 수직으로 된 산개가 초기 석굴사원에서는 대부분 1개를 보이고 있으나(다수 남아 있는 탑형부조에서 그 형식이 명확히 보인다) 점차 그 개수가 늘어나고 층을 이룬다. 즉 3개, 또는 5개의 산개가 보이는데 이들의 조각수법은 상하로 표현되기보다는 쇠우로 식물이 뻗어나가 평형의 위치에 표현되었다. 그러나 아잔타 19굴의 산개처럼 후기의 산개 표현은 점차 높이, 그리고 다층의 형태로 나타나고 있다. 간다라 지방 로리안 탕가이의 봉헌탑에서처럼 3개 내지 5개의 산개가 표현되고 있다. 그러면서 각 층과 산개 사이에 천신과 비천이 조각되어 전체적으로 장식성이 매우 강하다.

이상의 아잔타 19굴의 예에서 볼 수 있듯이 굽타시대의 차이티야스투파와 탑형부조, 봉헌용탑 형식은 크게 고준화 되었고, 스투파에 불상이 동시적으로 표현되었으며, 불상이 중심 대상으로 변화되어 간다. 또한 복발이 작아지고 기단이 다층화되었으며, 하미카가 작아지면서 상륜부가 고준화되고 산개가 다층화 되는 장식적 특징이라고 정의할 수 있다.

아잔타 제26굴의 스투파도 대체로 19굴과 비슷한 모습이지만 기단부에 더 많은 장식이 가해졌으며 변화가 더욱 현저하나 상대적으로 상륜부는 적어 기존의 스투파의 모습을 하고 있다. 한편 정면의 불상은 입상立像이 아니라 좌상坐像으로 되어 있다. 또한 엘로라 10굴의 차이티야에서도 이와 유사한 모습의 좌불상이 스투파의 기단부에 나타나고 있어 5세기 이후 굽타시대의 석굴에서 볼 수 있는 스투파의 유사성을 찾을 수 있다. 즉 이와 같이 석굴의 스투파는 기단부에 불상과 많은 장식이 첨가되고 수직적으로 높아지고, 상륜 부분이 복잡한 모습으로 변모하는 등 일련의 변화를 보이고 있다. 또한 탑신에 해당하는 복발 부분은 이에 반해 그 중요성이 떨어지고 있음을 암시하고 있다. 어쩌면 불상을 도입하고 나서 그 주요한 의미가 복발이 아니라 불상 그 자체로 옮겨가거나 기단과 상륜부로 옮겨 간 결과일지도 모른다.

굽타시대에 나타나는 고탑형高塔形 불전佛殿

인도불교의 일반적인 초기 평지사원에서 흔히 볼 수 있는 복발형의 스투파 이외에 5세기부터 기존의 복발형과는 달리 다소 파격적인 형식의 고탑형 스투파(혹은 불전이나 정사精舍라 할 수도 있음)가 조영되기 시작한다. 이는 굽타시대의 건축형식 중 주목되는 것이라 할 것이다. 굽타시대에는 불교에서도 불상을 모시는 고탑형식의 불전이 가람 중에서 가장 중요한 위치에 자리하고 있었던 것으로 보인다. 이 불전은 규모가 압도적으로 크고 형식도 복발형이 아닌 내부공간이 있는 방추형 고탑의 정사형식精舍形式을 하고 있다. 따라서 이들은 소위 옥수수 모양을 하고 그 내부가 위에 까지 막히지 않은 통간으로 되어 있다. 보드가야 대정사나 중세 힌두교사원의 주된 건물인 시카라(sikara)와 같은 커다란 양식적인 특징을 이루는 것이다.

1. 현 마하보디대탑
2. 쿰라하르 출토 봉헌판 스투파

고탑형 탑형부조

스투파	마하보디 테라코타 인장	쿰라하르 봉헌판	날란다 봉헌판
연대	A.D. 5~6세기	A.D. 5~6세기	A.D. 12세기
위치			인도국립박물관
수량	5	1	1
복발의 구형(%)	미상	80% 정도의 구형(상륜)	미상
드럼(기단)	-	-	-
난간	-	-	-
복발·드럼	-	-	-
하미카	-	-	-
산개, 산간	4(층급)	5(층급)	미상
사진			

현존하는 고탑형식의 대표적인 스투파는 보드가야대탑(혹은 정사)와 비타르가온(Bhitargaon)을 들 수 있다. 이는 힌두사원의 주요한 특징이라 할 수 있는 모습인 방형으로 고층화된 형식을 보인다. 고탑의 기원이 어디에서 비롯되었는지는 의문이 있으나 쿰라하르 출토 봉헌판이나 보드가야의 테라코타 인장의 예를 보면 불교사원의 고탑형 불전은 굽타시대에 본격적으로

1. 비타르가온의 벽돌건축
2. 힌두사원의 시카라

조영됐을 것으로 이해된다.

보드가야와 봉헌판의 사례만을 참조해보면 정확히 어느 시기, 어느 장소에서부터 이러한 고탑형식의 탑이 조영되었는지 명확하지 않다. 현존하는 고탑형식의 스투파 또한 북인도에서 중점적으로 나타나고 있어, 북인도에서만 지역적으로 발전된 형식일 수도 있다고 생각된다. 그러나 이는 간다라 양식에서부터 스투파가 점차 중층화, 고준화 되었으며, 점차 외부와 내부 공간을 고려한 건축형식이 반영되면서 감실과 다층 형식을 보였으므로, 북인도 지역만의 전혀 새로운 형식으로만 이해할 수는 없다. 즉 초기 스투파 양식에서 간다라 양식의 건축적 미의식이 반영되어 발전하면서 또한 힌두교라는 타 종교의 양식을 적극적으로 반영된 결과라고 생각할 수도 있다.

즉 굽타시대 인도의 주요 종교가 힌두교인 것 또한 큰 의미를 가진다. 힌두교의 다신사상과 모든 종교적 대상을 동시적으로 이해하는 힌두교리에 의해 힌두교는 인도의 중심적인 종교가 되었다. 불교에서도 이러한 사상이 크게 반영되었으며, 불교의 위기감이 점차 힌두교 조형 양식과 종교적 관념을 받아들일 수밖에 없었다. 이는 곧 건축형식과 불상의 조각 양식에서 큰 변화를 보이게 되고 불교와 힌두교가 혼재되는 것이 곧 밀교의 관념으로 나타날 수 있었으며, 건축에서는 고탑형식과 산치 제17사당과 같은 사원 형식으로 발전하게 된 것이 아닌가 추정된다.

■ 19세기 마하보디대탑

현존하는 초기 유구의 예로는 비타르가온(Bhitargaon) 벽돌건축을 들 수 있다. 이 건물은 5세기의 것으로 추정되는 굽타시대의 귀중한 고탑건축의 현존 예이다. 외벽의 3면에 장출목長出木을 설치하고 나머지 한쪽에 현관을 마련한 십자형평면으로 만들어졌

다. 현관에 전실前室을 두었고 성소聖所와는 볼트천장의 통로로 연결하고 있다. 전실과 성소도 방형평면으로 첨두형의 돔 천장을 가설하였고 입구에 아치를 이용한 이슬람기 이전의 돔 구조로 되어 있어 주목된다. 높은 기단 위에 높이 15미터가량이나 벽돌을 쌓아올리고 있다. 위쪽으로 올라갈수록 크기가 줄어들고 있어 시카라건축의 원형을 이루고 있다.[79] 이처럼 굽타시대에는 보드가야나 사르나트에서도 불상을 모신 커다란 고탑이 건립되어 가람중에서 가장 중요한 위치를 차지하고 있었던 것을 알 수 있다. 이 형식의 발달은 건축소재의 변화 때문이기도 한데, 6세기에 들어서면서 건축형식에서 벽돌의 중요성이 인식되면서 점차 석재가 가치 있는 재료로 취급되었다. 이러한 건축 중 가장 이른 시기의 힌두사원으로는 500년경 인도 중부에 세워진 데오가르(Deogarh)사원을 들 수 있다.[80]

가장 전형적인 고탑형으로는 마하보디사원의 보드가야 대탑이다. 부처가 깨달음을 얻은 곳인 보드가야(Bodh Gaya, 佛陀伽耶)에 마하보디 사원이 있다. 그 앞에는 높다란 보드가야대탑이 세워져 있다. 아소카왕이 세운 것이라 전해지나 나중에 여러 번 개보수를 거쳤기 때문에 원래의 모습을 잃었다. 이 사원은 요즘도 세계 각국의 순례객과 수행을 하는 자들로 붐빈다. 과거 보드가야에 대한 실증적 자료로서는 7세기 전반 현장의 여행기『대당서역기』에 언급되어 있어 알 수 있다. "보리수의 동쪽에 정사가 있고, 높이 160내지, 170척"이라고 기록하고 있는 것으로 보아 보드가야의 고탑은 6세기에는 건립되어 있었던 것이라고 추정된다. 그러나 5세기 초 인도여행기인 고승 법현전法顯傳에는 이 고탑에 대한 언급이 없어서 이때까지는 아직 고탑이 없었지 않았나 하는 추정도 가능하다. 불교성지 보드가야의 유적은 불교 초기부터 있었던 장소이지만 현재의 보드가야 스투파는 스투파형식으로 보기 어려운 타워형이어서 흔히 보드가야 비하라佛陀伽耶精舍라고 불리고 있어서 오히려 불전, 혹은 정사라고 하는 것이 적절할 것으로 보인다.

파트나 근교의 쿰라하르(Kumrahar)에서 출토된 점토제 봉헌판에 부조된 고탑의 모습은 보드가야정사를 모사한 것으로 보인다.[81] 보드가야의 현존하는 대탑은 19세기에 대대적인 보수가 이루어졌으므로 원래의 모습으로 보긴 어렵지만, 수리 이전에는 네 모퉁이에 있는 작은 탑은 흔적을 찾을 수

[79] 미야지 아키라, 전게서, p.189.
[80] 비드야 데헤자, 이숙희역,『인도미술』, 한길아트, 2001, p.143.
[81] 이 봉헌판의 제작연대는 불분명하지만 굽타시대의 것으로 생각된다.

1. 소형불당, 날란다, 9세기
2. 보드가야대탑과 유사한 사르나트의 대탑 복원도

가 없고 중앙의 고탑도 세부적으로는 현재 상태와는 사뭇 다른 모습이다. 장방형의 대臺 위 중앙에 고탑을 두었고 네 모퉁이에는 작은 소탑을 세워 대의 중심에는 불상을 모시는 실이나 계단실이 마련되어 있다. 현장은 '아래 기단의 넓이는 20여 보, 첩에는 파란벽돌을 쌓았고 석회를 바르고 감실에는 모두 불상이 있다'라고 기록하고 있다. 5층으로 이루어진 건축 구조의 정상에는 스투파 형태의 작은 상륜이 놓여 있고 각 층에 다수의 아치가 늘어서 있으며, 최하층의 대형 아치에는 불좌상이 봉안되어 있다. 전반적 상황을 고려하면 보드가야의 현재 고탑은 5~6세기에 건립된 것으로 보여지며 아마 그 이전에 목조 혹은 벽돌조의 고탑형 건축이 있었는데, 법현이 이곳을 방문하였을 때에는 손괴가 되어 없어졌을 것으로 추정된다.

한편 이와 같은 고탑형식은 초전법륜지인 중인도의 사르나트에서도 건립되었음이 발굴된 유구나 현장법사의 기술로 보아 확인된다. 사르나트의 고탑유구는 약 20m의 방형평면으로 동쪽에 출입구를 내고 그 외의 세 방위에는 중앙부에 장출목長出木을 설치하여 각각 밖에서 예배하는 사당으로 되어 있다. 현장은 "커다란 담장 안에 높이 2백여 척의 정사가 있다. 위에는 황금으로 조각된 아마라카[82]가 제작되어 있다. 돌로 기단과 계단을 만들고, 벽돌로 다층의 감이 제작되어 있다."라고[83] 기록하였으며, 이어 정사 안에는 전법륜 모습의 불상이 있다고 서술하고 있다. 이 고탑은 이 지역 출

82 Amalaka란 북방형식 힌두교신전의 sikara정상에 올려 있는 연꽃 모양의 장식을 말한다.
83 水谷眞成譯, 玄奘, 『大唐西域記』, 中國古典文學大系22, 平凡社, 1971.

1. 사르나트의 다메크스투파
2. 다메크스투파의 다양한 문양

토의 비명碑銘에서 물라간다쿠티根本香堂라고 불려진 것으로 보아, 굽타시대의 건물이라 생각된다.

이러한 고탑 외에도 사르나트에 있는 몇몇의 스투파가 주목된다. 이곳은 부처가 처음으로 말씀을 전한 곳으로 부다가야에 못지않은 성지이다. 아소카왕 시대에 창건되었고, 그 후 여러 차례의 증축을 거친 다르마라지카 대탑은 원형의 기단부가 남아 있을 뿐이다. 또 하나의 대탑인 다메크스투파는 상부가 붕괴되었기 때문에 어색한 외관을 나타내지만, 높고 큰 원통형의 기단부와 복발형 고동부가 잘 남아 있다. 하반부는 석조의 화려한 연화당초문과 기하학문을 부조하고 있다. 또 다르마라지카 대탑과 앞서 말한 고탑형식인 불전 근본향당의 주위에는 벽돌로 쌓은 다수의 봉헌용 소탑군이 전하고

84 A. Cunningham, *Mahabodhi or the great Buddhist temple under the Bodhi tree at Buddha-Gaya*, 1892, 이주형, 인도의 불교미술, 인도국립박물관 소장품전, 한국국제교류재단, p.133~134. '날란다 봉헌판' 도판 인용, 연기법송의 두 구절을 찍은 테라코타 인장들이 스투파 안에서 다수 발견되어 구법승 義淨이 보았다는 법신사리 공양 풍습을 반영한다. 봉헌판의 용도는 불명하나 공덕을 쌓기 위해 봉헌한 것이라 본다.

있다. 이들은 굽타시대부터 일반 신도들에 의해서 조성된 것으로 당시의 스투파 건립의 양상을 엿볼 수 있다.

한편 마하보디사원의 테라코타 인장과 날란다 대학의 봉헌판[84] 등의 탑형부조가 다수 발견되어 굽타시대 고탑건축의 모습을 설명하는 데 더욱 설득력을 가진다. 테라코타 인장은 형태와 양식상 현 마하보디사원과 유사한 형식을 보이고 있고 날란다 대학 봉헌판과 9세기의 소형불당형 봉헌물에서도 유사한 스투파형식을 보이고 있다. 이러한 전개는 아잔타의 탑형 불전부조와 유사하지만 양식적으로 크게 진전된 것이라 할 수 있다.

이렇듯 급진전하는 불탑건축의 양식 변화는 서부 석굴사원과 북인도의 문화적 차이도 있겠으며, 힌두사원 건축의 영향과 함께 신앙의 중심이 불상으로 이행되면서 스투파형식은 상부에 작은 복발로 대체되는 상징적인 형식으로 변화된 것이 아닌가 하는 추정이 가능하다. 그러나 마하보디의 테라코타 인장에서 보이듯이 고탑부조와 함께 주변으로 불감이 없는 고준해진 다층의 스투파 유형이 보이고 있어 점차 부도와 같은 봉헌용 소탑을 표현한 것으로 생각되며, 다층의 세장해진 양식으로 변모하고 있다.

그러나 이와 같은 고탑형식의 불전은 한정된 성지에서만 건립되었던 것 같고, 일반적으로 불교에 있어서 중심은 기존의 복발형 스투파였을 것으로 보인다. 굽타시대에도 각지의 불적에 다수의 스투파가 조영되었지만 지금은 거의 남아 있지 않다. 구자라트의 데브니모리(Devnimori, 4세기 말)와

■ 1. 스리랑카의 사트마할프라사다
2. 태국 초기 프랑형불탑 Wat Si Sawai

신드(Sind)의 미르푸르하스 대탑(5~6세기)은 발굴에 의해 그 전모가 비교적 명확하게 드러난 예이다.

특히 이러한 고탑형 불전은 후대에 크메르제국에 영향을 주었고, 다시 태국의 중·북부지역인 아유타야와 수코타이 불교사원에도 나타나게 되었다. 이를 프랑(Prang)이라고 한다. 뿐만 아니라 미얀마에 까지도 내부공간이 있는 고탑형 불전 Pato나, 혹은 내부공간이 없는 파라미드형인 고탑형식이 종종 보인다. 아주 드문 예이지만 스리랑카의 사트마할프라사다도 유사한 불탑의 예이다.

제6장

탑형부조에 나타난 인도불탑의 변모 양상

평지사원에 나타난 탑형부조
석굴사원에 나타난 탑형부조

탑형 부조에 나타난
인도불탑의 변모 양상

평지사원에 나타난 탑형塔形 부조浮彫[1]

불교는 인도를 포함하여 스리랑카, 인도네시아, 중국과 한국, 일본 등 동아시아의 다양한 나라에 영향력을 미쳤으며, 각 나라에 상이하게 존재하는 전통문화와 습합하면서 발전하였다. 이렇듯 각각의 지역적 특색과 문화적 차이점을 보이고 있지만 전통적인 문화와 불교사상이 접목되면서 세계종교적인 성격의 문화적 동질성을 확보하고 있다.

인도미술의 연구는 전체를 대상으로 광범위하고 개설적인 설명을 하는 것과 일부 관심주제에 집중하여 심도 있게 접근하는 연구가 주를 이루고 있다. 물론 19세기 말부터 20세기 초의 영국식민지시대 탐험과 20세기 이후 서양학자와 일본학자들에 의해 다각도에서 심층적인 연구가 이뤄졌다.[2] 이러한 연구들은 통시적 관점에서 접근하고 있는 것이 대부분이지만, 연구 대상에 있어 세부적이면서 객관성을 띤 연구도 다양하게 이뤄지고 있다. 방대한 인도 문화예술의 단편에 대해 내용적으로는 미술과 건축 전반에 대한 역사적 전개나 종교문화가 주를 이루고 있으며, 구체적으로 사상과 문화를 이해하면서 기술하고 있다.

평지사원[3]에서 나타난 탑형부조[4] 연구는 일반적으로 불교미술, 건축에 걸쳐 통시적 관점에서 설명되는 초기 스투파와 스투파의 세부적 전개와 변

---

[1] 본서에서 평지사원이라 함은 석굴사원에 대비되는 말로 대부분 평지이나 부분적으로는 구릉에 위치한 경우도 있음. 본장은 김준오, 천득염의 인도 평지사원 탑형부조 연구, 건축역사연구, 제20권 4호를 근거로 재구성 하였음.

[2] 19세기 초기 연구로는 Alexan der Cunningham, *Mahabodhi or the great Buddhist temple under the Bodhi tree at Buddha-Gaya*(1892), James Furgusson, *History of Indian and Eastern Architecture* (1981)을 대표할 수 있으며, 근대기는 Percy Brown, *Indian Architecture*(1956), Adrian Snodgrass, *The Symbolism of the Stupa*, Christopher Tadgell, *The History of Architecture in India*, Benjamin Rowland, 『인도미술사』(2004 재판), Dietrich Seckel, 『불교미술』(2007 재판)을 들 수 있다. 일본학자로는 미야지 아키라, 『인도미술사』(2006), 마츠바라 사브로, 『동양미술사』(2009)를 들 수 있다.

[3] '평지사원' 명칭은 일반적으로 통용되지 않고 있다. 다수의 문헌을 참고하였을 때 '평지사원' 보다는 '사원'과 '스투파' 라는 명칭이 주를 이루고 있어, 이는 사원권역에 한정된 표현이라 할 수 있다. 특히 이후의 연구하게 될 '석굴사원' 의 연구에서 사원형식과 배치, 내재하는 의미에서 차이를 보이고 있어 명칭의 분류가 필요하다.

화과정을 함께 살펴볼 수 있다. 불교의 생성된 배경에서부터 현대에 이르기까지의 스투파 연구를 보면 전반적으로 유형의 분류와 변화, 전래양상에 대한 기술이 주를 이루고 있다. 이는 2,500여 년의 역사를 가지고 있는 불교 스투파의 시원형태에 대한 연구가 단편적인 분류와 개설적인 차원에 그치고 있어 일반사원의 탑문, 난간, 벽체에 부착된 봉헌용 탑형부조를 통해 각 스투파 간의 이해의 간극을 좁히고, 구체적으로 대상이 변화, 적용되는 과정에 대한 연구의 필요성이 요구되었다. 이러한 탑형부조는 유물로서의 자체적인 중요성과 함께 각 유구에서 출토, 발굴된 부조 양식 또한 각 시대적 양상을 반영하므로 세부적 양식전개의 이해를 위해 중요한 위치를 가진다.

뿐만아니라 인도 불교의 다양한 연구에 의해 조사된 방대한 자료를 종합하였을 때 공통분모로서 하나의 흐름을 파악할 수 있을 것이나, 각 대상에서의 시대별, 양식별로 구체적인 흐름을 파악하는 데 한계가 있다. 그러므로 일반사원 스투파와 함께 탑형부조 연구를 통해 유형의 분류와 전개, 변화 양상에 대한 새로운 시각에서의 접근이 가능하다. 그나마 근래 들어 인도의 시원스투파와 불교석굴사원, 불교미술에 대한 연구[5]가 다각도에서 진행되고 있어 중국 불탑과 함께 한국 불탑을 연구, 이해하는 데 중요한 연계성을 가진다.

인도 불교스투파의 시원이라 할 수 있는 근본팔탑은 설화적인 존재라 할 수 있으며, 구체적인 스투파의 건립은 부처 열반 후 300여 년이 경과한 아소카왕 시대에 이루어졌다. 이 또한 대부분 파괴, 멸실되어 당대의 스투파는 그 자취를 찾기 어려운 실정이다. 또한 산치 제1스투파의 경우도 최초 아소카왕 시기에 건립되었지만 후대에 확장되거나 기존에 사용된 벽돌이 마멸되면서 보다 영구적이며 지속가능한 석재를 이용해 증축되고 변형되어, 현재는 시원적 형태를 찾아보기 힘들다. 그러므로 구체적인 스투파의 시원적 형태와 의미를 파악하기 위해 완전하지는 않지만 고식의 형태가 남아 있는 산치, 아마라바티, 나가르주나콘다 등의 탑문, 난간, 벽체 등에 남아 있는 탑형부조를 통해 스투파의 변화와 양식적 전개를 파악할 수 있을 것이다. 또한 인도 전역의 폐사지 유구의 다양한 탑형부조 중 고탑형식을 보이는 날란다사원, 마하보디사원의 부조를 포함하여 살펴봐야 한다. 따라

---

4 탑형(塔形) 부조(浮彫)의 명칭은 석재, 목재 등에 표현되는 '스투파를 표현한 부조'를 의미한다. 인도의 탑을 '스투파'라 하고 '탑'과 같은 의미이므로 서양인에 의해 정의된 Relief Stupa를 의미한다. 또한 '스투파'와 '탑형부조' 용어의 혼재된 사용은 명칭의 이해에 혼란을 야기할 수도 있다. 이미 앞서 연구된 저자의 「용문석굴 탑형부조 연구」(2011)에서는 '탑형 부조'라 칭하였으나, 명칭이 불합리한 것으로 판단되어 '탑형 부조'라는 명칭을 사용한다.

5 먼저 서양인이 저술한 다양한 양서와 함께 일본학자들의 서적이 출간되고 번역되었으며, 논저로는 천득염의 「인도시원불탑의 시원과 전개」(1993), 「간다라의 불탑형식」(1994)에서 인도 불탑의 형식적 전개에 대해 연구되었으며, 이희봉은 「탑의 원조 인도 스투파의 형태 해석」(2009)을 통해 보다 세부적인 형태를 분류하고 있다. 불교미술은 이주형을 대표할 수 있으며, 「불상의 기원」(1996), 「쿠마라스와미의 불상기원론」(1998), 「인도 초기 불교미술의 불상관」(2001)에서 대부분 불상의 시원과 발전과정에 대한 연구가 다수이다.

서 본장에서는 평지사원으로 한정하였으며 대상으로는 일반사원 탑형부조의 50기와 후기 양식의 고탑형식을 보이는 탑형부조 4기를 포함하여 54기에 한정한다.

인도 불교의 스투파 연구는 초기 일반사원 스투파와 인도 전역에 산재하는 파괴된 사원 등이 주요 대상이 되고 있다. 그러므로 연구의 대상인 탑형부조[6]를 집중적으로 관찰, 조사할 수 있는 초기적인 형태를 지닌 산치스투파를 포함하는 초기 일반사원 스투파와 함께 1~2세기 후대의 것으로 남인도에 분포되어 있는 일반사원을 주요 대상으로 하였다. 그리고 인도의 방대한 지역에 대한 답사가 어렵고, 해외로 반출되어 쉽게 접할 수 없는 탑형부조에 대해서는 기존 연구된 사료와 도판을 통해 부족한 부분에 대한 분석과 해석을 할 수 밖에 없었다.

인도 탑형부조의 상징과 유형

인도의 부조로 된 스투파는 언제부터 조영되어졌으며 내포하고 있는 그 의미에 대한 근본적인 고찰을 위해서는 역사적인 맥락에서의 사상적 배경과, 변화과정, 양식적 특징에 대한 이해를 필요로 한다.

스투파는 열반, 보리수는 깨달음, 법륜은 불교의 진리와 전파로서 불佛, 법法, 승僧의 삼보三寶를 뜻하는 것이다. 이러한 상징물들은 단독이나 다수의 개체가 함께 표현되는데 공양하는 사람의 불심을 표현하고자 하였다.[7] 그리고 불교가 전개되는 전시기에 걸쳐 상징적인 조영이 이뤄지는데, A.D. 1세기를 전후[8]로 하여 간다라, 마투라미술의 특징인 불상과 사상이 신앙적 대상으로 구체화되기 시작하는 시기에도 스투파에 의한 부처의 표현은 지속적으로 사용됐다.

사리가 안치된 스투파와 함께 탑형부조는 부처와 법을 상징적으로 나타내는 것으로, 평면 공간에 부처의 법을 표현한 것이다. 주요 테마는 신앙적 대상이 되는 부처의 생애 전반에 대한 모든 요소들을 표현하고 있는데, 불교 이전부터 전통적으로 이어온 사상과 풍습, 종교가 습합[9]되면서 다양한 상징적 요소가 동시적으로 표현된다. 구체적으로 풍요와 상서로움을 기원하는 각종 동식물의 문양이나 물의 신인 나가(Naga)와 풍요를 상징하는 약

---

6 '일반사원'을 비롯하여 '석굴사원', '탑형부조'에 사용되는 각 부분의 명칭은 일반적으로 통용되어지는 용어를 사용한다. 이희봉은 「탑 용어에 대한 근본 고찰 및 제안」, 2010. 을 통해 기존에 사용되는 탑 부재의 명칭이 현대적 의미와 상통하지 않으므로 용어의 대체와 변용을 제안하였으나, 현재 용어에 대한 검증이 되지 않고 있어 한국 탑 용어에 대한 근본적인 고찰은 이후의 연구에서 정의될 것으로 기대된다. 그러나 일반적으로 미정의 된 '드럼'과 같은 용어에서는 이희봉에 의해 정의된 명칭을 그대로 사용한다.

7 이렇듯 부처를 표현하지 않는 전통은 숭가왕조, 사타바하나왕조의 인도 고대에서 지속적으로 사용된 방식이다. 주된 이유로 부처는 열반에 이른 존재로서 인간의 모습으로는 표현할 수 없다는 의식에 의한 것이라 할 수 있다. 특히 부조미술에서의 초기적 형태는 보리수의 표현으로 직접적 신앙의 대상인 부처의 형상을 의인화하고 있으며, 이후 법륜, 스투파, 불족적 등 부처와 관련된 대상들이 이용된다.

8 A.D. 1세기 이전을 일반적으로 '無佛像時代'라 칭한다.

9 Benjamin Rowland, 『인도미술사』, 예경, 2007, p.45. 인도의 초기 종교는 先住民들의 드라비다 계통과 베다를 가지고 인도에 유입한 아리아인 계통으로 대별된다. 드라비다인들은 남근과 지모신을 숭배하였고 추상보다 구체적 대상의 신상을 숭배하였다. 이러한 전통신에 대한 숭배와 관습은 후에 불교와 힌두교의 神觀에 흡수되었다. 드라비다 계통의 종교는 장소와 관련된 신들, 수호신, 자연신을 인격화하였다.

1. 보리수 상징 부조
2. 산치 북문 기둥, 죽림정사의 설법 부조

샤(Yaksa), 약시(Yakshi) 등의 토속신[10]을 포함하고 있으며, 부처의 해탈과 마지막 재세기의 행적을 기리기 위한 보리수와 스투파 공양 장면 등이 다양하게 표현되고 있다. 이 주제들은 대부분 승가와 공양자들의 불심을 표현하고자 하는 것으로 개인의 복과 안녕, 해탈을 염원하는 일반 대중들의 부처에 대한 공경표현의 하나라 할 수 있다. 그러므로 이를 기념하고 의미를 부여하기 위해 본격적으로 탑문, 울타리, 석굴사원의 부조와 회화 등에 다양한 양상으로 표현되었다.

그리고 초기 불교미술의 특징으로는 아이콘의 배제라 할 수 있다. 부처는 무한의 해탈과 열반에 든 존재로서 인간적인 형상으로 표현될 수 없는 대상으로 인식되었으며, 단지 상징만으로 그 존재가 암시되어야 한다는 사상이 반영된 것이다.[11]

이러한 아이콘의 배제는 석가를 대체하는 상징적인 도상의 표현으로 나타난다. 초기에는 주요 신앙 대상인 부처 표현의 필요성이 없었으므로 진신사리가 모셔진 스투파를 중심으로 개인적으로 선정수행 하였으나, 점차 승가의 규모와 불자가 증가하면서 인지할 수 있는 구체적인 신앙 대상과 다양한 상징물이 필요하게 되었다. 그러나 교리 상 본질적으로 부처를 본뜬 인간의 형상을 금하였으므로, 이를 대신할 수 있는 상징적 대상이 되는 물건과 행적, 즉 부처가 행하고 즐겨 사용하던 구체적 대상으로 대리만족하게 된다. 이러한 대상으로 불족적, 해탈의 나무인 보리수, 손톱, 머리카락 등의

---

10 이들은 불교 이전부터 토속적으로 신앙되어오던 신으로 부처의 설법에 감화하여 귀의한 자연신이다. 이는 단지 불교교리에 의해 불교미술이 이뤄진 것이 아닌 다양한 문화와 전통이 불교와 습합되어졌음을 알 수 있다. 이러한 약샤와 약시는 후에 한국에서 수문신으로 표현된다. 약샤는 나무의 신으로 지하에 묻힌 광물들을 지키는 신이며, 부와 풍요를 가져오는 신이다. 약샤와 한 쌍으로 등장하는 약시는 나무를 비롯한 식물의 생장을 도와주는 풍요의 신이다. 나가는 물의 신으로써 커다란 코브라의 후드를 머리 뒤에 지닌 蛇神이다.

11 Dietrich Seckel, 『불교미술』, 예경, 2007, p.35.

구체적인 형태나 탄생, 입멸, 설법과 연계된 장소, 그리고 교리, 설법의 실제적 재현인 법륜과 같은 대상으로 확대된다. 이러한 상징적 도상의 발전은 다양하게 남아 있는 초기 스투파의 서사부조에 직접적으로 표현되어 있다. 그러면서 점차 불심이 극진한 신자와 경제적 지원에 의해 스투파나 사원의 봉헌물로서 건축과 조각들이 부가되었다.

초기 스투파는 간략한 분묘 성격의 복발에 의한 구성을 가지고 있었으며, 부가적으로 출입을 통제하는 문과 목조 울타리가 쳐졌다. 이후 스투파 조영의 주재료인 흙과 벽돌, 목부재라는 물성의 한계적 특성에 의해 점차 석재로 대체되면서 본격적으로 봉헌의 성격을 가지고 상징적 도상이 부가되었다. 이러한 봉헌물은 탑문과 울타리, 석굴사원에서 많은 명문이 남아 있어 공양자의 이름과 배경, 공양내용에 대한 설명에 의해 각각의 시대적 연관성을 이해할 수 있다. 스투파 조영활동은 초기의 아소카왕에서부터 카니슈카왕에 의해 지속되고, 짐차 왕권과 귀족세력에 의해, 그리고 일반 재가신자와 재력가들에 의해 다수의 봉헌스투파와 공양물이 봉헌된다.

스투파는 본질적으로 부처의 사리를 봉안하기 위한 분묘로서 부장의 성격을 가지는 건조물이다. 그러나 이러한 근본적인 성격과 함께 중요한 인물이나 장소를 기념하기 위해 세워지기도 한다.[12] 대상 인물은 석존과 같이 깨달음을 얻은 선각자가 중심이 되며, 사회적으로 존경의 대상이 되는 선승에 대한 예우로서 부도와 같이 작은 분묘적인 성격을 가지는 소형의 봉헌스투파로 행적을 기리기도 한다. 또한 부처의 행적을 기려 상징적이면서 교훈적인 장소에 대해서도 스투파 조영[13]이 이뤄졌다. 특히 부처의 반열반 이후 생전의 행적이나 장소에 대한 중요성을 기념하기 위해 세워지기도 하는데, 북인도의 4대 성지나 8대 성지에서 이러한 예들이 다수 보이고 있다. 5세기의 『법현전法顯傳』과 7세기 현장의 『대당서역기』와 같은 여행기에서도 선승이나 교훈적 이야기, 살신성인을 기리기 위해 도처에 봉헌스투파가 지속적으로 조영되었음이 기록되어 있다. 이러한 조영의식은 평지사원의 봉헌스투파, 부도, 석굴사원의 차이티야스투파 예에서도 동시에 적용되어 나타나는 성격으로, 후대의 동아시아 전역에 영향을 미치며 지속적으로 조영되는 스투파에 반영된다. 그리고 이후 신앙의 중심이 되는 불과 함께, 법, 경에

12 Dietrich Seckel, 전게서, p.34.
13 이러한 유형의 상징성은 석굴사원에서도 유사하게 나타나는데, 석굴사원 중앙에 스투파가 위치하나 정작 중심 스투파에서는 사리가 존재하지 않는 특징이 보인다.

대한 것으로 대체되기도 한다.

각 개인에 의해 봉헌된 도상이나 조각은 부처의 본질적인 상징과 함께 행적을 기리기 위해 표현한 불심공양의 행위이므로 탑형부조의 내용은 석존의 본생담이나 마지막 생의 행적과 교훈, 설법에 대한 것이 주가 된다. 이러한 행적의 도상표현은 부조와 회화 등에서 다양하게 나타나는데 각각의 스투파 봉헌이 내포하는 의미는 이를 통해 숭고한 대상의 찬양과 흠모, 개인의 복덕, 안녕, 그리고 깨달음을 얻고자 한 것이다. 특히 탑문, 난간에 나타나는 탑형부조는 다수가 동시적으로 표현되고 있는데, 하나의 탑문에서도 다양한 서사적 이야기가 전개되고 있고 각각의 이야기는 표현 대상에서 각기 다른 독립적인 스투파를 표현하고 있어 내포하는 상징적 의미 또한 차이를 보인다.

이러한 사상적 배경을 토대로 일반사원 스투파에 나타난 탑형부조의 형식적 이해와 변화추이를 파악할 수 있을 것이다. 그러나 건축적 특징과 양식 변화, 도상의 특징은 장소성과 대상별로 상징의 차이점이 존재할 것이므로 이를 감안해서 해석해야 할 것이다.

봉헌스투파와 탑형부조

탑형부조는 스투파형식의 기능에 따른 분류[14]에서 봉헌용탑 奉獻用塔 (Votive Stupa)이라 할 수 있다. 이 스투파형식은 주 스투파 주변이나 사원 내에 봉헌된 것을 말한다. 형태상으로는 다양한 형식을 보이는데, 각각의 사원과 스투파가 조성된 시기에 함께 봉헌된 것과 지속적으로 사원이 번창하고 증축되면서 후대에 부가된 것을 포함하며, 사원, 석굴의 창사에서 폐사될 때까지 지속적으로 조영되었다.[15] 이렇듯 지속적인 조영에 의한 시대적 양상은 탑형부조에서 도출할 수 있는 스투파 형태의 변화과정을 구체적으로 살펴볼 수 있는 사례라 할 수 있다. 봉헌스투파의 종류는 형식의 기능분류와 어느 정도 동질적인 요소를 보이면서 크게 3가지로 세분[16]할 수 있다. 첫째 일반사원 스투파 주변에서 보이는 소형스투파, 둘째 석굴사원의 스투파, 셋째 휴대용 점토제 소형스투파나 청동에 조각된 부조를 들 수 있다.

그러나 각 대상별 봉헌스투파에서도 위치나 의미상으로 보았을 때 다시

---

14 천득염, 「간다라의 불탑형식」, 『대한건축학회논문집』, 10권 6호 통권 68호, 1994, p.112. 탑형식의 기능에 따른 분류는 복발형 노탑(Classical Cupola Stupa), 봉헌용탑(Votive Stupa, 봉헌용 소형스투파), 粘土製 小塔(Clay Model Stupa & Terracotta Stupa), 基壇의 塔形浮彫(Relief Stupa on Podium), 岩壁의 塔壁畵(Relief Stupa on Rock)로 나누고 있다.

15 천득염, 앞의 논문, p.113~114.

16 이희봉은 탑형부조에 대해 계열별로 탑문 장식 부조, 스투파 드럼 판석 부조, 석굴외부, 내부 부가 부조, 석굴 비하라 중심 숭배 부조, 차이티야 기둥 부조로 나누고 있다. 이에 본서에서는 계열별, 대상별로 구분하여 세부적인 요소와 특성까지 적용하여 세분하고자 하였다. - 이희봉, 「탑의 원조 인도 스투파의 형태 해석」, 『건축역사연구』, 2009, p.110~112.

표1. 일반사원 스투파의 봉헌용 스투파

종류	스투파 주변 스투파		탑문, 난간의 스투파 조각	
사례	마하보디사원	날란다대학의 사원	산치 제1스투파 탑문부조	산치 제2스투파 난간부조

대상과 조영방법, 형식, 기능에 따라 계열별로 여러 형태와 종류로 나타난다. 먼저 일반사원 스투파〈표 1〉는 중심 스투파 주변이나 사원 내에 봉헌된 소형 스투파와 탑문, 난간, 벽체에 조각되는 것이 있다. 중심 스투파 주변으로 봉헌된 소형스투파는 대부분 환조형을 띠는 것으로 시원적인 복발형을 기본으로 하고 있다. 이후 원형기단에서는 간다라 양식과 절충된 방형기단으로 된 소형스투파이나 불상의 도입과 함께 복발의 중요성이 약화되면서 나타난다. 간다라 스투피형식과 후기의 건축적 양식이 반영되고 불감과 불상을 안치하면서 나타나는 고층형스투파, 복발과 사리기가 변화되어 부도의 형태를 보이는 종형스투파 등 다양한 형식으로 조영된다. 그리고 일반사원의 탑문, 난간, 기단에서도 봉헌용 탑형부조가 조영된다. 이들은 대부분 초기 스투파 형태인 복발형으로 도상의 표현에서 단순드럼과 탑문, 난간 등의 장식적 요소로 되어 있다. 이러한 일반사원의 봉헌스투파는 주 스투파를 중심으로 경내에 지속적으로 부가되면서 하나의 사원을 이루는 요소가 된다.

석굴사원의 봉헌스투파〈표 2〉는 다양한 위치에서 조영된다. 크게 차이티야와 비하라로 대분할 수 있으며, 각각의 공간에서도 위치에 따라 다양한 형

표2. 석굴사원의 봉헌용 스투파

종류	차이티야당			비하라굴		
사례	카를리 중심 스투파	아잔타 9굴 정면 입구	카를리 내부 열주 상단	담나르 13굴 내부 스투파	판둘레나 내부 벽면 부조	콘다네 베란다 장식부조

태를 보인다. 먼저 석굴사원의 가장 중요한 위치를 가지는 차이티야의 봉헌 스투파 표현은 내부의 중심 스투파[17]와 전면 facade에 해당하는 아치형 입구와 장미창 주변에 부감된 것, 베란다 입구 상부와 각 벽면에 장식적으로 부가되고 봉헌된 것, 차이티야 내부 기둥과 벽면, 그리고 채색에 의한 회화적 표현 등이 있다. 이어 비하라에서도 여러 형태의 봉헌스투파를 볼 수 있다. 비하라 내부 전면에 예불용으로 조성된 탑형부조와 차이티야 양식이 적용되고 발전한 굴 중앙의 환조형을 가진 스투파, 내외부 벽면에 부가된 스투파, 석굴과 석굴 사이의 암벽에 불감을 조성하여 탑형부조를 안치한 것, 대형 비하라 전실공간의 기둥 장식, 내부 벽면 불감 안에 불상과 함께 봉헌된 것 등을 들 수 있다. 이러한 계열별 분류는 오랜 기간에 걸쳐 조영되었으므로 일반사원 스투파와 달리 형태와 시대별로 소분되는 차이를 보인다.

다음으로 점토제 소형스투파와 청동 탑형부조〈표 3〉는 스투파나 사원 벽면에 부가되거나 휴대용 예배물로 이용된 것을 말한다. 점토제 소형스투파의 경우 재료적인 특징에 의해 지속적인 유지, 관리가 어렵고 파괴되기 쉬운 것으로 실례가 많지 않다. 그리고 청동에 의한 소형스투파와 불상부조가 지속적으로 제작되었으나, 휴대용과 사원이나 개인의 예불용인 환조형태가 주로 남아 있다. 그러나 후대로 가면서 주 예배의 대상이 불상으로 옮겨가고 스투파의 중요성이 약화되면서 휴대용 봉헌 소형스투파의 비중이 작아진다.

초기의 일반사원 스투파는 대부분 파괴, 변형, 보수되면서 최초 원형의 형태를 알 수 없으며, 전체적인 형태를 통해 추측, 분석되고 있다. 그러므로

표3. 점토제 소형스투파와 청동 봉헌용 스투파

종류	점토제 소형스투파	청동 봉헌용 스투파
사례	마하보디사원, 산치 봉헌스투파	간다라지역 청동 봉헌스투파

17 차이티야 중심 스투파는 사리 유구와 같은 3寶와 관련된 유물이 발견되지 않았으므로 봉헌용 스투파로 보는 견해가 타당하다고 본다. 그러나 바자석굴의 외부 스투파와 피탈코라석굴에서는 복발부에 방형의 구멍이 파여 사리장치의 구조로 볼 수 있으나 상부의 하미카와 산간을 결구하기 위한 것으로 본다.

초기 일반사원의 탑문과 난간에 조각된 봉헌용 탑형부조는 현존하는 일반사원 스투파의 원형을 가늠할 수 있는 중요한 척도가 된다. 탑형부조의 봉헌용도는 탑문, 난간의 부조와 석굴사원의 탑형부조에서 의미상 차이가 없으나 조성된 공간적 특수성이 반영되어야 한다. 탑문과 난간의 탑형부조는 진신사리나 삼보가 모셔진 일반사원 스투파의 형태와 형식을 어느 정도 반영하고 있을 것으로 생각된다. 반면 석굴사원의 스투파는 암벽 전체를 통으로 조각한 것이고, 내부에 사리를 안치하지 않은 봉헌스투파로서의 의미상 차이를 보인다. 그러므로 이러한 일반사원과 석굴사원의 탑형부조 연구는 비록 스투파에 사리가 존재하지 않지만 초기의 스투파형식을 그대로 따르고 있을 것으로 생각되며, 당시의 건축양식이 반영되면서 세부적으로 표현할 수 있는 최적의 대상이라 할 수 있다.

형태적인 변화에 대한 적용은 기단형식에서 보이는 드럼의 단순형태와 방형의 도입 이후 2, 3단의 변화과정, 숭배 대상을 부각시키는 연화죄의 도입에서 반영된 고준화 양상을 보인다. 이에 따라 방형의 건축적 공간에 불감과 불상이 도입되면서 스투파와 불상이 동시적으로 조영되고 있다. 결국 복발의 강조와 중요성에 의한 크기와 형태적 변화, 그리고 상륜부의 산개, 산간에서의 양식적 특징과 층수의 변화, 하미카의 층수와 변용에서 나타나는 특징을 볼 수 있다. 또한 부조의 표현에서 복발과 산개, 난간, 탑문에서 보이는 조각상의 장식적 배치와 술과 번, 매듭 같은 장식적 요소의 도입 등을 들 수 있다.

평지사원의 탑형부조

본서에서 탑형 부조의 시대 구분은 크게 2기로 나눌 수 있다. 우선 첫번째 시기는 아소카왕 시대 이후부터 숭가왕조, 사타바하나왕조의 고대 초기(B.C. 3~1세기경)와 카니슈카왕의 통치로 간다라미술과 마투라 지역 미술이 급진전하는 변화기의 고대 중기를 하나의 범주로 포함하였다. 그리고 나서 두번째 시기는 굽타시대 이후의 침체기를 거쳐 불교미술이 다시 흥기하는 중세기(A.D. 4~11세기)와 불교가 점차 소멸해가는 쇠퇴기를 포함하는 시기를 후기로 하여 2기로 나누어서 탑형부조 유형을 분석하였다.

■ 바르후트 약샤 난간부조(B.C. 2세기)

평지에 자리한 일반사원 스투파는 지속적인 개보수를 거쳤기 때문에 조영 당시의 스투파형식과 형태를 세부적으로 이해하기 어려우므로 석굴사원 내·외부의 스투파와 탑형부조나 일반사원의 탑문, 난간, 벽체 등의 유구에 다양하게 조각된 탑형부조를 통해 가늠해 볼 수 있다. 먼저 탑문과 난간의 형태를 보았을 때, 현존 스투파들은 모두 돌에 의해 축조되었으나, 구조적으로는 최초기 목조가구형식이 차용되어 조영된 것이다. 이러한 목조가구형식은 일반사원과 석굴사원 내부의 불전도 조각과 서사부조를 통해 당시에 유행하고 즐겨 사용되었던 건축방식을 이해할 수 있다. 서사부조의 표현은 건물 주변으로 대부분 나무울타리가 쳐져 있었음을 볼 수 있다. 초기에는 목재를 이용하여 간단하게 결구하였으나 후대로 내려오면서 점차 복잡해지고 섬세한 표현을 하게 되었다. 그러나 나무의 재료적 물성에 의해 영속성이 미흡하였으므로 사람들은 영구적인 재료인 석재를 이용하게 되었다.[18] 이러한 탑문과 울타리에는 부조로 다양한 상징적 도상을 표현하였다. 특히 바르후트(Bharhut, B.C. 1세기)와 산치스투파 울타리에서 가장 다양하게 나타난다.[19] 바르후트의 경우는 현존하는 것중에서 제일 오래된 것으로 생기 넘치는 부조 도상이 즐비하다. 대부분 파괴되어 현재 1/4정도 남아 있지만, 70여 가지의 본생도가 조각되어 있어 초기의 상징적 도상을 이해하는 데 중요한 위치를 차지한다.[20] 그러나 바르후트 스투파의 탑문이 일부만 남아 있어 울타리 이외에 탑문에까지 조각되어 있었는지는 확인할 수 없다.

산치스투파의 탑문과 함께 초기 불교미술과 건축을 이해할 수 있는 중요한 사례로서 두 유구에서 보이는 부조의 주제는 다양하다. 이러한 탑문과 울타리 난간조각은 최초 스투파 조영과 동시적인 계획에 의해 관련되거나,

18) 이미림, 『동양미술사』, 미진사, 2009, p.212.
19) Benjamin Rowland, 전게서, p.37. 탑문과 울타리에 제작되어지는 부조는 정작 복발에 조각하지 않는다. 복발은 열반에 든 부처를 상징하는 그 자체이므로 더 이상의 부가설명이 필요치 않았다. 성소는 業이 초래하는 고통과 인간의 삶에 가득한 번뇌로부터의 해탈을 상징한다. 그리하여 주변의 기물에 함께 약샤, 약시, 미투나와 같은 수호신과 본생도나 부처의 행적 등의 서사적인 이야기들이 부가되어졌으며, 이들은 성소를 에워싸고 찬양하는 모습으로 성소의 바깥쪽에 머물러야 한다.
20) http://blog.daum.net/pundarika/15780451, 2007. 03. 23. 상징과 바르후트탑 참조.

특정한 질서와 규범에 의해 조각된 것으로 보기 힘들다. 조각은 최초 스투파가 복발의 형태를 갖추고 난 이후 봉헌자들에 의해 시간차를 두고 제작된 것으로 보고 있다. 그러나 바르후트 난간부조에서는 탑형부조가 조각되지 않고 있어 그 원형을 가늠할 수 없다. 진신사리가 봉안된 스투파가 중심이 되고 장식적 의미가 강한 탑형부조의 표현이 아직 반영되지 않을 수 있으나 확언하기 어렵다.

1. 산치1스투파 동문의 탑 부조
2. 산치대탑의 탑문

1) 산치스투파 탑문과 난간의 탑형부조

산치스투파[21]는 바르후트스투파와 함께 인도에서 가장 오래된 석조건축물 중의 하나이며, 뛰어난 불교유적으로서 원래의 모습을 상당 부분 유지하고 있어 중요한 위치를 지닌다. 산치스투파에는 동서남북 네 방향에 각각의 웅장하고 섬세한 조각이 되어 있는 탑문이 세워져 있다. 건축 순서는 명문을 도대로 남문, 북문, 동문, 서문의 순으로 축조된 것으로 추정하고 있다. 탑문의 구성은 하부의 기둥과 석주, 상부로 3개의 평방 부재가 지나가고 각각의 평방平枋 부재 사이는 낮은 기둥으로 세워져 있어 고대 인도의 목조건축 양식을 반영한다.

산치스투파 난간은 바르후트의 난간조각과 비슷한 양식으로 조각되었는데, 명문에서 사타바하나왕조시대에 건립된 것을 보이고 있어 A.D. 1세기의 것으로 추정되고 있다. 조각의 양식에서도 바르후트는 딱딱한 자세와 고졸미를 내포하고 있는 것과 달리, 산치의 탑문, 난간 장식은 생동감이 있으며 세부의 묘사에서 차이를 보이고 있다. 이는 탑문에 조각된 도상들을 비교해 보았을 때 확연해진다. 내용적으로는 그리 큰 변화를 보이지 않지만 앞서 언급하였듯이 산치 탑문은 일반사원 스투파 유구에서 탑형부조의 형상을 접할 수 있는 중요한 예이다.

[21] 산치에는 주요한 스투파가 3기 있으며 가장 큰 제1스투파의 시원탑은 벽돌로 쌓은 것으로 현존하는 스투파의 거의 절반정도의 직경이었을 것으로 추정된다. 남문과 북문의 근처에 아소카석주가 건립되어 있어 최초 조영시기를 아소카왕 시대까지 보고 있다.

1. 산치 제2스투파 난간부조
2. 드럼 생략과 5개의 산개가 있는 부조

탑문의 전후면과 측면, 기둥, 주두에까지 빼곡히 조각된 부조는 부처의 전생의 이야기인 본생담과 재세시의 기록, 각종 동식물 문양, 수호신 등의 서사적 부조가 조각되어 있다. 서사적 내용과 함께 탑형부조는 단독으로, 또는 여러 개체가 조각된 것을 볼 수 있다. 이러한 표현은 여전히 석존에 대한 신앙의 형태가 '무불상'에 의한 사상적 표현으로 전생과 현생에 나투었던 석존을 상징적으로 표현한 것이라 해석할 수 있다. 또한 스투파 도상과 함께 해탈을 의미하는 보리수, 부처의 족적, 설법의 행위에 대한 상징적 표현 등이 동시적으로 표현되고 있다.

현존하는 산치스투파는 후대에 덧대어지고 개·보수되어 최초기의 원형이라 할 수 없으므로 그나마 탑문에 남아 있는 탑형부조를 통해 당시의 양식과 변화과정을 추론할 수 있다. 제2스투파와 제3스투파의 경우에는 제1스투파보다 후대에 조성되었지만, 모두 탑형부조가 남아 있고 형식적 유사함을 보이고 있어 각각의 형식적 상이함과 동질적 요소를 도출할 수 있다.

산치스투파의 탑형부조는 제1스투파의 탑문에서 총 30기와 제2스투파의 난간에서 1기, 제3스투파의 탑문과 난간에서 6기, 그리고 기타 1기로 총 38기〈표 4〉의 탑형부조가 조사되었다. 연대는 제1스투파와 제2스투파가 2세기이며, 제3스투파는 조금 늦은 시기인 3~4세기로 시대적 차이를 보이고 있다. 탑문 부재의 각 파트별 조각 위치는 대부분의 경우 탑문 위 평방과 기둥부재의 사이사이에 위치하고 있으며, 주두나 난간 부위에서도 보이고

표4. 산치스투파의 탑형부조

스투파	산치 제1스투파				산치 제2스투파	산치 제3스투파
연대	A.D. 2세기	A.D. 2세기	A.D. 2세기	A.D. 2세기	A.D. 2세기	A.D. 3~4세기
위치	산치 제1스투파 동문	산치 제1스투파 서문	산치 제1스투파 남문	산치 제1스투파 북문	산치 제2스투파 난간	산치 제3스투파 남문
수량	정면 5, 4 배면	정면 5, 3 배면	정면 2, 3 배면	정면 6, 2 배면	1	정면 4, 1 배면, 난간 1
복발의 구형(%)	50~60	50~70	45~50	50~70	60	45~55
드럼 (기단)	단순드럼	단순드럼, 드럼부 생략	단순드럼, 드럼부 생략(1기)	단순드럼(1기), 드럼부 생략(나머지)	단순드럼	단순드럼, 드럼부 생략(난간부조)
난간	드럼부 2~3단, 하미카 2~3단, 외부 2단 1기	드럼부 2~3단, 하미카 2~3단	드럼부 2~3단, 하미카 2~3단, 난간	드럼부 2~3단, 하미카 2~3단, 외부 2단 난간(1기)	드럼부 상하, 하미카 각 3단	드럼부, 하미카 2~3단
복발/ 드럼 비	0.6~1	0.3~1	1~1.2	0.3~1	1.1	0.5~0.9
하미카	4, 5(1기)	3(1기)~5(2기)	3~4	3~4, 생략(1기)	3	3~5(1기), 생략
산개, 산간	1, 3(1기)	1, 파괴(1기), 번 장식	1, 5(2기)	1, 3(1기)	1	1, 번 장식
사진						

있다. 난간부 조각은 제2, 3스투파에서 보이는데 난간이 십자 교차되어 결구되는 부재나 가로의 평면부에는 조각이 되지 않으며, 난간 기둥에 각 1기씩 조각되어 있다. 3기의 스투파에서의 중심 부조는 전반적으로 탑문에 되어 있으며, 난간부의 장식은 상대적으로 중요도가 떨어지는 것으로 해석된다. 이는 탑문이 고준하고 입구의 역할을 하므로 시각적 장엄이 극대화되기 때문이라 할 수 있다. 탑문 상부에는 많은 수의 서사부조가 있으며 코끼리가 봉양하는 스투파, 공양자에 의해 봉헌되는 스투파, 천신과 수호신에 의해 수호되는 스투파, 단순한 스투파 표현 등의 서사방식이 다양하게 나타나고 있다.

■ 코끼리의 스투파 공양

탑형부조의 세부적 표현을 보면 모든 부조에서 복발을 중심으로 강조하고 있다. 복발은 반구와 살짝 길어진 형태를 보이며, 석굴사원 차이티야스투파와 함께 대체로 복발이 차지하는 비중과 크기에서 중심적 역할을 하고 있다. 초기 스투파에서 복발·드럼의 비를 비교했을 때 상대적으로 드럼부의 비율이 낮게 나타나고 있어, 현존 산치스투파의 형태와도 유사성을 가진다. 또한 드럼부가 생략된 예가 8기가 있어 그 비중은 1/3 정도 해당된다. 이를 추론해보면 일반사원 스투파는 대체로 전체적인 형태가 반구형을 띠고 있으며, 이러한 드럼부 생략은 일반사원 전경을 묘사하고 있는 것이라 생각된다. 그러나 2/3 이상이 1, 2단의 드럼을 보이고 있어 탑형부조의 주요 조영방식은 드럼이 있는 형태였을 것으로 본다. 석굴사원과 남인도의 스투파형식을 보았을 때, 이러한 드럼부 유무의 조영은 동시에 보이고 있어 일반적인 경향으로 생각된다. 드럼부는 모두 단순한 드럼의 형태를 하고 있으며 드럼부가 기단의 역할을 하고 있다. 드럼부 상하단에는 난간 장식이 더해지고 이외의 별다른 장식이나 띠돌림이 없는데, 이는 시기적인 차이로 이후 언급되는 후대의 장식적 표현이 나타나지 않고 있음을 의미한다.

난간(欄干, 欄楯, 울타리)의 표현은 드럼 상부, 평두平頭인 하미카 하부, 외부에 설치되는 난간으로 구분되고 그 역할은 탑돌이 행위를 위한 공간의 조성과 보호, 성역의 경계표시를 위해 설치되는 부재이다. 이러한 난간은 드럼부에 상하부로 2개를 보이는 예가 있는데, 아랫부분의 난간은 외부에 설치되는 난간으로 보는 게 타당하다. 난간은 대부분 2~3단의 결구로 이루어져 있으며, 외부 난간이 모두 갖추어져 있다. 또한 드럼부의 계단 하부 묘사가 생략되어 있고, 위로 다시 난간이 조각된 것으로 보인다. 일반적으로 평두[22]라 칭해지는 하미카 하부에도 1기를 제외하고 대부분 난간이 조각되

---

22 이희봉, 앞의 논문, p.111. 이희봉은 평두 명칭에 대한 설명으로 동아시아에서 최초 인도의 스투파를 조사한 사람들은 일본인으로 일제강점기에 일인에 의해 조사되고 명명된 명칭이 그대로 사용되고 있으며, 이는 일본의 용어와 해석일 뿐 우리의 사정과 맞지 않다고 보고 현존하는 스투파에는 그러한 예가 보이지 않고 있다 하였다. 일반적으로 하미카 아래 난간이 서는 평평한 부분이 평두로 이해된다.

어 있다. 그러나 단순 사각으로 표현된 난간의 예도 보인다.

하미카23)를 보면 대체로 3~5단의 단차를 보이고 있어 일반적 경향이라 하겠다. 각각 비슷한 개체수를 보이고 있으며 형태적으로 유사성을 보인다. 몇 기에서는 위로 여러 개의 삼각뿔이 장식된 예도 보인다. 산개는 대다수 1개가 조각되어 있으며, 3개가 2기, 5개가 1기 보인다. 3개가 보이는 것은 제1스투파의 탑문 기둥에 조각돼 있으며 방사형으로 표현되어 있다. 5개짜리는 중앙의 가장 큰 산개를 중심으로 좌우 2개씩 작은 크기의 것으로 흔치 않은 특수한 예라 하겠다. 산개는 신성한 존재나 대상에 대해 비와 햇빛을 가리기 위한 양산으로 넓게 펴져 하미카를 가리는 역할을 하는 것이다. 이러한 산개의 형태는 당대 왕족과 귀족이 사용하였던 양산에서 유래한 것으로 보고 있으나 확언하기는 어렵다. 이러한 견해와 함께 산개의 표현은 '가득 찬 항아리'24) 도상에서 유래한 것으로도 보고 있다. 만개한 꽃봉오리는 모든 불교유적에서 쉽게 찾아볼 수 있는 상징적 도상으로 점차저으로 산개에 도상적 표현이 적용되고 있음을 보여준다. 최초 양산의 형태보다는 수목신 숭배와 관련하여 식물 문양의 유행이 보다 근접한 것으로 이해된다. 특히 이후 언급될 아마라바티 스투파부조에서 특징적으로 묘사되고 있어 연관성이 주목된다. 산치스투파의 부조에서는 양산 모양의 것은 보이지 않으며, 모두 식물 줄기에 의한 산간과 꽃봉오리 모양의 산개로 표현된 특징을 보인다. 즉 최초기의 산개 형태는 양산 모양이 아닌 식물(연꽃)의 만개하는 장면을 상징적으로 표현된 것이라 생각된다. 대체로 일반사원 스투파와 석굴사원에서는 초기 양식의 탑형부조에서 이러한 문양을 보이고 있어 더욱

23 하미카는 평두로 보는 예도 있으나 인도 스투파를 최초 조사한 James Furgusson에 의해 처음으로 명명되어 적당한 용어가 없으므로 기존의 하미카로 명한다. 이 부재는 동아시아의 고탑과 한국의 석탑에서 보이는 각 층의 옥개받침의 층단과 유사한 형태를 보이는 것으로 형태적 친연성이 있으나 상륜부의 노반에 해당하는 부재로 이해된다.

24 이희봉, 앞의 논문, p.111. 하미카 정상에서 식물 넝쿨 줄기처럼 휘늘어지게 솟아나 양산 원반은 마치 만발한 버섯 모양으로 드리운다. 불교, 힌두에서 공히 사용하는 도상으로 Purna-ghata, 滿瓶이라 한다.

■ Sanchi대탑 제1스투파의 만개한 꽃 항아리 난간부조(좌)
준나르 시브네리 탑형부조(우)

설득력을 가진다.

　이상으로 산치스투파에 조각된 탑형부조의 세부적 구조를 살펴보았다. 양식적 경향에 대해 정리하면, 위치적 특징으로 난간의 2기를 제외하고 모두 탑문의 주두 상부에 부조되어 있으며, 많은 개체수가 나타나는 것을 알 수 있다. 반면 난간의 탑형부조는 표현의 위치상 중요성이 떨어지는 것을 알 수 있다. 이는 동선의 흐름과 시각적 효과를 강조하기 위해 높이 올라가는 탑문이 주요 대상이 되었을 것이라 생각된다. 제2스투파는 탑문이 존재하지 않고 입구와 난간만 있어 상대적으로 그 개체수가 적으며, 부조 또한 동·식물 문양 위주로 되어 있다. 제3스투파의 경우는 스투파의 규모가 작고 남문만 잔존하고 있어 부조의 개체수가 적다. 3기의 스투파 탑형부조는 난간 사이의 조영이 보이지 않으며, 난간 기둥과 탑문을 위주로 조각되는 특징이 있다.

　도상적인 특징은 전체적으로 복발이 강조되어 표현됐다. 당시의 스투파 조영은 사리가 안치되는 복발이 강조되는 것으로 보이며 복발과 함께 드럼이 조각된 예가 다수 보이고 있다. 그러나 드럼이 생략되고 복발 주변으로 난간이 둘러져 있는 예가 1/3가량 보이고 있어, 탑형부조의 다른 유형으로 발전했음을 알 수 있다. 현존하는 산치스투파와 형태적 유사성을 가지고 있음은 이러한 양식이 사리가 안치된 일반사원 스투파의 전경을 묘사한 것이 아닌가 싶다. 단적으로 석굴사원의 스투파는 모두 드럼을 갖추고 있는 반면, 일반사원 스투파는 최초 원형을 알 수 없지만 대부분 드럼이 없는 반구형을 하고 있고, 발굴된 일반사원 유적들의 스투파 형태를 재구성한 사례를 보더라도 이들에서는 드럼부가 생략되는 방식으로 조성된 것으로 볼 수 있다. 그리고 복발 위로는 대부분 천과 매듭을 짓고 장식되어 있는데, 이는 상징적 대상을 치장하고 강조하고자 한 의도라 할 수 있다.

　난간 조각은 내외부의 2중 구성과 하미카 하부로 1개 조각되어 있어 성소이면서 외부와 격리적인 차원에서 조영된 것이라 할 수 있다. 산개는 일반적으로 인식되는 양산의 모양을 가지는 예가 보이지 않는다. 초기 석굴사원의 탑형부조나 아마라바티의 예에서 보이듯 스투파 조영의 산개 양식은 식물줄기와 꽃봉오리로 표현된 것으로 보인다. 이후 주요 양식으로 나타나

1. 산치 봉헌스투파
2. 산치불전부조

는 양산과 달리 연화와 같은 신성시되는 식물을 이용하여 치장하고자 한 것이라 할 수 있다. 현재 복원된 3기의 스투파 산개는 초기 형식은 아니지만 현대적인 시각에서 통시적인 형태로 재해석된 표현으로 이해된다.

 그리고 산치스투파의 탑형부조와 함께 사원에 봉헌된 것으로 보이는 환조의 봉헌용 소형스투파와 후대에 봉헌된 것으로 보이는 부처가 봉안된 부조의 양측으로 조각된 탑형부조 2기가 산치박물관에 전시되어 있다. 이 환조형의 봉헌스투파와 불전부조는 양식적으로 후대의 것으로 드럼부에 불감을 형성하고 불상과 인물도상이 조각되어 있으며, 건축적 형식으로 조각하고 있다. 불전부조에서는 위에 언급한 탑형부조와는 전혀 다른 양식으로 복발이 작고 길어지고 있다. 또한 드럼부에서는 전체적으로 고준한 형식을 보이면서 드럼부에 불전을 표현하고 있다. 산개는 후대에 등장하는 다층의 산개와 산간이 높게 조각돼 있다. 이 2기는 불전을 장식하기 위해 화려한 양식으로 조각된 것이라 할 수 있다.

 산치의 탑형부조는 전반적으로 서사부조로서 각각의 장면에서 사건과 대상에 대한 강조를 위해 탑형부조가 이용되었다. 이는 스투파의 초기 양식과 세부구조를 파악하는 데 있어 중요한 위치를 가진다.

2) 아마라바티의 탑형부조

남인도 불교미술의 정점인 아마라바티(Amaravati) 스투파는 B.C. 2세기[25] 처음으로 세워진 것으로 알려져 있으며, 여러 시대에 걸쳐 증축된 흔적이 발견되었다. 18세기 말 대부분이 파괴된 상태로 발견되었으며, 이후 상당 부분 훼손되어 형체를 잃어버렸다. 남아 있는 탑형부조를 통해 작도된 아마라바티 스투파의 복원모형과 유구를 보았을 때, 기단부는 구운 벽돌로 쌓았으며 이 기단의 사방으로 '플랫폼'이라 칭하는 사각의 돌출부[26]가 있고 그곳에 부처님의 일생 중 중요한 장면을 상징하는 아야카(Ayaka)라 불리는 5개의 기둥을 세웠다.[27] 이 기둥은 남인도의 스투파에서만 볼 수 있는 양식이다. 산개는 독특한 형식을 보이고 있는데 중앙의 작은 조형물과 그 주위로 다수의 산개가 위치한다. 반면 아마라바티에서 출토된 판석부조에서는 스투파의 산개 부분에 해당하는 곳에 만개한 꽃봉오리 문양이 다수 등장한다.

아마라바티 스투파와 사원은 대부분 파괴, 소실되어 스투파의 남아 있는 유구를 통해 구체적인 형태를 파악하기 어려우나, 다수의 탑형부조 장식이 수습되어 캘커타와 마드리드 박물관, 대영박물관에 나눠져 소장되어 있으며[28], 이를 통해 아마라바티 스투파의 대략적인 형태를 추측할 수 있다. 그러나 온전한 상태의 것이 많지 않고 개체의 수 또한 적지만, 나가르주나콘다 탑형부조와 함께 산치스투파 이후의 양식적 전개를 이해하는 데 있어 중

---

[25] 윤장섭, 『인도의 건축』, 서울대학교 출판부, 2004, p.85. 사타바하나조에 의해 조성된 것으로 쿠샨왕조에 쫓겨 남하해 온 샤카족에게 압박을 받아 안드라 지방으로 이동하여 정착하게 된다. 2세기 중엽에 아마라바티, 나가르주나콘다가 크게 조성된다.

[26] 이러한 형태는 쿠샨시대에 인도 서북부의 스투파 건축형태의 변화에 기인하는 것으로 종전의 원통형 기단 밑에 4각형의 높은 기대(基台)가 첨가되고 정면에 높은 계단, 기단과 4각형에 조각 장식과 코린트식 기둥 Pilaster를 만들고 불상이 안치된다. 드럼의 층수가 증가하면서 전체 형태가 높은 것으로 발전한다. - 윤장섭, 전게서, p.85~86.

[27] 대연스님, 『불교성지순례』, EAST WARD, 2010, p.293. 남쪽의 플랫폼 기둥 석판 아래에서 약간의 사리와 금으로 만든 꽃이 들어 있는 5개의 수정 사리함이 발견되었다. 발견된 위치가 복발이나 기단이 아닌 점이 주목된다.

[28] 윤장섭, 전게서, p.87.

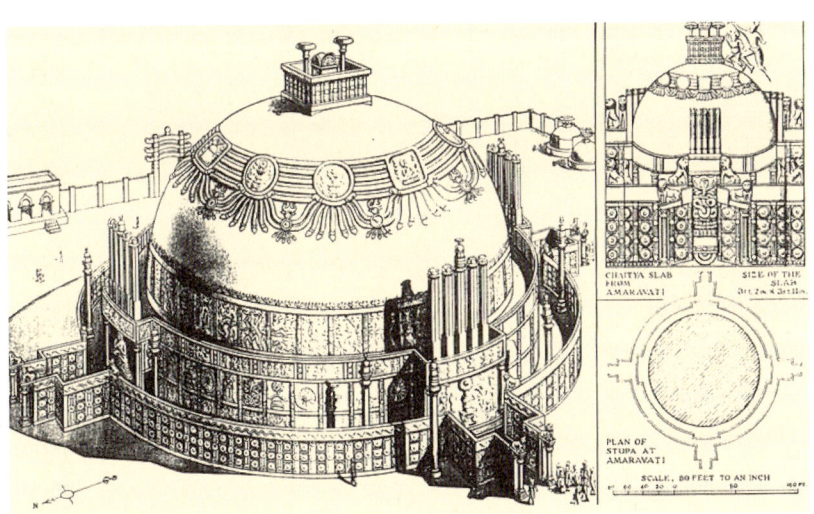

아마라바티 스투파 복원도(Percy Brown)

요하다.

부조에 표현된 스투파는 양식적으로 산치의 예와 유사하게 2가지의 형식이 보이는데, 아마라바티 탑형부조는 차별성과 특이점이 있는 도판을 간추려 선택하여 분석하였다. 수습된 탑형부조를 통해 복원·구성된 복원도는 아마라바티 스투파의 개략적인 형태를 파악할 수 있는 것으로 산치스투파와의 차이점과 발전된 양상을 이해할 수 있다. 이에 해당하는 것은 첸나이박물관과 아마라바티박물관(〈표 5〉의 사진 e, f, i, j)에 보관 중인 탑형부조로 전반적인 형태에서 산치스투파와 유사성이 보이고 있다. 이 탑형부조는 10개의 부조 중 모든 구성요소를 표현하고 있어 일반사원 스투파 양식을 반영한 표현으로 본다.

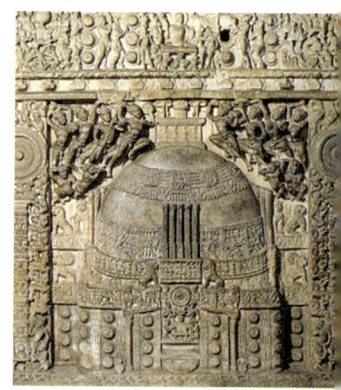

■ 아마라바티 탑형부조, 첸나이 박물관

중심이 되는 복발은 전대의 것과 별반 차이가 없으나 장식적인 요소가 부각되고 있다. 복발의 중앙에는 여러 단의 띠와 술이 장식되고 있으며, 기단부의 벽면을 법륜과 같은 상징물과 불상부조로 조각하고 있다. 드럼부는 낮은 기단이지만 각각의 4면에 플랫폼이 구성되고 계단이 형성된다. 위로는 남인도 스투파의 주요 특징이 되는 다섯 개의 상징적인 기둥인 아야카가 플랫폼에 올려 있다. 난간은 외부 경계와 드럼부 하단, 산개 아래에 각각 조각되어 있다. 이러한 양식은 산치대탑의 경우와 마찬가지로 아마라바티 대스투파의 드럼부 위에서도 난간과 탑돌이길이 설치[29]된 것으로 이해된다. 난간의 표현은 작은 크기이지만 꽃 문양 형태의 돌출된 기둥으로 표현되어 형태를 세부적으로 이해할 수 있다. 그리고 상부의 표현에서 특이점을 보이는데, 난간 위로 하미카는 보이지 않고 있다. 〈표 5〉의 10가지 도상을 보더라도 5기에서만 하미카가 조각되어 있어 남인도와 산치스투파와 같은 일반사원은 하미카의 형태가 다름을 알 수 있다. 또한 하미카를 표현하고 있는 탑형부조를 보면 산개의 표현은 전혀 다른 양상을 보인다. 그러나 산치스투파 탑형부조와 비슷한 양식의 것으로 1기가 보이고 있어, 이는 약간 변화된 형태라 할 수 있다. 일반사원 스투파의 상부 표현은 봉헌용 탑형부조와 표현 양식이 다른 것으로 이해되는데, 산개가 생략되거나 소략되면서 그 중요도가 떨어진다. 산간이 위치하는 부분에 하나의 작은 돌출부를 올리고 좌우로 작은 산개가 표현되고 있으며, 산개가 없어지진 않았지만 일반사원 스투

29 Benjamin Rowland, 전게서, p.187.

표5. 아마라바티와 나가르주나콘다의 탑형부조

스투파	아마라바티[30]					나가르주나콘다
연대	A.D. 2세기	A.D. 2세기	A.D. 2세기	A.D. 2세기	A.D. 2세기	A.D. 3~4세기
위치	아마라바티	대영박물관	첸나이박물관	대영박물관	아마라바티 박물관	뉴델리박물관
수량	2	2	2	2	2	2
복발의 구형(%)	50, 55	55	55	50, 60	75(길어짐), 55	45, 55
드럼 (기단)	위아래-연화좌, 단순드럼	연화좌, 단순드럼	단순드럼	단순드럼	단순드럼	단순드럼, 위아래 1단 띠돌림, 미상
난간	위-상부 불명, 드럼 2단, 상륜 3단	드럼, 하미카 각 3단	드럼, 하미카, 외부	드럼, 하미카	드럼, 하미카, 외부 미상	-, 드럼, 하미카, 외부
복발/ 드럼 비	1.6, 1.3	1.2	0.3	1.1, 1.7	0.5	1.6, 1.3
하미카	3, 5	4단, 하부 2개 기둥	-	3단	중앙 작은 산간	불명
산개, 산간	중앙 2, 좌우 각7, 아래-식물 문양	다수의 식물 문양	중앙의 작은 기둥과 꽃봉오리, 2개 산개	식물 문양	-	번 장식, 1개의 산개
사진	(a) (b)	(c) (d)	(e) (f)	(g) (h)	(i) (j)	(k) (l)

파에서 산개 표현의 중요성이 약화되는 경향이다. 그리고 전반적으로 복발과 드럼부, 외부 난간에 집중적으로 부조와 장식이 이뤄지고 있다.

이외의 탑형부조(〈표 5〉의 사진 a, b, c, g, h)에서는 단순한 형태의 스투파와 함께 공양자상과 나가와 같은 수호신, 코끼리의 스투파 예배에 대한 주제가 조각되어 있다. 세부적인 표현에서 조금씩 차이를 보이고 있으나, 모두 유사한 형태이고 전반적인 표현과 주제가 비슷하다. 모두 복발과 함께 드럼부가 강조된 표현을 하고 있으며, 각각의 드럼부는 최하단에 단순 띠돌림과

30 이희봉, 대연 스님, 이주형, James Furgusson의 논문과 저서에서 도판을 인용함

1. 아마라바티 봉헌용 탑형부조
2. 나가르주나콘다 탑형부조 (이희봉 사진)

함께 연화좌 위에 올린 형식이다. 초기 양식의 드럼부에서 연화좌가 부가되는 예로 주목된다. 이는 간다라, 마투라미술의 영향에 의한 장식적 효과로 볼 수 있다. 모두 단순드럼의 형태이며, 상하부에 결구되는 기둥의 표현과 동식물 문양이 조각되는 돌출된 형태로 2~3단을 보이고 있다. 특히 드럼 몸통부의 정면과 3등분 된 각각의 면에 머리가 5개 달린 뱀이 조각되어 있으며, 주변으로 나가신이 스투파 주변에 위치하고 있다. 특히 이 뱀 장식은 복발의 표면에도 적용되면서 뱀조각으로 매듭과 장식을 하고 있다. 이러한 표현으로는 ⓒ, ⓗ에서도 비슷한 형식을 보이고 있다. ⓐ의 도상은 비슷한 구조와 배치를 보이고 있으나 내부에서 불교교리에 의한 서사이야기가 부조되어 있으며, 중앙 플랫폼에 다섯 개의 기둥인 아야카가 조각된 특징을 보인다.

하미카의 구성을 보면 앞에서 언급한 일반사원의 형태를 가진 탑형부조와 달리 하미카가 약화되거나 생략되지 않고 있다. 3~5단의 일반적으로 인식하는 흔한 유형의 것이며, 아래로 모두 난간이 둘러져 있다. 그리고 산간에 해당하는 난간 위쪽의 구조를 볼 수 있는데 모두 2, 3개의 기둥이 하미카를 받치고 있다. 하미카 아래 부분에서 기둥이 2, 3개 보이는 예는 산치에서 1기 보이고 있으며, 이는 석굴사원 탑형부조에서도 흔히 볼 수 없는 것이다. 특히 이들 부조에서 가장 특징적인 것으로 상부의 산개에 해당하는 부분이라 할 수 있다. 5개 중 1개의 개체는 천정에 하미카가 이어지면서 생략된 것

■ 판둘레나 10번 굴 불전부조

으로 보이며, 나머지 4개의 개체에서 모두 비슷한 양태를 보이고 있다.〈표 5〉곡선에 의한 식물줄기는 중앙과 양옆으로 각각 1줄기씩 약하게 표현되었으며, 그

위로 '활짝 핀 항아리'와 유사한 문양의 무수히 많은 산개를 조각했다. 구체적으로 어떤 문양인지는 알 수 없으나 '수목신 숭배사상'과 연관성을 가질 것으로 본다. 성스러운 보리수나 전통적인 신앙의 대상인 수목신이 스투파를 보호하는 의미를 내포하는 것으로 이해된다. 산치와 비교 시 아마라바티에서만 유독 여러개의 산개를 표현하고 있음이 주목된다. 이러한 유형은 석굴사원에서도 가끔 보이고 있는데, 나식 판둘레나 석굴의 3, 10번 굴에서도 유사한 경향을 보이고 있다. 판둘레나 석굴도 2~3세기에 조성된 것으로 초기 스투파 상부의 조형 양식을 단편적이나마 짐작할 수 있다. 이렇듯 아마라

■ 판둘레나 10번굴 불전부조

바티, 산치, 판둘레나 석굴, 준나르 석굴에서 곡선과 식물의 모양을 그대로 차용하여 사용되던 것은 점차 단순한 형태의 일직선형의 산개로 발전되는데, 1에서 3개로 다시 5개 이상으로 차츰 변화되는 양상을 볼 수 있다. 이렇듯 상부에 풍성하게 자리하는 산개는 수목신의 풍요와 보호를 표현하고자 한 의식적 대상으로 이해된다.

이 5개의 부조 위치는 산치스투파에서 보이는 난간과 탑문에 봉헌되는 것과 유사한 성격을 가지는 것으로 볼 수 있다. 그러나 이러한 것들이 정확히 탑문, 난간, 드럼부 등의 어느 부위에 부착되었는지는 알 수 없으나, 복발 하부의 기단벽면으로 보고 있다. 이렇듯 다양하게 분산되어 있는 이들 유구들은 남인도의 특징적인 스투파를 이해할 수 있는 대상이 된다.

그리고 '용왕호탑龍王護塔'이라 칭하는 부조는 2세기경 제작

된 아마라바티에 봉헌된 작은 원판의 세부로, 현재 영국의 대영박물관에 소장되어 있다. 이 부조는 스투파 형태를 보이고 있으나 유골함에 대한 숭배를 묘사한 장면으로 이해된다. 중앙에는 나가신과 다양한 인물상이 조각되었으며, 상당 부분 마멸되었지만 전형적인 봉헌스투파 형태의 유골함이라 할 수 있다. 아마라바티의 탑형부조와는 기능상으로 차이를 보이는 것으로, 이 유골함은 스투파와 비슷한 모양이지만 뚜껑이 있으며 상부에 손잡이와 뾰족하게 장식된 첨형의 장식이 특징이다.

■ 1. 아마라바티 용왕호탑
　2. 나가르주나콘다 탑형부조, 3세기
　 (뉴델리국립박물관 소장)

3) 나가르주나콘다의 탑형부조

나가르주나콘다(Nagarjunakonda)는 한국에서 용수보살(Nagarjuna)로 알려진 선승의 자취가 남아 있는 곳으로 현재는 나가르주나 사가르댐의 조성으로 1954년부터 관련 유적이 모두 섬으로 이전되어 있다. 유적에는 4개의 사원이 있었으며, 차이티아 내부의 스투와와 함께 50개 이상의 스투파가 있었다. 차이티야 내부의 봉헌스투파를 제외하고 대다수의 스투파에는 사면에 5개의 기둥으로 구성된 아야카(Ayaka)가 남아 있다.[31] 나가르주나콘다 4개 사원의 스투파들은 구조적 특이점을 보이고 있는데, 벽돌구조로 된 원형의 기초 안에 방사선으로 스투파 내부를 구축[32]하고 있다. 이렇듯 사방으로 퍼지는 기초 위에 기단을 만들고 상부에 아야카형식이 올라간 것으로 본다.

나가르주나콘다에는 석굴사원에서 보이는 구조의 차이티야와 비하라, 궁전지 등이 남아 있는데, 차이티야는 지상에 남아 있는 건물 가운데 가장 오래된 예로 보고 있다. 또한 배치에 있어 차이티야당은 양 옆으로 스투파와 불당을 동시 조영하는 구조를 보인다. 이를 통해 볼 때 남인도 안드라 지역의 스투파 특징을 불당과 스투파가 동등하게 동

31　윤장섭, 전게서, p.87~89.
32　Benjamin Rowland, 전게서, p.192. 불교스투파들은 크기가 매우 커서 단순히 벽돌이나 잡석을 쌓아올려서 만들기 어려웠다. 그러므로 내부의 흙으로 된 마운드를 받치기 위한 구조물이 필요했다. 이러한 문제를 해결하기 위해 나가르주나콘다의 내부의 동심원상의 구조물을 쌓았다. 이러한 내부구조에 의해 형성된 부분들의 배열형태나 숫자는 만다라의 형식을 따르고 있다고 본다.

■ 산치 탑문의 하미카와 드럼이 없는 스투파

시적으로 구성한 배치와 독특한 기단부의 조적방식, 아야카와 같은 부장 장식이라 할 수 있다.

나가르주나콘다에서 수습된 부조들은 아마라바티 양식과 유사한 형식으로 난간과 탑문 등에 조성되었을 것으로 본다. 그러나 남아 있는 탑형부조는 많지 않다. 본고에서는 이 부조 중 2기의 탑형부조(사진 k, l)를 통해 나가르주나콘다의 스투파형식을 분석하였다. 〈표 5〉의 사진 (l)의 부조는 전체적으로 번잡하고 다양한 도상이 조각되어짐을 볼 수 있는데, 이는 일반 사원 스투파의 전경묘사로 이를 통해 나가르주나콘다 스투파형식에 대해 어느 정도 추론이 가능하다. 정면에는 수호신상으로 보이는 역동적 자세를 보이는 인입상과 천신이, 양옆으로는 정면을 향하고 있는 사자상, 공양자상을 비롯하여 전체적인 형식에서 아마라바티와 거의 동일함을 보인다. 기단의 플랫폼 위에는 아야카가 조각되어 있으며, 사자상이 마주하고 있다. 복발의 형태는 반구형으로 기단부가 높아져 고준해진다. 기단의 형태는 외부 난간과 플랫폼, 아야카, 사자상 등에 의해 세부적인 형태가 보이지 않으나, 아마라바티 스투파 모형을 참조하여 전체적인 대상의 균형을 보았을 때 초기적 기단형식으로 생각된다.

복발부 위로는 난간과 1개의 산개가 위치하며 하미카[33]의 형태가 변모된다. 그렇다면 산치, 아마라바티, 나가르주나콘다의 예에서 볼 수 있듯이

33 이희봉, 앞의 논문, p.106~107. Harmika는 인도고고학자들이 'Tee'라 불렀던 '역피라미드형 층단내민 구조물'이라 한다. 불교 이전 브라흐만 시대 불의 신 아그니(Agni) 제사 단이라는 설이 유력하며 불교 이후 사리유골함 뚜껑으로 시작되었다고 한다.

하미카 부분은 왜 다른 형식으로 변모되었는지에 대한 의문을 가지게 된다. 아마라바티의 스투파 전경묘사 부조와 그나마 형태를 유지하고 있는 산치 스투파형식을 비교해보면, 친연적 성격을 느끼는데 산치 탑형부조의 복발부는 후대에 보수하면서 부가된 것으로 원형을 알 수 없으나, 하미카부분은 추가되지 않고 있다. 이와 함께 아마라바티 탑형부조 상부에서도 2개의 작은 산개와 중앙에 작은 조형물을 올려놓고 있어, 이와 같은 평지형의 사리가 안치된 일반사원 스투파에는 하미카의 형태가 다르다. 조형적으로 명확한 의도는 알 수 없으나, 성소로서 복발이 중심이 되는 상징물 위에는 점차 힌두건축 양식이 차용된 것으로 본다. 이는 석굴사원의 차이티야스투파와 비교하더라도 형태 미상의 개체를 제외하고 대부분 일반적인 하미카 구조물이 조영되고 있음을 알 수 있다. 또한 석굴사원의 봉헌용 탑형부조와 일반사원 탑문, 난간에 부조된 봉헌스투파의 경우에서도 역피라미드형 하미카가 조각된 부조는 모두 드럼부가 있으며 강조되고 있다. 본질적으로 사리가 안치된 스투파와의 차별을 두고자 하는 의도가 아닌가 싶다.

하미카의 변화된 형식과 함께 일반사원 스투파의 또 다른 특징으로는 드럼부가 명확하지 않은 채 기단이 형성되고 난간과 상하단의 탑돌이길이 조성된다는 것이다. 복발의 형태는 거의 반구형을 띠며 2중 탑돌이길과 어느 정도 일치되는 형태를 보인다. 복발 아래 부분은 난간과 함께 탑돌이 의식을 할 수 있도록 조성되었으므로 탑돌이길과 기단이 혼재된 표현이라 할 수 있다.

그리고 나가르주나콘다박물관에 소장되어 있는 탑형부조는 3세기에 조각된 것으로, 도상의 묘사

■ 나가르주나콘다 탑형부조, 3세기경 (나가르주나콘다박물관 소장)

■ 나가르주나콘다 불탑 장식 부조, 3~4세기

가 이전 시기와 유사하나 세부적으로 중심 대상에서 차이를 보이고 있다. 중앙에는 2마리의 원숭이가 불감의 불입상을 받치고 있으며, 위로 부처의 화신인 작은 불좌상이 조각되어 있다. 이러한 조각은 간다라, 마투라미술의 영향에 의한 것으로 점차 스투파와 불상이 동시적으로 표현되기 시작한 것이다. 그러나 아직까지는 스투파가 중심이 되고 있어, 모든 도상들은 스투파를 강조하고 설명하기 위한 것으로 이해된다. 이 시기의 도상적인 특징은 이후 불교침체기를 거쳐 후기의 아잔타석굴에서 다시 유행하기 시작하면서 스투파와 불상의 동시적인 표현이 점차 불상 위주로 변모해간다.

나가르주나콘다의 스투파 장식부조는(〈표 5〉 k) 불탑을 장식한 봉헌용 판석으로 보고 있다. 부착된 위치를 알 수 없고, 탑형부조는 석판에서 위에 작게 묘사되어 있다. 세부적인 묘사가 대부분 생략되어 있어 부조 내용을 강조하고 기념하기 위한 것으로 본다. 장방형 판석에 띠로 단을 나눴으며, 하부에 3마리의 사자와 선형의 꽃 문양, 중앙으로 3개의 칸을 나누고 3개의 골함이 위치하고 있다. 최상부에는 작은 스투파가 위치하는데, 스투파 하단이 법륜과 대좌로 이어져 중앙에 스투파가 위치한다. 이는 석존을 상징하는 스투파로 복발, 드럼, 상하 드럼의 띠돌림, 하미카, 번이 장식되어 있다. 좌우에는 두 사람이 꽃을 들고 있는 동적인 모습이 새겨져 있으며, 시선이 중앙의 스투파로 집중하고 있다.[34]

4) 평지사원 탑형부조의 형식

이상 초기 일반사원 스투파의 탑형부조를 살펴보았다. 정리하면 일반사원 스투파 유형은 사리가 안치되지 않은 봉헌용 스투파와 차이를 보인다. 현존하는 산치스투파형식과 함께 아마라바티, 나가르주나콘다에서는 초기 스투파 유형을 이해할 수 있는 것으로 부조가 주목되는데, 하미카의 유무와 드럼부가 없는 기단의 2중 탑돌이길과 탑문, 난간, 아야카에 의해 일반사원형과 봉헌용의 차이점을 구분할 수 있다. 일반사원형 탑형부조의 양식적 표현은 당대에 조성되고 사리가 안치된 일반사원 스투파 전경을 묘사한 것들로 보며, 봉헌용 스투파와는 구조와 의미상 차별성을 가지고 표현한 것이라 할 수 있다. 이와 함께 대다수를 차지하고 있는 봉헌용 스투파는 다음장에

34 이주형, 『인도의 불교미술』, 인도국립박물관소장품전, 한국국제교류재단, p.92~93. 꽃줄기 모티브는 원래 헬레니즘에서 유래한 것으로 지중해 세계에서는 보통 포도가 달려 있다.

서 거론될 석굴사원의 예와 비슷한 양태를 보이고 있다. 드럼부가 강조되고 점차 고준·세장화 되는 경향으로 상륜부의 하미카와 산개의 크기가 복발과 비교할 때 일반사원 스투파보다 커지고 높아지면서 조각 수법에서 차별성을 보인다. 이러한 조영 이유는 단정할 수 없지만 사리의 유무에 의한 표현방법의 차이로 본다.

앞서 살펴 본바와 같이 일반사원 스투파는 큰 봉분형으로 복발과 기단부, 상륜부로 구성된다. 초기의 스투파는 토축과 전축으로 구성되었으나 시간이 지나고 탑이 무너지면서, 이에 대한 대안으로 석재를 이용하고 개보수하면서 처음과는 상이하게 변화되었다. 이렇듯 소수만 남아 있는 스투파유구와 변형된 초기의 스투파를 감안하였을 때, 최초기의 형태와 변화과정을 이해하는 데 있어 한계가 있다. 그러므로 일반사원의 스투파와 유사한 시기에 봉헌된 탑형부조를 통해 스투파의 유형과 변화 양상을 고찰해볼 수 있다.

먼저 일반사원 봉헌용 스투파의 상징적 의미와 유형을 분류해 보면 탑형부조의 의미는 아이콘으로 대변되는 부처에 대한 봉헌물로서 봉헌스투파와 각종 공양물이 부가된 상징성으로 이해된다. 이러한 봉헌용 탑의 대상과 조영방법, 형식, 기능에 따라 3가지 분류가 가능하다. 첫째는 일반사원형 봉헌스투파로 스투파 주변의 소형스투파와 탑문, 난간의 탑형부조를 들 수 있으며, 둘째는 석굴사원 봉헌스투파로 차이티야와 비하라의 내부 중심 스투파, 내외부 벽면, 굴감, 주두, 기둥 등에 부가되는 것이고, 셋째는 점토제 소형스투파와 청동의 봉헌용 스투파이다.

이 중 일반사원에 봉헌된 탑형부조를 중심으로 보면 주 대상으로는 산치, 아마라바티, 나가르주나콘다와 5세기 이후 등장하는 고탑형의 부조이다. 일반사원 스투파는 본래 사리를 봉안한 것을 대상으로 하며, 이러한 성격은 탑형부조에도 그대로 적용되어 나타난다. 일반사원 스투파의 형식은 3가지로 대분할 수 있는 것으로 스투파의 전경을 번안한 탑형과, 개인에 의해 봉헌된 유형, 그리고 고탑형식의 변화된 양식을 들 수 있다.

일반사원의 스투파형식은 큰 복발, 낮은 기단, 2단의 탑돌이길, 내외부 난간, 작은 상륜부로 특징지을 수 있으며, 이는 탑형부조로 표현되어 탑문과 난간, 기단의 벽체에 봉헌된다. 탑형부조의 형태적 특징은 일반사원 스투파와 유사한 형태의 전경을 묘사한 부조와 드럼과 상륜부가 발달된 형태의 봉헌용 부조로 분류할 수 있다. 상당수에서 봉헌용 탑형부조 형식을 보였으나, 일반사원형 부조 유형은 그 개체가 많지 않았다. 일반사원형 탑형부조는 산치스투파의 탑문, 난간 장식에서, 아마라바티와 나가르주나콘다 스투파의 벽체에 부가된 봉헌판에서 확인할 수 있는 것으로, 큰 복발과 드럼이 없는 넓은 기단, 소규모의 상륜부를 특징적인 요소로 규정할 수 있다. 이와 대조적으로 봉헌용 탑형부조는 드럼과 상륜부가 발전되어 고준해진 양식으로 이해할 수 있다. 이러한 양식적 특징은 용도에 따라 다른 양상을 보이는 것으로, 전자의 예는 당시 조영된 스투파 전경을 묘사하고 있는 것이며, 후자는 석굴사원이나 스투파 주변에 봉헌되는 봉헌스투파와 유사한 형식을 보이고 있어 사리의 유무와 장소에 따라 형태와 의미를 달리한 것으로 생각된다.

그리고 후기에 해당하는 고탑형의 부조가 5~6기부터 등장하는데, 이는 간다라 양식과 당대의 주요 건축형식이 스투파에 반영되면서 나타나는 현상이다. 이러한 유형은 초기의 스투파 유형과 달리 상이하게 변화한다. 건축구조에서 탑신이 등장하고, 스투파의 본질적 형태가 상부로 위치하면서 소형화되고 그 중요도가 약화되어 표현된 것이라고 생각된다.

석굴사원에 나타난 탑형부조[35]

탑형부조는 스투파의 형태추정과 봉헌용 소형 스투파의 변화 양상을 이해에 있어 중요한 위치를 갖는다. 그러나 일반사원에 남아 있는 소수의 스투파 유구와 석굴사원 스투파는 규모가 크고 그 자체가 불탑으로서 의미를 지니나 상당 부분이 파괴·마멸되어 버렸다. 따라서 그나마 원형보존이 되어 있는 석굴사원의 중심 스투파와 벽면이나 감실에 자리한 탑형부조를 통해 인도 초기 스투파의 시대적, 양식적 특성과 변화과정을 고찰할 수 있다.

스투파와 함께 불교미술에서 중요한 위치를 가지는 석굴사원에 대한 연구는 학제적 입장에서 다각도로 연구되고 있으며, 또한 체계적으로 시원형태와 변화 양상에 대한 구체적인 접근이 시도되고 있다.[36] 이러한 연구의 배경은 초기 일반사원 스투파와 달리 석굴사원 스투파 유형은 그 변화 양상

---

35 김준오, 천득염의 「인도 석굴사원의 Relief Stupa 연구」, 건축사연구, 제21권 4호, 2012를 중심으로 재구성하였음.

36 최초기의 석굴사원에 대한 내용은 다양한 서적에서 언급하고 있으며, 인도의 석굴사원과 스투파 유형분류에 대한 연구는 선행되었다. 서양의 초기 연구자로는 A. Cunningham, James Furgusson, Percy Brown 등에 의해 시작되었으며, 근래로는 Adrian Snodgrass, Christopher Tadgell, Benjamin Rowland, Dietrich Seckel이, 그리고 일본 학자로 미야지 아키라, 마츠바라 사브로 등을 들 수 있다. 근래의 국내 논문으로는 이희봉, 「인도 불교석굴사원의 시원과 전개」, 『건축역사연구』, 제 17권 4호 통권59호, 2008 등이 있다. 이 논문들은 일반적으로 어느 정도 원형을 유지하고 있는 석굴사원 중심 스투파의 유형분류를 중심으로 연구되었다. 그러나 석굴사원 중심 스투파는 부분적인 파괴를 보이는 개체가 상당수이며, 완형을 유지하나 스투파 부조와는 또 다른 형식으로 진행되고 있어 차별성을 보이는 특징이 있다.

이 다르게 발전되는 것을 말한다. 석굴사원 중심 스투파의 경우 그 유구가 많이 남아 있어 시원적 형태를 유지하고 있는 사례를 볼 수 있다. 그러나 파괴되거나 괴멸된 사례 또한 산재하고 있으며, 석굴사원의 탑형부조와는 유사한 형태를 보이는가 하면 부조만의 독자적인 차이점을 보이기도 한다. 즉 반영구적인 암벽과 단편적인 석재를 소재로 하고 완형이 많이 남아 있는 탑형부조는 석굴사원 중심이 자리한 스투파와 달리 당대의 문화와 건축, 미술의 형식적 특징과 변화과정, 세부요소, 시대구분을 할 수 있다.

본장에서는 인도 초기 스투파의 모습을 실제적으로 보여줄 수 있는 인도 석굴사원의 탑형부조를 고찰하였다. 그러므로 석굴사원의 내외부 벽면이나 감실, 혹은 실내에서 인도불탑의 초기 형태를 볼 수 있는 탑형부조를 주요 대상으로 문헌연구와 현장답사를 통해 종합적인 분석을 하였다. 연구 대상은 대부분이 서인도 데칸고원에 집중 분포하는 석굴사원의 탑형부조로, 답사를 통해 조사된 97기와 초기 석굴사원의 예로 중요한 동인도 가야에 위치한 로마스리시석굴 3기를 주요 대상으로 한다.

석가가 입멸한 이후의 초기 불교는 석가가 설한 법에 대하여 문헌, 교리, 예술에서 불교교리가 하나의 체계를 이루지 못했다. 이는 석가가 무심無心, 무욕無慾을 통한 수행과 자연의 이치에 통달하게 되는 법法을 설파하였기 때문이다. 법을 설파하고 이해하는 데 있어서도 어떠한 상징이나 조상을 금기시하였으므로 입멸 후에도 '무불상無佛像사상'이 지배적 관념이었다. 그러나 일반신도들에게는 초월적 존재로 인식되는 인물에 대해 지속적인 염원과 시각적 위안을 줄 수 있는 구체적인 대상이 필요했을 것이다.

이에 불교도들은 석가를 상징하는 건조물에 대해 보다 접근성이 쉽고, 예배를 하기 위해 스투파 근처에 기거하면서 수행정진했다. 최초의 사당(Vihara)은 임시거처용 주거에서 시작된 것으로 나무와 짚으로 만든 것으로 보고 있다.[37] 이전에는 집회나 의식이 원림이나 숲의 개간지 등 노천에서 이뤄졌으므로 이러한 건물형태는 현재 남아 있지 않다.[38]

석굴사원은 최초기 비와 강한 햇빛을 피하기 위한 임시주거용이자 수행하는 공간적 성격을 가졌으나 점차 신도가 증가하면서 체계적인 승원의 시스템으로 변화됐다. 또한 일반평지사원 스투파처럼 구체적인 예배 대상이

[37] Percy Brown, *Indian Architecture*, D. B. Tarapore vala Sons & Co. Private Ltd. Bombay, 1956, p.6~8.
[38] 부처의 생전에는 수많은 신도에게 설법하기 위해 기증된 기원정사, 죽림정사 등의 정사들이 다수 존재하였지만, 이러한 정사도 현재 유구의 터만 남아 있고 후대에 만든 건조물만이 있을 뿐이다.

[39] Benjamin Rowland, 『인도미술사』, 예경, 2004, p.168.

필요하게 되면서 석굴에 스투파형식이 조영되었고 승원의 의미가 부여되었다. 불교석굴사원은 B.C. 3세기 스투파가 본격적으로 유행하기 시작하는 시기부터 거의 동시적으로 조영되기 시작하여 불교의 흥기와 쇠퇴기까지 지속적으로 개착되었다.

이러한 상징적 대상에 대한 예배 행위는 점차 재가신도와 사원의 규모가 커지면서 체계적인 형태를 요구하게 되었으며, 임시주거형태의 한계에 부딪히게 된다. 특히 4~5월 따갑게 내리쬐는 햇볕을 피하기 위한 피서장소이면서, 6~8월의 집중적으로 내리는 우기를 피하기 위한 대피처가 필요하게 되었다.[39] 정작 석굴의 조영은 불교 이전부터 타종교에 의해 조영되고 있던 형식이었으나 불교의 흥성과 함께 본격적으로 받아들여졌다. 인도에서는 베다시대 이래 은자나 선인들의 거처로 석굴이 조성되었는데, 초기 불교도들도 이를 받아들였을 것으로 본다.

석굴사원의 조성과 전개

거대한 암벽을 파고 조성되는 불교석굴사원은 일반적으로 의식을 행하기 위한 커다란 공간이 마련되고, 그 중심부에 스투파 구조물이 세워지는데 사리가 없는 봉헌용 스투파가 중심이 되며, 이를 중심으로 석굴사원을 형성

■ 카를리석굴의 차이티야와 비하라

한다. 초기 석굴사원의 형태는 불교교리가 전파되고 승단이 형성되면서 이러한 성소와 선정수행禪淨修行을 위한 공간의 필요에 의해 조성되었다. 이와 같은 성소는 고대 소승불교의 금욕적 생활과 수행을 위한 장소였으나 점차 대규모의 형태로 발전된다.[40]

석굴사원의 구성은 크게 2가지로 나눌 수 있다. 먼저 스투파가 위치하는 곳은 성소의 중심으로 '차이티야(Chitya), 또는 차이티야그리하(Caitya griha)'라 한다. 차이티야는 일반적으로 '성소', '분묘'를 의미하며,[41] 그리하(griha)는 현지어로 '집'이라는 뜻이다. 그리고 다수를 차지하는 개인용 수행공간인 비하라(Vihara)가 동시에 조영되었는데, 비하라는 승원으로서 스투파가 없는데 반해, 차이티야는 그 중심에 스투파가 자리하고 있어 탑원의 역할을 하고 있다. 그래서 승원굴, 탑원굴이라고 부른다.

인도의 불교미술 중 큰 비중을 차지하고 있는 것이 석굴미술이다. 현재 조사된 석굴의 수는 약 1,200어 기로 약 75%가 불교석굴에 속한다.[42] 시대적으로 크게 분류[43]하면 전기굴은 사타바하나왕조 시기로 기원전 1세기부터 간다라, 마투라미술을 포함하는 시기인 기원후 2~3세기경까지 개굴된 굴이다. 그리고 한동안의 불교침체기를 거치고 다시 불교부흥과 함께 대단위의 석굴조성과 이후 쇠퇴·소멸되는 시기로 이 기간을 후기굴로 구분할 수 있다. 이 시기는 굽타왕조와 이후 시대에 해당되는 5~8세기에 개착된 굴이 해당된다.[44] 초기 불교석굴은 후기에 이르면서 불교의 영향력이 약해지고 중심 종교사상이 힌두교로 치우치면서 점점 힌두교와 불교가 혼재되어 나타나기 시작한다. 이러한 현상은 인도의 역사적 맥락과 함께 이해할 수 있는 것으로 다양한 인종과 종교가 혼재하면서 자연스럽게 타종교를 인정하고 수용했던 문화적인 바탕에 근거한다.

석굴사원의 지역적인 분포는 주로 서인도 마하라슈트라(Maharashtra) 주의 데칸산맥에 다수가 집중되어 있으며, 서북부의 구자라트(Gujarat)와 화려한 후기 석굴 양식과 간다라 양식이 발전된 마드야프라데쉬(Madhya Pradesh), 초기 석굴 양식을 볼 수 있는 북동해안의 비하르(Bihar), 오리사(Orissa)와 남서부의 타밀 나두(Tamil Nadu), 안드라 프라데시(Andhra Pradesh) 등 인도 전역에 산재한다.[45]

---

[40] Dietrich Seckel, 『불교미술』, 예경, 2007, p.35.
[41] Benjamin Rowland, 전게서, p.106~107.
[42] 석굴은 서인도를 중심으로 인도 전역에 남아 있는데, 이러한 석굴사원의 유행은 이후 중국에서 유행하면서 둔황이나 돈황, 운강, 용문과 같은 대형 석굴을 조영케 한 원동력이 되었으며, 한국의 석굴암 조영에까지 영향을 준다.
[43] 석굴사원의 시대분류는 기원후 4·5세기를 기준으로 하는데, 시기와 양식적으로 불교의 침체기를 거치면서 큰 전환을 맞는 기간이다. 일반적으로 인도미술사(미야지 아키라, 벤자민 로울랜드)에서도 대부분 이 기간으로 시대구분하고 있어 본고에서도 이를 따른다.
[44] 미야지 아키라, 『인도미술사』, 다홀미디어, 2006, p.92. 전기굴은 대부분 불교석굴이며, 후기굴에는 불교석굴 외에 자이나교와 힌두석굴이 포함되고 있다. 특히 엘로라 석굴에서 볼 수 있듯 시대별로 불교, 자이나교, 힌두교석굴이 함께 공존하고 있는 것을 볼 수 있다. 그러나 자이나교석굴은 소수를 보이고 있으며 전기와 후기에 모두 공존한다.
[45] 미야지 아키라, 전게서, p.92.
[46] 이희봉은 초기 연구자인 A. Cunningham, James Furgusson, Percy Brown 등의 연구를 토대로 직접 답사를 통해 유형과 전개에 대해 정의하였다. 석굴의 시원과 비하라굴, 차이티야굴의 발생과 발전에 대해 유형별 분류하였다. -이희봉, 「인도 불교석굴사원의 시원과 전개」, 『건축역사연구』 제17권 4호 통권 59호, 2008.
[47] 윤장섭, 『인도의 건축』, 서울대학교출판부, 2004, p.68.

1. 로마스리시 정면 입구
2. 로마스리시석굴사원 전경

48 Percy Brown, *Indian Architecture*, D B. Taraporevala Sons & Co. Private Ltd. Bombay, 1956, p.15. 비하르주 승원굴의 명칭은 Barabar Hills은 Karna Kaupar, Sudama, Lomas Rishi, Visvajhopri이며, Nagarjuni Group은 Gopika, Vahijaka, Vaadalhika이다. 이 석굴들은 아지비카교(邪命外道)에 의해 조성되었으며, B.C. 3세기 아소카왕이 기증했다는 기록이 남아 있다. 정작 불교사원은 아니지만 석굴사원과 탑형부조를 이해하는 데 있어 로마스리시는 중요한 역할을 한다. 이후 전개되는 석굴사원은 기본적으로 로마스리시의 형식을 어느 정도 차용하였으며, 이를 바탕으로 불교 석굴사원의 형식적 전개를 이해하는 기준이 된다.

49 이 형식은 이후 불교석굴사원과 일반사원 스투파를 비롯하여 힌두, 이슬람 등 인도의 모든 건축물의 기본적인 테마로 자리 잡는다. 특히 석굴사원 차이티야 중심 스투파가 안치된 공간에서 상징적으로 표현하고 있으며, 이 형식이 점차 발전되어 입구의 수많은 아치형 문양과 장미창에도 적용된다.

초기 석굴사원의 탑형부조

1) 로마스리시, 콘디비테, 바자, 콘다네석굴

석굴의 구조적 형식과 전개[46]는 석굴사원 구조와 사상적 배경을 이해하는 데 필수적인 요소이다. 초기의 석굴사원은 B.C. 2세기 이전에도 존재하였으나 본격적으로 종교의식으로 사용된 예로 아지비카(Ajivika)교 석굴에서 시원적 형태를 보이고 있으며, 이후의 불교석굴사원에서 본격적으로 차용되기 시작한다.

이렇듯 유사한 유형이 변화·적용된 초기 양식을 보이는 대표적인 불교석굴로는 남인도의 군투팔리(Guntupalle)와 서인도 안드헤리(Andheri)의 콘디비테(Kondivite)석굴을 들 수 있다. 이들은 평면구조에서 로마스리시와 유사한 면을 보이고 있으나 중앙의 스투파 조영과 세부적인 구성요소에서 차이를 보인다. 그리고 초기 석굴 형태로 바자(Bhaja), 콘다네(Kondane), 판둘레나(Pandulena), 피탈코라(Pitalkhora), 아잔타(Ajanta)석굴 등으로 서인도 데칸고원을 중심으로 인도 전역에 조성된다.

로마스리시석굴〈표 6〉ⓐ은 마우리아왕조 아소카왕 시기에 만들어진 것으로, 비하르(Bihar)주 라즈기르(王舍城) 부근의 가야(Gaya)시에서 북쪽 약 27km에 위치하는 바라바르 언덕(Barabar Hill)에 있다.[47] 이곳은 초기 석굴사원이면서 일반적인 예배를 위한 형태를 보이기 시작한 예로 주목된다.[48]

로마스리시 탑형부조는 석굴 입구 facade에서는 반원형의 첨두형 Tympanum 구조를 가진 고대 인도의 초가집 형태[49]가 반영되었다. 전면부는 아치형 지붕부와 민흘림기둥, 기둥의 안쏠림, 목 구조형식에 의해 조성된 출입구의 형태를 보이는데 소형스투파가 3기 조각되어 있다. 이 소형 스투파는 10cm 내의 작은 크기로 세부적

인 표현이 생략되고 원통형 드럼과 4단의 띠돌림, 위로 복발의 형태가 고준하게 표현되었다. 이 형태는 불교스투파에서 일반적으로 인식되는 스투파 형식과 상당 부분 일치한다. 8마리의 코끼리가 중앙의 스투파로 집중되는데 이러한 도상표현은 산치나 아마라바티의 서사부조에서도 등장하는 모티프이다.

본격적으로 조성된 초기 불교의 석굴사원으로는 군투팔리, 콘디비테, 바자석굴을 들 수 있다.

콘디비테(Kondivite)석굴〈표 6〉에서는 2기의 탑형부조가 확인되었으며, 초기 양식을 가진 석굴로서 양식과 도상의 변화과정을 이해하는 데 중요하다. 중심 차이티야에는 환조형의 스투파가 위치하고, 2개의 봉헌된 탑형부조는 비하라 1굴 중앙 벽면의 심조에 의한 저부조와 최초 조영보다 후대의 것으로 보이는 북면한 비하라 사이 감실에서 확인된다. 먼저 비하라 1굴〈표 6〉을 보면, 장방형으로 정확한 연대를 알 수는 없으나 석굴 연대보다 후대에 조영된 것으로 보인다.[50] 1굴의 벽면부조는 암질이 화산암이면서 심하게 마멸되어 형태가 불명확하나 반원형 복발과 상하를 두른 드럼부, 산개가 약하게 표현되어 있다. 복발·드럼의 비율은 드럼이 복발보다 크지 않아 초기 탑문의 부조 도상과 유사한 형태를 보인다. 초기 석굴사원에서 승원에 탑형부조를 모신 몇 안되는 비하라의 하나로, 부조형 스투파 모심이나 환조형 스투파가 비하라굴에 조성되고 성행하기 이전의 것으로 보인다.

북면한 탑형부조〈표 6〉는 두 비하라 사이에 높지 않게 굴감을 조성하고

[50] 이는 대부분의 탑형부조가 돌을 새김하는 것이 기본적인 새김 방식으로 처음 굴을 개착할 때 조각되었다면 벽면을 파고 들어가지 않았을 것이다. 몇몇 석굴에서 보이는 오목새김의 형식은 석굴 개착 연대와 양식적 차이로 이해할 수 있다.

1. 안드헤리 콘디비테석굴사원 전경
2. 콘디비테 1굴의 승원굴과 탑형부조

표6. 로마스리시와 콘디비테, 바자, 콘다네석굴사원의 탑형부조

석굴	로마스리시	콘디비테	바자		콘다네	
연대	ⓐ B.C. 2세기	ⓑ B.C. 2~1세기	ⓒ B.C. 2~1세기	ⓓ B.C. 2~1세기	ⓔ B.C. 80년	ⓕ B.C. 80년
위치	석굴 아치 정면 상부	1굴 비하라굴 가운데 벽면	북면 비하라 사이 외벽 감실형	19굴 전면 베란다 입구 평방부재 위	차이티야굴 파괴된 8각 열주 상단	대형 비하라의 베란다 오른 벽면
수량	3	1	1	7	1	1
복발의 구형(%)	각진 원형	60	70, 길어짐	50	55	55
드럼 (기단)	경사드럼, 4단 띠돌림	3단 띠받침, 표면 멸실	4각기단, 상하로 3겹의 4각 띠돌림	단순 드럼 2기 경사형 드럼 5기	단순 드럼	단순 드럼
난간	-	멸실 난간 흔적	-	드럼부 4기, 상륜부 2단 7기	-	드럼부 2단, 상하 띠돌림, 상륜부 2단
복발/ 드럼 비	1.8	0.8	1.6	1~1.2	1	1
하미카	-	-	3단	-	4각 평두	5단, 井자형 목구조
산개, 산간	-	2, 심한 멸실	미상, 산간 파괴	천정 새김	1, 굽은 일체형	다각형(8각?)의 산간
사진						

그 안에 조각되었다. 이 부조는 남면한 석굴의 차이티야 중심 스투파와 1굴 부조와 상당 부분 차이점을 보이고 있어, 형식적으로 5~6세기의 석굴과 스투파에서 보이는 방형대좌와 감실이 표현[51]되어 있다. 특징적으로는 복발이 길고 작아지면서 그 비중이 약화된다. 그리고 4각의 기단부가 강조되면서 기둥을 세워 감실을 배치하고 있다. 상부로는 3단의 하미카가 있고 산개는 멸실되어 있다. 전체적인 조형은 정묘한 균형감이 보이지 않으며 투박하고 거칠게 표현되었다.

바자(Bhaja)석굴은 초기 석굴사원 형식에서 장방형의 전실과 원형 후실이 결합된 차이티야 전형을 보여주는 예이다. 바자 19굴은 비하라로서 7개의 탑형부조〈표 6〉ⓓ가 남아 있는데, 전면 베란다 입구에 조각된 목 구조

51 인도 현지의 Kondivite 안내판 참조. 콘디비테석굴이 B.C. 2세기부터 A.D. 6세기까지 조영되었으므로 북굴은 좀 더 늦은 시기에 개착되어 부가된 것으로 본다.

형태의 평방부재 공간에 조각됐다. 형태상 공간적으로 협소함에 기인하여 전체적으로 크기가 작으며 생략된 표현이 많이 보인다.

주 차이티야의 스투파는 유사한 형태를 보이나 장식적인 요소가 배제된 채 매끈하게 다듬어진 형식이다. 그러나 반원형 복발과 낮은 단순드럼, 상부의 난간부가 남아 있어 유사함을 보인다. 7기의 탑형부조는 반구형의 복발형태로 연화문과 유사한 매듭, 술 장식이 있으며, 2기의 개체에서 드럼부 위로 기둥이 세워진 형식이 조각돼 있어 특이하다. 이 표현은 일반적이지 않은 장식으로 남인도 스투파의 아야카 기둥과 연관할 수 있으나, 연대상 바자석굴이 앞선 형식이므로 아야카의 시원적 형식이라 할 수 있다. 드럼은 단순형 2기와 경사형이 5기이고, 난간이 조각된 개체가 4기, 하미카에 조각된 난간이 2개체이다. 상부는 모두 천정새김 돼 하미카 부분을 생략하거나 소략하였다. 이를 보면 주 차이티야 양식과 구조적 특징이 비슷한 경향을 보이고 있어 초기의 스투피 양식을 차용한 것으로 보인다.

콘다네(Kondane)석굴에서는 2개체의 탑이 조사되었다. 콘다네 차이티야는 그 구조가 바자석굴과 유사하나 외벽의 소인물상에서 자유로운 모습이 표현되고 있어 보다 후대인 B.C. 80년경의 개굴로 본다. 탑형부조가 조

1. 바자석굴사원의 차이티야와 비하라
2. 19굴 입구상부 탑형부조
3. 콘다네석굴사원 차이티야와 비하라
4. 비하라굴 광장의 열주와 승방

■ 1. 콘다네 비하라의 탑형부조
2. 비하라 탑형부조의 상부
3. 콘다네 차이티야의 탑형부조

각된 비하라는 같은 시대의 것으로, 내부 광장 둘레에 열주가 세워진 발전한 형식[52]이다.

콘다네에서 주목되는 탑형부조는 심하게 파괴된 비하라〈표 6〉로 베란다 우측벽면에 불감을 파고 조각됐다. 형태적으로 반원형 복발, 단순드럼에 난간, 상부 난간과 하미카, 산간으로 구성되는데 외부 조각과 함께 그 솜씨가 빼어나다. 1m 남짓의 크기로 전체적으로 환조형을 띤 고부조로 조각되었으며, 균형과 비례감이 뛰어나 차이티야스투파 형태를 추정하는 단서가 된다. 하미카의 하부 구조와 산간표현이 특징으로 하미카는 난간과 함께 井자형의 목구조 받침이 조각되어 있다. 井자형 구조는 바자와 카를리 등 여러 개체에서 보이는 것으로, 하미카 구조는 본래 목조형식을 번안한 표현으로 이해된다. 또한 산개가 생략되고 8각 산간만 표현돼 있는 독특한 사례라 할 수 있는데, 이와 유사한 유형은 아마라바티 일반사원 스투파의 상부 구조에서도 보이고 있다.

또 다른 하나의 탑형부조는 차이티야의 파괴된 8각 열주 상단에 작은 크기로 남아 있다. 부조〈표 6〉는 드럼, 복발, 산개의 단순한 형태이며 초기 형태를 보인다. 드럼과 복발 비가 거의 1:1을 보이고 있으나 세부묘사가 생략되어 형태적인 의미만 전할 뿐이다. 주목되는 점은 산개형태가 방형 부재 위에 부챗살 모양의 일체형으로 장식된 것이다. 이 형식은 초기 탑형부조에서 보이는 식물문 산개의 원형이 아닌가 싶다. 산치 탑문과 아마라바티 부조에서 보이는 식물문과 연관해서 해석할 수 있는 요소로 번과 산개가 일체화되어 단순하게 표현된 듯하다.

52 http://terms.naver.com/item 네이버 용어사전. 답사를 통해 보았을 때, 중심 차이티야스투파는 현재 심하게 파손되어 그 형체가 많이 사라졌으나 전체적인 형태가 비하라 부조와 유사한 것으로 보인다.

2) 판둘레나, 아우랑가바드석굴

판둘레나(Pandulena, Nasik)〈표 7〉석굴은 아잔타 9굴, 베드사 석굴과 함께 초기 석굴의 다음 단계에 속하는 굴로 B.C. 1세기~A.D. 2세기경에 속한다. 모두 24굴로 이루어져 있으며, 차이티야굴은 18굴 하나이다.[53]

탑형부조는 차이티야 18굴과 비하라 3굴, 10굴[54]에 조영되었으며, 모두 10기가 조사되었다. 형식상 가장 주목되는 것으로는 비하라 3굴〈표 7〉부조이다. 이는 콘디비테 내부의 중앙벽면에 조각된 사례와 위치상 유사함을 보인다. 그러나 콘디비테와 달리 판둘레나 3굴은 대규모 승원으로 승방 사이의 넓은 벽면에 등신대 크기로 조각된 특징이 있다.[55]

석굴 중앙에는 누운계란형의 복발, 길어진 드럼과 난간, 5단의 하미카와

표7. 판둘레나, 아우랑가바드석굴사원의 탑형부조

석굴	판둘레나					아우랑가바드
연대	ⓐ A.D. 2세기	ⓑ A.D. 2세기	ⓒ B.C. 2세기	ⓓ B.C. 2세기	ⓔ B.C. 50년	ⓕ B.C. 60년
위치	3번 비하라 정면벽	3번 비하라 베란다 입구 상부	10번 비하라 정면벽	비하라 23, 24굴 협시불 이마부	차이티야 18굴 입구 상부	차이티야굴 입구 좌측 하부
수량	1	1	1	3	4	1
복발의 구형(%)	75, 누운계란형	80, 누운계란형	파괴	60~90	55	80, 원형
드럼 (기단)	단순 드럼	3단 단순드럼 드럼 양귀 솟음	파괴	2단 1기, 4단 2기	경사드럼	단순드럼 2단 띠돌림, 3중 기단
난간	드럼 3단. 상하 띠돌림, 하미카 2단	미상	복발부 미상, 하미카 3단	미상	드럼 각 2단, 하미카 각 2단	미상
복발/드럼 비	2	1.2	파괴, 힌두신 대체	1.6	각 1.1	2.7
하미카	5단	3단, 윗면 굴곡	5단	1단	각 3단	3단
산개, 산간	중앙 1, 양 측면 각 2, 산간 식물문	1. 곡면형	중앙, 양측면 각 1, 산간 식물 문양	곡형 산개 1개, 각 상부 산간	각 상부 산간, 1기 멸실	1, 천정새김, 산간
사진						

[53] Superintending Archaeologist 판둘레나석굴 안내판 참조. 이 석굴은 Satavahana와 Kshaharatas 왕조의 치세 기간에 속하는 것으로 주요 특징을 내포하고 있을 뿐 아니라, 역사적 의미를 가진 명문을 내포하고 있을 뿐 아니라, A.D. 2세기의 석굴이 가장 많이 조성되는 시기의 양식으로 석굴건축의 눈부신 변화 양상을 대표한다.

[54] James Furgusson, *History of Indian and Eastern Architecture*, John Murray, Albemarle Street, 1891, p.116. 비하라 3, 8, 10, 23번 승방굴 사이에는 크기에서 다른 것들보다 조성계획과 탁월함이 현저하며, 건축적 장중함과 조각 장식이 최적의 조합으로 표현되고 있다. 10굴 비하라는 이 시대 석주 장식의 최적의 견본을 가지고 있다고 고려된다.

[55] 콘디비테가 비하라 스투파 신앙의 초기적 형태였다면 보다 발전된 양태를 보이는 것이다. 이와 유사한 표현방식은 준나르 시브네리 비하라를 들 수 있으며, 형식상 차이티야스투파와 유사하고, 차이티야 입구형식 또한 연계할 수 있다.

1. 판둘레나 차이티야스투파
2. 차이티야 3굴 불단형 탑형부조
3. 비하라 3굴 상부
4. 산치 제1탑의 드럼 생략과 산개 표현

상하 난간, 산개가 조각되어 있다. 복발은 초기 석굴 부조보다 작아지고 타원형의 누운계란형을 하고 있다. 또한 드럼부가 길어지면서 3단의 돌출문 난간이 자세하게 조각되어 있다. 하미카는 5단을 이루고 위아래로 삼각뿔의 장식과 난간이 둘러져 있으며, 산개는 중앙에 1개, 양옆으로 2개씩 총 5개가 조각되어 있다. 3굴[56]은 비교적 후대인 A.D. 2세기의 것으로 보고 있는데, 이러한 형식은 같은 시기 남인도의 아마라바티, 나가르주나콘다 일반 사원 스투파형식에서 유사함을 보이고 있어 당대 유행한 양식으로 볼 수 있다. 이와 함께 10굴〈표 7〉ⓒ에서도 유사한 형식의 산개가 보인다. 10굴은 추정연대가 B.C. 2세기 이후로 보고 있으나 양식적인 차이는 보이지 않으므로 10굴은 3굴과 같은 형식이 유사하게 조성된 것이 아닌가 싶다. 10굴은 현재 복발과 드럼부를 모두 파괴하고 그 자리에 다시 힌두신을 조각하였으며 윗부분에 남아 있는 하미카와 산개의 모양으로 보아 3굴과 유사한 탑형부조였을 것으로 본다.

그리고 3굴 베란다 입구 상부의 장식용 탑형부조〈표 7〉를 보면, 간략한 표현과 세부묘사 생략, 드럼하부가 위로 굴곡을 이루고 산개에서 곡면을 이루는 형식을 보인다. 이는 앞서 언급한 콘다네석굴 열주의 탑형부조 산개형

56 James Furgusson, 전게서, p.116.

1. 판둘레나 차이티야 18굴 정면
2. 판둘레나 차이티야 18굴 정면 세부

식과 유사함을 보이는 것이다.

　차이티야 18굴은 전면 facade 배면〈표 7〉ⓒ의 화려한 건축적인 조각과 함께 상부에 4기가 나란히 조각되어 있다. 이들은 차이티야스투파와 형태상으로 차이를 보인다. 복발과 드럼의 비율이 작아지고 하미카 상부 또한 대체로 작게 묘사되었다. 상부 하미카는 3단으로 난간이 조각되었으며 전체적인 형태에서 안정감을 주고 있다. 반면 23, 24굴〈표 7〉에서는 특이한 형식의 조각을 보이고 있다. 모든 석굴사원의 탑형부조 형식과는 달리 불상의 이마부에서 화불化佛[57]의 다른 표현으로 나타나는 화탑化塔이 3기 보인다. 일반적으로 보살상의 이마부에는 화불이 조각되는데 화탑의 형태로 조각된 특이하고 유일한 예[58]이다.

　아우랑가바드(Aurangabad)석굴〈표 7〉ⓕ은 주요 굴이 8굴이며 제4굴만 전기에 속하고 나머지 비하라는 후대에 조성되었다. 차이티야 4굴 중심 스투파는 B.C. 60년경에 조성되어 초기의 스투파 유형을 보이고 있으나 복발이 작아지고 드럼부는 길어지며 상부 하미카가 작아진 형태이다.

　탑형부조는 차이티야 4굴의 전면부 입구가 상당 부분 파괴, 소실되었는데 왼쪽벽면 하부에 불상, 공양자상과 함께 작은 크기로 조각되어 있다. 원형 복발과 단순드럼, 방형의 3단 기단, 하미카, 산개로 구성되어 있다. 복발

57 변화한 부처, 곧 變化佛로서 중생의 근기와 素質에 따라 갖가지로 형상을 변하여 나타내는 佛身이다. 그리고 분신불로서 중생을 구제하기 위해, 부처님이 중생의 모습을 나타내시는 것이며, 삼신의 하나로 應身佛·응신불이라고도 한다.

58 세부묘사는 생략되고 복발과 2단의 기단, 상륜부로 구성되어 있는데, 형태상으로는 골호로 볼 수도 있다. 그러나 석굴에 조각된 불상 표현의 양식으로 보았을 때 석굴 조성이 B.C. 2세기와는 일치하지 않고 있어 후대에 부가된 석굴로 보인다.

1. 아우랑가바드 차이티야 탑형부조
2. 투르쟈 40굴 차이티야 전면 facade
3. 준나르 비하라 45굴 탑형부조

과 드럼의 비율은 거의 1:1이며, 하부의 방형기단이 더해지면서 복발의 크기가 매우 작아진다. 드럼부는 폭이 좁아지고 방형기단이 강조되어 있으며, 3단의 하미카와 산개가 천정새김되어 있다. 전체적으로 암질이 고르지 않아 거칠게 표현되었으며 날렵하고 고준해진 형식이다. 조각 방식은 중심 스투파와 양식적 차이를 보이는데, 평벽면에 심조로 표현되고 있어 간다라 스투파 양식이 적용된 A.D. 1세기 이후에 부가된 것으로 보인다.

3) 준나르석굴

준나르(Junnar)석굴〈표 8〉은 인도 서부의 마하라슈트라주 Puna와 Nasik의 중간에 위치하며, 크게 투르쟈, 시브네리, 만모디, 레냐드리 등의 네 언덕에 B.C. 1세기부터 A.D. 3세기에 걸쳐 조성된 150여 개의 불교석굴군이 있다. 전반적으로 2~3세기에 조성된 것이 많으며 비하라굴의 규모가 작은 특징이다.[59] 네 석굴군 중 탑형부조는 투르쟈, 시브네리에서 각각 10기와 3기를 확인하였다.

먼저 투르쟈석굴은 40굴에서 45굴까지 하나의 승원으로 조성되었는데, 차이티야 탑형부조는 전면 facade 상부에 2기가 조각〈표 8〉되어 있다. 차이티야스투파는 상당 부분 파손되어 형태상으로 거칠고 조잡한 조형인 반면 facade 벽면부조는 건축적인 구조와 함께 정교하고 안정감 있는 조각을 보인다. 복발은 반구형이며 드럼부가 낮고 넓어 높이와 넓이의 비율에서 큰 차이를 보이지 않는다. 상부에는 최상부만 두텁게 조각된 4단의 하미카가 있으며 난간과 천정새김의 산개로 구성되어 있다. 위치상으로 한정된 면에 조각하면서 반영된 형태로 볼 수 있다.

59 해당 석굴은 답사를 하였으나 투르쟈 3굴의 원당과 열주를 가진 차이티야당을 찾지 못했다. 정작 투르쟈 3굴은 확인을 통해 단순 비하라가 위치하고 있어 석굴넘버가 나중에 바뀐 것으로 보인다.

표8. 준나르석굴사원의 탑형부조

석굴	준나르 투르쟈			준나르 시브네리		
연대	ⓐ B.C. 1세기	ⓑ B.C. 1세기	ⓒ B.C. 1세기	ⓓ A.D. 2~3세기	ⓔ A.D. 2~3세기	ⓕ A.D. 2~3세기
위치	투르쟈 차이티야 40굴 정면 상단	투르쟈 비하라 45굴 상부	투르쟈 비하라 28, 29굴 사이 외벽면	시브네리 비하라 내부 정면 불전	시브네리 비하라굴 입구 좌측 벽면	시브네리 비하라 18굴 입구 벽면
수량	2	7	1	1	1	1
복발의 구형(%)	50	50	미상	길어진 타원형	80	65
드럼 (기단)	단순드럼	단순드럼	단순드럼, 2단 띠돌림	낮은 단순드럼	경사드럼 파괴	경사드럼
난간	하미카 2단	드럼 3단, 상부 띠돌림, 하미카 2단	드럼 2단, 상하 띠돌림	하미카 2단	드럼부 3단, 하부 띠돌림	-
복발/ 드럼 비	1	1.5	약 1.5	0.4	1.3	1.5
하미카	각 4단, 상부 2배 성노 두꺼움.	각 5단, 하부에 2개의 4각 기둥	미상	4단, 4층에 삼각뿔 장식	3단, 사각방형	미상
산개, 산간	1, 천정새김, 짧고 굵은 산간	각 1, 짧고 굵은 산간	미상	1, 천정새김, 굵은 산간	1, 천정새김, 산간	3(각 1개) 3갈래 연줄기 모양
사진						

    비하라 45굴〈표 8〉ⓑ은 40굴 바로 옆에 위치하고 있으며, 차이티야 탑형부조와 유사한 양식을 보인다. 아치창이 있는 3개의 비하라에 조성되었으며, 각 입구 사이에 7기가 조각되어 있다. Relief Stupa는 형식상으로 차이티야의 탑형부조와 유사하나 하미카가 강조되는 특징이다. 비례상으로 복발 아래의 하부와 하미카 위의 상부가 거의 1:1의 비율을 보인다.

    또한 투르쟈석굴군의 비하라 28굴과 29굴 사이에는 탑형부조 1기〈표 8〉ⓒ가 남아 있다. 대부분이 파괴됐으며 거의 환조형을 띠고 있다. 두 굴 사이의 암벽을 깎아내고 배면이 암벽을 면하고 있어 거의 환조에 가깝다. 복발부 위로는 대부분 파괴되었으나 드럼과 난간 표현이 남아 있다.

1. 비하라 28굴, 29굴 벽면의 탑형부조 난간세부
2. 시브네리 비하라 부조

다음으로 준나르 시브네리석굴군〈표 8〉은 투르쟈 옆에 위치한 높은 언덕 중간에 위치하는데, 이곳에는 언덕 위로 이슬람 고성이 남아 있다. 시브네리에는 3개의 탑형부조가 남아 있으며, 투르쟈와 레냐드리석굴과 시대적으로 3~4세기의 차이[60]를 보이고 있다.

먼저 탑형부조를 보면 비하라 내부 정면의 각 승원 사이에 탑형부조 1기가 조각〈표 8〉ⓓ되어 있고, 판둘레나와 콘디비테의 예와 유사한 형식을 보인다. 그리고 바로 옆에 조성된 비하라 입구 좌측 벽면에는 드럼 하부가 상실된 탑형부조〈표 8〉ⓔ가 있어 조각방법이 유사하다. 대체로 복발은 상대적으로 큰 비중을 차지하는 길어진 타원형이며 드럼부가 작아진다. 입구에 조각된 스투파는 복발의 형태가 유사하고 드럼부가 파괴되어 있으나 긴 형태였을 것으로 보인다.

그리고 비하라 18굴 입구 좌측 벽면의 1기〈표 8〉ⓕ는 대체로 파괴된 형태를 보이며 저부조로 조각되어 있어 볼륨감이 없다. 물방울형의 복발과 길어진 드럼, 천정새김의 3갈래로 나눠지는 식물 문양 산개가 조각되어 있다. 2~3세기의 아마라바티 평지일반사원 산개 표현형식과 일치하고 있으나 세부적인 형식을 파악하기는 어렵다.

4) 전기 아잔타, 칸헤리석굴

아잔타석굴(총계 30굴)〈표 9〉[61]은 전기와 후기에 걸쳐 개굴되었으며, 전기굴은 제9, 10굴의 차이티야와 제12, 13굴의 비하라이다.[62] 중앙의 석굴이 가장 오래되고 양쪽으로 갈수록 연대가 내려오지만 서에서 동으로 순차적으로 번호를 붙였다.[63]

60 시브네리는 앞선 양식에 비해 조각이 서툴어 비전문적인 석공에 의한 조영으로 보인다. 다만 방형평면을 보이는 차이티야스투파는 조각이 균형 잡혀 있어 조각가가 다르거나 시대적인 차이가 있어 보인다.

61 아잔타석굴을 전기와 후기로 구분하는 것은 조성연대가 확실하여 분리하여 서술한다.

62 미야지 아키라, 전게서, p.98. 제10굴은 형식에서 바자석굴과 유사하나 그보다 고식의 형태를 보이는 반면, 제9굴은 정면에 커다란 장미창이 달린 문, 많은 장식 등에서 양식적으로 발전된 외관을 나타낸다. 아잔타석굴의 차이티야스투파는 기단부에 감실과 불상, 그리고 많은 장식이 첨가되어 수직적으로 높아지며, 훼부분이 복잡한 모습으로 변모하는 등 일련의 변화를 보인다. 반면 복발부분은 그 중요성이 떨어지는데, 이는 불상이 도입되면서 예배의 대상이 바뀌면서 변화된 현상으로 보인다.

63 윤장섭, 전게서, p.108. 제8~13굴은 B.C. 2세기~A.D. 1세기의 소승불교 시대에 만들어졌으며, 이후 500여 년간 개착이 중단되었다가 다시 450년경부터 대승불교 석굴이 개착되었다. 제 6, 7, 11굴은 450~500년, 제15~20굴은 550년 경, 제 21~26굴은 550~600년경에 만들어졌다. 제1~5굴은 600~625년, 제27, 28굴은 625~642년에 개착되었다. 이 중 4개가 차이티야굴인데 제9, 10굴은 소승불교의 것이며, 19, 26굴은 대승불교에 의해 개착된 것이다.

표9. 아잔타, 칸헤리석굴사원의 탑형부조

석굴	아잔타		칸헤리		
연대	ⓐ B.C. 2~1세기	ⓑ B.C. 2~1세기	ⓒ A.D. 160년	ⓓ A.D. 160년	ⓔ A.D. 160년
위치	차이티야 9굴 입구 정면 2	차이티야 9굴 입구 우측2	차이티야 3굴 8각 석주 주두	차이티야 3굴 베란다 우측 하단	차이티야 3굴 베란다 좌측 불감 상부
수량	2	2	2	2	1
복발의 구형(%)	75, 80(구형, 누운계란형)	60, 75(구형, 누운계란형)	50, 55	80, 누운계란형	원형 사리기
드럼 (기단)	방형기단 위 연화문 장식, 드럼부 2중 띠 장식	2중 방형기단 1기, 미상	경사드럼, 하부 연화 장식	상하 방형 기단, 상하 2중 띠돌림	-
난간	기단부 상하-2기	-	드럼 2단, 하미카 2단	-	-
복발/드럼 비	1,2	1,2	1, 1.1	각 2,2	-
하미카	4(마름모꼴, 출입구, 상부 작아짐)	3(우측벽 上), 미상(우측벽 下, 위 연화좌와 불상)	4, 산간에 장식	3, 4단	-
산개, 산간	3(출입구 좌우, 술 장식), 산간, 우측벽 생략	3(출입구 좌우, 술 장식), 우측벽 생략	1, 천정새김, 상부 장식	각 3, 산간, 양측 번조각	-
사진					

초기에 해당하는 차이티야 9굴은 입구 정면에서 4기의 탑형부조〈표 9〉ⓐ, ⓑ를 볼 수 있다. 9굴의 중심 스투파는 반구형 복발과 2중 단순드럼, 하미카가 남아 있으며, 그 규모가 큰 편이고 단순한 형태를 보인다. 그리고 입구 전면의 탑형부조는 정문 좌우로 2기와 오른쪽 벽면에 2기가 조각돼 있다. 굴의 개착연대가 B.C. 2~1세기경인 것을 감안 하였을 때, 후대에 부가된 것으로 보인다. 전면 2기의 상세〈표 9〉ⓐ를 보면 복발이 구형의 형태를 보이는데 누운계란형이고 드럼부가 2중 난간이다. 하부는 외부 난간으로 표현한 것으로 보이고, 상부로 4단의 하미카와 3단의 산개와 산간, 술 장식이 되어 있다. 특이점은 2중 난간과 함께 중간에서 연화좌로 상부 장식을 받치고 있으며, 상부 난간에서도 허리가 오목하게 들어가게 표현하고 있다.

64 아잔타는 중국과 한국 등 동아시아의 구법승이 주로 활동하였던 곳으로 이곳의 탑과 불상 양식을 참조하여 각 나라별로 탑 조형이 많이 이뤄졌다. 그러므로 여기서 보이는 하미카의 형식이 동아시아 석탑 양식과 친연적인 성격을 가지고 있어 주목된다. 전탑과 모전석탑과 유사한 형태이나 형태적 연관성은 알 수 없다.

65 일반사원 스투파형식과 닮아 있지만 하미카가 크게 조각되어 있어 형식상 어디에도 속하기 어렵다. 이는 김준오·천득염, 「인도 일반사원 탑형부조 연구」(2011)를 참조할 수 있다.

66 샤타바하나왕조의 야주냐슈리, 샤타카르니의 치세 174~203년 경 조영된 것이다.

상부의 하미카는 방형단 위로 4단을 형성하며 최상부에서 들여쌓기 형식을 보인다. 이는 하미카 양식[64]에서 쉽게 볼 수 없는 예이다. 또한 상부의 산개형태도 변화된 형식을 보인다. 3개의 산개가 종축으로 층층이 구성되어 초기 일반사원 스투파와 석굴사원 탑형부조에서 보이는 산개 양식과는 상이하다.

이와 함께 오른 벽면의 탑형부조 2기는 정면 입구의 것과 비슷한 경향을 보이면서도 구조에서 차이가 보인다. 세부적인 묘사가 약화, 생략된 형식이며, 하부의 것은 상당 부분 파괴되어 구체적인 형태를 파악하기 힘들다. 상부 스투파의 복발은 계란형이며 방형으로 보이는 2단의 기단과 하미카가 있으나 산개는 생략되었다. 기단은 방형인지 드럼의 표현인지 명확하지 않으나, 복발과는 표현방식이 다르므로 방형대좌로 볼 수 있다. 하부 스투파는 복발과 하미카만 보이는데 복발 하부에서 불상이 조각되고 크지 않은 복발부만 표현된 것이 특이하다. 이러한 조형의 이유는 알 수 없으나 특이한 예[65]라 할 수 있다. 이상 4기의 탑형부조는 차이티야스투파와 최초 석굴 조성연대와 달리 후대에 조성되었음을 계란형 복발과 드럼부의 연화좌 문양, 4단 하미카, 3단의 산개를 통해 알 수 있다.

칸헤리(Kanheri)석굴[66]은 비교적 후대에 개착된 대규모 석굴군이며,

1. 아잔타 9굴 전면 파사드
2. 아잔타 9굴 차이티야스투파

계곡의 좌우로 100여 개가 넘는 크고 작은 석굴 중 제3굴 차이티야는 카를라 차이티야와 한층 유사한 구조와 형식을 보이고 있어 규모와 건축적 완성도에 비견되지만 조형적으로 쇠퇴함을 보인다.[67]

칸헤리의 탑형부조는 총 17기가 조사되었다. 2세기에 조성된 차이티야 3굴과 6세기 후반 개착된 90굴에 집중되어 있다. 먼저 차이티야 3굴의 베란다 우측 하단에 조각된 2기〈표 9〉ⓓ를 보면, 주굴의 조형 양식과 큰 차이를 보인다. 차이티야스투파의 형태는 반원형의 복발과 단순드럼 위에 2단의 넓은 띠돌림이 있어 초기 스투파 유형을 보이는데 반해, 베란다에 조각된 탑형부조는 이보다 후대에 부가된 것으로 보인다. 우선 복발과 기단의 크기에서 거의 1:1 비율을 보이는 중심 스투파와 달리 3굴의 베란다 탑형부조는 복발이 작아지는 경향이 보이며, 기단과 상부의 하미카, 산개 부분이 강조되고 있다. 복발형태는 누운계란형으로 약 1:2.2의 비율을 보이고 있어 상대적으로 장식적인 요소가 강조되고 그 중요도가 약화됨을 알 수 있다. 기단은 드럼이 사라지고 2단의 방형대좌[68]가 높게 조각된다. 또한 하미카와 3단의 산개가 있으며 양옆으로 번 장식이 되어 있다. 작은 크기이지만 세부적인 조각솜씨가 단아하고 섬세하며, 비례와 균형이 잘 잡혀 있어 고준하면서도 안정적인 느낌을 준다. 부조는 베란다 외부 벽면에 오목새김을 하

▪ 차이티야 3굴 탑형부조

▪ 1. 차이티야 9굴 정면 탑형부조
  2. 차이티야 9굴의 탑형부조

67 미야지 아키라, 전게서, p.101~102.
68 이러한 기단형태는 동아시아, 특히 한국의 통일신라 이후 주류를 형성하였던 석탑의 2중기단과 유사함을 보이고 있어 주목된다.

1. 칸헤리 차이티야 3굴
2. 차이티야 3굴 중심 스투파

였으므로 시기적 차이에 의해 각각 초기 양식 조영과 간다라 양식이 반영된 형식에 의해 후대에 부가된 것으로 볼 수 있다. 3굴의 입구 상부에는 비천에 의해 장식적인 사리기〈표 9〉ⓒ를 받치고 있는 형상도 보인다. 뚜껑 부분에서 연화문, 꽃봉오리 장식과 사방으로 퍼지는 꽃 장식이 조각되었다.

그리고 차이티야 3굴 팔각열주의 탑형부조〈표 9〉ⓒ는 마투라, 코끼리, 사자, 보리수, 남녀 공양자상 등의 다양한 도상이 주두 상단에 천정부와 연결되어 있다. 이 중 탑형부조는 2기로 주변에 코끼리와 나가상의 스투파 공양 장면을 표현하고 있다. 차이티야는 A.D. 160년대 조영으로 동시대에 조각된 것으로 보인다. 스투파의 형태는 반구형 복발과 드럼, 그리고 상륜부의 기본적인 구조로 드럼에서 2단의 난간과 함께 하부는 모두 연화좌에 의해 구성되었다. 상부에는 4단의 작은 하미카와 난간이 둘러져 있다. 그리고 산개와 산간의 위치에 특이한 장식이 되어 있는데, 구체적인 형상은 알 수 없으나 꽃공양으로 본다. 이러한 식물 문양은 남인도의 아마라바티와 나가르주나콘다 석판부조에서 볼 수 있는 예이다.

5) 쿠다, 카를라석굴

쿠다(Kuda)석굴〈표 10〉은 A.D. 2세기부터 조영되기 시작됐으며 소규모의 석굴군을 이루고 있다. 산지형의 경사로 위에 1개소와 아랫부분에 대부분의 굴이 형성되어 있다. 하나의 차이티야와 다수의 비하라로 구성되어 있고, 비하라 두 곳에서 스투파가 조각되어 있다. 이는 초기 차이티야 중심의 예배 방식에서 점차 비하라에서도 스투파 예배 기능을 보이는 양상을 이해할 수 있는 사례이다.

1. 쿠다석굴 비하라 6굴 탑형부조
2. 카를라석굴 차이티야 정면

    6굴 입구의 외부벽면〈표 10〉ⓐ에 조각된 탑형부조는 괴멸, 풍화에 의해 많이 파괴되었으나 전체적인 형태를 파악하는데 무리는 없다. 부조는 벽감을 조성하면서 조각한 것으로 고부조이면서 환조형에 가깝다. 반원형의 복발과 단순드럼, 상륜부로 되어 있으며, 복발과 드럼의 비율이 균형을 이뤄 안정적이다. 드럼부가 복발보다는 약간 길어지는데 아래로 1단 띠돌림과 위로 2단의 난간이 있다. 하미카는 상당 부분 파훼되었지만 3단을 이루고 있으며 위로 천정새김한 산개로 구성되어 있다. 전체적으로 약간 길어진 형태로 묘사에서 비례와 균형을 이루고 있다.

    그리고 6굴의 탑형부조〈표 10〉ⓑ는 불상, 신상, 공양자상이 조각된 불전부조의 윗부분에 작게 오목새김되어 있으나 구체적인 형태를 보이지 않고 있다. 구성형태는 복발, 작은 기단형태의 드럼과 상부로 되어 있는데 형태상 사리기를 표현한 것으로 보인다.

    〈표 10〉의 카를라(Karla, Karli)석굴은 석굴군 중에서 전방후원의 차이티야와 내부의 중심 스투파 양식을 대표하는 화려한 석굴이다. 석굴사원 가운데 가장 큰 규모인 이 차이티야는 가장 안쪽에 암괴를 쪼개 만든 스투파와 그 둘레로 탑돌이길이 있다. 스투파의 드럼은 2단이고, 목조의 산개가 남아 있어 스투파의 변화된 양식과 고식의 산개형태를 볼 수 있다.

    카를라의 탑형부조는 화려하게 장식돼 있는 차이티야 8각석주의 수많은 기둥 중 하나에 1기 보이고 있다. 고부조로 조각되어 있으며, 차이티야 스투파와 부조 양식의 유사한 형태로 보아 석굴조영과 같은 시기의 것[69]이

69 이 탑형부조는 좌우측으로 3사자 석주와 2마리의 사슴이 받치고 있는 법륜이 조각되어 있어 모두 부처와 불법을 상징하는 요소이다.

표10. 쿠다, 카를라석굴사원의 탑형부조

석굴	아잔타		칸헤리
연대	ⓐ A.D. 120	ⓑ A.D. 120	ⓒ A.D. 50
위치	6굴 외부 오른쪽 벽면	6굴 내부 전실 오른쪽 벽면	주 차이티야굴 내부 열주 상부
수량	1	1	1
복발의 구형(%)	60	70	55
드럼(기단)	단순드럼 1단 띠돌림	낮은 경사형단	단순드럼, 상하 각 1단 띠돌림
난간	드럼부 2단, 상하 띠돌림	-	미상
복발/드럼 비	1.6	0.4	1.3
하미카	3단, 난간추정 받침	-	3단, 하부 4각
산개, 산간	1, 천정새김, 받침	1, 삼각뿔 산간	1, 짧은 산간
사진			

다. 탑형부조는 반구형 복발과 상하 2단의 띠돌림이 되어 있는 단순드럼이며 3단의 하미카와 산개로 되어 있다. 소형이지만 구성요소를 대부분 갖추고 있다.

후기 석굴사원의 탑형부조

후기 불교석굴 중에서 가장 먼저 개착되고 규모가 큰 곳은 아잔타이다. 이와 함께 근거리에 위치한 엘로라, 아우랑가바드에서도 초기 불교 이후부터 지속적으로 조영이 이뤄졌으며 유사한 형식을 보인다. 그리고 주요 석굴로는 칸헤리, 담나르, 바그 등을 들 수 있는데, 이 중 대다수의 탑형부조는 아잔타와 담나르에 치중되어 있다. 이 시기에는 간다라 양식의 영향으로 스투파 표현방법이 변화되었고, 석굴예배의 중심 대상이 스투파에서 불상으로 옮겨가는 것을 확연히 볼 수 있다.

1) 후기 아잔타석굴

후기 아잔타석굴[70] 탑형부조〈표 11〉는 20여기로 차이티야 전면의 facade 외벽과 비하라 중앙 회랑[71]의 열주 상부, 그리고 벽면의 서사부조가 주를 이룬다.

아잔타석굴 비하라 1굴 회랑 열주 상부 탑형부조

먼저 비하라 1굴〈표 11〉ⓐ은 모두 4기로 스투파형 3기, 사리기형 1기이다. 모두 회랑 열주 상단의 주두에 소형으로 조각된 것이다. 부조 주위에는 공양자상과 비천들이 조각되었으며, 세부묘사는 간략화 되었다. 복발은 누운계란형으로 작아지면서 타원형을 보이고 있으며, 드럼이 사라지고 모두 2단의 방형기단으로 표현되었다. 하미카는 각각 3단이고, 천정새김된 산개에서는 다양한 문양의 번 장식이 있다. 또한 드럼이 생략되고 넓어지면서 키가 높지 않은데, 이는 조각된 위치의 한계라 할 수 있다. 사리기 형식은 문양이 있는 복발과 2단의 기단형식이며, 상부에 뚜껑과 꽃 장식이 천정새김되어 있다.

이러한 형식은 〈표 11〉ⓑ, ⓓ의 비하라 2굴, 17굴과 〈표 12〉ⓐ의 21굴에서 각각 2기씩 유사한 조각을 하고 있다. 2굴, 21굴에서는 1굴 부조와 유사함을 보이고 있으며, 17굴의 탑형부조는 하미카가 조각되고 위로는 산개와 번 장식이 생략되어 있다. 모두 드럼이 생략되었고 2, 3단의 방형기단으로 띠가 돌려지고 있다. 그리고 복발은 원형과 타원형으로 초기의 반구형에서 점차 구형으로 변화되어 가는 과정으로 이해된다. 모두 장식적인 요소가 강한 부조로서 세부적인 묘사보다는 의장적인 요소가 크다.

비하라 16굴의 탑형부조〈표 11〉ⓒ는 조사 대상에서 가장 작은 크기로 복발, 2단의 방형기단, 불분명한 상부 구조를 보인다. 조각된 위치와 방법이 특이하여 방형의 띠가 둘러진 입구 상부의 측면으로 공간을 만들고 끼워넣기식으로 조각되어 있다. 이는 비하라 열주의 Relief Stupa와 유사한 순수 장식용 부조로 크기가 작고 세부묘사가 간략화 됐다.

다음으로 차이티야 19굴의 탑형부조〈표 11〉ⓔ에서는 특징적인 형식을 보인다. 하나의 평면공간에 불상 2기와 함께 스투파 4기가, 그리고 출입구 오른쪽 하단에 1기가 조각되어 있다. 먼저 4기를 보면 상하 2기씩 조각되었고 이들은 서로 유사한 형식이나 상부에서 상륜부가 생략되면서 차이를 나

---

[70] 미야지 아키라, 전게서, p.207~208. 아잔타 개굴은 바카타카왕조 후원의 힘이 컸던 것으로 알려져 있으며, 제16굴과 제17굴에는 바카타카왕조의 하리세나왕의 치세 때 (465~490년경) 大臣이 시주했다는 내용의 명문이 있다. 바카타카왕조는 굽타왕조와 친인관계를 맺고 있었으며, 이를 반영하듯 아잔타미술에는 굽타미술의 영향이 엿보인다. 아잔타 후기 석굴의 연대에 대해서는 이론도 있지만 5세기 중엽에서 6세기경으로 추정하고 있어 굽타시대 후기와 병행하는 시대이다.

[71] 후기 비하라의 특징은 안쪽에 불당을 설치한다는 점이다. 굴의 구조는 전기와 같이 큰방의 삼면에 방을 배치하는 형식으로 큰방에 열주를 배열하여 회랑을 만드는 것이 일반적이다. 안쪽 벽의 중앙에는 전실과 내벽으로 이루어진 불당이 개설된다. 비하라에 있어서도 불상이 중심적 위치를 차지하게 되는 것이 후기 석굴의 특징이다.

표11. 후기 아잔타석굴사원의 탑형부조

석굴	아잔타				
연대	ⓐ A.D. 600~642	ⓑ A.D. 6~7세기	ⓒ A.D. 475~500	ⓓ A.D. 475~500	ⓔ A.D. 5세기
위치	비하라 1굴 내부 회랑 열주 상단	비하라 2굴 내부 회랑 열주 상단	비하라 16굴 입구 상부	비하라 17굴 전실 열주 상단	차이티야 19굴 입구 전면 우측 상하부
수량	4	2	2	2	5
복발의 구형(%)	75, 누운계란형, 항아리형 사리기	80	65(누운계란형)	각 80	각 70
드럼 (기단)	3중 방형기단, 2중 띠돌림	2중 방형(상하 2단 띠돌림) (사리기) 3단 띠돌림	2중 방형 기단	2중 방형기단	단순드럼, 하부-2단 드럼, 3단 띠돌림, 상부-연화좌 위 2, 1 띠돌림, 2단드럼, 입구 하부- 감실과 기둥, 불상조각
난간	-	-	-	-	-
복발/ 드럼 비	각1.2	1, 0.6	1.4	-	1.7~2(4기), 2.8
하미카	각 3	각 3	연화반 위에 꽃봉우리	3, 천정새김, 옆으로 번 장식	상하부 3단, 방형평두, 1기에서 일체형 하미카, 단독개체-3단, 방형하미카
산개, 산간	각 1, 번과 결합, 하부에서 돌출	각 1, 산개에 번 장식	-	-	3, 하부 2기 아랫부분에 번 상식, 상부 천정새김, 단독개체- 3 산개, 산간
사진					

 타낸다. 복발에서는 모두 하부가 잘린 구형으로 크기가 작아졌다. 기단은 각 2단의 단순드럼과 위아래로 2, 3단의 띠돌림이 되어 있고, 지면의 최하부에도 띠돌림이 각각 돌려진다. 위쪽의 2기는 연화좌 위에 드럼이 있으며, 드럼부는 문양이 들어가면서 다단의 형태로 고준해진다. 하미카는 형태미상의 것과 각각 3단의 형태이며, 산개는 아래의 2기에서 보이는데 하단에

번이 있고 아래로 술 장식을 하였다. 전체적으로 드럼과 상륜부가 강조되어 화려하게 표현된 고층형 스투파 유형이다.

주목되는 것은 정면입구 하단 불감에 저부조 된 것이다. 차이티야 19굴 중앙에는 크고 높은 스투파 정면에 불감이 마련되어 불입상이 봉안되어 있다. 후기 석굴사원에서 특징적으로 나타나는 양식으로 이후 등장하는 불상 위주 조각의 과도기적 성격을 지닌 조형이다. 이러한 환조형 스투파는 facade전면 하부의 탑형부조에서도 같은 형식으로 조각되어 있다. 상부는 완전한 복발과 3단의 하미카, 산개에 의해 상륜부를 표현하고 있다. 그러나 하부에는 각종 문양으로 장식된 2개의 기둥과 주두에 의해 건축형식을 표현하고 있으며 위쪽으로 아치형 감실을 형성하고 있다. 중앙에는 콘트라포스토(Contraposto, 三曲)자세의 망토를 걸친 불입상이 여원인, 시무외인의 수인을 하고 있고, 불감과 상부의 복발은 각종 장식이 화려하게 되어 있다. 이러한 스투파 도상은 아잔다 10굴과 피탈코라 차이티야의 불전 벽화에서도 보인다. 피탈코라 벽화는 초기보다 후대에 그려진 것으로 보이는데 스투파와 불상이 동시적으로 표현되는 예이다. 이러한 형태의 등장은 간다라 양식이 영향을 미친 것으로 볼 수 있다. 일례로 로리안탕가이 출토의 봉헌스투파(캘커타 박물관)에서는 형식적으로 아잔타 19굴 스투파 벽화와 유사함

1. 아잔타 19굴 차이티야스투파
2. 아잔타 19굴 정면 파사드 탑형부조

을 나타내고 있다.

〈표 12〉의 아잔타 차이티야 26굴은 최후기에 조성된 것으로 모두 3기의 탑형부조가 있으며, 이 중 2기는 차이티야당 정면 facade에 1기는 내부의 불전부조에 조각되어 있다. 입구 전면의 탑형부조〈표 12〉ⓑ는 다수의 불상부조와 함께 앞뒤로 단을 두어 조성되었는데, 타원형의 복발과 단순드럼, 2단의 방형띠, 그리고 각각 3단의 하미카와 산개로 구성되어 있다. 하미카는 크기가 작아지고 산개 아래에서 치솟은 번이 장식되어 있다. 후면의 탑형부조는 타원형 복발과 2중 기단, 3단의 하미카, 1개의 산개로 앞의 것보다 작은 크기이다. 2기 모두 앞서 살펴본 비하라 열주 상단 장식과 유사한 형태이다. 전체적인 길이가 짧아진 형태로 복발과 짧은 드럼, 기단에 의한 구성에서 형태상 차이가 있고 장식적인 요소가 강하다. 앞서 차이티야 19굴 부조의 고준한 스투파와도 차이를 나타내고 있어 시대적 변화 양상을 보여준다. 26굴 차이티야 내부의 탑형부조〈표 12〉ⓒ는 열주 좌측에 마련된 불전 상단 장식의 일부로 명확하지 않다. 단지 작은 복발과 드럼, 장식 문양이 보일 뿐 사리기로 추정되고 있으나 드럼이 있어 스투파로 생각된다.

■ 피탈코라의 불전벽화

2) 엘로라, 칸헤리석굴

엘로라석굴〈표 12〉은 초기부터 지속적으로 개착되어 아잔타석굴과 유사한 역사적 배경을 가지고 있다.[72] 엘로라석굴에서 유일하게 보이는 탑형부조는 8세기에 조성된 대형 비하라 2굴의 불전 벽면에 2기〈표 12〉ⓓ가 조성되었다. 크기가 작고 세부묘사가 생략되어 명확하지 않지만 사리기를 표현한 것이라 생각된다. 앞서 살펴본 탑형부조와는 양식적으로 차이를 보이는데 2기 모두 복발의 형태가 라마스투파와 유사하고, 원형보다는 방형과 원형이 혼재된 형태로 하부가 좁아진다. 그리고 드럼은 생략되고 하부로 2단의 기단과 원통형 연화좌로 되어 있다. 상부는 역피라미드의 단순 하미카로 명확한 형태를 추정하기 어려우나 사리기 뚜껑으로 보인다.

후기 칸헤리석굴은 아잔타, 엘로라와 유사하게 초기부터 후기에 이르기

---

[72] James Furgusson, 전게서, p.127~128. 불교석굴은 1~12굴이며, 13~29굴은 힌두교굴, 30~34굴은 자이나교굴로서 여러 종교가 동시적으로 존재하고 있어 주목된다. 12굴 중 비슈바카르만 10굴만 차이티야굴이다.

표12. 후기 아잔타, 엘로라, 칸헤리석굴사원의 탑형부조

석굴	아잔타			엘로라	칸헤리	
연대	ⓐ A.D. 6세기	ⓑ A.D. 6세기	ⓒ A.D. 6~7세기	ⓓ A.D. 8세기	ⓔ A.D. 6세기	ⓕ A.D. 6세기
위치	비하라 21굴 전실 열주 상단	차이티야 26굴 정면 좌측 상단	차이티야 26굴 내 좌측 열반상 불감	비하라 2굴 오른쪽 승방 벽면	비하라90굴 베란다 정면 3, 1. 좌측 2	비하라 90굴 내부 입구 3, 우측 2, 1
수량	2	2	1	2	6	6
복발의 구형(%)	65	85 (누운계란형)	35	75	75, 누운계란형	75, 누운계란형, 구형
드럼 (기단)	각 2중 방형 기단	단순드럼, 1단 방형 3단 띠돌림. 2단 방형 3단 띠돌림	2중 기단, 연화좌 위 띠돌림	각 연화좌, 낮은 방형 기단	2중 기단, 2단 드럼 5기, 2중 기단 1기	4기 2중 기단, 2단 드럼, 1기 파괴
난간	–	–	–	–	미상	미상
복발/드럼 비	1, 0.8	1.1, 1.5	2.2	0.9	2.5~3(5기), 1.4(1기)	2.5~3.2
하미카	각 2	각 3, 방형 평두	–	마름모형	각 3단, 4각 평두	3단 2기, 4단 4기
산개, 산간	각 1, 천정새김, 산간, 상·번 1, 하·번 2	3(하부에 번위 위로 치솟음), 1(뒷면)	–	미상	각 1, 번, 산개의 일체화	4기 각 1, 1기 2개. 번, 산개의 일체화
사진						

까지 지속적으로 석굴사원이 유행하였는데, 90굴〈표 12〉ⓔ, ⓕ은 후기에 조성된 중규모의 비하라로 내부의 승원과 베란다, 그리고 입구의 열주로 이루어졌다. 베란다와 내부승원에는 많은 불상과 보살상, 비천 등의 서사부조가 조각돼 있으며, 탑형부조는 베란다 공간에 6기, 내부의 좌우 벽면에 6기가 있다. 모두 유사한 형식을 하지만 초기에 해당하는 차이티야 3굴의 부조 양식과는 차이를 보인다. 이 부조들은 3굴에 비해 거칠게 조각되어 균제미가 떨어지며 전반적으로 비정형적인 조각 솜씨이다. 복발은 대부분 타원형의 작은 크기이며, 원통형 2중기단과 2중드럼이 혼재되거나 방형의 2중기단이 주를 이룬다. 그러면서 드럼과 방형의 기단이 일체화되거나 단의 개수

1. 후기 칸헤리석굴 비하라의 탑형부조
2. 담나르 5굴 굴감과 스투파

가 증가하고 있어 상대적으로 복발·드럼의 비가 커지고 있다. 하미카는 3, 4단으로 작아졌으며 산개의 형태가 특이하다. 각 1, 2개를 보이는데 산개와 번이 일체화되어 표현된 것처럼 보인다. 앞서 언급한 부챗살 모양의 산개와는 또 다른 형식으로 ∩자 형태이다. 이러한 예는 칸헤리와 아잔타 비하라 열주에 장식된 탑형부조에서도 나타나는데, 조각 솜씨로 보아 단지 단순화시켜 표현한 것으로 보인다.

3) 담나르석굴

담나르석굴〈표 13〉은 약 4~7세기에 걸쳐 조성된 것으로 근거리에 위치한 바그와 함께 유사한 형식의 석굴군을 형성하고 있다.[73] 담나르석굴의 특징은 본격적인 비하라 스투파 조영과 다수의 스투파에서 방형대좌가 본격적으로 도입되고 있다. 물론 비하라 스투파부조나 칸헤리와 아잔타에서도 이러한 방형대좌가 나타나고 있지만 지리적, 양식 전개상 간다라 지방의 조각 양식이 담나르석굴에 우선적으로 반영됐을 것으로 본다. 이러한 방형대좌 표현은 바그석굴에서도 6각과 8각의 형태로 급변하면서 다각형 기단과 고탑 양식의 형태를 보여준다.

먼저 차이티야 6굴의 탑형부조〈표 13〉ⓐ는 입구상부에 위치하고 있으며, 작은 구형의 복발과 짧고 가늘어진 단순드럼, 그리고 2단의 방형대좌와 하미카가 천정 새김되어 있다. 이는 차이티야 12굴 배면에 위치한 비하라굴 입구 상단에 조각된 탑형부조 4기〈표 13〉ⓒ와 유사한 위치와 형태, 크기를 보이고 있으며, 전반적으로 장식적 경향이 강하다. 조각적 특징은 6굴, 12굴의 탑형부조뿐만 아니라 차이티야스투파에서도 볼

[73] 이희봉, 앞의 논문, p.118. 담나르는 차이티야굴이 다른 굴에 비해 다수를 차지하고 있어 주목되며, 차이티야와 비하라굴에 다수의 스투파가 모셔져 있다.

표13. 담나르석굴사원의 탑형부조

석굴	담나르석굴					
연대	ⓐ A.D. 4~7세기	ⓑ A.D. 4~7세기	ⓒ A.D. 4~7세기	ⓓ A.D. 4~7세기	ⓔ A.D. 4~7세기	ⓕ A.D. 4~7세기
위치	차이티야 6굴 입구 상부	비하라 5~6굴 사이 상부 굴감	차이티야 12굴 배면 승방베란다	차이티야 12굴 입구 좌우 2, 출입문 상부 3, 우측 1, 좌측 2	14굴 불전굴 입구 상부	14굴 정면 좌측 상부
수량	1	1	4	8	1	1
복발의 구형(%)	70	80	60?	70~80	70	80
드럼 (기단)	2중 방형기단, 단순드럼 상부 2단 띠돌림	방형기단 (하부 파괴), 단순드럼, 상하 3중 띠돌림	1기 기준, 2중 방형기단, 단순드럼 상부 띠돌림	2중 방형기단(대형 4기, 소형 3기), 1단 방형기단(대형 1기), 단순드럼 상하 띠돌림, 소형 작은 드럼	2단 방형기단, 작은 단순드럼 (상하 띠돌림)	2중 방형기단, 단순드럼 상하 띠돌림
난간	-	-	-	-	-	-
복발/드럼 비	2	2.1	약 2.5	2.5, 3.3(대형), 2(소형)	2.8	2.4
하미카	방형 천정시김	3, 작아짐	-	대부분 멸실, 파괴, 환조형 3단	-	3, 상부 작아짐
산개, 산간	-	1, 천정새김, 산간	-	대형 각 1, 환조형 천정새김	1, 전정새김	미상
사진						

수 있는 것으로, 드럼부가 짧아지고 방형대좌가 강조되면서 점차 드럼이 약화되는 과도기적 양식이라 할 수 있다.

담나르 14굴은 정면 좌측상부와 불전입구에서 2기의 탑형부조〈표 13〉 ⓔ, ⓕ가 있다. 좌측의 것은 불전입구의 것보다 비교적 큰 크기이며, 14굴의 환조형 스투파 3기와 유사한 형태를 보인다. 부조는 고부조에 의한 표현으로 드럼이 짧으나 방형기단이 길어지면서 각각의 단에서 층을 형성하고 있다. 상부 하미카는 3단으로 작아진 형태이며, 산개는 불명확한 형태로 천정새김되면서 전체 형태가 고준해졌다.

담나르석굴은 비하라에서도 스투파가 다수 조성되었는데 대표적으로 차이티야 12굴과 함께 조성된 배면의 비하라에 큰 규모의 스투파가 만들어

74 12굴은 좌우로 낮은 암벽을 뚫어 뒷공간에 많은 비하라를 만들었는데 비하라의 규모와 비중이 크다. 그리고 비하라굴 내외부에는 입불, 좌불, 와불을 비롯한 많은 불상과 보살상들이 조각돼 있으며, 승원 내부에 스투파가 봉안되어 있어 주목된다.

졌다. 후기 석굴사원에 도입된 양식적 특징으로 비하라에서도 예배의 기능을 하기 시작한 것으로 볼 수 있다. 또한 비하라가 아닌 석굴외부에 불감을 만들어 부조와 환조의 스투파가 모셔진다. 이는 초기의 외부 벽면에 조각된 탑형부조가 발전된 것으로 아치와 방형공간에 의해 완전한 굴감 형식을 갖추고 있다. 특히 비하라 5굴과 6굴 사이에 조성된 2개의 불감〈표 13〉ⓑ은 거의 유사한 형태를 보이는데 하나는 아치형 입구에 부조로 되어 있고, 바로 옆의 것은 방형굴에 환조형이 나타나고 있다. 작은 복발과 짧은 드럼, 길어진 방형기단은 앞서 언급한 14굴의 형태와 유사하다. 5굴의 탑형부조는 고부조로 거의 환조형에 가까운 조형으로 스투파가 벽면에서 절반 정도 돋아져 있다.

차이티야 12굴의 탑형부조〈표 13〉ⓓ는 앞서 살펴본 여타 석굴과는 다른 독특한 배치를 하고있는 사원[74]이다. 차이티야 전면의 출입구와 함께 좌우로 8기의 크고 작은 탑형부조가 조각되어 있으며, 내부에 중심 스투파가 봉안되어 있다. 정면 입구 상부의 2기와 오른 벽면의 탑형부조는 마멸이 심하여 구체적 형태를 파악하기 어렵다. 출입구 정면 상단의 3기는 사이사이에 전통적인 아치형 건축 문양이 있으며, 왼쪽의 1기는 그 상태가 양호하다. 전반적인 형식은 작은 복발과 낮고 좁아진 드럼, 2중기단, 그리고 하미카와 산개가 천정새김이 되어 있다. 출입구 좌우의 비교적 규모가 큰 부조 2기는 벽면을 파고 들어간 심조의 조각 수법을 보이고 있다. 반구형의 복발과 드럼, 높고 넓어진 기단이 특징적으로 기단 하부에 방형의 공간을 만들고 있

1. 담나르 12굴 정면
2. 담나르 12굴 비하라 스투파

1. 담나르 12굴 전면 입구
2. 12굴 투조형 탑형부조

어 불감을 만들고자 한 의도가 아닌가 한다. 벽면을 깊이 파들어 가면서 조각을 부각시킨 것으로 보아 후대에 부가된 것으로 생각된다.

주목되는 부조는 좌우에 위치한 탑형부조 중 좌측 벽에 부가된 것으로, 다른 개체와 달리 투조에 의한 조각 수법을 보인다. 이러한 조각 수법은 담나르에서 유일하게 나타나는 사례로 전체적인 형식은 유사하나 뒷면의 벽이 투각되면서 반대쪽 굴의 전경을 보이고 있다. 조각 수법은 부조로 되어 있으나 투조에 의한 환조형태를 띠고 있다. 이러한 유형은 앞서 언급한 5굴과 6굴 사이에 조성된 굴감의 환조 스투파와는 또 다른 유형이라고 할 수 있다.

이상의 담나르석굴의 탑형부조는 20여 기에 달하는데 형식적인 동질성이 나타나고 있어 거의 유사 양식이 적용되어 조성된 것으로 보인다. 주요 특징으로는 원형에 가까운 복발과 짧아지고 좁아진 드럼부, 그리고 크기가 커지면서 중심적 역할을 하게 되는 방형 기단의 도입, 작아진 상륜부의 하미카와 산개를 들 수 있다.

4) 석굴사원 탑형부조의 형식

석굴사원 탑형부조는 일반사원 봉헌용 부조와 형태상 유사한 양상[75]을 보이나 조영 장소와 성격에서 차이가 있다. 이는 사리안치 유무에 따라 성격을 달리하는데, 일반사원은 사리가 안치된 스투파가 중심이 되는 반면, 석굴사원은 사리가 없는 기념비적 스투파와 봉헌이 특징이라 할 수 있다. 즉 두 사원에서는 유사한 형식의 탑형부조가 표현되어 있는데, 기본성격에

[75] 여기서는 주로 석굴사원이 주 대상이나, 앞서 연구된 일반사원 스투파와는 양식적 차이를 보이고, 상징과 의미에서 다르므로 전반적인 스투파 발전 양상을 이해하기 위해 일반사원 탑형부조에 대해 일부 언급한다.

서 차이가 있고 표현 대상에서 조금씩 다른 면모를 보인다. 또한 석굴사원 탑형부조는 봉헌용도에서 일반사원 부조와 의미상 차이는 없으나 조성된 공간의 특수성이 반영되고 있다. 일반사원 탑문과 난간의 탑형부조는 진신사리나 삼보가 모셔진 일반사원 스투파의 형태와 형식을 어느 정도 취하고 있다. 반면 석굴사원의 차이티야스투파는 암벽 전체를 조각한 것으로 내부에 사리를 안치하지 않은 봉헌스투파이자 기념비로서의 의미를 가진다.

석굴사원의 탑형부조의 특징을 보면 크게 4가지로 나눌 수 있다.

첫째는 석굴사원 탑형 부조의 조성위치로는 차이티야, 비하라의 입구 벽면이나 내부 열주에 주로 표현된다. 이는 앞서 연구된 일반사원 스투파와는 사원형식에 의한 근본적인 차이라 할 수 있으며, 크게 차이티야와 비하라 부조로 나눌 수 있다. 전기 석굴은 조각이 가능한 모든 공간에 부가되었던 데 반해, 후기 석굴은 계획적인 의도에 의해 조성되면서 외부벽면이나 열주 상단에 조각되면서 봉헌적인 요소보다 공간을 장식하는 역할이 커진다.

둘째는 석굴사원 탑형부조의 표현 대상이 된다. 석굴사원은 수세기에 걸쳐 조영되었으므로 시기적인 차이에 의해 부조의 양상도 달리하게 된다. 즉 중심이 되는 차이티야가 비슷한 시기에 조영된 부조에서는 유사한 양식을 보이나, 비교적 후대의 것에서는 당대의 양식이 반영된 탑형부조가 표현되었다. 그러나 후기 석굴사원에서는 스투파 형태에서 보다 자유로운 형식으로 변모되는데, 이는 장식적 경향과 연관하여 이해할 수 있다.

셋째는 탑형부조의 형식으로, 이는 일반사원의 순수 봉헌용 스투파와 유사함을 보이고 있다. 즉 일반사원과 석굴사원의 순수 봉헌용 탑형부조의 큰 특징은 복발과 함께 드럼, 하미카, 다수의 산개를 들 수 있다. 이는 일반사원 전경을 묘사한 부조와 형식적인 차이라 할 수 있으며, 석굴사원에서는 모두 드럼이 묘사되고, 하미카와 상륜부가 강조되는 특징을 보인다.

넷째는 석굴사원 탑형부조의 상징과 장식성을 들 수 있다. 석굴사원의 탑형부조는 일반사원 탑형부조처럼 상징적이고 장식적인 의미가 강하다. 그러나 이러한 상징성은 기본개념이 유사하나 석굴사원이라는 장소적 특징이 반영된다. 특히 전기 석굴사원에서는 상징성을 가지고 부가되었던데 반해, 후기 석굴사원에서는 계획적인 평면계획에 의해 점차 장식적인 경향이 강해진다. 이는 전기 석굴이 스투파 중심의 조영이었다면, 후기 석굴에서는 불상으로 주요 예배 대상이 변모되면서 나타나는 현상이라 할 수 있다.

　인도에 있어서 각 시대별 석굴사원 탑형부조의 변화 양상은 다음과 같다.
　먼저 초기 석굴사원 스투파는 반구형 복발, 단순드럼, 하미카와 산개가 있는 상륜부로 특징지을 수 있으며 전반적으로 균형 잡힌 형태를 보인다. 그러면서 드럼과 상륜부는 세부적인 묘사가 특징적으로 나타나면서 차이티야스투파와 계통성을 가진다. 이러한 형식은 탑형부조에도 그대로 적용된다. 초기 석굴사원은 과거부터 성행한 석굴 양식을 받아들이고 본격적으로 스투파를 조영하면서 사원이 확대되었다.
　초기 석굴 스투파의 유형은 일반적으로 장식이 적으며 낮고 큰 복발을 주로 보이고 있으나, 점차 장식이 많아지고 복발이 원형과 누운 계란형으로 발전한다. 초기 석굴사원 중 비교적 후대에 속하는 부조에서는 누운계란형의 복발을 보이기 시작한다. 드럼의 특징으로는 복발과 드럼의 비가 주로 1:1을 보였으나, 점차 복발이 작아지고 드럼은 길어진다. 그리고 원통형 드럼 형식은 점차 간다라 양식이 수용되면서 드럼과 기단이 결합되는 형식으로 발전한다. 상륜부는 초기의 식물줄기와 봉오리가 조각된 예가 보이지만, 대부분 원반형 산개 형태가 나타난다. 그러나 중앙에 8각의 짧은 산간에 의한 단순한 표현도 보이고 있어 산개 형태가 다양해지고 있다. 이 외에 산개는 부챗살 문양을 보이는데 이는 산개와 번이 결합된 형식이라 할 수 있다. 즉 초기 석굴사원의 탑형부조는 점차 복발이 타원형으로 작아지면서 드럼부에서 단이 형성되고, 상륜부가 작아져 하미카와 여러 단의 산개가 강조되면서 고준해진다.
　후기 석굴에 조각된 탑형부조는 초기 석굴의 스투파 양식과 간다라 스투파 형태가 지속적으로 혼재하면서 발전한 것이라 생각된다. 간다라 지방의 스투파를 보면 복발이 작아지면서 크고 넓은 방형기단이 생기고, 기단의 중앙에 작은 감실과 불상이 표면에 조각되어 양식적 변화를 이해할 수 있다.
　후기 석굴사원의 양식적 특징은 초기의 반구형 복발이 타원형으로 작아지고 점차 그 비중이 작아진다. 즉 후기 석굴사원의 탑형부조는 초기의 지속적인 발전형으로 복발이 작아지면서 장식적인 효과가 강조되고, 드럼, 방형기단이 동시에 조각되거나 방형대좌로 변모됨과 동시에 고준화되는 경향이 나타난다. 또한 드럼은 원통형으로 단순하게 표현되었던 것이 점차 다단의 층을 형성하거나 방형을 보이는데, 점차 사각대좌의 기단형식이 반영되면서 고층형 스투파로 변화된다. 그리고 복발과 드럼 비는 초기의 1:1에서 후기에 들면서 복발의 형태가 타원과 원형이 되고 작아지면서 1:1.2~1:5 이상으로 커지게 된다.

상륜부의 조각은 번잡하고 화려해지면서 작아지고 고준해지는 양상으로, 하미카의 표현은 작은 형태로 변화되고 층단의 역할은 그대로 유지되었다. 하미카 상층에서는 들여쌓기 형식이 몇 기 있다. 산개는 작아지고 다단의 층을 형성하고 장식이 부가되면서 고탑형을 보이기 시작한다. 이러한 조형방식은 후기 석굴사원에서 더욱 발전된 형태가 있는데 대표적으로 아잔타의 16굴, 26굴, 29굴 등에 있다. 그러나 석굴의 중심을 차지하는 것은 여전히 스투파이며, 양식적 변화와 함께 감실이 있는 불전과 결합되어 나타난다. 그러면서 스투파에 감입된 불상이 중앙에 면하면서 불상이 주 대상이 된다. 이러한 양식적 경향은 후기의 조형 활동 중에 스투파가 차지하는 비중이 작아지면서 조각의 위치와 규모 면에서도 그 양상을 달리하게 된다.

탑형부조에 대한 분류, 분석은 인도 스투파가 전파되는 하나의 계통적 흐름을 이해하고 다양한 변화 양상을 파악할 수 있는 자료가 된다. 본서에서는 탑형부조를 통해 인도 시원스투파의 형식을 이해하고자 시도하였다. 석굴사원 탑형부조는 일반사원 봉헌용 부조와 형태상 유사한 양상을 보이고 있다. 그러나 석굴사원 조성배경과 의미가 다르므로 표현 방법에서 조금씩 차이를 보인다. 특히 현존하는 석굴사원의 차이티야스투파가 상당 부분 손실되고 본래의 형체를 알 수 없는 부분이 있어 석굴에 조성된 탑형부조를 통해 양식적인 전개에 대한 분석이 가능했으며 그 특징을 이해할 수 있었다.

초기 석굴사원은 반구형 복발, 단순드럼, 하미카와 산개가 있는 상륜부로 특징지을 수 있으며 균형 잡힌 형태를 보인다. 그러면서 드럼과 상륜부의 세부적인 요소에서 그 특징이 강하게 나타나는데, 이는 차이티야스투파와 계통성을 가진다.

　후기 석굴에서는 간다라, 마투라미술의 영향으로 주요 예배 대상이 스투파에서 불상으로 옮겨가면서 스투파의 중요성이 낮아졌다. 이는 탑형부조에서도 형식적 변화와 함께 세부적인 요소에서 차이를 보이고, 조각된 위치에서도 차이티야당 입구 벽면이나 비하라굴 내부 열주에 한정되어 장식적인 의미가 강해졌다. 즉 일반사원 스투파나 전기 석굴사원에서는 상징적인 요소와 함께 장식적으로 부가되었던데 반해, 후기의 석굴사원은 계획적인 평면계획에 의해 구획되면서 장식적인 경향이 강해지는 양상이다. 형태상으로도 후기 석굴사원에서는 스투파의 중요도가 약화된 것과 함께 고탑의 형태로 변화되었다.

　일반적으로 인도 스투파 연구는 평지의 일반사원 양식을 언급하면서 석굴사원 스투파를 언급하게 된다. 그러나 정작 석굴사원에 조영된 스투파와 탑형부조는 의미와 양식에서 사리가 안치된 스투파와는 차이를 보이게 된다. 그러므로 이러한 석굴사원과 스투파의 특징은 인도 스투파 연구에 있어 형태적 연관성과 함께 그 차이점을 이해할 수 있을 것이다.

제7장
인도 초기 불탑형식의 전래

인도불탑의 주변국가로의 전파
초기 불탑의 간다라 지역 전래
간다라 지역의 불탑형식

인도 초기 불탑형식의 전래

인도불탑의 주변국가로의 전파

인도에서 발생한 종교적 조형문화의 영향은 그 전파력이 지극히 강하여 서쪽으로는 파키스탄을 지나 아프가니스탄에까지, 북쪽으로는 중앙아시아, 네팔과 티베트까지, 남쪽으로는 스리랑카, 동쪽으로는 동남아시아의 대륙이나 반도에 이르러 미얀마, 라오스, 태국 등지에 이르렀다. 특히 중앙아시아나 해로를 통하여 중국에 전해지고 이는 다시 한국을 거쳐 일본에까지 전파되었다. 심지어 큰 바다를 건너 인도네시아 보로부두르유적에까지 완연한 인도불탑형식이 나타나고 있다. 따라서 그 전파범위는 북부의 시베리아 지방이나 서남아시아를 제외하고는 거의 아시아 전역에까지 미쳤다고 할 수 있겠다.[1]

1. 인도네시아의 Borobudur 스투파
2. 세일론의 시원형 불탑
3. 사트마할 파사다, 12세기, 세일론

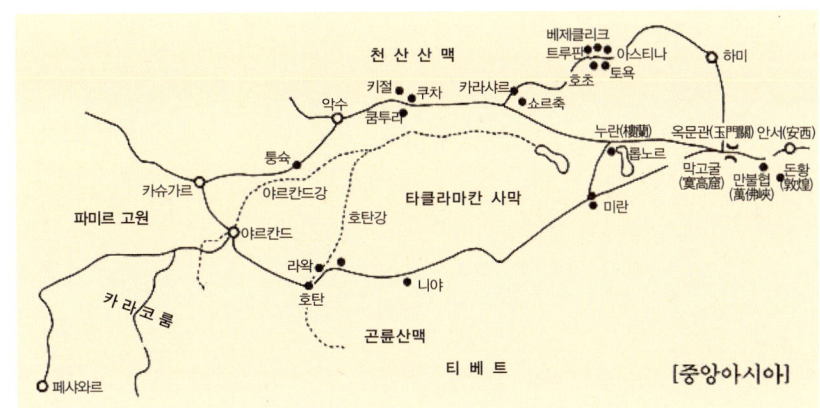

천산북로와 천산남로(『불교미술』, 디 트리히 제켈)

당연히 그 영향에 의해 발생지인 인도에 근접한 지역, 즉 네팔이나 스리랑카는 인도와 거의 비슷한 모습으로 나타나지만, 멀리 떨어져 있는 미얀마나 태국 등 지역은 재래의 고유문화가 강하게 작용하여 인도의 불교미술적인 영향력은 적게 미치고 있다. 인도 주변 국가로 불교 조형의 전래에 대하여 제켈은 "승원이나 사당은 구성형식에서 상당한 변화가 있었지만 스투파는 시대에 관계없이 기본적으로 동일한 형식을 유지하였다"라고 하였다. 그러나 이는 포괄적인 표현이고 상세한 부분에서는 시기와 지역을 달리하여 형식과 재료에 있어서 차이가 있음이 분명하다.

특히 인도의 초기 불탑형식 역시 자국에서도 시기적으로 무불상시대에서 불상이 예배의 대상으로 변화하면서 불탑의 의미와 크기 및 형태가 다양하게 변모했으며 주변국가에도 커다란 영향을 끼쳤다. 따라서 이들은 전파된 지역에 따라서 그 지방 특유의 기후와 풍토에 적용되어 다양한 모습으로 변화되어 형태와 재료를 달리하고 있다. 초기 인도탑의 형태를 잘 보여주는 산치탑 형식이 파키스탄[2], 아프가니스탄[3], 우즈베키스탄, 키르기스스탄을 거쳐 산맥을 넘고 황량한 대륙을 건너 중국에 이르게 되었다.

중국 불교는 후한의 명제明帝때인 영명永明 10년(A.D. 67년) 대월씨국大月氏國에서 가섭마등迦葉摩騰과 축법난竺法蘭이 낙양에 와서 『42장경章經』을 번역한 것이 최초라고 한다. 그러나 중국은 B.C. 2세기 말에 전한前漢에 의한 서역경영의 결과로 서역인들에 의해서 중국으로 불교는 서서히 전해졌던 것으로 추정되고 있다. 이러한 실증적인 예는 서역남도인 호탄지역에서 나타난

[1] 村田治郎, 『東洋建築史』, p.193; 黃壽永, 『인도의 불탑』, 한국의 미, 석탑, 중앙일보사, p.164; 김성우, 「극동 지역의 불탑형의 시원」, 대한건축학회 학술발표논문집, 1983년, 10월.
[2] 이슬라마바드 근처에 있는 마니키알라 스투파, 탁실라의 발라 스투파, 카이버 고개에 있는 스폴라 스투파 등의 예가 있다.
[3] 카불 근처에 있는 세와키 스투파 등의 예가 있다.

다. 특히 중국으로는 주지하는 바와 같이 인도에서 발생한 불교가 간다라를 거쳐 동쪽으로 타클라마칸사막의 오아시스로 전파되었고 서역 지방에서 전래된 불교문화는 우선 서역남로 지역에서 불탑을 중심으로 하는 사원건축의 형태로 발달하였다. 이후 불교문화의 중심이 점차 서역북로로 옮겨가면서 평지사원건축과 더불어 석굴사원이 조영되기 시작하였다.

한편 우즈베키스탄까지만 해도 복발식인 인도탑의 형태가 남아 있지만 일단 중국령에 들어오면 신강성 호탄의 타클라마칸사막 가운데 있는 라와크사원터의 탑의 모습은 인도탑과는 확연히 다르다. 즉 복발형식은 그대로 유지되나 탑신 부분이 가늘고 긴 모습, 즉 세장하게 위로 쭉 뻗은 모양으로 바뀐다. 이처럼 신강성에서는 그래도 인도적인 맛이 약간 남아 있지만 감숙성 하서주랑 부근에 오면 불탑은 어느새 인도탑과는 전혀 다른 목조 누각식 탑으로 변해 있다. 즉 인도탑을 상륜부로 삼고 그 아래쪽에 중국 나름의 목조건축으로서 고층누각형태인 기단부와 탑신부를 만들어 불탑의 중국적 변신을 이루어내고 있다. 이는 서안 낙양 부근에 이르면 더욱 목조탑의 형태로 정착화 되는 것이다. 즉 인도에서 멀수록, 문화적 고유성이 강한 나라일수록 인도탑의 형상은 고집되지 않고 자기 나라의 고유한 기존의 조형성을 유지하면서 인도탑형식을 부분적으로 보여주고 있다할 것이다.

사실 불교가 전래되던 초기 한민족漢民族은 유교를 국시로 하고 그 전통문화에 자부심을 갖고 있었으므로 좀처럼 이국의 종교인 불교를 수용하려 하지 않았다. 그러는 사이 삼국 쟁패의 기간을 거쳐 서진西晉시대가 되자 노장사상이 귀족 사이에 번져 나갔다. 이런 분위기를 타고 당시 불교는 무위자연과 허무를 우주의 근원으로 삼는 노자老子와 장자莊子의 사상에 합치하는 것이라 하여 점점 한민족 사이에 침투하게 되었다. 때문에 불교는 노장사상을 매개로 해서 이해되었으며 불교경전의 번역에도 노장의 개념이 사용되었다. 심지어 석가와 노자가 같은 인물로 생각하기도 하였고 도교사원의 중심건물에 인도불탑이 수용되기에 이르렀다.

그렇다면 범 불교국가권에서 발생한 불탑을 어떻게 유형화 할 수 있을까? 기존의 연구에서 나타난 바에 의하면 인도 및 주변국가에 산재해 있는

■ 라와크사원의 불탑, 간다라불탑의 중앙아시아 전파(위)
미얀마의 남방형 불탑(아래)

불탑형식들은 불탑의 형태와 건립위치 등에 착안하여 크게 몇 가지 형식으로 대별할 수 있겠다. 이를 김정수 교수는 시원형, 남방시원형, 석굴형, 발전형, 불타가야대탑형, 기타형(국내변화형)이라고 분류하고[4] 김은중은 크게 3지역(북방계:중국-한국-일본, 중간계:西藏, 남방계:버마-태국-자바)으로 분류하였으나[5] 필자는 이를 다소 수정하여 시원형, 남방형, Gandhara형, 고탑형, 극동형(북방형)으로 분류하였다.[6] 물론 이러한 분류가 광활한 지역에 장기간에 걸쳐 생성된 변화를 획일적으로 구획할 수 있는 것은 아니나 지역과 시간을 달리하여 상호간에 양시저인 차이와 구별이 가능하여 설득력 있는 근거를 보여주고 있다.

"시원형始原型"은 인도불탑의 초기 형식인 산치탑으로 대표되는 복발형 탑으로 기단, 복발, 평두, 산개의 순서로 구성된 형식을 말한다. 그러나 형태상으로는 커다란 복발이 탑의 대부분을 차지하고 있어서 마치 반구형半球形 바루鉢를 엎어 놓은 것 같아 매우 단순한 모습이다. 이 같은 형태는 원래 흙을 쌓아올린 분묘형식에서 유래하였다고 여겨지나 몇 차례의 보수가 이루어져 오늘에 이르러서는 정비가 잘된 아름다운 모양을 하고 있다. 산치탑의 유형은 소승불교국가인 스리랑카로 전해져 기단이 3단으로 보다 두꺼워지고 꼭대기의 평두와 산간 및 산개 부분이 보다 커지고 강조된 모습으로 발전하게 된다.

다만 현재의 형태가 원래의 모습에 얼마나 충실하고 있나 하는 의문이

4 金正秀, 「韓國의 宗敎建築에 관한 硏究」, 연세대학교대학원 건축공학과.
5 金銀重, 「東洋塔婆建築의 意義變遷에 관한 系統的 硏究」, 대한건축학회논문집 1권1호, 1985년 10월호.
6 천득염외 2인, 「韓國과 中國의 塔婆形式에 관한 硏究 I (始原塔婆의 形式을 중심으로)」, 대한건축학회 8권 5호, 1992.

■ 태국 아유타야의 왓야이 차이몽콘 스투파

생기나 이 같은 형식이 중국이나 한국, 일본탑의 상륜 일부분에 그대로 채용되어 계승되었다는 사실은 그 자체가 어떤 특수한 형식과 의미를 지녀왔다고 말할 수 있을 것이다.

"남방형南方型"은 인도의 시원형탑이 남쪽으로 전파되어 미얀마, 타이, 자바 등 인도의 동남아에 영향을 끼친 형태라고 할 수 있는데 이들은 Sanchi탑에 비해 각기 그 형태가 조금씩 다르다. 즉 인도탑의 뚜렷한 기단과 복발, 상륜이라는 3부분이 애매하게 구분하기 어려울 정도로 얇은 굽이 겹쳐지는 모습이다. 특히 기단이 넓고 단이 많으며 차차 그 정상부가 첨예해지면서 원추형에 가까워 본래의 정형화된 원만성을 잃고 있는 모습이다.

불탑의 한 유형인 간다라형 불탑이 발생한 간다라 지역은 그리스문화가 인도에 접촉된 지역으로서 뿐만 아니라 중국에서 인도를 넘나드는 교통의 요지로서 의미가 깊은 곳이다. "Gandhara型"은 거대한 불탑이나 봉헌용소탑으로 대별할 수 있다. 거대한 스투파는 전형적인 복발형으로 다르마라지카대탑이 대표적인 모습이다. 봉헌용소탑의 예는 Mohra Moradu탑으로 표현되는 형식으로 간다라 지방을 중심으로 석굴사원인 chaitya에서 흔히 출현되었으며 기단부가 여러 개의 원형단圓形壇으로 변화되고 반구형半球形의 복발이 상대적으로 적어졌으며 산개가 약간의 간격을 두고 여러 단이 겹친 형태이다. 이는 한국석탑의 상륜부와 비슷한 모습을 하고 있다.

반구형인 인도의 불탑은 시간이 지남에 따라 밑 부분에 높은 기단이 만들어져 탑신을 받들도록 변하였고, 원통형으로 변했다. 또한 탑의 윗부분인 상륜도 보륜의 숫자가 늘어 이들을 보호하고 장엄하게 하기 위한 돌난간이 만들어지고 그곳에 우아한 조각도 새겨졌다.

1. 중국 목조탑의 원형, 누각형 명기
2. 운강석굴 2굴의 중심주 불탑

"고탑형高塔型"은 불타가야형佛陀伽倻型(Bodhgaya)이라고 불리는 형식으로 Bodhgaya는 부처가 진리를 깨달은 곳으로서 유명하지만 현존하는 고탑은 5~6세기경에 건립되었다. 그러나 인접한 곳에서 2세기경에 제작된 것으로 여겨지는 테라코타제품인 조그마한 봉헌용 소탑이 발견되어 주목을 끌고 있다. 이 원형의 봉헌용 소탑에는 5층고탑이 부조되었는데 현존하는 Bodhgaya대탑의 모습과 비슷하여 이들이 상호 전후에 발생한 탑형이 아닌가 하는 추정이 가능하다.

이 고탑형高塔形은 Stupa라고 부르기에는 형태의 면에서 다소 거리감이 있고 오히려 Tower라고 부르는 것이 적절할 것 같다. 이 탑형은 탑신부가 거대하여 다층으로 되고 전체적인 모습은 방추형을 이룬다. 또한 기단의 상대중석 부분이 눈에 띠게 높으며 평면의 형태도 4각, 8각, 12각 등의 각형을 이룬다. 이 고탑형식은 후에 북부형, 중간형, 남부형으로 나누어졌다.

"극동형極東型"(北方形)은 인도 초기 형식의 탑에서 중국으로 전달과정에서 탈바꿈한 것으로 목조건축의 다층누각형식多層樓閣形式을 하고 있다. 일명 중국형탑이라고 불리는 탑으로 그 영향이 한국과 일본의 탑파에 까지 영향을 미쳤을 것으로 여겨진다.

중국에 있어서는 양진兩晋시대에 간다라식탑이 수입되어 중국 고유의 목조건축木造建築과 전조건축塼造建築에 혼합되어 소위 남북조식南北朝式의 탑파가 되었다.[7] 특히 운강雲岡과 용문龍門의 석굴사원 내외에 각출된 탑파 역시 같은 모습으로 중국화 된 간다라식 탑의 모습을 보여주고 있다.[8] 즉 고층의 누각건축樓閣建築 위에 중인도형식탑이 가늘고 길어진 모습으로 변모된 간다라식탑이 극도로 작아져 탑 정상에 오르게 되나 인도의 반구형 복발형식을 그대로 지니고 있다. 이는 불교가 중국에 도입된 시기인 1세기경 기

7 關野貞,『支那の建築と藝術』, 岩波書店, p.229.
8 『中國石窟, 雲岡石窟』, 平凡社, 1990.

■ 목조탑인 법주사 팔상전

존의 종교건축인 도교사원의 중심건물에 불탑이 부가적으로 수용된 것이라고 생각된다. 즉 도교사원의 중층건물 정상부인 상륜부에 인도의 불탑이 얹어지게 되는 모습이다. 한국의 목탑과 석탑, 일본의 목탑에서도 상륜부에 강한 인도탑적인 모습, 특히 간다라탑 모습이 소형화되어 나타나고 있음은 주목되는 현상이다.[9]

이처럼 다양한 모습으로 변화를 보인 인도의 초기 불탑형식은 시기와 형식을 달리 하면서 유별성類別性을 갖고 있으며 이 중에서도 한국탑의 원류가 되는 것은 인도탑형식을 기본으로 출발하여 간다라 지방을 거쳐 중국에서 다시 또 다른 변화를 일으킨 극동형탑형식極東形塔形式이라고 할 것이다.

그렇다면 왜 여느 지역의 탑에 비하여 유별나게 극동형탑들은 재료와 형태에 있어 완전한 변모를 이루었을까? 인도탑을 약간 바꾼 간다라형탑이나 남방형탑에 비하여 중국과 한국의 탑은 목조건축적인 형태로 완전히 바꾸었을까?

비록 시간의 선후先後는 있었다 하더라도 불탑은 먼저 불교의 발생지인 인도에서 비롯되어 동방으로 전파함에 따라 중앙아시아 지방을 거쳐 중국에 이르렀고, 마침내 오랜 시간과 전통 속에서 형태적인 변화는 어쩌면 당연한 결과였을 것이고 다소 변화된 모습으로 수용되었을 것이다. 다만 중국

9 김성우, 「극동 지역의 불탑형의 시원」, 대한건축학회 학술발표논문집,1983년 10월; 천득염, 「한국과 중국의 탑파형식에 관한 연구(1)」, 대한건축학회논문집, 제8권제5호.

과 한국의 지리적 위치가 인도에서 멀리 떨어져 있기 때문에 불교문화는 오랜 세월이 지난 후에야 도착할 수밖에 없었을 것이다. 따라서 불교가 전래 경과하는 국토, 특히 중국에서 수 세기 동안 머물러 그곳에서 경전經典이 한역漢譯되고 불탑이나 불상이 그 지역의 지역성에 따라 조영되었으며 이미 중국에서 널리 유행된 후에 한반도에 점진적으로 육로나 혹은 해로를 통해 전래되었을 것이다. 이러한 이유로 인도 불탑의 정서나 형식에서 벗어나 동양적인, 특히 중국적인 조형으로 탈바꿈한 것이라 생각된다.

초기 불탑의 간다라 지역 전래[10]

간다라(Gandhara)라는 말이 처음 나타나는 것은 기원전 2000년경 인도 고대의 성전 중의 하나인 리그베다에서이다.[11] 여기에서 간다라란 인도 북서 지방 국경을 의미한다. 역사적 문헌에 처음 언급된 것은 Cyrus대왕(B.C. 558~528) 때에 Ach-aemenian왕조에 속한 지역으로 기록되어 있다.[12] 그러나 이 당시에 관한 정확한 자료가 없고 국경이 수시로 바뀌기 때문에 자세한 내용을 파악하기 어렵다. 보다 분명한 것은 7세기 초에 인도를 방문한 중국의 현장 등에 의해 나타나기 시작한다. 그에 의하면 간다라왕국이란 북쪽으로는 구릉지대인 Buner와 Swat에 이르고 동쪽으로는 인더스강에 이르는 현재의 Peshawar Valley에 해당한다.[13]

지형적으로 간다라 지역은 북쪽과 동서쪽이 높은 산으로 둘려 쌓여 있고 남쪽은 평평한 인더스강 유역이 1천킬로 이상이나 이어져 인도해印度海에 다다른다. 이러한 지리적 요건 때문에 남쪽 지방인 인도에 보다 교류가 많은 것은 당연하고 간다라의 북서쪽에 있는 Khyber Pass를 통하여 아프가니스탄으로 연결되고 여기에서 다시 중국과 서방으로 경제적이고 문화적인 교류가 이루어졌던 것이다. 지리적인 의미에서 간다라란 고대의 간다라국이 있던 페샤와르 분지에 한정되지만 일반적인 간다라미술의 관점에서 보면 동쪽의 탁실라, 북쪽의 스와트, 서쪽의 아프가니스탄 일대를 말한다.

간다라는 불교미술사적인 측면에서 대단히 중요하며 아주 잘 알려진 곳이다. 간다라 지역이라 함은 예전의 인도 영토였던 인더스강 유역으로 현재는 파키스탄의 북부 지역을 가리킨다. 간다라라는 지역이 구체적으로 어디

---

10 천득염, 「간다라의 불탑형식」, 대한건축학회논문집 10권 6호, 대한건축학회, 1994. 06.
   위 논문의 내용을 중심으로 재편집하였음.
11 Harald Ingholt, *Gandharan Art in Pakistan*, Pant-heon Books, p.13.
12 Marshall, *Taxila*, 1, p.13.
13 이 지도는 Yale 대학의 Robert L.Williams에 의함.

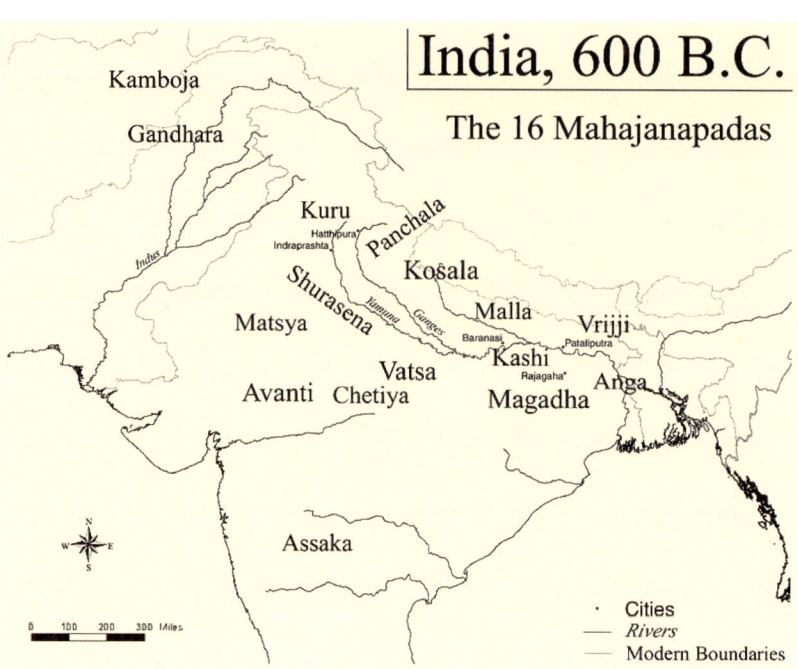

기원전 600년경 인도와 간다라 지방, 위키백과

를 지적하는지는 이론異論이 없지 않으나 대략 인더스의 서부 일대인 Peshawar계곡 일대의 Swat, Bajaur를 비롯하여 북쪽으로는 Chilas, Gilgit, 남쪽으로는 Taxila, Islamabad에 까지 이르는 광범위한 지역을 말한다.[14] 이 지역은 기후나 자연환경이 황량한 편이지만 실크로드의 길목으로서 서양과 동양을 잇는 중요한 교통의 요지였으며 중앙아시아의 여러 민족들에게는 그들의 힘을 과시하는 격전장이기도 하였다.

특히 이 지역은 그리스문화와 인도의 접촉 지역일 뿐만 아니라 지리적으로도 인도와 중국 간의 교통의 요지이기 때문에 수많은 고승들이 드나들던 곳으로서 의미가 깊은 곳이다.

특히 초기 중국불교는 인도에서 직접 전해지는 것이 아니라, 중앙아시아 지역을 경유하여 들어왔다고 보는 견해가 대부분이다. 이는 지리상의 조건이나 중국과 서방과의 교통 등을 보았을 때 이해되지만, 이를 분명히 나타내주고 있는 것은 중국의 역경사상譯經史上으로도 이 지역 사람들이 대단히 많으며 또한 신강이나 구차, 투르판 등에서 간다라의 흔적들이 발견되어 이를 입증하고 있다.[15]

[14] John Marshall, *The Buddhist Art of Gandhara*, Department of Archaeology Pakistan, Introduction, 1973, p. 4~5.
[15] 足立 康, 「塔婆建築の硏究」, p.10.

마잔티카의 포교 이래 불교가 성행해진 간다라 지방은 오랜 기간 동안 중앙아시아 지방 불교의 중심지가 되었기 때문에 2, 3세기경에 이 부근의 여러 나라들은 직접 혹은 간접적으로 불교의 영향을 받은 곳이 적지 않았을 것이다. 특히 안식安息[16]이나 강거康居[17] 등은 간다라의 감화로 불교국가가 되었다고 한다.

석가의 입멸 후 인도의 불교인들은 석존의 모습을 직접 그리거나 조각으로 표현하는 것을 의식적으로 피했기 때문에 불멸佛滅 후 몇백년 동안은 석존이 등장하는 장면을 묘사함에 있어서 석존 대신 탑이나 보리수 또는 연화좌대蓮花坐臺나 족적足跡 등으로 석존을 상징시켰다.

그러다가 간다라 지역에 알렉산더대왕(재위 B.C. 335~323)이 침입함에 따라 서양의 그리스문화가 동양에 전래되는 계기가 마련되었다. 특히 그리스의 신상神像조각 문화가 접촉 도입되어 드디어 기원 1세기경 불상조각이 발생되었고 이 불상은 그 이후 불교미술의 주종을 이루면서 더욱 발전되었다.

소위 간다라불상이라는 불상 양식이 발생하고 발전한 간다라의 불교미술은 불교가 동방으로의 전파에 따라 중국으로 전해져서 중국 불교미술의 발달에 지대한 영향을 끼쳤으며, 우리나라에까지 그 영향이 미쳤다. 바꾸어 말하면 우리나라 불교미술의 원류도 역시 결국은 이 간다라의 불교미술인 것이다.[18]

알렉산더대왕은 이곳 탁실라와 페샤와르를 점령하고 여세를 몰아 인도를 넘보았으나

1. 최초의 간다라 양식 불상(1세기경), 위키백과
2. 마투라 양식불상, 2세기경, 위키백과

16 고대 서아시아에 있던 파르티아 왕국을 부르던 중국식 이름.
17 중앙아시아의 키르기스 평원을 중심으로 한 터키계 유목민의 나라를 부르는 중국식 이름.
18 李載昌, 『중국, 신라의 求法僧과 간다라, 간다라를 가다 2』, 동국대학교, 1988, p.19.

인도 초기 불탑형식의 전래 311

뜻을 이루지 못하고 바빌론에서 객사하였다. 그의 사후 이곳에는 그리스에 의한 통치정부가 들어선다. 지금도 시르캅의 북문北門 곁에는 당시의 그리스사원인 잔디알사원이 있고 이오니아식 건축물의 잔해가 남아 있어 이를 입증한다.

그리스의 이 지역에 대한 지배는 알렉산더대왕의 후계자인 Seleucus에 의한 약 20여년에 불과했고 B.C. 305년에 마우리아왕조의 설립자인 인도인왕 찬드라굽타에게로 이어졌다. 그러나 이민족의 침입은 인도인들의 각성과 단합을 불러일으켰다. 이러한 민족적 자각에 편승하여 인도 대륙의 통일을 이룩한 이가 바로 유명한 마우리아왕조의 3대왕인 아소카왕이다. 그는 찬드라굽타대제의 손자로서 오늘날의 아프간 일대까지를 포함한 인도 초유의 대제국을 건설하였다. 아소카왕은 불교적 치세를 이상으로 삼았던 군주였으니 만큼 숱한 불교사원과 불탑을 조성하였으며 그중 일부는 오늘날까지 남아 있다.

카니시카왕의 조상, 120㎝(2~3세기)

그러나 대왕의 사후 마우리아왕조는 급속히 붕괴되었으며 이 일대에는 여러 민족들이 각축을 벌여 그리스의 제국들뿐만 아니라 Sunga, Scythians등이 번갈아 통치를 거듭하였다.

A.D. 2세기 말경 이 일대는 중국 북서쪽의 Kansu 지방에서 일어난 쿠샨왕조라는 새로운 주인을 맞았으며 그 왕조의 카니시카왕 때(129~152년경)에[19] 또 다시 불교문화가 융성하였다. 카니시카왕은 간다라 지방을 중심으로 그 주위에 광대한 영토를 갖는 대제국을 세웠으며 불교에 대한 신앙이 깊어 대규모의 조상造像과 조탑造塔에 노력하였으며 여러 고승을 모아 설일체유부說一切有部의 경전을 결집하였다. 오늘날 이 일대에 남아 있는 건축물이나 조각품들은 대부분 이 시대의 작품들이다.

한편 당시 중인도 지방의 불교는 아소카왕 사후 쇠퇴하기 시작하였으며 부진한 상태는 4세기까지 이어졌다. 결국 중인도의 불교는 카니시카왕의 보호와 장려 때문에 간다라 지방으로 옮겨왔다고 생각된다.

카니시카왕 이후의 제왕들도 역시 불신자들이었고 그중에서도 카니시카2세는 독실한 신자로 조상造像, 조탑을 성히 하고 불전의 정리에 전력하여 불교는 더욱 번성하였다. 이는 후세에까지 미쳐 5세기 초에 법현法顯이

[19] Marshall, *Antiquity*, 23, 19 49, p.5~6. 카니시카왕의 왕위계승연대에 대한 견해는 다양하다. 즉 기원후 78년, 128년, 144년 등이다.

서유西游한 때(399~413)에도 이 지방에 불교가 아주 번성하였다.

마지막으로 간다라 일대를 짓밟은 민족이 훈족이다. 흉노라고도 불리 우는 이 민족은 중앙아시아의 유목민족으로서 A.D. 465년 간다라 일대를 휩쓸었다. 그들은 닥치는 대로 불교문화를 부수어 대부분의 불교유적이 참화를 벗어날 길이 없었다.[20]

페르시아제국의 Cyrus왕(B.C. 600?~B.C 529)에서 흉노에 이르기까지 약 천 년간 간다라 지역은 마우리아왕조의 지배기인 100여 년 동안에는 자기 민족에 의해 지배되었고 나머지는 Achaemenian(B.C. 558~B.C. 327), Greek(B.C. 327~B.C. 305), Bactrian(B.C. 190~B.C. 90), Sakan(B.C. 90~A.D. 64), Kusan(64~460년) 등의 이민족에 의하여 통치되었다.[21] 이러한 이민족에 의한 통치에도 불구하고 많은 인도인이 남아 있었고 그들 선조의 문화와 언어를 유지하고 있었음은 아소카왕의 지배기에 받아들인 불교의 신앙심 때문이었다. 따라서 이 지역의 불교문화가 아시아 지역에 널리 퍼진 것도 불교에 의한 강한 결속력 때문이라 하겠다.

간다라 지역의 불탑형식

간다라 지역의 불탑형식은 중국과 한국, 일본으로 이어지는 극동 지역 불탑형식의 실마리를 찾을 수 있을 것이라는 가능성이 있어 그 의미가 크다. 인도 서북부의 간다라 불교미술이 중국의 불교미술에 직접적인 영향을 주었고 중국의 불교가 한국과 일본에 전하여졌으므로 간다라의 문화가 갖는 미술사적인 의의는 대단히 큰 것이다.[22] 따라서 이러한 문제를 해명하기 위해서는 아시아 전역에서 불교미술의 연속적인 발전에 결정적인 중요성을 가지는 간다라[23]의 탑파에 대해서 고찰할 필요가 있다. 결국 간다라를 지역으로 너무 한계시키지말고 파미르분지 위·아래 지역까지 확대하여 보면 다양한 불탑형식을 확인할 수 있다.

중국불탑의 경우는 양진兩晉시기에 간다라식 탑이 도입되어 중국의 건축에 적용되어 소위 남북조식南北朝式의 탑파가 되었다. 특히 석굴사원의 내외부에 각출된 부조탑浮彫塔 역시 중국화 된 간다라식탑의 모습을 보여준다. 한국과 일본의 탑에서도 상륜부에 강한 인도탑의 모습, 특히 간다라탑이 소

---

20 鄭柄朝,「간다라의 종교적 배경, 간다라를 가다 1」, 동국대학교, 1988, p.194.
21 Harald Ingholt, *Gandharan Art in Pakistan*, Pantheon Books, p.13.
22 金聖雨,「極東地域의 佛塔形의 始原」, 大韓建築學會論文集, 1983年 10月 29日, p.39.
23 Seckel Dietrich, 白承吉譯,『佛敎美術』, 열화당, 서울, 1985, p.28.

형화되어 나타나고 있다.

간다라의 탑파도 초기에는 인도탑의 시원적인 형태인 중인도탑中印度塔의 형식에 따라서 건립되었지만 후에는 그 모습에 변화가 생겨 다른 형상을 갖게 되었다. 즉 중인도의 탑파가 복발을 중심으로 하여 발달한 것은 잘 알려진 사실이지만 간다라에 있어서는 그것과는 다른 기단이나 상륜 부분이 현저히 발달하고 복발은 도리어 퇴화하는 경향이 나타나고 있다.

그러나 5세기경에 훈족이 이곳을 침입하여 대부분의 불교유적을 파괴하였기 때문에 불탑 역시 파괴된 상태로, 현재는 기단 부분과 건축유지만이 남아 있을 뿐이다. 다만 전체적인 옛 모습을 어느 정도라도 나타내고 있는 것은 몇 기의 복발형 대형 스투파와 그 탑의 기단부에 부조로 표현된 부조탑浮彫塔, 봉헌용奉獻用 소탑小塔, 암굴사원岩窟寺院의 소형 스투파 및 인더스강변에 새겨진 수많은 암벽화의 불탑이라 하겠다. 물론 이들이 중국과 한국의 탑인 북방 계통의 불탑으로 직접 연결되는 불탑형식이라고 단언할 수는 없으나 기단부와 복발부에 비하여 상륜부를 강조하고 있는 형태로 보아 층탑層塔을 나타내는 북방불교 계통 불탑의 선구적 형태라 추정해도 좋을 것이다.

이러한 간다라불탑의 유구들을 유형별로 분류해보면 그 기능과 형태에 따라 다음과 같은 몇 가지 유형으로 나눌 수 있다.

간다라불탑의 기능별 분류

1) 복발형覆鉢形 노탑露塔 : classic stupa

■복발형 Mankayala Stupa

이 탑형식은 인도 불탑의 시원적인 모습으로 커다란 복발형 노탑을 말한다. 가장 실제적인 기본탑이다. 이들은 대부분 사원의 중심부에 위치하고 그 주변에 수

1. 탁실라 최대의 다르마라지카대탑
2. 다르마라지카대탑 동면부조 (손신영 사진)

도승들의 독방이나 봉헌용奉獻用 소형탑小形塔으로 둘러싸여 있다. 이 탑은 일반적으로 가장 규모가 크고 오래된 것으로 인위적으로 낮고 넓은 기단(방형 혹은 원형)을 쌓고 그 위에 다소 복발이 길어진 고복형鼓腹形 복발을 얹은 형태를 하고 있다. 이들 대탑 주변에는 수십 기의 조그마한 봉헌용 소탑이 둘러 있어 탑원塔院을 이루거나, 승려들을 위한 조그마한 개인 독방이 방형으로 질서정연하게 둘러 있는 승원僧院을 이루고 있는데, 이러한 배치형식은 당시 인도에 있어서 일반적인 사원배치형식이었다.

이 탑의 재료는 전塼으로 구성되었거나 석재를 벽돌 모양으로 다듬어 쓴 모전형식模塼形式이다. 이 탑형식에서 보이는 방형 혹은 원형의 간단한 형태의 기단이외에도 건축의 기단과 유사한 가구식 기단도 보인다. 즉 우주와 탱주를 세우고 면석을 끼운 다음 갑석을 얹은 모습으로 후대로 내려오면서 초기의 간단한 기단형식이 가구식으로 바뀌어 가지 않았나 하는 느낌이 든다. 이 가구식 기단에서 나타나는 탱주는 그리스 건축에서 흔히 볼 수 있는 기둥과 유사한 모습이다.

복발형 노탑의 예는 아소카왕 때 지어진 것으로 추정되는 Dharmara jika 대탑, Mohran Moradu탑, Jaulian가람지伽藍址 탑塔 등에서 볼 수 있다.[24]

2) 봉헌용奉獻用 소탑小塔 : votive stupa

이 탑형식은 복발형 대탑 주변에 방형 혹은 원형으로 외곽을 둘러쌓아 배치시킨 소규모의 봉헌용 탑이나, 암굴사원 내부에 위치한 봉헌용 탑을 말한다. 이들은 다시 기단의 모습에 따라 두 가지로 구분할 수 있는데 하나는 방형기단이고 다른 하나는 원형기단이다. 이들 기단이 다층으로 구성되어

24 張忠植, 『간다라의 불탑, 간다라를 가다』, 동국대학교편, p.177.

1. Mohra Moradu 봉헌 소탑
2. 간다라 방형기단 봉헌용 소탑 (손신영 사진)

있기 때문에 대체적으로 가늘고 길어 보이게 된다. 방형기단의 경우는 간단하게 벽돌로 1~2단을 쌓는 경우와 연질의 단일 석재를 다듬어서 만든 경우가 있다. 원형기단의 경우는 모서리기둥 또는 가운데 버팀기둥과 비슷한 건축부재를 설치하였고 각면에는 감실龕室을 조성하여 그 내부에 불상을 안치시켰다.

원형기단은 Bhaja Chaitya 12굴과 Nasik Chaitya에 있는 스투파처럼 1단, Karli chaitya와 Bedsa chaitya에 있는 스투파처럼 2단, Mohran Moradu의 스투파처럼 5단의 경우도 있다.[25] 방형기단은 캘커타 박물관 소장 소탑으로 방형의 하층기단 위에 원형의 상층기단을 두었으며 그 상부의 형식은 원형기단의 탑과 같다. 이들 기단부 위에는 모두 복발형식의 인도탑을 올려놓았다.

특히 Mohran Moradu탑은 현재 남아 있는 소형탑 중에서 거의 완전한 탑으로 주목된다. 이 탑은 사암계통沙巖系統의 석재를 사용하였으며 여러 단의 원형 기단을 설치하고 그 상부에 복발형의 인도탑을 배치하였다. 복발상부에는 인도 시원탑의 평두와 유사한 노반이 알맞은 형태로 놓여 있으나 그 상부에는 다시 복발에 비하여 거대한 상륜이 7단으로 구성되어 얹어졌다. 따라서 불탑의 탑신부에 비하여 기단부와 상륜부가 배 이상 높게 조성됨으로서 기단과 상륜이 더욱 강조된 느낌을 준다. 이 기단부에는 감실을 조성하였고 그 내부에는 불상을 안치하는 등의 건축적 기교를 보이나 이미 공예적인 성격을 갖고 있다. 또한 시원적인 탑에 비하여 보다 후기(약 4~5세기)의 것으로 규모가 적어지고 장식화 된, 승원僧院의 당내堂內에 모셔놓은 탑으로서의

[25] Mario Bussagali, *Oriental Architecture*, Abrams, New York, p.38~47.

26 Franz, H. G., 「Der Buddhistische Stupa in Afghanistan, 2」, Teil, (see footnote 18), p. 35, 38, footnotes 58, 62.
27 村田治郎, 「東洋建築史」, 建築學大系 4, 彰國社, p.80, p.84.

의미를 느끼게 한다.

3) 점토제소탑粘土製小塔 ; clay model Stupa, terracotta Stupa

이 형태의 불교 기념물은 순례자들을 위한 기념물로서 만들어진 테라코타판이나 순례자나 신도들을 위한 작은 점토제의 소형탑과 같은 것들로 소위 t'sa-t'sa라고 불리는데 이들이 여러 곳에서 발견되었음으로 확실히 존재해 왔음을 알 수 있다.[26] 특히 간다라 지역 안에서도 이탈리아 선교단에 의해 발굴된 Ghazni 근처 Tepe-i-Sardra에서 봉헌된 탑파형식으로 발견되었다. 이러한 예는 간다라 지역 이외에도 불타가야봉헌탑佛陀伽耶奉獻塔이나 Kashimir의 Harwan에서 발견된 테라코타제의 봉헌판에서 나타나고 있다.[27]

탑이 부조浮彫된 이 봉헌판의 용도가 무엇인가에 대하여는 정확히 알 수 없으나 탑이 없는 곳을 순례하는 구법승 혹은 포교승, 신자들에 의해 운반이 용이하게 소형으로 제작하였거나 큰 탑의 일정 부위에 사리를 대신하는 성물로서 봉안된 매장품이거나 탑의 벽에 부착하는 벽면 장식 등의 기능을 갖춘 것이 아닌가 하는 추정이 가능하다.

4) 기단基壇의 탑형부조塔形浮彫 : relief stupa on podium

이 탑형식은 복발형이 대형노탑大形露塔 기단부에 부조로 표현되어 있는 일종의 벽면장식용 탑을 말한다. 소위 한국탑에 있어서 면석에 해당하는 부분에 조각된 부조를 말한다.

즉 간다라탑은 기단부가 크고 높게 발달하여 원형 혹은 방형으로 기단을 구축하였는데, 이 기단의 벽면을 평활하게 그대로 두지 않고 그리스건축의 코린트식 기둥으로 구획하고 기둥과 기둥 사이의 벽면에 탑형부조를 설치하여 탑을 경배하는 장엄을 하였다. 탑 부조의 크기는 다소 작지만 비교적 자세히 표현되어 있다.

페샤와르에서 출토된 석편유물石片遺物을 통해 전

■ 기단부의 탑형부조

형적인 간다라식 탑을 볼 수 있다. 방형의 하층기단 위에 원형의 중첩된 상층기단(영문으로는 드럼이라 부름)을 두고 반구半球보다 약간 큰 복발을 얹고 있다. 이 복발 위에는 평두형식이 있고 다시 그 위에 산간傘竿을 세웠다. 평두平頭는 방형으로 윗부분은 내쌓기 한 층단을 이루었고 두툼한 간에 3개의 산이 끼워진 모습으로 표현되었다. 상층기단은 기둥을 등간격으로 두었고 복발 위에는 연꽃을 덮었다.

이 유물에는 3기의 불탑이 새겨져 있는데 탑 사이를 코린트식의 기둥으로 나누었고 옆에는 왕자로 보이는 사람이 탑에 경배를 드리고 있다. 이들 3기의 탑은 크게 다른 데가 없는데 기단 부분의 장식이 약간 다르다. 즉 맨 좌측의 탑의 기단은 원형으로 부조를 하여 전체를 양각하였고 나머지 두 탑은 꽃이 활짝 핀 로제트 문양을 양각하였다. 이와 비슷한 유물로는 Lahore에서 발견된 불탑부조 석편이 있다.

28 文明大, 『간다라를 가다』, 동국대학교편, p.36~41.

5) 암벽岩壁의 탑벽화塔壁畵 : rock relief

인더스강 상류인 Chilas주변의 강변 암벽에 새겨진 불상, 불탑, 승려, 양羊, 동물, 사람 등의 수많은 암벽화들 중에서 가장 많은 것이 불탑이다. 이들은 대부분 원형의 다층탑으로서 4~5단 이상의 기단 위에 노반을 놓고 복발을 얹었다. 이 복발 위에는 시원형탑의 평두와 비슷한 형태의 시설물을 놓은 다음 복발에 비해 훨씬 큰 5~7단의 상륜을 얹었는데 그 위에는 다시 원구형상의 물체를 얹어 일견 상륜부가 중첩된 인상을 준다. 이들은 10세기경의 것으로 보다 후기적인 면모를 나타낸 티베트의 탑형식과 유사하나,[28] 이 암벽의 탑형벽화塔形壁畵가 주는 의미는 간다라 지방의 불탑 형식과 유사한 모습을 나타내주고 있으며 소위 극동형불탑의 상륜부에 해당하는 모습이 뚜렷하게

■ 칠라스 탑 모양 암각화(손신영 사진)

29 足立 康, 『塔婆建築の硏究』, 中央公.論美術出版社, p.17.
30 Franz, Heinrich Gerhard, *Buddhistische Kunst Indiens*, 1965.
  Leipzig, E. A. Seemann, Buch-und Kunstverlag, 1965, p.81, p.128, 129.
31 Hargreaves, H., *Excavations at Jamalgarhi*, in: ASIAR 1921~1922, Simla, p.54~62.
  Franz, H. G., *Buddhistische Kunst Indiens*, 1965, p.124, p.211, 212.

나타나 과거의 모습을 유추할 수 있기 때문에 의미가 크다.

마지막 특별한 예로서 Chitral과 Mastuj에 있는 돌에 새겨진 탑파의 그림을 보면 양자는 서로 다른 점이 있지만 여러 층의 높은 기단위에 반구상半球狀의 탑신이 얹어져 있다. Chitral 탑파의 노반露盤은 아주 크고 또한 이상한 모습을 하여 어떠한 구조인지 알 수 없다. Mastuj의 탑파는 사리함 위에 다만 1본의 봉이 서 있다. 이것은 아마 미완성일 것이다. 특히 Chitral탑파의 탑신인 복발과 기단부 사이에 있는 조형繰形은 특히 강조되어 사방에 불룩 튀어나와 있지만 이 수법은 신강방면新疆方面에도 볼 수 있는 것이기 때문에 유의할 필요가 있다.[29]

이 탑형 벽화가 주는 의미는 간다라 지방의 불탑형식과 유사한 모습을 하고 있으며 소위 극동형불탑의 상륜부에 해당하는 모습이 뚜렷이 나타나 과거의 모습을 유추할 수 있기 때문에 의미가 크다 할 것이다.

간다라불탑의 형식별 분류

간다라 지역에서 조성된 불탑은 그 수효가 아주 많아 다양한 모습을 보여주고 있다. 이상은 간다라불탑을 기능별로 구분한 것이고 다음은 형태에 의한 분류이다.

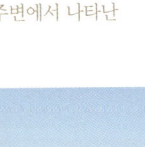

1. 복발형 시원탑, Butkara Stupa 1
2. Butkara Stupa 주변에서 나타난 서양식 기둥

1) 복발형覆鉢形 시원탑始原塔(Classical Stupa)

이 탑은 상기한 복발형 노탑露塔에 해당한다. 중인도 지방에서 발생하여 간다라 지방으로 전파된 시원탑형으로 인도탑의 근간이 되는 것이다. 예를 들면 Manikyara탑, J.Marshall에 위하여 발굴된 Taxila의 Dharmarajika탑,[30] Swat계곡에서 발굴된 Butkara탑, 파키스탄의 Jamalgarhi에서 발굴된 탑등이다.[31]

2) 원형圓形 테라스탑塔(Circular Terrace Stupa)

이 탑은 시원탑이 간다라탑으로 변모되면서 기단부가 원형으로 중첩되고 높아져 발달한 모습이다. 소형의 봉헌용 원형기단탑에서는 기단이 몰딩형식으로 중첩되어 있으나 규모가 커지면서는 필라

스타(Pilaster)인 기둥과 코니스(Cornice)인 수평 띠로 구성되어 있어 건축적인 기단의 면모를 보인다.

이처럼 Gandhara 지역에서 인도불탑은 원형의 기본 평면에서부터 발전하였는데, 정방형의 기단위에 세워져서 테라스 탑의 형태로 변형되었다. 이 탑은 그리스나 로마의 신전건축에서 나타나는 기둥과 장식기둥인 편개주片蓋柱(pilaster), 기둥 위에 놓은 수평 구조인 엔타블레이처, 감실龕室 등으로 장식된 "고전적 형식의 불탑"이다. 고전적인 원형의 불탑이 건축 기단의 면모를 보인 새로운 테라스 탑으로 대체된 것은 주로 A.D. 2~4세기에 Kuṣana 왕조의 통치권 아래였던 것으로 추정된다.[32]

3) 정방형正方形 테라스탑塔(Square Terrace Stupa)

이 탑은 상기한 원형 테라스탑보다 다소 후에 나타난 것으로 여겨지는데 원형 기단이 방형 기단으로 대체되어 형성된 것이다. 이 기단형식은 건물의 기단과 유사한데 기둥과 기둥으로 벽면이 나누어지고 기둥 사이에는 아무런 장식이 없는 상태로 놔두는 경우와 감실로 구성하거나 장엄용 장식을 하는 경우가 있다. 이 방형기단 위에 방형의 상부기단이 이어지는 경우가 있고 방형의 하부기단 위에 원형의 기단이 이어지는 경우가 있다.

정방형의 테라스 위에 세워진 최초의 불탑은 이미 1세기 초에 선先Kuṣana 도시인 Sirkap(Taxila)에서 나타났다. 그 한 예는 쌍두雙頭 독수리상이 보이는 불탑이다. 이 탑에서는 단지 변형된 테라스와 헬레니즘식 엔타블레이처(entablature), 감실(niche)만이 발견되고, 조상彫像 장식은 발견되지 않았다.[33] 정방형의 기초 위에 세워진 불탑은 북 아프가니스탄의 왕 Kaniska의 지성소인 fire-temple "A"와 유사한 면을 가졌는데, 이것 역시 편개주片蓋柱(pilaster)와 엔타블레이처에 의해 분리된 테라스 위에 세워져 있다.

4) 아자형계단탑亞字形階段塔(Star Shape Stair Stupa)

이 탑은 亞자형의 기단 동서남북 네 방향 중앙에 계단이 있는 형식을 말한다. 이 불탑에는 네 개의 계단이 있으며 기본평면은 별 모양으로 되어 있다. 보통 방형의 기단과는 그 형식이 다르고 방형평면의 기단에 다시 계단

1. 정방형 기단 위 원통형 탑, Gumbatuna Stupa
2. 정방형 기단 위 방형탑, Dharmarajika 대탑 옆
3. 높은 기단과 4방향에 계단이 있는 불탑, Bhamala Stupa(Taxila Valley)

■ 계단형탑(프란츠에 의함)

이 부가되어 있는 모습이다. 이 계단을 통하여 높은 기단 위로 오르게 하였다. 테라스식탑이 더욱 높아지면서 나타나는 발달한 모습이다.

이 탑형식을 가리켜 영문으로는 Star Shape Stupa라 부르고 있으나 적절한 표현은 아닌 것 같다. 이를 단형(段形)의 기단을 갖는 탑형식과 혼란을 주지 않기 위하여 부르면 무방한 이름이기도 하다. 이 탑의 예는 Rawak의 탑이나 탁실라 근처인 Bhamala의 탑[34] 등에서 볼 수 있다.

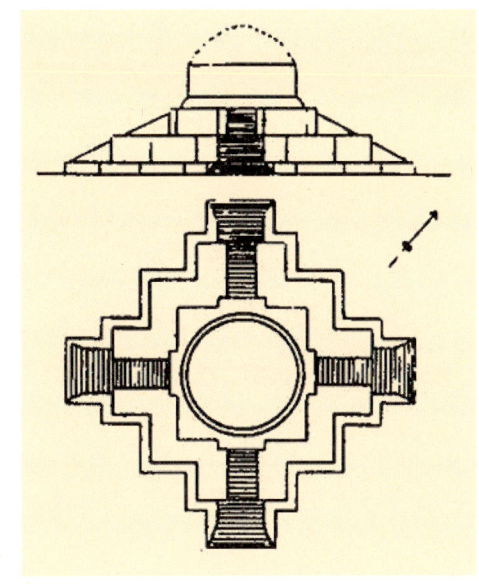

5) 단형탑段形塔(Stepped Terraced Stupa)

이 탑은 기단형식이 여러 개의 단을 이루는 형식을 말하는데 테라스형식이 1 혹은 2개의 단을 이루는 것에 비하여 더 많은 단으로 기단이 형성되는 형식을 말한다. 즉 여러 개의 테라스가 계단식으로 중첩되어 정형화한 것이다. 테라스는 계단식 테라스 기념탑으로 발전되었다. 테라스형탑의 특별한 유형은 실크로드의 남쪽 줄기에 위치한 Kho-ton의 오아시스 도시 근처 Rawak의 스투파에서 볼 수 있다. 이 불탑은 네 개의 계단을 가지며, 기본 평면은 별 모양으로 되어 있다.

봉헌용 소탑들에 있어서 기단형식은 몰딩을 여러 겹으로 쌓아 이루어지는 것으로 이를 기단이라고 하기엔 부적절하나 단형탑의 기단은 완벽한 기단을 갖추었기 때문에 서로 비교가 된다.

32 Stavisky, D. Y., Vainberg, B. J., Gorbunowa, N. G., Novgorodova, E. A., 「Soviet Central Asia, Archaeology and the Kushan problem, Annotated Bibliography」, International Conference on History, Archaeology and Culture of Central Asia in the Kushan Period, 2 vol., Moscow 1968.
B.A. Litvinsky, 「Outline History of Buddhism in Central Asia」, in: International Conference on History, Archaeology and Culture of Central Asia in the Kushan Period, Dushanbe 1968, Moscow 1968, with extensive bibliography.
Seimal', E. V., 「Kushanskaja Chronologija(materialy po probleme)」, Meshduna rodnaja konferenzija poistorii, archeologiii kulture zentral noi Asii wk ushans kuju epochu, Moscow 1968 (with summary in English: p.136 aqq.).

33 Franz, H. G., *Buddhistische Kunst Indiens*, 1965, p.139, 140, p.86.

34 Franz, H. G., *Afghanistan Journal 5*, 1978, p.32.

6) 원통형탑圓筒形塔(Cylindrical Stupa, Old circular shape Stupa)

이 탑은 기단이 없거나, 원형의 기단 위에 복발형의 시원탑을 얹은 형식으로 기단이나 복발이 원통형으로 높아 시원적인 복발탑 형식과는 형태적으로 세장한 모습을 보여 차이를 나타내고 있다. 시원탑이 반구형의 복발이라면 이 형식은 원통이 이어지는 것이다. 간다라 지역에는 원통형 스투파가 많다. Bhallar Stupa와 그 분명한 예로서는 또한 간다라지역은 아니지만 사르나트 녹야원의 다메크스투파이다.

중국 Miran의 실크로드 최동단에 위치하고 있는 신강에는 오래된 원형의 불탑이 있다. 이 탑은 원통형으로 원형의 회랑으로 둘러싸여진 사원의 안쪽에서 볼 수 있다. Aurel Stein은 금세기 초에 "cetighara" 유형의 사원

1. 원통형 기단이 높은 불탑, Bhallar Stupa
2. 사르나트의 다메크스투파

■ 교하고성의 탑림

들을 발굴했다. "cetighara"란 원통형 또는 일직선상으로 길게 뻗은 불탑들을 말한다. 한편 Swat valley의 Butkara에서 이탈리아 선교단에 의해 발견된 부조는 돔이 있는 사당이나 원통형식의 불탑과 같은 모습이라 생각된다.[35] 이러한 사당의 원통형 또는 일직선상으로 길게 뻗은 불탑들은 데칸의 동굴 사원에 있는 탑을 생각나게 한다.

간다라 지역 안에서 새로운 스투파형식인 테라스스투파가 원통형의 불탑으로 대체되는 동안, 남인도뿐만 아니라 데칸과 중인도에서도 불탑은 그 원형을 유지했으며, 원형의 기본평면 위에 세워졌다. 데칸의 반원형의 동굴 사원뿐만 아니라 아마라바티와 나가르주나콘다 수도원의 불탑에서도 원통형의 스투파를 볼 수 있다. 이와 같은 모양은 Miran의 불탑에서도 볼 수 있다. 즉 수직선상으로 길게 뻗은 모양은 불탑의 일반적인 발전 양상을 설명한다.

7) 불감형佛龕形(Niched Stupa)

기단부와 복발에 불감이 있어 그 내부에 불상을 배치한 형식을 말한다. 그런데 봉헌용 소탑에는 기단에 조그마한 불감을 나란히 배치시켜 놓았으며 복발에서는 아잔타의 석굴에서 볼 수 있는 형식과 같이 큰 불감을 두고 그 안에 좌상이나 입상의 불상을 배치시키는 탑을 지칭한다.

간다라의 방형기단에 조성된 불감과 그 안의 소형 불상은 1세기경의 간다라 불탑에 대한 변화를 통해 명백해졌다. 그리고 Ajanta 19굴과 26굴, Elora 10굴에서 볼 수 있는 불탑은 부처의 이미지에 단지 niche가 덧붙여졌다고 느껴질 정도로 불상이 강조된 불탑을 말한다. 중인도와 남인도 불탑의 보수적인 경향에 비교해 볼 때 간다라탑에서 많이 나타나는 형식은 이 또한 큰 변화 양상이라 하겠다.

8) 군집형탑群集形塔(Five-Stupa Group ; 만다라형탑)

중앙아시아에는 또 다르게 변화된 정방형 terrace-stupa가 있다. 이미 별 모양의 불탑을 언급한 바 있으나 더욱 현저하게 두드러진 특징은 특히 Turfan 오아시스에서 폐허 상태로 여전히 남아 있는 높은 탑이다. 이 불탑

35 Stein, Aurel, *Ancient Khotan*, Oxford, 1907, vol. II, pl. XL. Gropp, G., *Archäologische Funde aus Khotan*, Chinesisch-Ostturkestan, Bremen 1974, p.42.

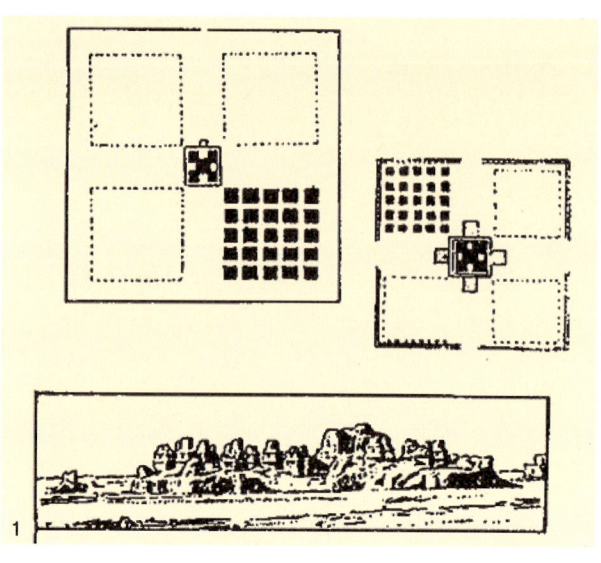

1. 트루판 교하고성의 군집형 탑 (Franz), 탑림이라고도 함
2. 교하고성의 중앙탑

의 형태는 극도의 수직성을 보인다.

본 서는 Franz가 소개한 글을 그대로 옮겨서 어디인지 정확히 알 수 없으나 Yar 부근과 Chotscho의 P사원과 같은 두 개의 큰 사원 안에는 2기의 보기 드문 불탑이 있다. 아마도 이 글은 교하고성의 탑림을 지칭한 듯하다. 이 탑은 4각형의 특이한 중앙집중식 배치로 높은 기단 위에 세워진 길게 뻗은 5부분으로 된 기념탑과 같은 테라스 스투파이다.[36] 타워와 같은 25개의 불탑은 다섯 그룹으로서 중앙의 불탑 기념비를 둘러싸고 있다. 이 배열에서 가운데에 위치한 주된 불탑이 봉헌용 불탑들에 의해 둘러싸인 배치방식은 거대한 불탑의 외곽을 조그마한 봉헌용 불탑들이 둘러싸고 있는 간다라 지방 불탑사원의 형식을 반복한 것처럼 보인다. 이처럼 엄격하게 통제된 배열 형식은 확실히 만다라와 같은 상징성을 구체화한 것으로 보인다.

이러한 Franz의 설명은 이해가 되나 실증적인 예는 간다라에서 가까운 지금의 중국 땅인 트루판의 교하고성에서 보이는데 탑림塔林(Forest of Stupas)이라 소개되고 있다. 다만 훼손이 아주 심하여 구체적인 모습을 파악할 수 없어 아쉽다.

36 Franz, H. G., *Pagode, Turm tempel, Stupa*, p.23, p, XII/24, 25, 26, XIV/28.
37 Heinrich Gerhard Franz, Stupa and Stupa-temple in the Gandharan regions and in Central Asia, The Stupa its Religious, Historical and Architectural Significance, Franz Steiner Verlag. Wies baden, p.41~43.

9) 고탑형탑高塔形塔(Tower-shaped Stupa ; Pile like Stupa)

이 탑 형식은 간다라 지방 서쪽인 중앙아시아 지역의 고탑형탑을 지칭하는 것으로 기원을 간다라탑에서 찾을 수 있다.[37] 타워 모양의 불탑은 완전히 새롭고 독립적으로 Inner-Asia에서 만들어진 것은 아니었다. 이는 간다라 지역의 불탑에서 유래한 것으로 추정될 뿐 현존하는 예를 찾기 어렵다. 간다라 불탑의 구조가 높게 치솟는 경향은 지속되었고, 신강에서는 더욱 두드러지기까지 하였으나 오히려 불감이 많은 방형의 고탑형식이다.

탁실라에서 줄리안 승원의 큰 불탑 안에 유물 보존용 모형불탑으로 넣어진 소형불탑은 완벽하게 보존되어 있는데, 불탑의 수직적 형태를 잘 묘사하고 있다. 칠회제소탑漆灰製小塔(사리탑)인 이 탑은 3층의 방형단과 3층의 원형단으로 이루어진 높은 기단 위에 극히 작은 복발이 얹어져 있고, 그 위에는 11개의 보개와 정식頂飾을 붙인 아주 장대한 상륜이 있다. 탑신의 퇴화는 뚜렷하지만 기단과 상륜의 발달은 현저하다. 더욱이 사리함이 찰과 복발의 중간에 있어 흥미롭다.

이런 종류의 소형불탑은 중앙아시아에서 타워 모양을 하는 대형불탑의 출발점이었을지 모른다. 페사와르 근처의 카니시카왕 불탑에 관한 중국 현장스님의 설명에 따르면, 유사한 종류들이 간다라 지역 안에 있었음이 틀림

고탑형 탑(Frang)

■ 고창고성 탑전의 탑모양 중심 기둥

없다.[38] 높은 탑으로 설명되는 이 기념물이 중앙아시아 불탑에 비교할 만한 다층 건축물이었을 것이라고 생각된다. 이 불탑은 샤지키데리에서 발굴된 불탑과 동일시되어 왔다.[39] 그러나 1층만이 발굴에 의해 확인될 수 있을 뿐이다. 이 탑은 별 모양의 기념물, 즉 4개의 계단을 가진 테라스형탑의 모습을 보여주고 있다. 특히 1층 평면에서 중앙아시아의 Rawak 불탑과 견줄만하고 tsa-tsa 위에 있는 별 모양 탑과도 견줄만하다. 이들은 중앙아시아나 북인도에서조차 더 이상 현존하지 않는 것으로 그 중요성과 특이성 다시 음미하여야 할 것 같다.

다만 중국의 서역인 신장新疆의 고창고성高昌古城 안에는 대불사大佛寺라는 불교사원이 있다. 그 사원의 중심이 되는 탑전塔殿의 한 가운데 자리한 중심기둥에서 고탑형식의 예를 찾을 수 있다. 이 중심주는 현재 약 10m의 높이로 네모난 탑 모양의 중심기둥이다. 즉 탑형 중심주塔型 中心柱이다. 이 중심주의 남측과 서측 벽면에는 맨 아래에 3座의 큰 불감佛龕이 있고 그 위에 다시 7좌의 불감이 3개 단으로 자리하고 있어 고탑형식과 유사한 형식이라고 생각된다.

38 Rosenfield, J. M, *The dynastic art of Kushans*, Los Angeles 1967, p.286.
Franz, H. G., *Paode, Stupa, Turmtempel, Unter-su chungen zum Ursprung der Pagode*, In: Kunst des Orients III(1959), p.14~28, p.27
39 Hargreaves, H., *Excavations at Shah-ji-ki-Dheri*, In: ASIAR(Annual Report of the Archaeoi, Survey of India) 1910~1911, Calcutta, 1914, p.25~32.

제8장

스리랑카 불탑의 형식

스리랑카 불탑의 출현과 초기형식
스리랑카 돔 형식 불탑의 구성요소
불탑 주변의 시설
스리랑카 불탑의 유형

스리랑카 불탑의 형식[1]

스리랑카 불탑의 출현과 초기형식

아시아의 광범위한 지역에 전래 분포된 불교는 문화 예술적 측면에서도 다양한 흐름과 변화를 드러냈다. 이후 근대 시기 이전까지 여러 단계의 발전과정을 거치면서 각 지역의 건축과 예술전반에 강한 영향을 미쳤다. 인도로부터 불교가 전해진 기원전 3세기 이후, 자연스럽게 인도의 산치탑과 유사한 형태의 불탑형식이 스리랑카 불탑에 큰 영향을 주었다. 스리랑카 불탑은 기원전 3세기부터 13세기에 걸쳐서 중부의 아누라다푸라, 폴로나루와, 캔디 등에 활발히 건립되었다. 이미 이전 시기에도 남부 함반토타(Hambantota)의 팃사마하라마(Tissamaharama)와 중부의 아누라다푸라 등지에 탑이 조성되었던 것으로 미루어보아 조성당시에는 불탑이 아니었더라도 불교의 도입 이후 내부에 사리가 봉안되면서 탑의 형태와 기능이 변화한 것으로 보인다. 인도의 영향이 컸던 것은 지리적으로나 불교 전래 과정상 자연스러운 결과였다. 불교 전래 당시의 불탑과 현존하는 불탑은 차이를 보일 것으로 생각되나, 결국 초기 불탑은 축조 이후 여러 번의 보수 및 재건과정을 거치면서 현재의 형태를 갖게 되었을 것이다.

스리랑카는 인도의 남부에 있는 국가로, 처음에 스리랑카로 불교가 전래된 것은 인도를 통일한 아쇼카 왕과 스리랑카 아누라다푸라의 데바남피야 팃사 왕의 친분관계가 큰 역할을 한 것으로 알려져 있다. 스리랑카는 인도

소형 철제불탑과 佛足(콜롬보 박물관)

1 「8장. 스리랑카 불탑의 형식」은
- 허지혜, 천득염, 「스리랑카 불탑 형식에 대한 고찰」, 『건축역사연구』 제24권 6호 통권 103호, 2015년 12월
- 허지혜, 「스리랑카 불탑의 구성 요소와 형식」, 전남대학교 대학원 석사학위 논문, 2016년 2월을 기본으로 일부 수정하여 전재한 것임

1. 방형의 사리함
2. 사리함 상세
3. 사리함 상부
4. 사리함 하부

초기 불교가 전래된 최초의 국가로 자연히 스리랑카의 초기 불탑은 인도의 초기 불탑과 매우 흡사한 형태를 가졌다. 스리랑카에서는 탑을 '다가바(Dagaba)' 혹은 '다고바(Dagoba)'라고 하는데 이는 싱할라어로 '다투 가르바(Datu Garbha)' 즉 '사리 봉안 장소'를 뜻하는 말의 줄임말이다. 스리랑카 최초의 불탑은 인도 아쇼카 왕의 아들인 마힌다 승려(Arhat Mahinda)가 데바남피야 팃사 왕(King Devanampiya Tissa, B.C. 307~B.C. 267)에게 불교 교리를 전파한 기원전 3세기경 전후에 지어진 것으로 기록되어 있다. 초기에 건립된 탑으로 미힌탈레 언덕에 세워진 암바스탈라 대탑(Ambastala Dagoba)과 아누라다푸라의 투파라마 다고바(Thuparama dagoba)를 들 수 있는데, 암바스탈라 대탑은 특히 마힌다 승려가 스리랑카

스리랑카 불탑의 형식 329

에 처음으로 발을 내딛은 자리인 미힌탈레 언덕에 세워진 탑이다. 데바남피야 팃사왕과 아쇼카 왕은 서로 만난 적은 없지만 매우 우호적인 관계를 가지고 있었는데, 아쇼카 왕은 인도 통일 과정과 함께 자신이 왕이 되는 과정에서 형제 99명을 죽이는 등 많은 살생을 저지른 탓에 불교에 귀의하여 불교 전파를 통해 자신의 죄를 씻고자 하였다. 이에 마힌다 왕자와 딸인 비구니 싱가미타를 보내 스리랑카 아누라다푸라 왕국의 데바남피야 팃사를 통해 불교 교리를 전하게 된다.

안타깝게도 스리랑카의 불탑은 여러 차례의 전쟁과 자연재해를 비롯하여 영국과 포르투갈, 네덜란드의 숭기억불崇基抑佛 정책으로 인해 19세기에는 마침내 모든 초기 불탑들이 무너지고 식물로 뒤덮인 돌무더기에 가까운 상태로 발견되었다.[2]

스리랑카 불탑과 스리랑카에 큰 영향을 끼친 인도 불탑의 대표적인 형태인 복발형 불탑은 본래 종교적 의미가 아닌 장례 풍습에서 유래되었다. 현재에도 다양한 나라에서 적석형 조형물이 발견되고 있으며, 이들은 뼈를 땅 아래 혹은 땅에 위치시킨 뒤 돌을 차곡차곡 쌓아 새나 짐승이 시신을 훼손시키지 않도록 보호하고 죽은 자의 영혼을 기리는 의미를 가졌다. 이때 봉분처럼 쌓인 돌무더기의 최상부에는 나무막대를 꽂았는데 이는 내부에 시신이 있음을 표시하거나 무덤의 주인 등을 표시하기 위함이었을 것으로 예상된다. 현재의 인도 산치 대탑과 매우 유사한 형태인데 나무 재질로 된 기둥 혹은 석재 기둥을 돔의 중간 부분 혹은 바닥 부분, 혹은 돔의 내부로 조금 파고드는 정도로 꽂았다. 나무 재질은 우주목(cosmic tree)을 상징하는 것에서 비롯되어 점차 오래 지속될 수 있고 견고한 재질인 석재를 사용하게 되었던 것으로 보인다. 또한 산치 대탑의 산간(mast)에 우산을 형상화한 모양의 석재 세 개가 쌓여있는 것은 고귀함을 상징하며 왕과 부처에 대한 경의의 표시였다. 이 석재는 우산[3]을 형상화한 것이라는 주장도 있지만, 아쇼카 왕의 석주에서 나타나는 바퀴 즉 법륜을 형상화하여 쌓은 것이라는 주장도 있다. 인도 불탑에서 나타나는 기본 요소인 기단과 복발, 평두, 산간, 산개 역시 스리랑카의 불탑에서 나타난다. 그러나 산치 대탑에서 보이는 탑문(Torana, 네 방향으로 난 문)과 난순, 요도는 스리랑카에서 그 형태가 축소

2 스리랑카는 1505년부터 차례대로 포르투갈, 네덜란드, 영국의 식민지였다가 1948년에 마침내 독립하게 된다. 이 중 네덜란드의 식민 통치기간은 1638년부터 1796년, 영국은 1796년부터 1948년이었다. 이 기간 내내 계속된 숭기억불(崇基抑佛) 정책 때문에 켈라니야 왕국의 수도에 있었던 대표적인 Heap of Paddy type의 켈라니야 탑은 제대로 건사되지 못하였다. 켈라니야 불탑이 오늘날의 모습을 되찾은 것은 1888년 이후의 재건 사업으로 인한 것이다.
3 Chattra가 우산을 형상화했다는 주장이 대부분이나, 우산이 아닌 바퀴를 형상화한 것이라는 주장도 있다.

소형 철제 불탑(콜롬보 박물관)

되거나 없어지는 양상을 보인다.

　　인도에서 불교 교리가 전래되고, 부처의 열반 후에 몸에서 나온 사리와 유골, 치아, 머리카락, 의복과 사용하던 그릇 등을 불탑의 내부에 모셔 넣고 부처의 가르침을 새기고자 하는 움직임이 일었다. 인도 산치 대탑은 기원전 1세기에 지어진 것으로 알려져 있으며 스리랑카 최초의 불탑으로 알려진 아누라다푸라의 투파라마(Thuparama)는 스리랑카의 고대 왕국이었던 우파팃사 누와라(Upatissa Nuwara)의 왕이었던 판두카바야(B.C. 437~367)에 의해 최초로 지어진 것으로 기록되어 있다. 이후 데바남피야 팃사 왕이 이 탑에 부처의 유물을 모셔 스리랑카의 첫 번째 불탑으로 기록되며, 당시에는 옥수수모양이었다는 기록이 나와있다. 투파라마는 바사바(A.D. 67~111)왕이 불탑의 평두 부분을 석조벽체를 세워 막았고, 고타바야(A.D. 249~263) 왕은 평두를 올렸다. 이후 여러 왕들의 수리를 거친 후에 투파라마는 촐라족의 침략으로 10세기에 무너지게 된다. 이후 빠라끄라마 바후 대왕(A.D. 1153~1186)에 의해 재건되었고 개조작업이 계속된 끝에 1842년 마침내 현재의 종 모양 탑신을 갖춘 형태를 갖추게 되었다.

　　한편 또 다른 스리랑카의 초기 스투파인 스리랑카 남부 함반토타 지역의 팃사마하라마 차이티야(Tissamaharama Chetiya), 야탈라 스투파(Yatala Stupa)[4], 산다기리 스투파(Sandagiri Stupa)에 대한 기록은 기원전 3세기에 루후나 공국(Principality of Ruhuna)의 마하세나 왕(혹은 왕자, Mahasena)에 의해서 지어졌다. 마하세나 왕은 데바남피야 팃사왕의 형제였는데, 데바남피야 팃사의 아들로 하여금 왕위를 잇게 하고 싶었던 왕비의 독살 위협을 피해 남부 스리랑카에 피신하게 된다. 이후 왕자의 신분으로 나라를 세우게 되는데 이 나라가 바로 루후나 공국이다. 루후나 공국은 현

4　현장에 있는 안내판에 의하면, 기원전 2세기에 마하나그 왕의 왕비가 이곳에서 기도하여 아들을 얻었다 한다. 그래서 스투파의 이름을 아들 이름인 Yatala로 하였다고 쓰여 있다. 또한 부처의 사리가 있어 Tooth Relic Shrine이라고도 한다.

재의 함반토타 지역에 자리잡고 있었는데 기원전 3세기에 세워진 것으로 알려진 세 개의 스투파는 이미 여러 차례의 복원과 보수 과정을 거친 상태로 그 초기 형태에 대해 정확히 알기는 어렵다. 이 중 산다기리 스투파의 경내 소형 불탑 모형에는 현존하는 스리랑카 불탑에 나타나는 상륜부와 다소 다른 형태의 상부구조를 볼 수 있는데, 흡사 인도 산치 대탑의 상부구조와 브라만교의 유파(Yupa)가 공존하는 형태를 띠고 있다.[5] 즉 복발의 중심에 유파가 꽂혀 있는데 참으로 이상하게도 바로 그 뒤에 또 불탑의 찰간과 보륜이 있는 상륜부가 있는 것이다. 이 소형 불탑 모형은 비록 제작 시기가 불분명하지만 과거의 모습을 재현한 것이라 생각된다. 또한, 이 소형 모델 스투파이외에도 경내에는 원래 돔 위에 올라가 있었을 것으로 추정되는 유파 스톤과 차트라스톤이 많이 발견되어 유파와 상륜이 함께 있는 스투파 형식이 아닌가 추정된다.

5 「Hasitha K.M., Heritage of Ancient Magama, the Capital of Ruhuna Kingdom」

스리랑카 돔 형식 불탑의 구성요소

스리랑카의 불탑은 한국의 석탑처럼 편의상 기단부와 탑신부인 복발, 그리고 상륜부로 나눌 수 있다. 거의 대부분의 스리랑카 탑은 넓은 테라스 위에 자리한다. 이 테라스는 기단부 아래에 자리하며 기단보다 훨씬 넓다. 테라스는 오래된 초기탑에서는 원형이고 이 보다 후대의 것은 방형이다. 이 테라스의 위는 모래나 돌을 깔았다.

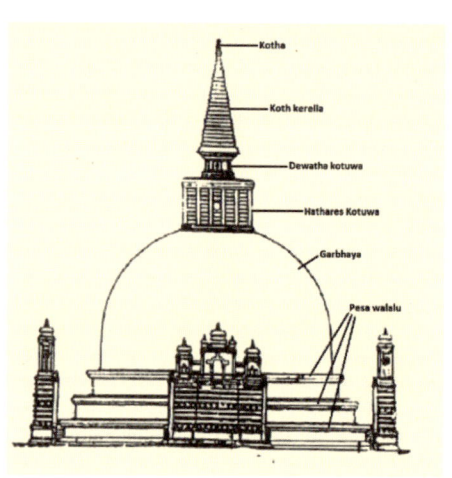

■ 스리랑카의 전형적인 불탑(출처 : Hasitha K.m., 「Heritage of Ancient Magama, the Capital of Ruhuna Kingdom」, Unreliable with Original Source)

스리랑카의 현존하는 불탑에서 나타나는 변화는 요소별로 상당히 뚜렷하다. 우선 불탑의 기단부가 보다 많이 발달한 모습을 보이고 인도 산치탑에서와 같이 기단과 돔을 돌리고 있던 난간이 없어지게 된다.

한편 복발부는 시대가 내려갈수록 훨씬 더 커지고 복

1. Mihindu Maha-Seyastupa의 기단
2. Kanthaka Chaitya의 제단, 미힌탈레

발의 맨 위에 책상 모양으로 된 평두는 상자형으로 이 또한 커졌다. 정상부에 꽂힌 듯 올라가 있는 상륜은 첨탑형으로 날카롭게 되었다.

페사 발라루(Pesa W alalu, podium, basal ring, 기단)

스리랑카의 기단은 복발 하부 부분을 말한다. 기단을 넓게 지탱해주는 테라스와 구분된다. 기단은 '페사 발라루(Pesa Walalu)'라고 일컬어지는데, 대개의 경우 3개의 링, basal ring으로 구성된다. 스리랑카 탑의 돔이 인도 탑의 돔에 비해 훨씬 큰 크기를 자랑하는 만큼 그 돔을 지탱할 만한 기단 역시 크고 높아질 수밖에 없었던 것으로 보인다.

기단부는 초기 불탑에 비해 각 기단 층 사이가 넓어지고, 탑의 규모에 따라서 기단을 하부에 덧붙이기도 하였다. 인도 산치 탑의 기단 상부와 하부에 있던 난간이 없어지는 대신, 스리랑카의 불탑은 기단의 상하부에 받침 및 갑석이 생기고 기단 면석에 다양한 장식이 나타난다.

난간이 없어진 데에는 여러 이유가 있겠지만, 돔이 비교적 커지고 입구에서 돔에 이르는 길이 요도의 역할을 하며 광활해진 것으로 보아 장식적이고 상징적인 역할을 하는 기단으로 바뀌었음을 알 수 있다.

바할카다(Vahalkada, frontispiece, 제단)

기단부가 높아짐에 따라 제물을 바치는 제단인 '프론티스피스(Frontispiece)'가 동서남북 네 면에 생기게 되었다. 이 제단은 스리랑카에서 '바할카다(Vahalkada)⁶⁾ 라고도 불리는데, 탑의 규모에 따라 형태가 조금씩 다르긴 하나 납작하고 긴 형태의 벽체 정도의 모양이고 경우에 따라 바할카다의 앞에 보조 격의 석조 테이블이 제단처럼 놓이기도 한다. (그림 참조)

탑으로 들어가는 입구의 개수는 초기 불탑이 2개인 반면 스리랑카 불탑은 그 크기가 매우 커짐에 따라 4개의 입구를 가지게 된다. 불탑의 크기가 커짐에 따라 제물을 바치는 제단이 놓이게 되는데 이것이 동서남북면에 위치한 바할카다이다.

즉 스리랑카의 불탑에서는 인도탑과는 달리 탑문은 없어지고 동서남북 네 면의 입구와 함께 제물을 바치기 위한 제단이 입구의 정면에 위치한다.

페사 발라루(Pesa Walalu, basal rings, 장식 띠)

스리랑카 불탑은 사람들이 탑돌이를 하거나 경배하는 넓은 테라스와는 별도로 복발의 하부에 장식기단 혹은 장식 띠가 돌려져 있다. 흔히 드럼이라고 불리는 이 장식은 싱할라어로 '페사 발라루(Pesa Walalu)' 라고 한다. 산치탑의 복발에 비해 단순화된 스리랑카 불탑의 복발 하부에는 가느다란 몰딩이 있는 장식기단을 두어 밋밋한 복발을 장식하였고 이는 결국 탑의 복발을 수직적으로 강조하기 위한 것으로 보인다.

이 링, 즉 띠는 대개의 경우 3단인데 부처, 부처의 말씀, 부처의 제자를 상징한다.

가르바야(Garbhaya, dome, 覆鉢)

불탑의 요체는 돔형태로 된 복발이다. 생명을 상징하는 공간이다. 따라서 스리랑카 불탑의 복발 형식은 6가지 이상으로 참 다양하다. 현재 우리가 보는 스리랑카의 불탑은 여러 번의 증축과정을 거친 후의 상태인데, 이 과정들을 거치면서 가장 큰 크기 변화를 보인 것 중 하나가 '가르바야(Garbhaya)' 라고 불리는 돔이다. 돔이 훨씬 커진 것이다. 탑의 바닥에서부터 돔의 상부에 이르는 비율이 인도 탑의 돔 높이 비율에 비해 더 높다. 또한, 돔 하부의 지름이 스리랑카 탑이 더 좁다. 이는 인도 탑의 돔이 반구형인 것에 비해 스리랑카 탑의 돔은 지름이 좁아지면서 더 높아진 모습을 보

---

6 영어로 Frontispiece, 불탑의 동서남북 면에 위치한 장식적인 구조물이다. 덩굴식물이나 난장이, 새, 코끼리 등이 부조로 장식되어 있고 조성 후기로 갈수록 더 장식적인 모습을 보이는데, 꽃을 바치기 위한 석판이 곁들여서 세워졌다. (출처 : 위키피디아)

[7] 인도 산치 대탑의 평두와 달리 난간 내부에 평두가 위치하는 것이 아닌, 사면에 난간 모양이 새겨진 속이 비지 않은 사각기둥 부재이다. 이해를 돕기 위해 '평두'라고 하였다.

인다. 특히 인도 탑의 돔과 달리, 난간이 나타나지 않고 기단의 페사 발라루 폭이 좁아진 탓에 돔이 더욱 부각된다.

하타라스 코투와(Hatharas Kotuwa, square chamber, 平頭)[7]

돔 모양의 복발 위로는 '하타라스 코투와(Hatharas Kotuwa)'라는 부재가 올라간다. 한자 문화권에서는 이를 평두平頭라 이름하였다. 속이 비어 있던 인도 산치 탑의 square chamber와 달리 속이 다 채워지고 높이가 높아지면서 사면 중앙에 연꽃모양의 장식이 새겨진다. 사면에 모두 인도 탑의 상부 부재를 연상시키는 난간 문양이 새겨져 있다.

인도 불탑은 돔의 하부 혹은 중심에 사리함이 봉안되어 있었던 반면, 불치를 가지고 있던 스리랑카의 몇몇 탑들은 도굴의 위험에서 안전할 수 없었기 때문에 최대한 도굴꾼의 접근이 힘든 위치, 즉 벽돌로 쌓인 돔이 아닌 돔의 상부에 고체로 속이 꽉 막힌 하타라스 코투와에 봉안하는 등 다양한 방법으로 불사리를 보호하게 된다.

이 부재는 상자형이기 때문에 4면으로 이루어진다. 이 네 면은 가장 중요한 네 가지 진리를 상징한다.

데바타 코투와(Devatha Kotuwa, cylinder, 傘竿)

불탑에 있어 맨 위를 상륜이라고 하는데 양산모습을 한다. 즉 깃대인 post(혹은 기둥, mast)와 비를 막아주는 원형 disk가 조립된 모습이다. 이 경우에 스리랑카에서는 싱할라어로 원통형圓通形 포스트를 데바다 코투와(Devatha Kotuwa, cylinder, 傘竿)라 하고 원판형圓板形 디스크를 코트 케

1. 랑콧 베헤라의 평두
2. 인도탑의 다양한 산간과 산개

스리랑카 불탑의 형식 335

렐라(Koth Kerella, spire, 傘蓋)라고 한다. 이들은 당연히 디스크를 관통하여 포스트가 끼워있는 형태로 조립 한다.

위에서 언급한 평두(하타라스 코투와) 위로는 원통형의 부재가 올라간다. 이 원통형 기둥을 '데바타 코투와(Devatha Kotuwa)'라고 한다. 데바타 코투와는 하타라스 코투와, 코트 케렐라의 사이를 연결하는데 두 부재보다 지름이 작아서 영역이 확연히 구분된다. 원통형 부재가 하나 혹은 두 개 올라간 후에는 차트라 스톤이 적층된 것 같은 부재가 나타난다.

▶ 야탈라 스투파의 산개

코트 케렐라(Koth Kerella, spire, 傘蓋)

데바타 코투와의 상부에는 원뿔형의 '코트 케렐라(Koth Kerella)'라는 부재가 위치한다. 코트 케렐라는 선이 없는 단순한 원뿔형인 경우도 있지만 그 수가 많지 않고[8], 대부분 원판형인 차트라 스톤, 혹은 원판이 십여개가 쌓여 수름진 듯한 원뿔을 이룬다. 코트 케렐라는 마치 고딕건축 성당의 첨탑처럼 뾰족하고 높게 올라간다.

인도 불탑의 돔 상부와 스리랑카 불탑의 돔 상부를 비교할 경우, 스리랑카 탑의 상부 구성 요소인 코트 케렐라에 주목할 필요가 있다. 코트 케렐라는 차트라스톤을 모사한 디스크 문양이 많게는 25개 이상 쌓인 경우도 있다. 이때 '코트 케렐라'와 속이 꽉 찬 '하타라스 코투와' 사이에 자리한 원통형의 '데바타 코투와'가 돔 상부의 내부에서부터 찰주처럼 꽂힌 '마스트'의 역할을 하는 것으로 보인다.

원래 동북아권의 불탑이나 인도의 불탑에 있어 상륜부의 산개나 보륜은 그 사이가 벌어져 있으나 스리랑카의 상륜 정상부에 있는 이 첨탑형 원뿔은 하나의 몸체를 이룬다. 이 경우 8단을 이루는 것이 초기형식이었으나 나중에는 20여기를 넘는 경우도 나타난다. 이 부분은 깨달아 가는 단계를 의미한다. 이렇게 단이 많은 것은 그 과정이 어렵다는 것을 나타낸다고 할 수 있겠다.

코타(Kotha, crystal, jewel, 寶珠)

코트 케렐라의 위로는 '코타(Kotha)[9]'라는 작고 뾰족한 첨탑, 혹은 둥

8 함반토타의 팃사마하라마에 있는 팃사마하라마 차이티야, 야탈라스 투파는 단순한 원뿔형의 코트 케렐라를 가지고 있다.
9 싱할라 어로는 '실루미나(Silumina)'라고도 한다.

10 Fergusson, 『History of Indian and Eastern Architecture』의 저자
11 J. G. Smither
12 S. Paranavitana, 『The Stupa in Ceylon』, 1946, p.80

근 구슬이 하나 더 올라간다. 코타는 주로 보석이나 수정으로 이루어져 있어서 햇빛을 받으면 밝게 빛난다. 보통 수정과 수정을 받치는 부분에 항아리 혹은 꽃병 모양의 철제 부재가 같이 구성된다. 불탑을 장엄하기 위한 최고의 장치이다. 또한 최고의 경지에 이르는 니르바나(Nirvana, 열반), 일체의 번뇌를 해탈한 경지를 뜻한다.

불탑 주변의 시설

스투파 하우스

아누라다푸라의 란카라마(Lankarama)와 투파라마(Thuparama) 스투파 주위에는 수많은 석주가 놓여있다. 이 석주는 인도 탑에서는 보이지 않았던 형식으로, 구조적으로 탑을 보호하거나 탑 주변에서 의장적인 역할을 했던 것으로 보이는데 이 열주의 용도에 대해서는 학자들 간에 논쟁이 있어왔다. Fergusson[10]은 이 돌기둥의 용도가 깃발이나 그림을 걸어놓기 위함이라고 하였다. J.G.Smither[11]는 퍼거슨의 주장에 대해 그림을 걸어놓는 용도라고 보기에는 탑의 신체를 다 가리게 되기 때문에 낭설이라고 하며 기둥은 그저 돌기둥의 기둥머리 부분의 장식을 받치는 용도였을 뿐이라고 하였다. 또한 Paranavitana은 돌기둥에는 장부ㅏ 장부구멍이 없는 것으로 미루어보아 기둥이 지붕을 지탱하려는 의도로 세워진 것이 아니었고, 단지 상징물을 받치기 위한 의도였다고 하였다.[12]

이 열주는 아누라다푸라의 투파라마(Thuparama)와 랑카라마(Lankarama) 스투파에서 그 모습을 자세히 살펴볼 수 있다. 이 두 탑은 스리랑

1. 스투파 하우스 모형
2. 열로 된 석조 기둥
3. 기둥이 있는 Lankarama

카에서 제일 오래된 불탑유적이지만 그간 여러 번 수리를 하여서 원래부터 열주와 관련된 시설이 있었을지 아니면 원래는 없었는데 나중에 새롭게 신설되어 변모되었을지 모른다. 다만 마하밤사의 기록에 따르면 투파라마는 아누라다푸라 왕조의 첫 번째 군주였던 판두카바야 왕(B.C. 437~367)에 의해서 처음 세워지는데, 판두카 바야 왕 이후에는 데바남피야 팃사 왕이 부처의 사리를 봉안하여 지은 스리랑카의 첫 번째 불교 사당으로 지었는데, 지을 당시에는 탑이 옥수수모양이었다고 한다.

이후 바사바(Vasabha, 67~111)왕이 석벽으로 스투파의 방을 막았고 고타바야 왕(Gotabhaya, 249~263)은 부처의 사리가 든 감실을 만들었다. 이후 여러 왕들도 여러 번에 걸쳐 투파라마 스투파를 보수하는 작업을 하였다. 한편 투파라마는 촐라족의 침략이 있었던 10세기에 무너졌는데, 이후 파라크라마바후 대왕(Parakramabahu, 1153~1186)에 의해 재건되었다. 이후로도 개조작업은 계속되어 왔고 1842년에 그 결과로 투파라마는 현재의 종 모양을 갖추게 되었다.[13] 투파라마에는 아직도 기둥머리가 유지된 채로 서 있는 돌기둥과 기둥머리와 기둥이 분리된 모습이 혼재되어 있다.

한편 란카라마 스투파는 '아타마스타나(Atamasthana)'라고 불리는 8개의 신성한 장소 중 하나로, 투파라마 스투파에 비하여 돔이 조금 더 경사진 듯 돔의 상부가 크고 탑 전체의 크기가 비교적 작다. 기원전 1세기 발라감바 왕(Valagamba, B.C.89~77)의 통치 시기에 아누라다푸라의 갈레바

[13] 1862년에 현재의 형태를 갖추었다고 적힌 기록도 있다.

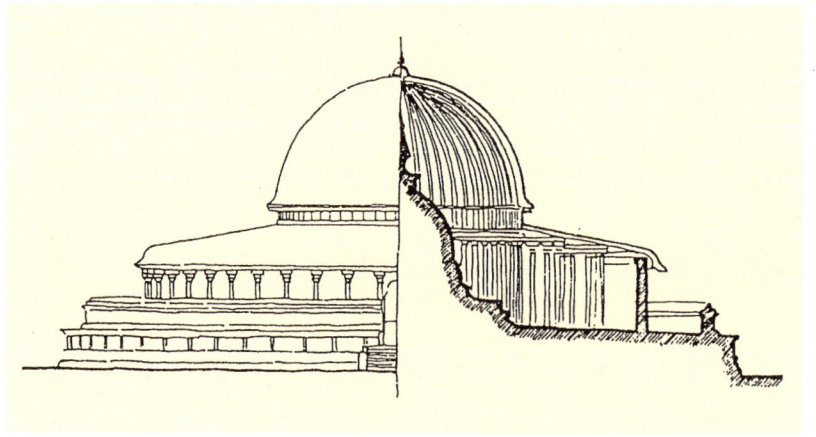

■ Thuparama를 덮고 있는 Paranavitana의 복원도(출처 : Adrian Snodgrass, 『The Symbolism of the Stupa』 p.340)

카다(Galhebakada)에 세워진 스투파로, 현재 상태로 복원되기 전까지의 자료는 알려진 바가 없다. 원래 건축적 특징을 많이 가지고 있었으나 보수 후에는 찾아보기 어렵다.

란카라마의 큰 특징 중 하나로 역시 탑을 둘러싼 돌기둥을 들 수 있다. 돌기둥군은 3개의 동심원을 형성하고 있는데, 첫 번째 원은 20개, 두 번째 원은 28개, 세 번째 원은 40개의 기둥으로 이루어져 있다. 가장 안쪽 첫 번째 원을 형성하는 기둥은 높이가 16피트 8인치로서 스투파의 바닥면보다 높이 세워져 있으며, 두 번째 원의 기둥 높이는 16피트 11인치로서 포장된 부분보다 높은 곳에 세워져 있기 때문에 두 원의 기둥의 꼭대기는 5인치의 차이가 난다. 세 번째 원의 기둥은 높이가 12피트 5인치이다.

중요한 것은 란카라마와 투파라마 모두 스투파를 둘러싸고 있는 벽돌 벽이 2개의 바깥 원 돌기둥 사이에서 발견되었다는 점이다. 이로 미루어 보아 현재 폴로나루와 달라다 말루와 유적군(Dalada Maluwa)[14]의 와타다게(Vatadage)와 같은 형태로, 탑 주변을 벽돌 벽으로 감싸고 돌기둥이 세워져 있는 '스투파 하우스(Stupa house)'가 탑을 감싸고 있는 형태였음을 추측해볼 수 있다.

이상 여러 학자에 의해 많은 주장이 제기되었던 돌기둥은 세 열의 돌기둥 중 가장 바깥 부분의 돌기둥 동심원과 중간의 돌기둥 동심원 사이에 벽돌 벽이 위치했던 점, 투파라마와 란카라마의 불탑 크기가 다른 불탑에 비해 비교적 작은 점, 두 탑이 모두 기원전 1세기경에 세워졌다는 점 등으로 미루어 보아 불탑을 보호하기 위한 스투파 하우스가 있었던 것으로 보인다. 12세기에 세워진 것으로 알려진 폴로나루와의 와타다게가 불치를 봉안하였던 불치정사였던 것으로 미루어 보아 투파라마와 란카라마 또한 그에 버금가는 불사리 봉안용 탑이었고, 기둥의 형식으로 유추해 보았을 때 탑이 보수되는 과정인 8~12세기 사이에 투파라마와 란카라마, 암바스탈라 탑의 기둥 등이 동 시기에 추가적으로 세워졌다고 추정된다.

14 스리랑카에서는 불치를 '달라다(Dalada)'라고 부른다. 달라다 말루와 유적군 안에 불치정사 유구인 아타다게(Atadage), 와타다게(Vatadage), 헤타다게(Heta dage)가 있다.

월석(月石)과 가드스톤(Guardstone, 소맷돌), 그리고 계단의 조각

입구가 보통 남북으로 두 개 나 있던 인도 산치 탑과는 달리 스리랑카의 불탑은 입구가 보통 네 곳으로 나 있다. 입구에서 가장 처음 보게 되는 것은 입구의 계단 폭과 지름이 같은 반원형의 석판이다. 보통 이것은 '문스톤(Moonstone, 月石)'이라고 알려져 있는데 스리랑카에서는 이것을 '산다카다 파하나(Sandakada Pahana)'라고 한다.

석판의 양 옆으로는 아치형 '가드스톤(Guardstone)'인 '무라갈라(Muragala)'가 세워져 있는데, 이 무라갈라의 소재는 총 세 가지 정도로 분류해 볼 수 있다. 초기에는 민무늬의 돌이었으며 시간이 지날수록 점점 복잡하고 다양해지는 변화를 보여준다. 민무늬의 돌의 다음 단계에서는 화려한 장식이 되어 있는 항아리에 코코넛 꽃이 꽂혀 있는 형태를 보이는데 이를 '푼카라싸(Punkalasa)'라고 한다. 이후 약샤(Yaksa)와 약시, 난장이와 약샤가 항아리를 들고 허리에 허리띠와 동전목걸이를 하고 있는 조각인 '바히라와(Bahirawa)'가 나타나게 된다. 마지막으로 머리가 여럿 달린 코브라 형상의 신, 나가(Naga)가 조각된 무라갈라가 나타나는데, 이를 '나가라자(Naga-raja)'라고 한다. 나가 신은 저수지의 벽면[15]이나 탑 내 사리함의

15 미힌탈레의 나가 포쿠나(Naga Pokuna)가 유명하다.

1. Muragala(guardstone), Koravak Gala
2. Koravak Gala
3. Muragala, Koravak Gala and Sandakada Pahana(moonstone)
4. Sandakada Pahana(moonstone), Muragala, Koravak Gala

네 문을 지키는 수호신으로 유명한데, 무라갈라에 도입되면서 나가는 의인화되어 꽃이 담긴 항아리를 한 손에 들고 다른 손에는 식물을 들고 있다.

계단의 좌우에는 용머리와 곡선 덩굴모양의 돌난간이 위치해 있는데 이를 '코라박 갈라(Koravak Gala)'라고 한다. 주로 이 돌난간은 용머리 모양으로 표현한 경우가 많아 'Dragon's figure'라고도 하는데 폴로나루와 왕조 시절에 불치를 모신 사원이었던 폴로나루와의 와타다게의 경우, 중간에 계단참이 있어서 한쪽 면의 입구에서 최대 네 개의 무라갈라(Guardstone)와 네 개의 코라박 갈라(龍頭 난간), 그리고 두 개의 산다카나 파하나(Moonstone)을 발견할 수 있다.

스리랑카 불탑의 유형

스리랑카의 불탑은 인도 산치 탑의 형식에서 유래된 복발형이 주류를 이룬다. 물론 쿼드랭글의 사트마할 프라사다(Satmahal Prasada)처럼 단을 이루는 형식도 있지만 이는 예외적인 것이고 대부분이 복발형이다. 다만 초기불탑은 인도탑과 아주 유사하였을 것이나 중세 이후에는 기단부와 상륜부가 발달하고 인도탑에 비하여 규모가 압도적으로 커진다.

아누라다푸라 왕국의 왕자 마하세나가 세운 루후나 공국에서 마하세나 왕 통치시기에 지어진 불탑 중 팃사마하라마 차이티야는 스리랑카 메가 스투파의 시초로 기록되어 있으며, 아누라다푸라의 미리사바티야(Mirisaveti Stupa), 루완웰리 마하세야 다고바, 제타바나 스투파, 아바야기리 스투파 등이 팃사마하라마 차이티야의 뒤를 이어 증축되어 현재의 메가 스투파 형태를 갖추었다. 미리사바티야는 두투 게무누(Dutu Gemunu)왕 이후 여러 번 확대 작업을 거쳤으며, 마지막 작업은 1995년 스리랑카 정부에 의해 이루어졌다. 초창기 당시 91.4m 높이였던 미리사바티야와 함께 그 후에 지어진 제타바나 스투파는 121.9m의 높이로 최고의 높이를 가진 불탑이다.

메가 스투파는 이름처럼 탑신과 상륜부의 규모가 많게는 수십 배 커지는데 이렇게 커진 상륜부를 받치기 위해서는 그만큼 큰 규모의 탑신이 필요하게 된다. 이때 종 모양의 탑신은 상륜부를 받는 탑신의 상부 폭이 좁아서 상대적으로 안정적이지 못하다. 따라서 메가 스투파는 그 규모 때문에 가로로 긴 타원을 장축으로 2등분한 형태의 탑신을 갖는 Bubble type에 속하는 것이 대부분이다.

반면 Bell type에 속하는 암바스탈라 다가바와 투파라마 스투파는 메가 스투파가 아닌 소형불탑으로, 앞서 말했듯 스투파 하우스가 있었던 흔적으로서 탑 주변에 2~3열의 돌기둥이 남아 있다. 또한 소위 테라스라고 칭하는 넓은 하부 기단부가 대부분 잘 구축되어 있다.

데바남피야 팃사 왕에 의해 지어진 투파라마는 스리랑카 불탑 가운데 최초로 지어진 탑으로 기록되고 있다. 과거의 투파라마에 관한 기록은 탑의 규모가 크지 않으며 현재의 투파라마 또한 스리랑카에 현존하는 메가 스투파에 비해 훨씬 작은 규모이다. 폴로나루와의 와타다게(Vatadage)와 같은 형태로 중앙에 작은 불탑과 동서남북 방향에 불상 혹은 제단, 혹은 이미지 하우스가 위치하고 그들을 보호하는 벽돌 벽과 돌기둥이 지붕을 지탱했을 것으로 보인다.

또한 아누라다푸라의 번영을 이끈 파라크라마 바후 왕(1153~1186)은 전임 왕들이 지은 불탑을 크게 확대하는 작업을 하였는데 그가 지은 키리 베헤라(Kiri Vehera)는 현재까지 축조 당시의 벽돌조와 회반죽이 그대로 남아있어 중요한 의미를 갖는다.

고층형 불탑 : 사트마할 프라사다(Satmahal Prasada)

스리랑카의 불탑 유형은 크게 인도 시원형, 독특한 양식의 불탑으로 방형 하부 기단을 갖는 테라스형 불탑과 고층형 불탑으로 구분해 볼 수 있다. 이 중 고층형 불탑은 이형불탑으로 분류되며 현재까지 그 사례가 한 개 발견되었는데, 폴로나루와의 달라다 말루와 유적군에 위치한 사트마할 프라사다(Satmahal Prasada)가 그것이다.[16] 사트마할 프라사다의 Sat는 숫자 '7'을 뜻하며 사트마할 프라사다는 '7층의 궁전'을 말한다. 현재 여러 학자들은 폴로나루와의 모든 건축물과 같이 사트마할 프라사다가 12세기에 지어진 것으로 추정한다. 7층으로 된 견고한 스텝피라미드(step-pyramid, 혹은 ziggurat)형 탑인 사트마할 프라사다는 11.8m의 사각형 기단이 최하

16 기록상으로 아누라다푸라의 나카 베헤라(Naka Vehera)로 알려진 붕괴된 건축물이 사트마할 프라사다와 같은 유형의 불탑이었을 것으로 추정되며, 사각형 구조 위로 벽돌 흔적이 남아 있으나 현재는 최하부층만 남아 있다.

층에 위치하여 위로 올라갈수록 크기가 점점 줄어드는 형태를 보인다. 각 층의 높이는 다양하며 현재 건물의 높이는 16.2m이다. 최상층이 없는 현 상태에서는 본래 탑의 상부구조가 어떻게 마무리되어 있었는지 알 수 없고, 각 층의 사면 중앙부에는 아치형의 벽감과 함께 신상 조각이 있던 흔적이 남아 있다. 본래의 완전한 형태에 대해 추측하는 것은 불가능하나 사트마할 프라사다의 최하부 기단은 원래 현재의 사각형이 아닌 팔각형이었던 것으로 기록된다. 사트마할 프라사다는 스리랑카에서 거의 유일하게 남아 있는 불탑형태로 그 특이한 형태 때문에 용도와 축조 배경에 대해 많은 추측이 있어왔는데 그 중 하나는 캄보디아의 프라삿(Prasats)과 비교하는 학자들의 주장이었다. 그러나 견고함의 차이와 납골당의 유무 등을 비교해 보았을 때 사트마할 프라사다와 프라삿은 같은 용도의 건축물은 아니었던 것으로 판단된다.

한편 아누라다푸라의 나카 베헤라(Naka Vehara)로 알려진 불탑의 유구 또한 사트마할 프라사다와 같은 형식의 불탑이었을 것이라는 예측도 있으나 정방형의 최하부만 남아 있는 상태여서 현재까지는 사트마할 프라사다가 유일한 고탑형 불탑의 예라고 할 수 있다.

여기서 주목해볼만한 점은 축조된 시기인데 사트마할 프라사다는 동아

고승형 불탑 사트마할 프라사다

시아 즉 한·중·일에서 탑이 활발하게 세워지던 시기와 비슷한 시기에 세워진 것으로, 동아시아 삼국에서 다각형 불탑이 세워진 것에 초점을 맞춘다면 사트마할 프라사다의 기단 역시 본래 8각형이었다는 기록이 있다는 점에 주목할 만하다. 동아시아와 스리랑카의 문화적인 교류가 12세기 당시에도 존재했다는 점은 스리랑카 불탑연구 뿐만 아니라 한국 불탑 연구에 있어서 또한 매우 중요하다.

인도 산치대탑으로 대표되는 인도의 돔형불탑, 즉 시원형 불탑은 스리랑카 불탑 형식에 지대한 영향을 미쳤다. 이와 마찬가지로 사트마할 프라사다 또한 남인도 탄자부르의 브리하디스바라 사원(Brihadisvara Temple)이나 남인도 최초의 석조사원인 마말라푸람의 해변사원(Seashore Temple) 등으로 대표되는 드라비다 사원양식(Dravidian)의 피라미드식 탑에서 영향을 받은 것으로 판단된다. 사트마할 프라사다에 비해 두 사원 모두 시기가 앞서고 특히 해변사원의 경우 촐라 왕조의 나라싱하 바르만 2세의 재위시기인 7세기경에 건립되었으며 이후 촐라족의 침입과정에서 폴로나루와로 영향을 주었을 가능성이 있다고 판단되기 때문이다. 또한 브리하디스바라 사원의 경우 라자라자 1세(985~1014)의 통치시기에 창건된 이후 시바 신에게 헌정되기는 하였으나 한창 폴로나루와로 천도가 진행되던 10세기경에 세워진 사원이기 때문에 사트마할 프라사다가 세워질 당시 이 드라비다 사원양식이 영향을 크게 주었던 것으로 보인다.

돔(Dome)형 불탑의 분류

불교 기록서의 하나인 『비자얀타 포타(Vijayantha Potha)』에서는 돔형 불탑을 돔의 형태에 따라서 일곱 가지 유형으로 나누었다. 이 일곱 가지 유형은 ① Bell shaped(Ghantakara), ② Overturned Goblet shaped(Ghata kara), ③ Heap of Paddy shaped(Dhanyakara), ④ Bubble shaped(Bubbulakara), ⑤ Square shaped(Padmakara), ⑥ Gooseberry shaped(Amalaka), ⑦ Overturned Plate shaped 이다. 이는 스리랑카의 불탑이 초기에 건립될 당시에는 다양한 형태가 모두 나타났을 가능성이 있으나 현재 남아 있는 불탑은 대부분 종 모양 혹은 버블 모양의 돔을 하고 있다. 따

〈스리랑카 불탑의 분류형식〉

7 types of Sri Lanka Stupa (『Vijayanta Potha』)	4 types of Sri Lanka Stupa (현존양식)
Bell shaped	Bell type
Overturned Goblet shaped	Pot type
Heap of Paddy shaped	Mound type
Bubble shaped	Bubble type
Square shaped	현존 유구확인 불가
Gooseberry shaped	
Overturned Plate shaped	

라서 이 일곱 가지 유형은 과거에 있었던 것으로 기록상으로만 존재하며 현존하는 스리랑카 불탑에서 나타나지 않는 세 가지 유형은 확인이 불가함으로 돔형 불탑 유형을 Bell type, Jar type, Mound type, Bubble type으로 나누어 볼 수 있겠다.

1) 종형(鐘形) : Bell type(Ghantakara)

스리랑카에 최초로 세워진 불탑인 아누라다푸라의 투파라마와 미힌탈레의 암바스탈라 다가바는 종 모양 형태의 돔을 가진 대표적인 불탑이다. 비교적 초기에 건립된 투파라마와 암바스탈라 다가바는 규모와 탑 주변의 돌기둥 유구 등을 보았을 때 매우 유사한 형태의 불탑이라고 할 수 있다. 대표적인 Bell type 불탑인 투파라마의 높이는 3.45m, Bubble type인 아바야기리 비하라은 첨탑 부분(spire)이 깨져 있음에도 불구하고 72m에 육박한다. 탑의 상륜부 또한 메가 스투파의 상륜부와 달리 다소 짧다.

종 모양의 불탑은 '간타카라(Ghantakara)'라고 일컬어지며, 메가 스투파인 버블 타입과 함께 스리랑카의 대표적이고 가장 흔한 유형의 불탑이다. 건립 당시에 이 유형이 아니었다고 하더라도 여러 차례의 보수 과정을 통해 스리랑카의 대부분의 소형 불탑이 간타카라에 속한다.

2) 항아리형 : Jar type(Ghatakara)

항아리를 엎어 놓은 모양의 돔 형태를 한 불탑 유형은 '가타카라(Ghatakara)'라고 불리는데 본래 이 유형은 Goblet shaped stupa, Over

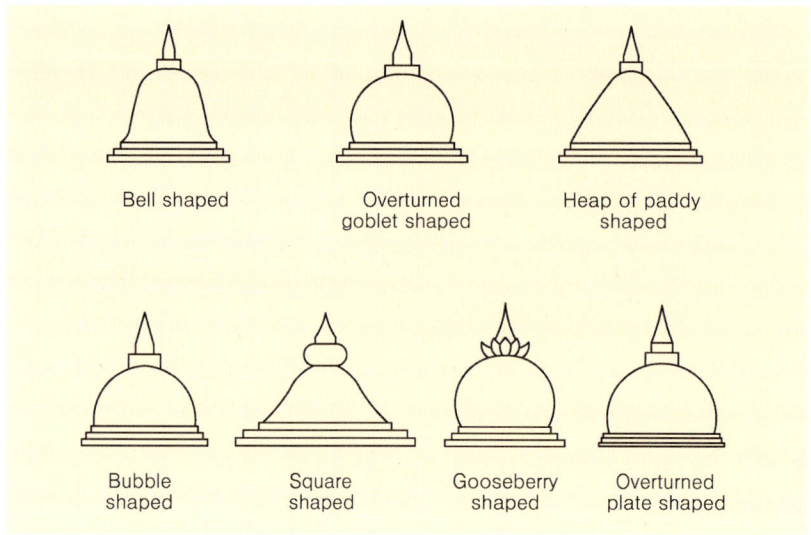

■ 스리랑카 탑 이미지

turned Goblet shaped stupa라고 이름 지어졌으나 쉽고 익숙한 단어로서 Jar로 goblet을 대체하기를 제안한다. 대표적인 예는 스리랑카 남부의 함반토타 지역 고대 불교 사원의 시툴파와 라자마하 비하라(Sithulpawwa Rajamaha Viharaya)를 들 수 있다. 시툴파와 라자마하 비하라는 실론의 남부 지역을 통치했던 카반팃사 왕에 의해 지어진 사원으로 함반토타의 키린다(Kirinda) 지역에 위치해 있으며, 여러 기의 불탑과 몇 개의 동굴 사원, 불상 여러 기와 스투파하우스 한 개, 이미지하우스 몇 개 정도가 광범위한 지역에 분포되어 있다. 이 중 한 동굴 사원에는 기원전 3세기의 것으로 보이는 고대 벽화(ancient paintings)가 그려져 있다. 이 벽화는 바위 표면에 얇게 석고를 바른 후 주로 붉은 색과 노란 색을 사용해 그려졌다. 불탑은 주로 바위 산 정상의 평평한 부분에 세워져 있고 입구가 두 곳으로 나서 남북 양쪽으로 접근이 가능하다. 다른 이름으로는 치탈라 파바타베헤라(Chithala Paawatha vehera), 혹은 민간에 전승되기로는 팃사 테라 차이티야(Tissa Thera Chetiya)라고 불린다. 이는 수련승이었던 팃사라는 사람이 아라한의 경지에 이르고 난 후에 그의 유골이 불탑 안에 봉안되었기 때문이다.

마하밤사에 따르면 바사바 왕(King Vasaba)은 시툴파와에 10개의 불탑을 지었다 한다. 기록된 바에 따르면 마할라카 나가 왕(King Mahallaka

Naga, 134~146)이 불탑을 짓고 땅을 사원에 기부하였고, 그 지역의 루후나 공국의 왕이었던 다풀라 왕(King Dappula)이 곤미티가마(Gonmitigama)라는 마을을 659년에 기부하였다. 현재 이 마을은 고나갈라(Gonagala)로 파악된다. 시툴파와의 옆에는 'small sithulpawwa'라고 불리는 다른 언덕이 있는데, 이곳에도 역시 비슷한 불탑과 건물들이 위치해있다고 한다. 바위산의 각각의 정상에 하나씩 불탑이 놓여있으며 모든 불탑이 다 기원전에 건립된 것이라고 하는데 현재의 모습을 확인하지 못해 안타깝다.

아무튼 항아리형(Jar type; Ghatakara)은 보통 스리랑카에서 발견되는 불탑의 유형이라고 보기에는 그 예가 많지 않다. 함반토타 지역은 루후나 공국의 수도였던 곳으로 스리랑카의 대부분의 왕조가 아누라다푸라 및 폴로나루와 지역에서 흥했던 점으로 보아 잠시 등장했던 유형이었을 가타카라가 보인다는 점에서 다른 지역에서는 많은 예를 찾아보기는 어려울 것으로 추정된다.

3) 더미형 : Paddy Heap type(Dhanyakara)

'단야카라(Dhanyakara)'는 벼를 쌓은 더미와 같은 형태(shape of rice grain heap)의 돔을 가진 불탑의 유형을 말한다. 많은 예가 발견되지는 않고, 대표적으로 켈라니야 스투파(Kelani Seya, Kelani Viharaya stupa)를 들 수 있다. 켈라니야는 콜롬보 근처의 도시로, 이 지역 또한 외세의 침입을 피해 잠시 천도되어 길지 않은 기간 동안 왕조가 위치해 있던 곳이다. 이 유형은 간타카라의 확대 작업 동안 복발의 중하부에 재료가 더 보강되어 상대적으로 더 크고 견고한 불탑을 짓기 위한 의도에서 생겨난 것으로 보인다. 켈라니야 스투파는 높이가 27.4m로 기원전 5세기에 지어진 것으로 알려져 있는데 아무래도 후에 보수가 있었을 것으로 보인다.

4) 비누방울형 : Bubble type(Bubbulakara, Bubble shaped)

단어에서도 예상할 수 있듯이 '버블라카라(Bubbulakara)'는 거품 모양의 돔을 가진 스투파를 말하며, 대표적인 예로 아누라다푸라의 대표적인 메가 스투파인 루완웰리 마하세야 대탑과 미힌탈레의 미힌두 마하 세야 대탑,

폴로나루와의 란콧 베헤라와 키리 베헤라를 들 수 있다. 버블라카라는 간타카라에 이어 두 번째로 많이 발견되는 형태이다. 거의 모든 메가 스투파 형태가 버블라카라에 속한다고 할 수 있는데, 불탑을 확대하는 작업을 많이 추진했던 파라크라마 바후 왕 때 세워진 불탑이 대부분 버블라카라에 속한다. 규모가 어마어마하게 크며 복발의 크기가 커지는 만큼 복발을 받치는 기단 또한 그 크기가 그에 알맞게 커져야만 했던 것 같다. 따라서 인도 산치 대탑에서 이루어지는 기단 상부의 탑돌이길은 그 기능이 변화하여 기단의 주위를 둘러싼 큰 폭의 샌드 테라스로 옮겨가야만 했고, 기단의 기능이 축소되면서 기단의 폭 또한 줄어들었다. 제단을 따로 놓지 않았던 이전과 달리 기단이 커짐에 따라 동서남북 네 방향을 향하는 바할카다(Vahalkada)라는 새로운 제단 구조물이 생겼다. 이 바할카다의 앞에는 낮은 테이블 형태의 단이 놓여 순례자들로 하여금 제물을 놓을 수 있도록 도왔다. 경우에 따라 이 제단에는 부처의 발바닥을 형상화한 커다랗고 넓직한 발 모양의 부조가 새겨지기도 하였다.

아무튼 이 네 가지 유형 외에도 스리랑카의 불탑에는 연꽃 모양의 상부 부재가 평두平頭 대신 놓였던 파드마카라(Padmakara, Square shaped), 평두 대신 까치밥 나무의 열매인 구스베리 모양의 상부 부재가 위치했던 아말라카라(Amalakara, Gooseberry shaped), 사발을 엎어놓은 모양의 돔 형태를 가졌던 유형 등이 있었던 것으로 기록되는데, 현재는 기록으로만 남아 있을 뿐이다.

1. Rankoth Vehera, Polonnarwa
2. Kiri Vehera, Polonnarwa

제9장

미얀마 불탑의 기원과 형식

미얀마 불탑 연구의 의미
미얀마 불교의 전래와 불탑의 기원
미얀마 불탑양식의 형성과 종류
미얀마 불탑형식에 대한 마무리 글

미얀마 불탑의
기원과 형식[1]

미얀마 불탑 연구의 의미

불교는 1,000년이 넘는 오랜 기간 동안 아시아를 하나의 정신적·문화적 공동체로 묶어준 종교로 현재까지도 아시아 각국에 지대한 영향력을 끼치고 있다. 석가모니의 무덤이자 그의 가르침과 열반 등을 상징하는 불탑은 그의 열반 이후 가장 성스러운 대상으로서 숭배되어 왔으며 현재에도 불상과 더불어 가장 귀중한 경배의 대상으로 여겨진다. 건축물이자 상징물인 불탑은 다른 불교 건축물과는 달리 석가모니의 열반, 佛法 등과 같은 사상, 정신적 가치를 상징하기 때문에 지역적 특성과 보편적 상징성이 혼합된 양상으로 건립되었을 것이다. 더불어 불교의 전래와 발전은 다양한 경로를 통한 상호교류 속에서 이루어졌을 것이므로 불교건축·불탑·불상 연구의 발전적 종합을 위해서는 하나의 집중된 연구대상으로 아시아 각국의 불탑에 대한 연구가 필요하다 하겠다.

이와 관련된 국내의 선행연구들을 살펴보면 지역적으로 중국, 일본, 인도에 한정돼있음을 알 수 있다. 이 중 인도 불탑에 관한 연구는 불탑의 원류를 살펴볼 수 있다는 점에서 의미가 있으나 비교적 이른 시기에 불교가 쇠

[1] 이 장의 글은 필자의 논문으로 기 발표된 「미얀마불탑의 기원과 형식 유래에 관한 고찰」, 『건축역사연구 27권』 제2호, 2018, 4.을 중심으로 재구성한 것임.

퇴하여 타 지역과의 비교고찰, 교류와 변모양상 등의 연구를 진행하는 데는 한계가 있을 수밖에 없다. 그러므로 점진적·비교론적인 연구를 위해서는 인도 인근 지역의 불교와 불탑을 연구할 필요가 있다. 인도의 인근 지역이며 현재까지도 불교가 지대한 영향력을 끼치고 있는 국가로는 스리랑카, 네팔, 티베트, 미얀마, 태국 등이 있다. 이 중 현재 불교도 인구가 90% 가량이나 되는 미얀마는 이른 시기부터 중국과 교류가 있었고,[2] 아노라타 왕(Anawratha, 1044년~1077년) 이후 오랜 기간 동안 上座部佛敎(Theravada Buddhism)의 중심지로서 인근 지역과 활발히 문화교류를 하였으며,[3] 제5차·6차 불교경전 결집[4]을 통해 알 수 있듯이 근대 이후에도 대표적인 상좌부불교 국가로서 위상을 발휘하고 있다.

사찰의 한 요소가 된 한국의 불탑과 달리 미얀마의 불탑은 사원의 중심에 웅장하고 호화롭게 위치해 있으며, 지금 이 순간에도 도처에서 끊임없이 건립되고 있다. 그러므로 미얀마 불탑 연구는 불탑이라는 건축 조형물에 대한 이해를 넘어서 미얀마의 불교와 역사, 민족 공동체의 문화를 이해하는 데 필수적인 연구라 할 수 있다.

따라서 본고에서는 이에 대한 기초적인 연구로서 다음과 같은 내용으로 연구를 진행하고자 한다. 첫째, 미얀마 불교 및 불탑의 전래 양상, 둘째, 다양한 미얀마 불탑의 의미와 유래에 대하여 고찰함으로써 미얀마 불탑의 기원과 형식적 특성을 밝히려 한다. 특히 아시아적 맥락에서 제디(zedi)와 파토(pato), 파야(paya)라는 불교 건축물과 불탑의 유래와 형식에 대해 관심을 가지고 고찰하고자 한다. 이는 기존과 다소 다른 견해를 제시할 수 있다는 가능성을 전제로 한다.

미얀마 불교의 전래와 불탑의 기원

기원전부터 인도와 동남아 여러 나라는 이동과 무역, 문화교류가 활발하게 이루어졌다. 특히 미얀마는 지리적으로 불교가 발생한 인도와 불교가 발전한 스리랑카와 가까이 있어 오래전부터 육로나 해로로 내왕이 가능했고

---

2 이은구, 『버마 불교의 이해』 (세창출판사 1996), p.52 "버마족의 선주자는 퓨(Pyu)족으로 중국인들 사이에서는 '驃'라고 불리어 왔다. 기원 3세기의 魏·晉 상당히 구체적으로 중국인들에게 알려져 있었는데, 1세기에서 11세기까지 거의 1,000년간에 걸쳐 번영했다고 한다."라고 하였다.
3 고든 루스(Gordon H. Luce)는 "불교는 오로지 영웅적인 전사였던 비자야바후(Vijayabahu)와 아노라타(Anawratha)에 의해 살아남았다."라고 하였다. Roger Bischoff, Buddhism in Myanmar, (The Wheel Publication, 1995), p.19. 정기선, 「미얀마 불교의 역사와 사회적 위상」, 동국대학교 불교학과 석사학위청구논문, 2015, p.30에서 재인용.
4 제5차·6차 불교경전 결집은 각각 1868년, 1954년에 미얀마 만달레이에서 개최되었다.

특히 해로를 통한 교류가 더 활발하였다. 불교의 전래는 크게 상좌부불교가 인도에서 스리랑카를 거쳐 미얀마를 비롯한 동남아시아 지역으로 전래된 모습과 대승불교가 인도에서 서역을 거쳐 중국을 비롯한 동북아시아 지역으로 전래된 양상으로 나누어진다. 즉 인도 불교 중 상좌부불교의 영향은 스리랑카에서 더욱 발전하였고 미얀마를 거쳐 태국이나 라오스, 캄보디아 등 광범위한 동남아지역에까지 이르렀음을 이해할 수 있다. 그러나 미얀마로의 불교의 전래 또한 이 양상에서 크게 벗어나지는 않지만 세부적으로 보면 사뭇 다른 모습도 나타난다. 즉 스리랑카를 통한 상좌부불교의 전래뿐만 아니라 다양한 부파의 불교가 전래되었다고 할 수 있다. 더불어 버강(Bagan) 왕조 이전에 버강 지역에 대승불교에 속하는 아예찌(Ari) 불교[5]가 성행하였다는 사실은 미얀마에 대승불교도 전래되었음을 살펴볼 수 있는 부분이다. 또한 개방적 종교관이 정령신을 포용하고 힌두교와 혼합된 양상이 독특한 성격이다.

그렇다면 미얀마의 불교전래의 시원적 근거를 어디에서 찾을까? 지리적 인접성 때문에 미얀마로의 인도불교 전래를 쉽게 짐작할 수 있는데 특히 석가족과 미얀마에 얽힌 재미있는 전설들이 현재까지 전해지고 있어 이를 짐작하게 한다.[6] 그중에서 가장 유명한 내용으로는 더가웅(Tagaung)의 건국 설화이다. 이러한 전설에 기인하여 미얀마인들은 그들의 최초 왕국인 더가웅 왕국은 기원전 850년경 인도 석가족이 이주해 와서 건국한 것으로 생각한다. 더 나아가 석가모니가 육로를 통해 직접 미얀마를 몇 차례 방문하였다고도 한다. 이 때문에 모든 미얀마의 왕조들은 시원을 석가족의 계보에서 구한다.[7] 이러한 전설은 인도와 미얀마가 지리적으로 가까이 연결되어 있어 어느 정도 신빙성이 있다고 할 수 있다.

그 외에 미얀마의 상징인 쉐다곤(Shwedagon)불탑의 건립 설화도 부처와 직접 연결되어 있다는 점이다. 律藏(Vinaya Pitaka)의 大品(Mahavagga)에 의하면 보리수 아래서 깨달음을 이루신 후 부처에게 최초로 공양을 올렸던 사람들은 따뿟사(Tapussa)와 발리까(Bhallika)였다.[8] 이들은 먼 거

---

[5] 아예찌(Ari) 불교란 7세기경 인도, 티벳 상인들이 미얀마로 드나들면서 전파된 부파로 낫신앙, 나가(naga, 海龍)숭배사상 등 모든 정령을 포함하는 형태였다. 이 불교를 수행하는 승려들은 정법을 중시하지 않고 술을 마시고 격투기를 즐겼으며 심지어 성관계를 하는 등 불교 수행과는 동떨어진 생활을 하였다.

[6] 조준호, 「미얀마불교의 역사와 현황, 동남아시아불교 집중 탐구」, 『불교평론 69』, 2017, p.84

[7] 최초의 더가웅왕국은 중국 원난성으로부터 침입한 이민족에 의해 멸망했으며 그 후 부처님 在世 時에 코살라국으로부터 멸망 당한 석가족이 현재의 미얀마로 도망쳐 와 더가웅 왕국의 남은 일족과 힘을 합쳐 2차로 왕국을 일으켰다고 한다. 더 나아가 석가모니 부처님이 육로를 통해 직접 미얀마를 몇 차례 내방하였다고 한다. 부처님은 500명의 아라한과 함께 미얀마를 방문하여 많은 사람들을 교화하였으며, 아난다에게 미래에 이 땅에서 불교가 크게 번영할 것이라 예언하기도 하였다 한다. 조준호, 위의 논문, p.84.

[8] 만학골 풍경소리, http://cafe.daum.net/shyangg77. (3) 불교의 기원 - 불교흥기의 자연적 배경. 마성/팔리문헌연구소장의 글(http://cafe.daum.net/wonbulsatemple). 마성스님의 붓다의 생애와 사상 33. '붓다의 뛰어난 남자신도'에 의하면 '주석서의 철자는 Tapassa Bhallika이며, 버마 장경에는 Taphusso, Tapussa로 되어 있다. A.Ⅳ, p.438에는 Tapassa로 되어 있다'라고 하였다.

■ 1. 쉐지곤의 쉐모진, 쉐지가 낫
  2. 쉐다곤 불탑, 양곤, 미얀마

리를 왕래하는 무역 대상이었는데 마침 聖道地 보드가야를 지나다가 부처를 뵙게 되었고 최초로 귀의한 제자가 되었다. 이들은 부처께 공양을 올린 후 계속해서 동쪽으로 이동하였다고 기록되어 있다. 이처럼 초기교단에는 출가한 제자들 외에도 훌륭한 재가신자들이 많았다. 두 사람은 미얀마에서 인도 서북쪽까지 무역하는 대상으로 보드가야를 거쳐 다시 동쪽의 미얀마를 향해 가는 중이었는데 이때 부처께 올린 공양에 대한 답례로 부처는 이들에게 머리카락 8개를 뽑아 주었다. 이때 이들이 가져온 부처의 머리카락을 안치한 곳이 바로 쉐다곤파고다라고 전한다.

위와 같이 더가웅 건국 설화와 쉐다곤불탑 건립 설화 등 미얀마 불교의 전래와 불탑의 기원에 관한 몇몇 논거가 있지만, 이들 외에 더 신빙성 있는 설화는 수와르나부미(Suvarnabhumi/ Pali; 스반나부미 Suvannabhumi, 金地國)로의 불교 전래 설화이다. 이는 아소카 왕이 기원전 232년[9] 제3차 불교경전 결집을 단행한 이후 미얀마 수와르나부미를 포함한 인도 인근의 9개국으로 전법사를 파송하여 불교를 전파하였다는 것이다. 즉 인도를 통일한 아소카왕은 파탈리푸트라(Pataliputra: 현재의 patna)에서 불법의 증진과 교단의 정화를 목적으로 목갈리풋따 띳싸(Moggaliputta Tissa)장로를 중심으로 제3차 불전결집을 단행한다. 약 일천 명의 장로들이 모여 9개월간 행해진 이 결집은 불전을 암송하는 것에 그치지 않고 정화된 교단을 중심으

[9] 한편 제3차 결집의 개최 연도는 여러 가지 전승이 상이하다. 여기서는 Roger Bischoff, Buddhism in Myanmar, Kandy : The Wheel Publication No.399/401, 1995. p.9.를 인용하였다.

미얀마 불탑의 기원과 형식 353

로 불법이 인근의 9개국으로 전파되어 나갈 수 있는 토대를 만들었다. 이 과정에서 아소카는 자신의 아들인 마힌다(Mahinda)장로와 딸 상가미타를 스리랑카에 보냈으며 소나(Sona: 消那)와 웃타라(Uttara: 鬱多羅) 장로를 현재 미얀마의 남부지역 타통(Thaton)지역인 수반나부미(Suvannabhumi)[10]로 파송하여 불법을 전했다는 내용에 기인한다.

이처럼 이웃의 다른 나라에 불교 전도단을 파견했다는 내용은 고대문헌과 함께 아소카왕 비문의 마애법칙 제13장에도 기록되어 있다. 이와 관련하여 가야트리는 "아소카왕이 불교의 보호자로서 행한 이러한 행위들은 지구상의 어떠한 종교에서도 찾아볼 수 없다"[11]라고 하였다. 또한 니하란잔 레이(Niharranjan Ray)는 "해안 일부 지역을 포함한 하부 미얀마는 중세 시대에 수와르나부미로 알려져 왔다는 것이 미얀마의 담마제디(Dhammazedi, 1472~1492년)왕이 세운 깔리아니 비문(1476)을 통해서 증명되었다."[12]라고 하였다. 더불어 스리랑카의 역사서인 『마하밤사(Mahavamsa)』에 기록된 이 인근 9개 포교지역 중 4개소[13]가 현재 미얀마 지역임을 알 수 있다.[14] 이는 수와르나부미는 '황금의 땅'이라는 의미인데 현재 미얀마 전 지역에 건립된 황금색 파고다를 연상하게 하는 이름이기 때문이다. 하지만 이 때는 시기적으로 버마족이 아직 미얀마 땅에 이주해오지 않았기 때문에 이 지역은 '황금의 땅'을 의미하는 미얀마 남부의 몬(Mon)족 지역의 타통(Thaton)을 지칭한 것으로 보아야 할 것이다.[15] 또한 미얀마 외에도 동남아 대부분의 나라는 몬족에 속하기 때문에 불교의 전래와 수용에 있어 수와르나부미를 자기 나라와 관련짓는 경우가 많다. 특히 몬족은 일찍이 인도문화의 영향을 받은 민족으로 상좌부 불자들이었다고 볼 수 있다. 뿐만 아니라 남부 미얀마에는 또 다른 민족인 퓨(Pyu)족이 살고 있었는데 이들은 수도를 스리 세트라(Sri Ksetra)로 정하고 기원후 3세기 중엽에는 상좌부불교를 수용하였다.[16]

또 다른 미얀마의 불교연대기인 싸사나왐사(Sāsanavamsa)[17]는 미얀마의 불교전래에 관한 여러 가지의 설화들에 관해 서술하고 있다. 이 연대기는 1861년 미얀마의 승려인 빤야싸미(Paññsāmi)가 스리랑카의 역사서인

---

10 Suvannabhumi : 金地國이라고도 하며 현재 미얀마의 남부 지방이라고 함. 같은 남방불교권인 태국에서는 수반나부미를 수완나품이라고 부른다. 태국정부는 국제공항 이름을 수완나품(Suwannaphum)이라고 명명하였다. 이처럼 수반나부미의 개교전설은 남방불교권에 있어 중요한 의미가 있다.
11 Gayatri Sen Majumdar, "Early Buddhism and Laity", Kolkata, Maha Bodhi Book Agency, 2009. p.163. 정기선, 위의 논문, p.11.
12 Niharranjan Ray, An Introduction to the Study of Theravada Buddhism in Burma, (Orchid Press, 1946), p. 3 ; 정기선, 「미얀마 불교의 역사와 사회적 위상」, 동국대학교 대학원 불교학과 석사학위 청구논문, 2015, p. 22에서 재인용.
13 9개지역이라 함은 캐시미르, 간다라, 시리아, 이집트, 마케도니아, 스리랑카와 미얀마의 여러 지역이다. 미얀마지역은 수반나부미(Suvannabhumi)- 현재 미얀마의 타톤(Thaton)지역 / 요나(Yona)- 현재 미얀마의 샨(Shan)지역/ 바나바시(Vanavasi)- 현재 미얀마의 삐에(Pyay)지역/ 아파란타(Aparanta)- 현재 미얀마의 에야와디(Ayeyawady) 강 서부를 말한다.
14 R. Mookerji, Asoka, Delhi: Motilal Banarsidass Publishers, 1989. p.33. U. Ottara Nyana, "Sanha and Royalty", Delhi University 박사논문, 1977, pp.46~48. 조준호, 위의 글, p.85에서 재인용함.
15 조준호, 위의 글, p.86
16 정준영, 남방불교의 수행문화 형성, http://cafe.daum.net/senani/dAOJ/17. cafe.daum.net

마하왐사(Mahavamsa)와 여러 다른 빨리어 및 버마어 기록들을 참조하여 저술하였다. 고대 인도의 평민어인 빠알리(Pali)어[18]로 쓰여진 Sāsana vamsa는 미얀마의 여러 다양한 불교 연대기들을 서술하고 있는데, 연대기의 서두인 연등불의 수기 장면부터 11세기까지의 불교연대기는 많은 전설과 신화적인 내용을 보여주고 있지만, 11세기 이후의 연대기는 비교적 정확하게 기술되어 있어 미얀마의 불교역사를 연구하는 데 있어 아주 중요한 자료로 평가받고 있다. 다른 저작물들과 달리 Sāsanavamsa는 왕들의 역할에 대해 강조하고 있는 것이 특징이다. 이 연대기는 미얀마의 불교 수용에 있어 다양한 경로로 불법이 전래되었지만 바로 흥기한 것이 아니라 몇 차례의 부침을 거치며 수용되었다는 것을 보여준다. 이은구는 "버마 전 지역에서 불교 전래에 관한 전설은 하나에 그치지 않고 실로 다양하다. 그것은 버마 불교의 전파가 한 번에 이루어진 것이 아니라는 사실을 반증하는 것이다."라고 말하였다.[19]

하여튼 미얀마로의 인도 불교 전래는 오랜 기간에 걸쳐 여러 과정으로 전래되었겠지만, 관련 설화와 기록에 비추어 봤을 때 기원전 2세기~3세기 무렵에는 미얀마의 일부 지역에 불교가 정착했을 것이라 알려지고 있다. 또한 스리랑카와 더불어 미얀마도 아소카왕에 의해 불교가 전래된 것이라 이해된다. 그러나 이러한 설화적인 전설은 역사적인 사실이기도 하겠지만 오히려 미얀마인들의 불교에 대한 정체성과 자긍심을 잘 보여주는 이야기라고 생각된다.

또한 불교초기 시간이 흐르면서 인도에서는 불교의 위상이 점차 약해지는 반면, 스리랑카는 불교의 위치를 굳건히 유지하였다. 당시 미얀마의 버강 왕조는 스리랑카와 연관이 깊은 타통 왕국으로부터 상좌부불교를 전래받았으므로 미얀마로의 불교 전래는 스리랑카의 상좌부불교의 영향이 크다고 생각된다. 그러나 미얀마는 상좌부불교뿐만 아니라 대승불교를 포함한 다양한 부파의 영향을 받았기 때문에 불탑의 전래양상에 있어 다양성을 보이고 있다고 생각된다.

결국 불교의 전래는 결국 불탑과 불상을 비롯하여 불교관련시설의 도입

---

17 이 연대기는 미얀마에 불교가 다양한 경로로 전해진 불교사적인 논점들에 대해 서술하고 있다. 1897년 Dr. Mabel Bode에 의하여 Pali Text Society에서 처음 편집되었다.
18 팔리어는 본래 서부 인도의 평민계층에서 쓰던 말(俗語, 프라크리트)이다. 붓다는 상류계층의 언어인 산스크리트어(梵語)가 아니라 평민계층의 말인 팔리어로 설법하였다. 팔리어는 붓다가 활동하였던 인도 동부의 마가다어로서 붓다의 말씀이자 친설로 간주되고 있다. 붓다의 입멸 후 원시불교의 교단이 서부 인도로 확대됨에 따라 성전 기록용 언어가 되었다. 그러나 근래에 들어 팔리어는 아소카왕의 비문이나 문헌학적 연구에 의하면 서부 방언적 요소를 더 가지고 있다고 밝혀지고 있다. 또한 네팔이나 인도 중남부 지역에서 발견된 몇 장의 패엽경과 금석문을 제외하면 현존하는 대부분의 팔리경전들은 17세기 이후에 동남아시아불교의 영향 하에 새롭게 필사된 것으로 밝혀졌다. cafe.daum.net/sangwonsa에서 참고함.
19 이은구, 『버마 불교의 이해』(서울: 세창출판사, 1996). p.28.

을 동반하므로 인도에서 미얀마로의 불교 전래 시기와 거의 비슷한 때에 불탑 역시 전래되었을 것이고 불교의 변화양상에 따라 불탑역시 변모하였을 것으로 짐작된다.

미얀마 불탑양식의 형성과 종류

미얀마의 불교건축은 불탑(제디 zedi)[20], 불당 혹은 불전형 불탑(파토 pato, 혹은 phato), 사원(빠야 paya 또는 phaya), 수도원(짜웅 kyaung), 동굴수도원(우민 umin) 등으로 구분된다.[21] 우리나라의 경우는 불상을 모신 불당 혹은 불전, 부처의 사리를 봉안하는 불탑, 승려들이 머무는 승원, 그리고 佛界를 호위하는 신각, 산문, 종루와 경루 등을 한 장소에 건립하여 넓은 사원을 구성하는 것과 구별된다.

이와는 달리 미얀마는 불탑과 사원, 수도원을 각각 다른 지역에 독립되게 건축하였다. 물론 근대에 들어 우리나라에서와 같이 이들이 습합된 모습으로 복합적 성격의 사원이 건립되는 경우도 있지만 일반적으로 미얀마에서는 불탑과 사원의 구분이 모호한 경우가 많다. 이는 사원의 꼭대기에 다양한 형태의 탑을 설치하였기 때문이다. 따라서 탑 안으로 사람이 들어갈 수 있는지 없는지가 탑과 사원을 구분하는 기준이 된다.[22] 탑은 탑 내부의 가장 중요한 위치에 좁은 공간을 차지하고 성유물이 들어 있으며, 나머지 부분은 흙이나 벽돌 등으로 꽉 차 있다. 따라서 탑 안으로 사람이 들어 갈 수 없는 것이다. 또한 불당은 탑 아래쪽에 공간을 만들어 불상을 모셨으며 순례자들이 불당 안에 들어갈 수 있고 대부분의 경우는 네 방향으로 순회할 수 있도록 되어 있다. 이 불당은 스님들이 머무를 수 있는 공간이 없어 스님들은 사원에 머물지 않고 별도의 수도원에 거주하면서 수행한다. 이러한 성격의 불교건축이 바로 제디와 파토이다.

제디와 파토는 크게 내부 공간의 유무로 구분되는데, 내부 공간이 없는 불탑을 제디, 내부 공간이 있는 불탑을 파토라고 한다. 또한 이들을 통칭하여 파야라고도 하는데, 이는 신성한 곳이라는 의미[23]로 대개 불교사원(Buddhist Temple)을 의미하며 불상이나 왕에게도 사용되는 명칭으로 광범위한 공간적 표현이다. 그런 까닭에 미얀마인들은 그들의 대표적인 불교

---

20 미얀마에서는 제디(zedi)는 chedi 혹은 jedi라고도 하는데 이는 Pali어 chetiya, 산스크리트어 차이티야(chaitiya)에서 유래한 것이다. 스리랑카에서는 흔히 cetiya라고 한다. Joe Cummings, 『Buddhist Temples of Thailand』 (Marshall Cavendish Editions 2014), p.26

21 서성호는 바간의 불교건축을 제디, 파토, 짜웅, 우민(Umin), 테인(Thein)과 타익(Taik) 등으로 구분하였으며 차장섭은 탑(Zedi), 사원(Paya), 수도원(Kyaung) 등으로 구분하였다. 서성호, 『바간 인 미얀마』 (두르가, 2007); 서성호, 『황금불탑의 나라 미얀마』 (두르가 2011). 차장섭, 아름다운 인연으로 만나다 미얀마, (역사공간, 2013)

22 이는 차장섭, 앞의 책의 견해로 생각된다.

23 시우 송강, 『송강스님의 미얀마 성지순례』, 도서출판 도반, 2015, p.54.

쉐지곤 불탑, 버강, 미얀마

사원, 즉 양곤의 쉐다곤, 바간의 쉐지곤과 아난다을 제디, 혹은 파토라고 하기 보다는 파야라고 하는 것이 일반적이다. 이들은 내부공간이 없어서 오히려 제디에 속하나 한편으로는 스투파이기도 하고 신성한 곳으로서 불교사원이기도 하다.

주지하는 바와 같이 탑이란 부처님의 성스러운 유물을 모시기 위한 것으로 열반 후 다비식에서 나온 사리를 모신 봉안소, 무덤 즉 스투파에서 유래하였다. 따라서 세계 불교국가마다 탑의 명칭과 모양, 크기는 다르지만 그 기원은 동일하다. 현재 미얀마에서는 탑을 총칭하여 영어식 표현처럼 pagoda라고 부르는데[24] 원래 이 말은 미얀마 언어인 paya와 스리랑카 언어인 dagoba의 혼합어이다. 또한 영어에서의 tope란 말[25]도 thūpa에 어원을 둔 것이다. 특히 스리랑카에서는 사리봉안의 장소로서 탑을 싱할라어로 dagaba 또는 dagoba라고 부르는데, 이 말은 Dhatugarba에서 온 것으로 사리봉장의 장소라는 말을 부르는 것이다. 이는 'Dhatu(불사리)와 Garbha(용기)' 곧 '사리봉안의 장소' 라는 말을 줄여 부르는 데서 비롯되었다.[26] 또한 스리랑카에서는 탑을 vehera라고도 하는데 이는 산스크리트어의 사원을 의미하는 vihara에서 유래된 말이다.[27] 즉 이는 스투파와 비슷

---

[24] 村田治郎, 東洋建築史, 建築學大系 4, 彰國社, 1980.
[25] 특히 James Fergusson은 대부분 tope라고 부르고 있다.
[26] James Fergusson, History of Indian and Eastern Architecture, Vol.1,2. Delhi India, 1876.
[27] S. Paranavitana, The Stupa in Ceylon, Memories of Archeological Survey of Ceylon, volume 5, Colombo, 1946, p.1.

■ 아난다 파토(Ananda pato, 1086), 버강, 미얀마

한 의미이지만 실제로 스투파에 국한되지 않고 사원의 경우[28]에도 사용되는 예가 많다. 그 외의 지역인 태국에서는 Zedi 혹은 Phrang, 네팔에서는 Chaitya, 특히 티벳에서는 Mchodrten이라고도 부른다.[29]

제디(zedi)의 의미와 유래

1) 제디의 의미

제디와 파토라는 명칭은 국내 최초로 미얀마의 불교 건축물을 중점으로 한 개설서[30]를 발간한 서성호가 주로 사용하여 미얀마의 불교·불교 건축물에 관심 있는 한국의 대중들에게 익숙한 명칭이다. 제디(zedi)는 chedi 혹은 jedi라고도 하는데 이는 산스크리트어의 차이티야(caitya, chaitya, caityagriha)[31], 팔리어의 체티야(cetiya, chetiya)에서 유래한 단어이다. 이와 관련하여 선행연구[32]들에서 제디는 고대 버강(Pagan)의 기록에서는 체티(ceti)라 하였는데 어원학적으로는 장례식(a funeral type)을 뜻하는 버마어 시타(cita)에서 유래한 단어로서 제디는 명칭이 지니는 의미에서부터 불탑임을 알 수 있다. 일반적으로 불교미술에서 차이트야는 불탑으로 이해되는데 흔히 부다가 머물렀던 기념적 성소를 나타낸다. 즉 성전 혹은 성

---

28 村田治郎, 東洋建築史, 建築學大系 4, 彰國社, 1980, p.199. p.225.
29 林永培, 韓國塔婆建築의 造形特性에 관한 硏究, 홍익대학교대학원 박사학위논문, 1981, p.19
30 서성호, 『바간 인 미얀마』, 두르가, 2007; 서성호, 『황금불탑의 나라 미얀마』, 두르가, 2011.
31 천득염, 『인도 불탑의 의미와 형식』, 심미안, 2013, p.39. 북경대 리충평교수는 '아잔타의 공간을 나누어 산스크리트어로 vihara라고 하며 승려의 주거용으로 사용된 lena와 산스크리트어 chaitiya griha로 불린 탑묘굴, 산스크리트어 mandapa로 불린 방형굴, 물을 저장했을 작은 지하연못인 podhi로 나눌 수 있다'고 하였다. "세계 학자들, 老 연구자 위해 학회 열다", 인도미술사 전문가 美 스핑크 교수 팔순헌정 국제학술회의, (조동섭, cetana@buddhapia.com)
32 주경미·강민지, 「미얀마 버강시대 로카테익판 사원 연구」, 『불교미술사학』, 21, 2016년, pp. 113~148; 천득염, 『인도 불탑의 의미와 형식』, 심미안, 2013; Adrian Snodgrass, The Symbolism of The Stupa, Motilal Banrsidass, 1992; Donald M. Stadtner, Ancient Pagan: Buddhist Plain of Merit, River Books, 2013; Gordon H.Luce, Old Burma-Early Pagan, J.J Augustin Publisher, 1969; James Fergusson, History of Indian and Eastern Architecture Vol 2, (Dodd, Mead & Company, 1899); Kyaw Lat, 앞의 책; Sujata Soni, 앞의 책; Than Tun, "Religious Buildings of Burma: A.D. 1000~1300", Journal of Burma Research Society, vol. 42(December, 1959), pp. 71~80.

33 미야지 아키라 지음, 김향숙 고정은 번역, 인도미술사, (다할미디어 2006), p.94
34 김버들·조정식, 「경전 속에 나타난 탑의 건축적 요소에 관한 연구」, 『대한건축학회논문집 계획계』 24, 2008, p. 168.
35 인도의 알라하바드 서남쪽의 Bharhut에 있는 불탑유적으로 현존하는 불탑 가운데 가장 오래된 것이다. 기원전 2~3세기경에 조성된 것으로 보이는 일명 바르후트탑의 난순에는 시원적인, 서정적이면서 온화한 모습을 하고 있고 인도 전통 귀부인의 옷인 Dhoti차림을 하고 있는 사천왕상이 조상되어 있다. 이대암 글·관조 사진, 『사천왕』, 한길아트, 2005, p.200
36 미야지 아키라 지음, 김향숙 고정은 번역, 인도미술사, 다할미디어 2006, p.162
37 미야지 아키라 지음, 위 책, p.174

소라는 의미이다. 특히 『법현전』이나 『대당서역기』에는 불탑을 의미한다.

그러나 나라마다 각기 다소 다른 의미를 지니기 때문에 혼란스럽다. 특히 인도석굴사원에서는 비하라(Vihara)는 승려들의 거주지인 승원, 혹은 僧院窟(비하라)이라 하며 차이티야는 불탑이 있는 굴로 예배중심의 塔院窟(차이트야)이라 한다.[33] 한편 중국에서는 차이티야를 한자어 사음적 표현으로 制恒里, 制恒羅, 制底耶, 制底, 制多, 支提, 支帝, 支徵 등으로 쓰인다. 또한 지제는 장소적 의미를 지니며 사리가 없는 것으로 구분하여 부르기도 한다.

즉 "지제는 흙이나 돌, 벽돌을 쌓아 올려서 무더기를 이룬 것으로 현재는 탑파와 같은 뜻으로 쓰이고 있으나 본래 사리가 들어 있는 것은 탑파, 사리가 없는 것은 지제라고 구분하였다. 후대에 이르러 그 구분이 없어지면서 지제의 범위는 매우 넓어졌으며, 전당, 묘우까지도 포함하게 되었다."[34]

2) 제디의 유래

미얀마불탑의 초기형식은 당연히 인도불탑이나 스리랑카불탑의 영향을 강하게 받았을 것이고 시간이 지나면서 미얀마의 기후환경이나 조형의식에 따라 미얀마 나름의 다양한 형식이 나타나게 되었을 것이다. 결국 인도 불탑이 초기형식인 Bharhut불탑[35]과 Sanchi 제2탑과 초기1탑, 이를 근거로 다소 변모한 인도 남부 Andhra지역의 Amaravati불탑[36]이나 Nagarjunakonda불탑[37], 북서부 간다라불탑 형식으로 먼저 변한 다음에 스리랑

1. 비하라 평면(Vihara plan), (출처 : Na sik Ⅲ(Christopher Tadgell, The History of Archi tecture in India, p.23)
2. 차이트야 평면(Chaitya-griha plan), (출처 : Karle, Christopher Tadgell, The History of Archi tecture in India, p.22)

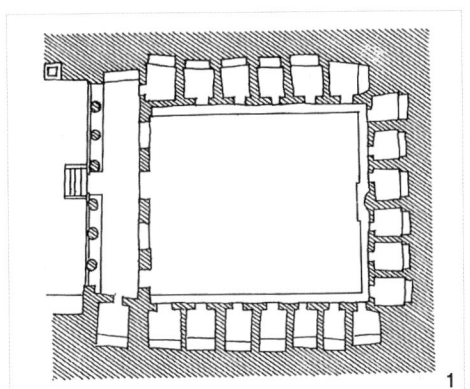
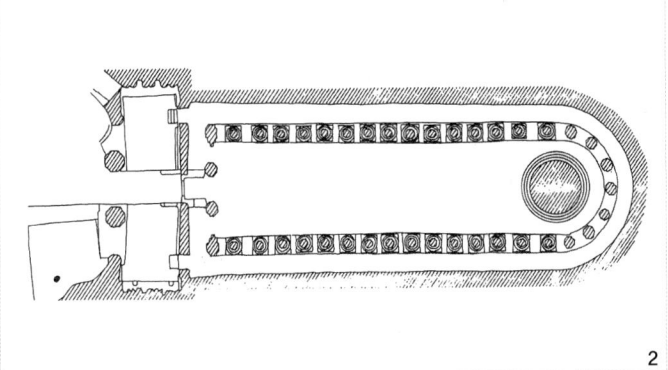

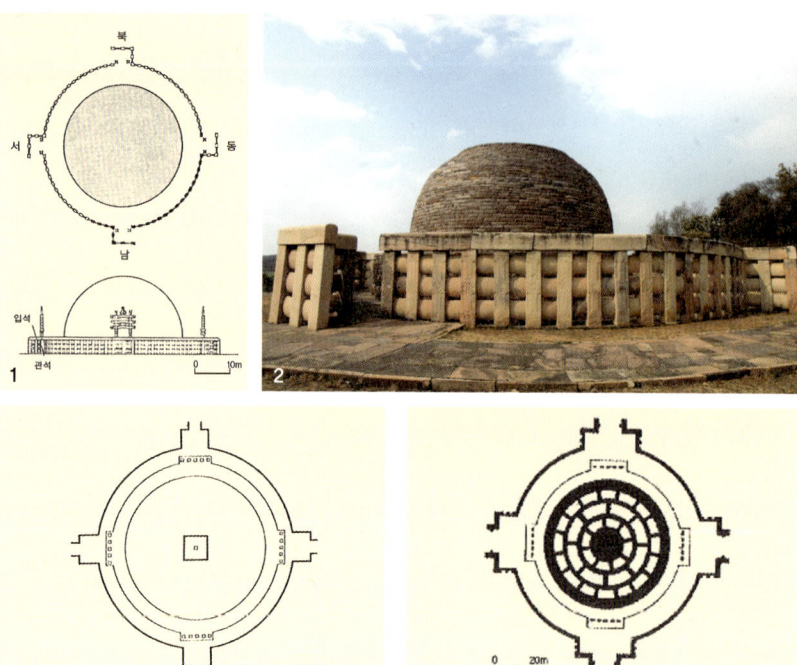

1. 바르후트의 스투파 평면도 및 입면도(출처 : 미야지 아키라, 『인도미술사』, p.57)
2. 산치 제2탑
3. 아마라바티 대탑 평면도(출처 : 미야지 아키라, 『인도미술사』, p.163)
4. 나가르주나콘다 대탑 평면도(출처 : 미야지 아키라, 『인도미술사』, p.174)

카나 미얀마로 전래되었다고 생각된다.

    한편 인도, 스리랑카와의 상호 영향 속에서 미얀마 고대 민족인 퓨(Pyu)족[38]은 인도 복발형불탑에서 변모된 그들만의 독특한 형식의 불탑을 건립하기 시작한다. 이를 미얀마불탑의 초기형식으로 파악되는데 이 형식이 바로 제디의 기원적 유래라 짐작된다. 이러한 대표적인 불탑으로 파야지(Phayagyi) 불탑과 보보지(Bawbawgyi) 불탑을 들 수 있다. 이런 형식의 불탑은 크게 세 가지 부분에서 주목된다. 첫째, 탑 전체적인 조형에서 돔(Dome, 覆鉢)이 차지하는 비중이 아주 크다. 이들 탑은 미얀마와 그 인근 지역의 여타의 불탑에 비해 돔이 크고 높아 돔이 탑에서 차지하는 비중이 유독 크다. 물론 스리랑카의 산다기리(Sandagiri) 불탑이나 야탈라(Yatala) 불탑[39]과 같이 스리랑카에서도 이 무렵에 크고 높은 돔을 지닌 탑들이 다수 건립되었지만, 이들 스리랑카의 탑들은 넓은 기단 위에 반구형 돔이 올라가 있음에 반하여 퓨족 형식의 미얀마 불탑은 돔이 원통형이거나 첨두형 돔으로

[38] 퓨족은 에야와디 강 중부 지역에 자리 잡은 티벳–버마족 계통의 민족을 말한다. 이들은 미얀마 최초의 왕국으로 여겨지는 뜨가웅(Thagaung) 왕국을 비롯하여 베익타노, 한린(Hanlin) 뜨예케뜨야(Thayekhittaya) 왕국을 건설하였다.

[39] 허지혜·천득염, 전게논문, p. 59.

40 Moat Htaw 불탑은 현재 기단부만 남아 있다.

위로 길게 높아지는 돔이 탑에서 차지하는 비중이 훨씬 크다. 이는 인도와 그 인근 지역의 불탑이 점차적으로 기단이 크고 높아지며 상륜부가 길어지는 양상과 차별되어 주목된다. 둘째, 불탑의 정상부에 놓인 상륜부의 형식이다. 퓨 형식 불탑의 상륜부는 平頭(Harmika)가 사라지고, 傘蓋(Chattra, 또는 Chatavali)가 커져 돔과 자연스레 연결되며, 최상부는 日傘(Parasol) 대신 연꽃 봉우리(Lotus bud) 또는 사리호형식(Relic Gasket Type) 불탑과 같이 Gasket형의 건조물로 구성된다. 현재 파야지 불탑과 보보지 불탑의 최상부에는 티(Tee)가 세워져 있지만, 이는 후대의 사람들이 이 불탑을 중수하면서 추가한 건조물이다.

마지막으로 불탑이 사원공간의 핵심적 시설로 랜드마크적인 성격을 지닌다는 것이다. 물론 이런 대형 건축물은 자연스레 랜드마크로서의 성격을 지니겠지만, 퓨족의 불탑은 의도적으로 이런 역할을 할 수 있게끔 건립 위치를 선정하였다는 점에서 차별성을 보인다. 이 시기에 건립된 Payamar 불탑, Phayagyi 불탑, Bawbawgyi 불탑, Moat Htaw 불탑[40]은 각각 Sri Ksetra 남동, 남서, 북동, 북서 네 모서리에 건립되었다. 이는 버강 왕조 때 석가모니의 치사리를 봉안하기 위하여 건립된 Tuyantaung 불탑, Tankyi

1. 파야지 불탑(Phayagyi, 6c~7c), 스리크세트라, 미얀마
2. 보보지 불탑, 스리크세트라, 미얀마
3. 야탈라 불탑(Yatala Stupa, 스리랑카)
4. 산다기리 불탑(스리랑카)

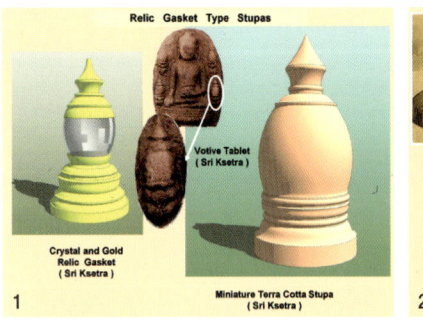
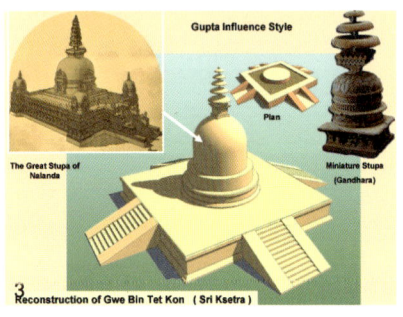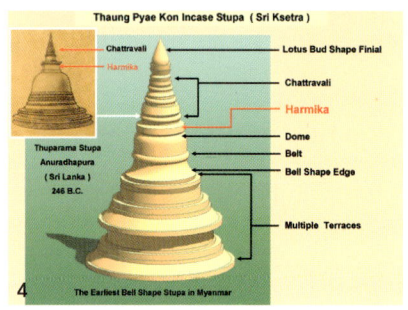

1. 개스킷형 불탑, 스리크세트라, 미얀마. (출처 : U WIn Maung "Evolution of the Stupas in Myanmar", *Proceedings of the International Buddhist Conference*, May, 2007.)
2. KKG-3 불탑 복원도, 베익타노 (Beik Tha No), 미얀마. (출처 : U WIn Maung "Evolution of the Stupas in Myanmar", *Proceedings of the International Buddhist Conference*, May, 2007.)
3. 궤빈텟콘 불탑 복원도, 스리크세트라 미얀마. (출처 : U WIn Maung "Evolution of the Stupas in Myanmar", *Proceedings of the International Buddhist Conference*, May, 2007.)
4. 타웅 피에 콘 마을에서 발굴된 봉헌용 불탑, 스리 크세트라, 미얀마. (출처 : U WIn Maung "Evolution of the Stupas in Myanmar", *Proceedings of the International Buddhist Conference*, May, 2007.)

불탑, Lokananda 불탑, Shwezigon 불탑이 각각 에야와디(Ayeyarwady) 강을 중심으로 각각 동서남북에 건립된 것을 통해서도 살펴볼 수 있다.[41] 특히 Lokananda 불탑의 경우 에야와디 강과 바로 맞닿아 있어 에야와디 강으로 이동하는 많은 선박들의 이정표가 됐을 것이다.

먼저 잔존한 미얀마의 불탑 중 가장 오래된 시기로 추정되는 KKG-3 불탑(2C~3C)과 궤 빈 텟 콘 불탑(Gwe Bin Tet Kon, 5C~6C)를 통하여 인도 불탑형식이 미얀마에서 나타나고 있음을 알 수 있다. 또한, 타웅 피에 콘 (Thaung Pyae Kone) 마을에서 발굴된 봉헌용 불탑을 통해서 스리랑카불 탑형식 역시 미얀마에서 나타나고 있음을 알 수 있다. KKG-3 불탑과 궤빈 텟콘 불탑은 안타깝게도 기단부 밖에 남아 있지 않지만, 이들의 복원도를 살펴보면 각각 인도 안드라 왕조(기원전 1C~기원후 3C)와 쿠샨 왕조 (1C~5C)의 영향을 받은 것으로 추측된다. 또한 숭가 왕조(기원전 2C~기원후 1C)에서 안드라 왕조로 접어들면서 인도 불탑은 탑신의 직경이 넓어지고 난순(vedika)과 탑문(torana)의 장엄이 더욱 풍부해지며, 산개의 크기가

41 서성호, 『바간 인 미얀마』, 두르가, 2006, pp. 12~13.

작아지는 대신 그 수가 늘어나는 양상을 보인다. 이러한 모습의 대표적인 불탑이 산치대탑으로 알려지고 있다. 이러한 산치불탑과 유사성을 지니며 약간의 변화가 이루어진 것은 인도 남동부에 위치한 안드라 지역의 아마라바티불탑으로 기단 하부 四面에 제단이 생기고 그 위에 가늘고 긴 5개의 기둥이 세워지는데, 이런 양상은 미얀마의 KKG-3 불탑과 매우 유사하여 이 불탑은 인도 아마라바티 지역의 양식의 영향을 받은 것이라 하겠다.

이후 숭가왕조와 안드라왕조를 거쳐 쿠샨 왕조로 넘어오면서 인도 불탑의 형태는 기존의 돔(복발)형뿐만 아니라 복발형의 하부가 여러 단으로 겹치고 다시 그 위에 반구형 복발이 길러지는 원통형도 나타나게 된다. 이는 기단이 중첩되고 높아질 뿐만 아니라 그 위에 올려지는 복발도 또 반구형에서 원통형으로 높아지는 모습으로 과거의 불탑형식에서 훨씬 더 수직성이 강조된 형태로 변모하게 된다. KKG-3 불탑 이후 건립됐다고 추정되는 스리 크세트라(Sri Ksetra)의 궤빈텟콘 불탑은 쿠샨 왕조의 영향을 받은 것으로 생각된다. 특히 이 불탑은 넓은 하부 기단(Terrace)의 구성과 복발하부

■투파라마 불탑(Thuparama Dagoba)와 주변의 돌기둥. 스리랑카, 아누라다푸라

의 단, 그리고 장엄조식 등에서 간다라 지역의 날란다(Nalanda) 불탑이나 봉헌용 불탑(Miniature Stupa)과 유사하므로 쿠샨 왕조(혹은 이어지는 굽타왕조)의 간다라 지역 영향을 받은 것으로 보인다. 이러한 경향은 미얀마 불탑에서 가장 중심적인 종형(Bell Shape)불탑의 유래로 짐작되는데 이 탑의 모습은 스리랑카 아누라다푸라의 투파라마 불탑(Thuparama Stupa)와 강한 유사성을 갖는다. 이는 위에서 밝힌 바와 같이 타웅 피에 콘(Thaung Pyae Kone) 마을의 봉헌용 불탑을 통해서 보면 스리랑카불탑형식 역시 미얀마에서 많이 나타나고 있음을 확인할 수 있다.

1. 사파다 불탑, 버강, 미얀마. (출처 : http://www.globaltravelmate.com)

위와 같은 미얀마 초기의 제디들은 불교의 전파 경로에 비추어 보면 인도뿐만 아니라 스리랑카의 영향도 강하게 받았을 것으로 생각된다. 이는 위 세 불탑, 즉 KKG-3 불탑, 스리 크세트라(Sri Ksetra)의 궤빈텟콘 불탑을 통하여 알 수 있다. 스리랑카의 수 많은 불탑은 위의 불탑들과 마찬가지로 기단부[42] 四面에 계단이 있으며, 기단부의 직경이 인도 초기 불탑에 비해 2배 이상 크다는[43] 특징을 지닌다.

이러한 스리랑카의 영향은 타웅 피에 콘(Thaung Pyae Kone) 마을의 봉헌용 불탑의 아주 넓은 하부 기단을 통해서 살펴볼 수 있다. 이 불탑은 종형 탑신의 상부에 스리랑카의 불탑에서 일반적으로 살펴볼 수 있는 方形의 밀폐된 平頭가 圓形으로 교체되어 얹어져 있다. 그러나 종형 탑신 상부에 방형의 밀폐된 평두가 세워진 불탑은 이후 미얀마 각지에 건립되며 위와 같은 형식의 불탑은 스리랑카형(sinhalese 또는 ceylonese)으로 분류된다.[44] 다만, '362쪽 4번 사진'의 이미지는 평두가 방형이 아니며 다른 불탑의 구성요소와 명확히 구분되지 않아 이를 스리랑카형이라 하기에는 다소 무리가 있다고 생각되나, 전체적인 형태가 투파라마 불탑, 사파다 불탑(Sapada, 12c 후)[45]과 유사하므로, 이를 통하여 이른 시기부터 스리랑카의 영향을 받은 제디의 건립이 이루어졌다고 추측할 수 있다.

이와 같이 내부공간이 없는 불탑인 미얀마의 제디는 인도와 스리랑카 초기 돔형 불탑의 영향을 받아 건립되었으므로 기존의 연구자들은 이를 불탑의 한 형식으로 여겼다. 반면, 파토는 초기 불탑과는 다른 내부 공간이 있는

42 영어식 표현으로는 테라스라 한다.
43 허지혜·천득염「스리랑카 불탑 형식에 대한 고찰」,『건축역사연구』 24, 2015, pp. 58~59.
44 Dr. Thet Oo, "Architectural Aspects Of Stupas During The Reign Of King Narapatisithu In Bagan, Myanmar", *Asia Pacific Sociological Association Conference*, (2010), pp. 1~29; Kyaw Lat, *Art and Archi tecture of Bagan and Historical Background*, Mudon Sarpay, 2010; Sujata Soni, *Evolution of Stupas in Burma Pagan Period: 11th to 13th centuries A.D*, (Motilal Banrsidass, 1991); U WIn Maung, "Evolution of the Stupas in Myanmar", *Proceedings of the International Buddhist Conference*, May, 2007, pp. 1~12.
45 수자타 소니는(Sujata Soni)는 스리랑카형을 초기, 중기, 후기로 세분하였으며, 사파다 불탑을 초기 불탑의 예로 들었다. Sujata Soni, 앞의 책, pp. 19~21.

방형 하부, 복합적인 기능, 명칭이 지니는 의미, 형태 등 때문에 그 성격이 다소 불분명하여 본고에서는 이를 佛殿形 불탑, 혹은 佛堂形 불탑이라고 명명한다.

파토(pato)의 의미와 유래

1) 파토의 의미

위에서 말한바와 같이 제디는 산스크리트어의 차이티야[46], 팔리어의 체티야에서 유래한 단어로 미얀마에서는 내부공간이 있는 불탑으로 통용되고 있다. 따라서 본고에는 이를 불당형佛堂形 불탑 혹은 佛殿形 불탑이라 하였다. 반면, 파토는 팔리어 바투(vatthu)에서 유래하였으며 바투는 장소(the ground, the site)를 의미한다.[47] 파토는 대개 쿠(ku) 또는 구(gu)라고 불린다. 이는 산스크리트어·팔리어의 구하(guha)에서 유래한 단어로서 구하는 '가리다, 숨기다'를 뜻하는 어근 구(guh), 굽(gup)에서 파생된 단어이며, 동굴, 석굴, 은신처, 감춰진 비밀의 공간 등을 의미한다.[48] 이를 보면 다소 은밀한 공간으로 그 안에 무언가 의미 있는 대상이 자리하고 있음을 암시한다 하겠다. 이러한 의미는 결국 파토가 지니는 성격에 적합하다.

기존의 연구들을 종합해 보면 파토는 아잔타·칼리 석굴과 같은 인도 초기의 석굴사원[49]에서 기원하였으며, 직접적인 건축적 영향은 현재 인도 동북부에 해당하는 비하르, 벵갈, 오리사(Orissa) 지역과 방글라데시 지역에 팔라 왕조 때 건립된 불당(불탑형 불당) 또는 힌두교 신전에 영향을 받았다고 생각된다. 특히 스리 크세트라에 남아 있는 파토(366쪽 2번 사진)[50]를 통해 살펴보면 미얀마의 초기 불탑인 파토는 장방형 평면의 불당이나 나가라(nagara) 형식[51]의 힌두교 신전보다는 정방형 또는 십자형 평면의 탑형 불당의 영향을 더 크게 받은 것으로 보이며, 형태적 유사성의 측면에서 살펴보면 간다라 지역의 탑형 불당과도 연관성이 있다고 생각된다.

---

46 인도불교사원의 시원적인 모습은 죽림정사와 기원정사를 비롯한 승원과 석굴사원에서 비롯된다. 이들 중 승려들의 주거용 시설을 비하라(산스크리트어 vihara)라고 하며 이를 레나(lena)라고도 한다. 한편 석굴사원에서 차이티야 그르하(산스크리트어 chaitiya griha)라고 하는 탑묘굴, 방형의 굴 만다파(산스크리트어 mandapa), 물을 저장했을 작은 웅덩이 podhi 등으로 이루어진다.
47 Gordon H.Luce, 앞의 책, p. 235.
48 Ba Shin, *Lokahteikpan : Early Burmese Culture in a Pagan Temple*, The Burma Historical Commission Ministry of Union Culture, 1962, p. 2; 주경미·강민지, 앞의 글, p. 119에서 재인용.
49 엄밀히 말하자면 사원 내의 스투파가 모셔진 불당(차이티야 굴)에서 기원하였다고 보는 것이다.
50 출처를 따로 적지 않은 것은 필자가 촬영한 것임.
51 힌두교 건축에 관한 인도 문헌에서는 신전 건축을 나가라(nagara), 드라비다(dravida), 베사라(vesara) 세 가지 형식으로 분류한다. 나가라 형식은 주로 인도 북동부의 오리사부터 북서부의 구자라트에 이르는 지역에 유행한 형식으로 북방 형식이라고도 불린다. 나가라 형식의 신전은 성소(vimana 또는 prasada)와 만다파(mandapa)로 구성되는데 이 중 위로 올라갈수록 만곡 되는 성소의 고탑형 상부 구조물을 시카라라고 부른다. 이미림 외 5명, 『동양미술사 하권』, 미진사, 2009, pp. 244~247.

2) 파토의 유래와 정의

일반적으로 마하보디 불탑[53]을 제외하고 인도와 그 주변국의 불탑을 모신 석굴 불당(불전), 지상에 세워진 불탑 또는 불상을 모신 장방형의 불당, 대체로 불상을 모시고 상부에 탑형의 건조물을 세운 방형의 탑형 불당은 모두 불당으로 분류됐으며, 이런 유형의 불당 중 탑형 불당은 후기로 갈수록 불교권 국가에 큰 영향을 끼쳤다.[54]

따라서 이런 건축물의 의미론적인 접근과 관련하여 에이드리언 스노드그라스(Adrian Snodgrass)[55]와 디트리히 제켈[56]은 산과 동굴은 불교 성소의 두 가지 원형으로 이들은 각각 석굴사원과 스투파라는 형식을 통하여 표현되었으며, 이 두 상징은 자주 결합하거나(combine) 겹쳐진다고(overlap) 하였다. 더욱이 미얀마에서 중요한 종교적 의미와 기능을 지닌 파토가 두 가지 원형을 지닌 대상으로 이해된다. 이에 대해 에이드리언 스노드그라스는 다음과 같이 말하였다.

■ 1. 날란다 사원의 탑형 불당, 비하르, 인도 (출처 : A.h.Longhurst, *The Story of The Stupa*, Aravali Books International, 1936.)
2. 베베 불전형 불탑(Bebe, 9세기 이전), 스리 크세트라, 미얀마
3. 스와트 칸다그의 탑형 불당, 스와트 칸다그, 파키스탄(출처 : 이주형, 『간다라 미술』, 사계절, 2015)

"산과 동굴은 불교 건축의 두 전형이다. 그것들은 석굴사원과 스투파로 표현되었다. 이 두 상징물의 건축적 표현은 자주 결합하거나 겹쳐진다. 즉 석굴사원은 스투파를 포함하고(동굴 안의 산), 스투파는 빈 공간(hollow chamber)을 포함한다(산 안의 동굴). 스투파는 산인 동시에 동굴이다."[57]

석굴사원과 스투파에 관한 두 연구자의 견해는 동일하며 대체로 적절하다고 생각된다. 이 부분에 대하여 디트리히 제켈의 『불교미술』에서는 "석굴사원의 내부에는 스투파가 있었고, 스투파의 내부에는 사리를 봉안하는 마치 석굴과 같은 빈 공간이 있었다. 전자는 '동굴 안의 산'이라 할 만하고, 후자는 '산 속의 동굴'이라고 해도 좋을 것이다."[58]라고 하였다. 따라서 앞서 말한 세 형식의 건축물 모두 인도 초기의 석굴 불당에서 기원·파생하였고, 이의 변모된 형식이라면 마지막 형식인 상부에 탑형의 건조물을 세운 탑형 불당 형식의 건축물의 성격이 내부공간과 수직적 지향성을 지닌 파토의 성격과 유사하다고 생각된다.

특히 탑형 불당 형식의 건축물 중 내부에 사리를 봉안한 건축물은 불탑의 범주에 포함시키는 것이 적절하다. 인도 초기의 석굴 불당은 차이티야라고 하는데 차이티야의 원의는 사리와 관계없이 쌓아놓은 기념물, 장례용 기둥[59]으로 『자타카(Jataka)』의 칼링가보디 자타카(Kalingabodhi jataka)에 의하면 석가모니는 그가 없을 때 사리리카(saririka), 파리보기카(paribhogika), 웃데시카(uddesika), 세 가지 차이티야를 참배하면 된다고 하였다. 이 중 사리리카는 석가모니, 과거칠불, 아라한의 사리를 모신 스투파를 말하며, 파리보기카는 석가모니가 남긴 발우 같은 유품을 모신 스투파를 말한다.[60] 그러므로 인도 초기의 석굴 불당은 내부에 스투파를 모셨기 때문에 차이티야라고 명명하였을 것이다.[61] 이런 관점에서 인도 초기의 석굴 불당에서 기원한 여러 유형의 건축물의 핵심은 내부 공간에 모신 대상에 있다고 생각한다. 더불어 내부 공간에 불탑을 모신 건축물은 불당, 불전[62]이라는 명칭보다 (불)탑전, (불)탑당이라는 명칭이나 차이티야당[63]이라는 명칭이 더 적절하다고 생각된다.

앞서 에이드리언 스노드그라스의 견해를 일부 언급하며 탑형 불당 형식의 건축물의 성격을 고려할 필요가 있다고 하였다. 본고에서 주목한 부분은 "스투파는 빈 공간(hollow chamber)을 포함한다(산 안의 동굴)"이다. 이에 대해서 디트리히 제켈은 "스투파의 내부에는 사리를 봉안하는 마치 석굴과 같은 빈 공간이 있었다."라고 하였지만, 이를 탑형 불당 형식의 건축물을

---

53 이와 관련하여 에이드리언 스노드그라스는 스투파의 형식을 세 가지로 분류하면서 마하보디 불탑(불당)을 세 번째 형식인 타워 스투파(the tower-stupa)의 이전 형식(former type)의 예로 들었으며, 천득염은 이 건축물을 高塔 형식의 대표적인 스투파라고 하였다. 더불어 디트리히 제켈은 동아시아의 파고다라고 불리는 다층탑은 굽타 왕조 이래로 인도 북부에 건립된 마하보디 불탑(불당)과 같은 탑형 건축물의 영향을 받아 세워졌을 가능성이 있다고 하였다. 천득염, 앞의 책, p. 228; Adrian Snodgrass, 앞의 책, p. 221; 디트리히 제켈, 앞의 책, pp. 150~152.
54 디트리히 제켈, 앞의 책, p. 174.
55 Adrian Snodgrass, The Symbolism of The Stupa, (Motilal Banrsidass, 1992)
56 디트리히 제켈, 앞의 책 p. 172; 앞의 책, Adrian Snodgrass, 앞의 책, p. 202.
57 Adrian Snodgrass, 위와 같음, p. 202
58 디트리히 제켈, 앞의 책, p. 172
59 逸見梅榮, 『印度佛教美術考: 建築篇』, 甲子社, 1929, p. 89; James Fergusson, History of Indian and Eastern Architecture, (1910/2006), p. 55; 이희봉, 「탑의 원조 인도 스투파의 형태 해석」, 『건축역사연구』, 18, 2009, p. 104에서 재인용.
60 이주형, 「인도 초기불교미술의 佛像觀」, 『미술사학』, 15(2001), pp. 90~91; 조병활, 『불교미술 기행』, 이가서, 2005, pp. 301~302.
61 세 가지 차이티야 중 웃데시카는 일반적으로 불상으로 이해된다. 하지만 인도 초기의 석굴 불당은 대체로 무불상 시대에 건립됐으므로 이 건축물 내부에 스투파 대신 불상을 모셨을 것이라고 보기는 어렵다.
62 일반적으로 내부 공간에 불상을 모신 건축물을 불전, 불당이라고 부른다.
63 디트리히 제켈, 앞의 책.

지칭하는 대목으로 해석하여도 무방하다고 생각된다. 시기가 흐를수록 이 형식의 건축물은 인도와 그 주변국에 지대한 영향을 끼쳤으므로, 이런 유형의 건축물은 크게 내부 공간에 스투파를 모신 양상과 스투파와 스투파를 모셨던 내부 공간(chamber)이 겹쳐져(overlap) 하나의 건축물이 된 양상으로 변화하였음을 알 수 있다.

더불어 인도 초기 불탑은 내부에 빈 공간(hollow chamber) 또는 석굴과 같은 공간이 있는 경우가 흔치 않은 반면, 탑형 불당 형식의 건축물은 자연스레 하부에 이런 공간이 있다. 이 형식의 대표 건축물이라고 할 수 있는 미얀마의 십자형 또는 방형 평면의 파토[64]는 중앙 기둥(pillar 또는 block)에 사리를 모셨다.[65] 그러므로 탑형 불당 형식의 건축물은 시원적인 측면에서 산과 동굴 또는 스투파와 석굴사원이 겹쳐진 하나의 건축물로, 이러한 유형의 건축물의 기원과 성격의 핵심 등에 비추어 불탑의 범주 안에 포함시키는 것이 적절하다고 생각된다.[66] 결국, 이러한 유형의 건축물은 내부 공간에 불교와 관련된 성스러운 대상을 모시기 위한 건축물이므로 파야의 성격을 밝히는 데 있어서 이 부분이 의미 있게 해석되어야 할 것이다.

일반적으로 탑형 불당 형식의 건축물은 이러한 유형의 건축물 중 가장 늦은 시기에 건립되었으며 유행하였다. 선행연구[67]들에 의하면 이러한 형식의 건축물은 아마도 5세기 무렵부터 유행하였을 것으로 추측된다. 이러한 유형의 건축물은 초기에는 스투파를 모셨으나, 무불상 시대를 지나 이 시기에 이르러서는 불상을 숭배하는 관습이 보편화 되어 다수의 건축물에서는 불탑이 불상으로 대체되었을 것이다. 이런 건축물은 당연히 내부 공간에 불상을 모셨기 때문에 불당임이 틀림없다. 하지만 앞에서도 말한 바와 같이 이런 건축물 중 내부에 사리를 봉안한 건축물은 불탑으로 봐야 된다고 생각한다. 이는 불탑의 정의와 연관 지어서 살펴볼 수 있다. 주지하다시피 불탑의 원의는 석가모니의 진신사리를 봉안한 무덤으로 초기 불탑의 형태는 커다란 반구형 위에 우산형의 건조물이 세워진 형태였을 것이다. 하지만 불교는 1,000년이 넘는 오랜 기간 동안 아시아를 불교 오이코메네(buddhist oikoumene, 보편적인 불교 공동체)로 여길 만큼 거대한 정신적·문화

[64] Adrian Snodgrass, 앞의 책, p. 202; Sujata Soni, 앞의 책, p. 7.
[65] Sujata Soni, 앞의 책, p. 7; Than Tun, 앞의 글, p. 72.
[66] 부연하자면 형식적인 측면에서 이 건축물의 성격은 상부의 탑형 조물에 있다는 것이다. 덧붙여 본고에서는 이 형식의 건축물은 인도 초기 석굴 불당의 변모된 형식이라고 하였지만, 다른 관점에서 살펴보면 인도 초기 불탑의 변모된 형식으로 볼 수도 있을 것이다.
[67] 디트리히 제켈, 앞의 책, pp. 168~185; 이미림 외 5명, 앞의 책, pp. 219~255; 이주형, 『간다라 미술』, 사계절, 2015, pp. 129~140; A.H.Longhurst, The Story of The Stupa, Aravali Books International, 1936, pp. 12~28; Donald M. Stadtner, 앞의 책, pp. 61~62.

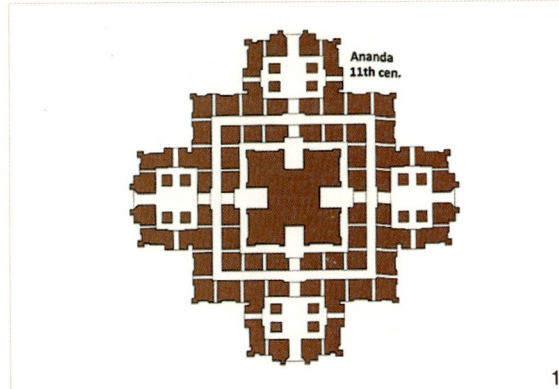

1. 아난다 파토 평면도, 버강, 미얀마
   (출처 : Kyaw Lat, Art and Architecture of Bagan and Historical Background, Mudon Sarpay, 2010)
2. 초기불탑형식 산치 제3탑

적 공동체를 형성하였으므로, 그만큼 아시아 전역에는 각양각색의 수많은 불탑이 건립되었고 이 수많은 불탑에 모두 석가모니의 진신사리를 모실 수 없기에 사리의 의미와 범주는 확장되었다.[68] 이와 관련하여 『석보상절釋譜詳節』의 분사리에 대한 내용을 살펴보면 초기의 불탑은 사리탑 8기인 根本八塔, 瓶塔 1기, 탄회탑炭灰塔 1기, 생존시과발탑生存時瓜髮塔 1기였음을 알 수 있다. 또한, 『자타카』의 칼링가보디 자타카를 보면 초기 불탑의 종류는 크게 석가모니, 과거칠불, 아라한의 사리를 모신 스투파(Saririka)와 석가모니가 남긴 발우 같은 유품을 모신 스투파(Paribho gika), 두 종류였음을 알 수 있다. 또한, 기존의 불교경전을 보면 다음과 같은 내용을 알 수 있다.

> 『법원주림(法苑珠林)』과 『경율이상(經律異相)』 등은 상징하고자 하는 의도 및 소의경전(所依經典)에 따라 3, 5, 7, 13층 등 여러 층의 다양한 규모의 탑을 제시하고 있다. 또, 『사분율(四分律)』 율부(律賦)에 의하면 탑신의 형태는 원형과 방형을 기본으로 하고 있으나 경전에서는 8각, 원형, 4각이 모두 가능하다 하며 제한을 두고 있지 않다.[69]

굳이 위와 같은 문헌들을 열거하지 않더라도 밀폐된 몸체에 석가모니의 진신사리를 모신 초기 불탑의 형태와 원의로는 변신사리와 법신사리 또는 사리를 넣지 않은 동아시아의 내부에 불상을 모신 수많은 불탑이나, 일본의 오륜탑五輪塔과 같은 각 지역의 다양한 불탑을 한 범주 안에 묶기란 불가능

68 염승훈 외 2명, 「버강 시기 불탑의 형식적 특성과 분류」, 『건축역사연구』 25, 2016, p. 78.
69 천득염, 앞의 책, p. 50.

하다고 생각된다. 물론 각 지역의 문화적·자연적 환경과 각 지역에서 받아들인 불교의 결과물[70]인 각양각색의 불탑을 정의하는 것은 불가능하겠지만, 아시아적 맥락에서 이런 불탑의 대안적 정의를 내린다면 크게 두 가지로 요약될 수 있다. 첫째는, 석가모니의 사리나 이와 유사한 가치를 지닌 성물을 봉안해야 한다는 것이고, 둘째는 외부에 불탑임을 상징하는 상징적 요소를 갖추고 있어야 한다는 것이다.[71] 사리와 관련해서는 모든 불탑에 석가모니의 진신사리를 봉안할 수 없으므로 변신사리나 법신사리를 봉안하거나 각 국가에서 일반적으로 사리의 대용품으로 인정하는 것들을 봉안한 건축물도 불탑으로 봐야 된다고 생각한다. 상징적 요소와 관련하여서는 중국의 탑정塔頂, 한국의 상륜부와 같이 건축물의 (최)상부에 초기 인도 불탑을 번안한 형태의 건조물이 세워져 있다면 상징적 요소를 갖추고 있다고 봐도 될 것이다. 더불어 사리를 봉안하지는 않았지만 동아시아 불탑의 찰주와 같은 형식을 통하여 사리봉안을 상성석으로 나타낸다면 이는 지제支提의 범주 안에 포함되며, 그러므로 이 또한 불탑의 범주 안에 포함시켜야 한다고 생각된다.[72]

이런 논지의 연장선상에서 미얀마의 파토는 불탑의 범주 안에 포함시켜야 된다고 생각한다. 미얀마의 제디와 파토는 통칭하여 파고다[73]라고도 하며, 각각은 솔리드(solid) 파고다, 홀로우(hollow) 파고다[74]라고도 부른다. 일반적으로 파고다는 동아시아의 탑을 영어로 지칭할 때 부르는 명칭으로 수자타 소니(Sujata Soni)는 파고다는 페르시아어로 우상 신전(idol temple)을 의미하는 부타다(butkadah) 또는 거짓 신들의 신전(a temple of false gods)을 뜻하는 포트 제다(pout gheda)의 변형이거나, 포르투갈어로 버강을 뜻하는 파가오(pagao)에서 유래하였다고 하였다. 또한, 그는 파고다는 부처 혹은 바가바티(bagavati)[75]의 별칭과 관련 있을 수도 있지만 이는 파고다라는 용어에 대한 지나친 해석으로 파고다는 명백히 다가바(dagaba)가 도치된(hyteron-proteron) 표현이라고 하였다.[76] 다가바는 싱할라어로 다가바 또는 다고바(dagoba)라고 불린다. 이 명칭은 다트가르바(dhatu-gabbha)의 약자로 사리(relic)을 의미하는 다트와 용기(womb,

■ 일본의 오륜탑

70 염승훈 외 2명, 앞의 글, p. 78.
71 이는 강우방의 견해와 다분히 일치하다. 강우방·신용철, 『탑』, 솔, 2003, p. 63.
72 김버들·조정식, 「경전 속에 나타난 탑의 건축적 요소에 관한 연구」, 『대한건축학회논문집 계획계』 24, 2008, p. 168에서 인용.
73 김성원, 『미얀마의 이해』, 부산외국어대학교 출판부, 2014, pp. 225~230; Donald M. Stadtner, 앞의 책, p. 58; James Fergusson, 앞의 책, p. 341; Sujata Soni, 앞의 책; Than Tun, 앞의 글, pp. 71~80; Thein Sein, Translated by Khin Maung Nyunt The Pagodas and Monuments of Bagan Vol 1, (Graphic Training Centre, 1995), Thein Sein, The Pagodas and Monuments of Bagan Vol 2, Translated by Khin Maung Nyunt, (Graphic Training Centre, 1995).
74 Sujata Soni, 위와 같음; Than Tun, 위와 같음.
75 바가바티는 힌두교 여신의 공손한 표현이다.
76 Sujata Soni, 앞의 책, p. 25.

chamber, receptacle) 등을 뜻하는 가르바의 합성어로 사리봉안의 장소라는 의미를 지닌다.[77] 그러므로 파고다 또한 사리봉안의 장소라는 의미를 지니며, 미얀마에서 파고다라고 불리는 건축물의 근본적인 성격은 사리봉안에 있다고 볼 수 있다.[78]

이와 관련하여 1223년에 건립된 레이맷나(Lei-myet-hna) 사원에 대한 발췌문은 파토라는 건축물의 성격에 있어 귀중한 기록이다.

> (우리는) 홀로우 파고다를 건립하였다. (그와 같은) 홀로우 파고다를 건립할 때, (우리는) 백단함(sandlwood casket) 안에 사리를 봉안하였고, 그것을 수정함, 자단함(red sandalwood casket), 금함, 은함, 적동광함(red copper casket), 소형 석탑 순으로 봉안하였다. (나아가 우리는) 이를 경건하게 모신 후 그 안에 금 방석, 은 방석, 금 누룽지(parched rice of gold), 은 누룽지(parched rice of silver), 금 샹들리에, 은 샹들리에를 놓았다. 석탑의 경우에는 구리선을 이용하여 십자 무늬를 칠하였다. 첨탑은 금으로 만들었다. 첨탑 위에는 진주와 산호로 어우러진 금 우산이 세워져 있다. (우리는) 석탑 전체를 7겹의 천으로 첨탑까지 감쌌으며, 천에는 태양신인 키약차우 티(kyaktaunty)이 금도장을 찍었다. 30티칼(타이의 옛 형량으로 1티칼은 약 14.2그램임)의 금으로 된 신의 이미지와 50 티칼의 은으로 된 신의 주형, 그리고 대리석으로 된 금박의 신의 이미지가 있었다. 또한, 이들 위에 (우리는) 금과 은으로 된 우산을 펼쳤다. (우리는) 다양한 것을 봉안하였다. 홀로우 파고다의 내부에 (우리는) 등을 맞댄 네 개의 신상을 만들어 각각이 방위 기점(cardinal point)을 향하도록 하였고 또한 그것들이 보석으로 경이롭게 빛나도록 하였다.[79]

이 발췌문은 미얀마인이 파토를 건립할 때 어떻게 사리를 봉안하였는지를 알려주는 기록이다. 이 기록을 살펴보면 레이맷나 파토를 건립할 때 사리를 7겹(snadalwood casket, crystal casket, red snadalwood casket, gold casket, silver casket, red copper casket, stone miniature

---

[77] 천득염, 앞의 책, p. 37.
[78] 대표적인 미얀마인 사학자인 탄 툰(Than Tun) 역시 이러한 견해를 지닌 것으로 생각된다. Than Tun, op. 앞의 글, pp. 71~80; Than Tun, Pagan Restoration, Journal of Burma Research Society, vol. 42(December, 1976), pp. 49~96.
[79] Than Tun, 앞의 책, pp. 74~75에서 인용.

pagoda)의 사리함에 봉안하였음을 알 수 있다.

그러므로 미얀마의 파토는 건축물의 형식, pagoda라는 명칭이 지니는 의미,[80] 사리봉안의 기록 등에 비추어 불탑으로 보는 것이 적절하다. 더불어 이와 같은 형식의 불탑은 인도 초기 불탑과 이 형식이 변모된 유형의 불탑과 같은 맥락에서 살펴보는 것보다는 동아시아의 파고다와 같은 맥락에서 접근하는 것이 더 적절하다 생각된다. 또한, 대체적으로 이런 유형의 불탑은 복합적인 성격을 지니며, 특히 파토는 특정 시기에 발전한 미얀마만의 독특한 형식의 불탑이므로 제디와 구분지어 볼 필요가 있다고 이해된다.

따라서 본고에서는 파토의 복합적인 성격과 건축물의 형식에 비추어 파토를 제디와 달리 불전형 불탑,[81] 혹은 불당형 불탑이라고 부르는 것을 제안한다.

3) 파야(paya)의 의미

미얀마에서는 흔히 불교사원을 파야라고 한다. 파야를 제디와 파토를 갖춘 탑으로 이해되기도 하지만 다양한 불교건축들이 들어 있기 때문에 포괄적 개념으로 불교사원, 즉 중국과 한국, 일본의 가람이라 할 수 있다. 이 사원은 중앙탑이 기준이 되고 그 주변에 수많은 부속건물이 중앙탑을 향하여 자리한다. 위에서 말한 것처럼 중앙탑 안으로 들어갈 수 있는지의 여부에 따라 그 중앙탑을 제디와 파토로 나누어 부른다. 제디는 탑이 꽉 차 안으로 들어갈 수 없는 순수한 탑인데 파토는 탑 아래쪽에 건축적 내부공간을 만들어 불상을 모시고 순례자들이 들어갈 수 있는 전각 불탑형 사원이다.

이렇게 하나의 건물로서 이들 공간을 다 담는 경우가 일반적이지만 주된 건축인 중앙탑과 이를 둘러싼 다른 부속건물들로 이루어진 복합시설이 파야이다.[82] 그래서 미얀마의 대표적인 불탑인 쉐다곤, 쉐지곤, 쉐산도를 모두 파야로 부른다. 그렇지만 이들은 모두 중앙탑이 내부가 없기 때문에 제디형식의 불탑인 것이다. 결국 파야를 넓은 의미에서 한국의 가람과 같이 가람의 성격을 띤 불교사원이라고 이해할 수 있겠다. 영어로 표현한다면

---

80 이와 관련하여 고든 루스는 파토는 제디와 거의 동일하다고 하였다. 이는 본고의 논지와 관련하여 주목되는 부분이다. Gordon H.Luce, 앞의 책., p. 235
81 이후 본고에서는 이해의 편의를 위하여 문맥상 특별한 경우를 제외하고는 제디를 불탑 또는 탑, 파토를 불전형 불탑 또는 불당형 불탑, 혹은 불탑이라고 부르도록 하겠다. (佛)塔殿, (佛)塔堂이라고 하는 것도 또 다른 명칭이 되겠다.
82 이들 이외에 유명한 불교사원으로 슐레 파야, 짜익띠요 파야도 있다.

Buddhist Temple, 혹은 Monastery이라고 하는 것이 좋겠다.

미얀마 불탑형식에 대한 마무리 글

미얀마를 비롯한 많은 아시아 지역 불교 건축물에 대한 연구는 서구권 학자들이 이룩해 놓은 토대 위에서 이루어진다. 후속 연구를 진행함에 있어 이런 선행연구는 귀중한 자료로써 참고되지만, 두 가지의 크고 작은 아쉬운 점이 있다. 크게는 같은 불교권에 속하는 아시아권 학자들의 연구를 살펴보기 어렵다는 점이고, 작게는 서구권 학자들의 인식에서 벗어나기 어렵다는 점이다. 이런 문제의식에서 출발한 본고는 미얀마 불교건축물의 기원과 구성요소를 고찰함으로써 몇 가지의 견해를 밝힌다.

미얀마의 불교는 인도와 스리랑카를 통하여 전래되었고 불탑 역시 인도와 스리랑카의 돔형 스투파에서 유래되었으나 미얀마 나름의 불교적 조형의지로 제디와 파토라는 독특한 불탑양식을 만들어 냈고 상좌부불교국가의 사원에서 중심적 위치를 점하여 장대한 모습으로 큰 발전을 이루었다.

제디는 인도 불탑의 초기형식인 Bharhut 불탑과 Sanchi 불탑, 이를 기본으로 다소 변모한 인도 남부의 Amaravati 불탑이나 Nagarjunakonda 불탑, 북서부 간다라불탑 형식으로 먼저 변한 다음에 스리랑카나 미얀마로 전래되었다고 생각된다. 한편 인도, 스리랑카와의 상호 영향 속에서 미얀마 고대 민족인 퓨(Pyu)족은 인도 복발형 불탑에서 변모된 그들만의 독특한 형식의 불탑을 건립하기 시작한다. 이를 미얀마불탑의 초기형식으로 파악되는데 이 형식이 바로 제디의 기원적 유래라 생각된다.

불전형 불탑이라 할 수 있는 파토는 인도의 불교석굴사원이나 힌두사원의 시카라형 건조물에서 영향을 받았다 생각된다. 특히 이는 아노라타 왕과 짠싯타 왕의 상좌부 불교를 통한 다양한 종파의 통합과 연관이 있다고 생각한다. 아노라타 왕 이전 버강은 아이지 불교, 낫 신앙, 힌두교, 대승불교 등 여러 종교가 난립하였다. 강력한 왕권을 구축하고 싶었던 아노라타 왕과 짠싯타 왕은 몬족으로부터 들여온 상좌부불교를 중심으로 기존의 종교를 통합하였다. 이는 미얀마의 수많은 사원에서 살펴볼 수 있는 낫 신상 뿐만 아니라 불전형 불탑의 중심부에 자리하고 있는 시라카형 건조물을 통해서도 살펴볼 수 있다. 그러므로 불전형 불탑의 시카라형 건조물은 상좌부불교를 통한 힌두교의 포용을 상징적으로 나타낸 부분으로 이해할 수 있다.

미얀마불탑의 공통적인 특징은 장소의 중심성과 형태의 수직성에 있다. 어느 사원이던지 가장 중요한 핵심적 공간에 자리하고 형태는 강한 종교적 앙천과 수직성을 나타낸다. 불교국가의 다양한 불탑 중에서 이러한 점이 가장 두드러진 것이 특징이다.

미얀마의 대표적 불교건축물인 파토를 불탑으로 봐야 된다. 고든 루스를 비롯한 서구권 학자들은[83] 내부 공간에 불상을 모신 점을 들어 이를 불전(temple)이라고 하였지만, 동아시아의 수많은 불탑에서 살펴볼 수 있듯이 이런 점들은 해당 건축물의 성격의 핵심이 될 수 없을뿐더러, 미야제디 불탑(Myazedei, 11C후~12C초), 펫레익 동탑(East Phet-Leik, 6세기 이후)[84]과 같은 다양한 불탑을 포괄하기 어렵다.

불탑의 기원과 변모양상, 미얀마로의 불탑의 전래양상, 파토의 사리봉안 기록 등을 고찰하여 보면 파토를 미얀마만의 독특한 '불전형 불탑'으로 보는 것이 적합하다 생각한다. 더불어 명확한 구별을 위하여 이런 형식의 건축물은 사리를 봉안하지 않았더라도 불전, 불당이라는 명칭보다 (佛)塔殿, (佛)塔堂이라고 명칭 하는 것이 적절하다고 생각된다.

---

[83] Gordon H.Luce, 앞의 책, p. 243; Kyaw Lat, 앞의 책, p. 61; Richard. M. Cooler, The Art and Culture of Burma, Northern Illionis University (http://www.seasite.niu.edu/burmese/cooler/BurmaArt_TOC.htm/)

[84] Kyaw Lat, 앞의 책, pp. 149~150; Richard. M. Cooler, 앞의 사이트.

제10장
태국 불탑의 형식

태국 불탑연구의 배경 및 범위
태국불탑의 유형
상좌부 불교권 불탑의 양식
태국불탑 형식에 대한 마무리 글

태국불탑의 형식

태국 불탑연구의 배경 및 범위

종교는 역사의 발전단계를 반영하고 있는 구체적인 문화현상으로서 경제·정치·사상·예술 등 사회의 전 영역에 깊이 관련되어 있다. 종교의 등장은 사회와 체제의 변화를 동반해 왔고, 정치적, 사회적, 문화적 기능을 달리하여 전개시키기도 한다. 태국은 상좌부불교(Therabada Buddhism, 小乘佛敎)를 국교로 삼으며 동쪽으로는 라오스와 캄보디아, 남쪽으로 말레이시아, 서쪽으로 미얀마와 국경을 접하고 있는 동남아시아 국가이다. 태국의 불교 전래는 시기적으로 늦은 편이나 다양한 문화권의 수용으로 문화적 다양성이 두드러지는 계기가 되었다. 동남아시아의 다양한 국가들은 고대부터 많은 민족국가와 전통문화가 형성되었으나 태국은 약 13세기경부터 독립적인 국가로 성장하였고 광대한 영토와 문화적 다양성, 정통 불교국가로서의 맥락을 자랑한다.

태국불교의 원류는 인도에서 비롯하여 아래로 스리랑카를 거쳐 미얀마와 태국으로 전래되었다. 이는 시대를 거듭하며 전해져 온 것으로 미얀마와 국경을 접하고 있는 태국은 몬(Mon)족[1]의 직접적인 영향을 받아 많은 사원과 불탑이 건립되었다. 태국 불교 사원의 예술품 및 건축물은 각 시대별 제국 왕조와 지역 부족의 특징을 따르는 특성을 보이며 불교사원은 대다수의

---

1 몬(Mon)족은 현재의 태국 및 미얀마 지역에 고대부터 정착하여 일찍이 인도와 서로 교역했는데 그때 미얀마어로 쓰여진 불교경전을 가지고 왔다고 한다. 15세기에 기록된 자료에 의하면 원시 몬족은 본래의 정착지인 미얀마 랑군(Rangoon)지역에 거주하였다.

유구가 훼손된 상태로 있으나 소극적인 보수로 인해 나름 원형을 파악할 수 있다. 따라서 사원의 구성과 불탑(Stupa)[2]의 형태 및 구조, 재료를 연구하는데 중요한 참고가 되고 있다. 태국 불교는 상좌부불교를 기반으로 하여 동물숭배나 조상숭배로부터 기원된 지역 종교가 습합된 특징을 보인다. 현재 태국 땅에 거주하는 타이족은 원래 대승불교를 믿었다. 13세기까지 수코타이 지역을 지배하던 크메르 왕국은 태국 북동부지역에 힌두 사원을 건립하였으며 태국 최초의 왕조인 수코타이(Sukhothai)왕국에서는 스리랑카로부터의 소승불교 도입으로 스리랑카의 예술적 영향이 크게 작용하였다. 이는 건축에서 상좌부불교와 대승불교, 크메르예술 모두를 부분적으로 수용하여 태국의 불탑은 다양한 문화권의 융합으로 매우 복합적인 형태를 보인다.

이전까지의 태국의 불탑 및 건축에 대한 선행연구로는 '태국의 왕도건축연구', 노장서(2009)와 '동남아 소승불교 국가들에서의 왕권과 종교와의 관계', 조흥국(2002) 등이 있다. 이 연구들은 태국 불교 건축에 있어서 사원의 핵심을 이루고 있는 불탑의 건축적 특성을 담고 있지 않아 본고에서는 12~15세기 태국 불탑의 유래와 형식에 관한 연구를 하였다.

본 연구는 특히 태국 지역 중 불교사원이 중점적으로 축조되었던 시기와 지역을 대상으로 문헌조사와 3차에 걸친 현장조사를 통해 분석한 것으로 태국 내 지역별로 나타난 불탑의 유래와 형식, 종류 등을 분석하여 태국 불탑을 구성하고 있는 개별적 요소들의 총체적 관계에 대한 해석이라고 하겠다.

연구의 시간적 범위는 현 태국지역에 불교가 본격적으로 영향력을 행사하기 시작한 12세기부터 15세기이며, 공간적 범위는 태국 지역 내에서 주요 불교문화유산이 있는 치앙마이(Chiang Mai), 람빵(Lampang), 람푼(Lamphun), 수코타이, 시싸차날라이(Si Satchanalai), 나콘 라차시마(Nakhorn Ratchasima), 부리람(Buriram), 아유타야(Ayutthaya) 지역이다. 다만 태국 남부 지역의 나콘 씨 탐마랏(Nakhon Si Thammarat)도 주요 불교유적이 산재하나 중심 권역에서 워낙 멀리 위치하기 때문에 조사하지 못하였음을 밝힌다.

연구의 방법은 기초적인 문헌조사와 고찰을 토대로 3차례에 걸친 현장

2 불탑은 본질적으로 인도의 스투파(Stupa)에서 기인하나, 태국에서의 불탑 용어는 지역별·유형별 특징에 의해 명칭을 달리한다. 이에 전반적인 스투파의 양상에 대해 명확한 용어가 정의되지 않아, 한국에서 일반적으로 사용되는 불탑이라는 용어를 사용하며, 구체적인 태국 불탑의 발달 양상의 설명에 있어서는 현지에서 사용되는 각 유형별 분류 용어를 사용한다. 즉 불탑은 모든 유형의 스투파를 말한다.

■ 태국 지도

답사를 통해 실증적 연구를 진행하였다. 문헌조사는 태국 왕조의 시대적 기록을 통해 분석하였으며, 불탑의 연혁 및 사적 자료는 객관적이고 명확한 근거가 있는 실재적 자료를 바탕으로 조사, 연구하였다.

현장 답사는 현황 파악을 위한 과정이었으며 1차로 2012년 4월에 실시하였다. 문헌조사 및 기초자료분석을 통해 파악된 불교사원 중 주된 원형이 남아있는 곳을 중심으로 대상을 선정하였다. 대상지의 사원 배치와 평면, 그리고 불탑의 형태를 야장 작성하고 사진촬영을 병행하였다. 이러한 자료를 근거로 학술대회에 관련 논문을 발표 하였다. 그 후 연구내용 보완을 위하여 2016년 12월, 2017년 12월에 현장답사를 실시하여 논문의 완성도를 높였다.

현재까지 한국에서는 태국의 불교 건축과 미술에 대한 심도 있는 연구결과가 부족한 까닭에 기존의 단편적인 자료들을 참고하였고, 이를 근거로 태국 불탑의 유래와 출현에 대하여 고찰한 다음 현장을 중심으로 태국 불교사원 내 불탑 형식을 고찰하였다.

현재까지 한국에서 태국의 불탑에 한정된 연구는 거의 없다. 다만 불교와 불교사원에 대한 연구에서 부분적으로 불탑에 대한 내용이 포괄되어 있다. 태국의 사찰에 대한 연구는 Dawn F. Rooney의 『Ancient Sukhothai(2008)』, Nithi Sthapitanonda, Brian Mertens의 『Architecture of Thailand(2012)』, John Hoskin의 『History of Thailand(2015)』, 디트리히 제켈의 『불교미술(2002)』, 스테파노 베키아의 『The Khmers (2008)』,

한국태국학회의 「태국의 이해(2012)」, Joe Cummings의 Buddhist Temples of Thailand(2014) 등의 문헌과 Denis Byrne의 「Buddhist Stupa and Thai Social Practice(1995)」, Lawrence Palmer Briggs의 「The Appearance and Historical Usage of the Terms Tai, Thai, Siamese and Lao(1949)」, 노장서의 「태국의 왕도건축 연구: 방콕을 중심으로(2009)」, 박순관의 「동남아시아 종교건축의 지역화 양상 연구(2010)」, 최정미, 천득염, 김준오의 「태국 불교사원의 건축적 변화양상: 12~15세기 유적을 중심으로(2012)」 등의 논문이 있다.[3] 특히 박순관은 선행연구[4]를 분석하여 불교건축을 각 국가별로 분류하여 종교와 건축의 관계를 유형별로 간략하게 정리하였다. 또한 최정미 등은 태국 사원의 구성 형식에 대한 연구를 위하여 태국 불교사원의 건축적 변화 양상을 고찰하였고 최근 김소영(2017)은 수코타이시대로 한정하여 사찰의 배치형식과 구성요소들에 대하여 고찰하였다. 따라서 본고에서는 이러한 기존의 연구를 바탕으로 현장답사를 통하여 불탑에 대한 집중 조사를 실시하였고 완성도가 높은 연구로 발전시키고자 노력하였다.

태국불탑의 유형

불탑이란 부처, 즉 석가모니의 진신사리를 모시는 성스러운 무덤이다. 불탑은 불교 역사에서 최초로 등장하는 부처의 상징으로, 지극히 성스러운 건조물이다. 불탑은 불상과 함께 불교에 있어서 가장 중요한 예배대상으로 부처님의 신골(身骨)인 불사리를 봉안하는 것이다.[5]

태국에서 불탑의 유형은 Stupa, Chedi(제디), Prang(프랑) 또는 Prasat(프라삿) 등 다양한 모습으로 나타나며 스리랑카의 Dagoba(다고바), 미얀마에서 말하는 Pagoda(파고다)와 같은 의미로 사용된다. 제디는 산스크리트어의 차이티야(Chaitya)[6]에서 유래된 태국의 스투파로 일반적으로 사리탑을 의미하지만 왕이나 고승 등의 유골을 모신 것도 포함된다.

태국 불탑은 불교의 전래와 더불어 사원 안에 건립되었음은 당연하다. 그 형식은 인도 및 스리랑카의 시원형 불탑에서 유래하며 인근 지역인 크메르 및 미얀마의 영향 또한 나타난다. 무엇보다도 인도와 스리랑카의 영향을

---

3 김소영, 「태국 수코타이왕조 불교사원의 구성형식고찰」, 전남대학교 대학원 석사학위논문, 2017, 4쪽.
4 박순관, 「동남아시아 종교건축의 지역화 양상 연구」, 『아시아연구』, 2010.
5 천득염, 「불탑의 의미와 어원」, 『건축역사연구』, 제20권 5호, 2011, 82쪽.
6 chaitya, 혹은 catiya라고 한다. 성전 또는 성소라는 의미의 sanctuary, holystead, shrine 이라 할 수 있다. 천득염의 위 논문에 따르면 인도에서의 차이티야 의미는 초기 석굴로 탑이 있는 동굴사원, 즉 불탑을 중심에 모시는 불전으로 흔히 주변에 비하라와 함께 위치한다.

받은 복발형 불탑이나 종형 불탑이 주종을 이루고 여기에서 변모한 미얀마와 크메르 형식이 자연스럽게 나타난다. 태국이 위치한 인도차이나지역은 인도 아마라바티와 스리랑카의 문화 및 예술양식이 뚜렷하였으나 약 7세기경 이 지역에 등장한 드바라바티와 9세기 앙코르 왕국의 영향으로 태국의 문화, 건축 및 미술의 정체성이 형성되었다고 볼 수 있다.[7] 이처럼 태국은 지리적 특성상 다양한 형태의 불탑이 조성되었다.

종형 불탑 ; Bell shape

태국에서도 인도 초기불탑유형과 같이 스투파를 수직으로 상승하는 거대한 형태로 만들고자 하는 경향이 있었다. 그러나 세부적인 변화를 제외하면 낮은 원형 기단 위에 반구형의 돔과 상부구조가 놓이는 원래의 기본형을 일반적으로 유지하고 있다. 태국에서 가장 흔히 볼 수 있는 이러한 탑은 제디라고 부른다. 제디의 기본 형태는 스리랑카의 다고비(dagoba)[8]와 유사한 형태로, 3단의 기단 위에 돔이 있고 그 윗부분에는 하르미카(平頭)를 비롯한 상륜부가 올라간다.[9] 탑신의 형태는 돔형 중에서도 종형(Bell shape)을 기본형으로 한다. 산치 탑의 문이 복발의 외곽에 난순을 돌리고 그 일부로 이루어졌다면, 태국의 불탑은 종형 탑신에 문이 있거나 기단부에 문이 배치되어 있는 형태를 보인다.

종형 불탑의 기단부는 사각 또는 팔각기단으로 라테라이트(Laterite) 또는 벽돌로 조성되어 있다. 기단에서 탑신으로 올라가는 상부 기단부는 사각, 팔각 또는 원형의 층계가 줄어드는 띠 장식으로 조성되었다. 띠 장식은 비스듬하게 상승하며 높거나 낮은 층계가 뒤섞여 3단이나 5단의 계단형식 구성을 보인다. 탑신의 아랫부분을 조형적으로 받치기 위해 3단의 띠 장식이 종의 끝부분과 같이 낙수면이 들려있는 경우도 있으며 연꽃장식이 상하로 앙련(仰蓮)과 복련(覆蓮)이 형태로 조성된 경우도 있다.[10] 거의 모든 제디가 일관적으로 종형의 탑신을 하고 있으며 종 상부에는 사각 평두 위에 나선형 산개가 위치한다. 위쪽으로 길어지는 경향이 있지만 기단과 돔, 정상부의 비례를 비교해 볼 때 돔이 가장 큰 비중을 차지하였다. 한 가지 특징이라면 정상에서 기단으로 내려가는 윤곽이 매끈한 곡선을 그리며 이에 따

---

7 디트리히 제켈, 이주형 역, 『불교미술』, 예경, 2002, 180쪽.
8 다고바(dagoba)는 스리랑카에서 유품(유골, 유발 등)을 넣은 곳, 즉 스투파를 가리킨다. 산스크리트어의 dhata(계[界], 유품)와 garbha(태[胎], 장[藏]) 두 단어가 복합 간략화된 말이다.
9 월간미술, 『세계미술용어사전』, 2008, 154쪽.
10 김소영, 앞의 논문, 2017, 78쪽.

■ 종형 불탑
1. 기본형(Wat Sa Si)
2. 기단부형(Wat Phra That Hari phunchai)
3. 감실형(Wat Phra Si Sanphet)
4. 기단부 코끼리형 (Wat Chang Lo m)

라 몰딩이 오목하게 되어 있다. 따라서 전체 형태는 종 모양을 연상시키는데, 이 같은 형태는 인도네시아의 보로부두르에서도 볼 수 있다. 이러한 특징과 더불어 매우 가느다란 바늘 같은 첨탑이나 유연하게 우아한 곡선을 그리며 상승하는 윤곽, 그러면서도 아주 안정감 있게 지면 위에 놓인 기단 등에서 태국 제디는 스리랑카와 인도차이나의 스투파에 가까운 형태이지만 인도나 동아시아의 탑들과는 분명하게 구별된다.

제디의 형태는 기본형인 종형 불탑과 기단부형 불탑, 감실형 불탑, 기단부 코끼리형 불탑 등으로 구분 지을 수 있다. 기단부형 불탑은 기단부의 규모가 거대하게 높아져 전체적인 높이가 매우 높고, 종형 탑신을 받치고 있는 띠 장식이 크게 증가함을 보인다. 감실형 불탑은 아유타야시기에 나타난 제디에서 주로 볼 수 있으며 기단부에 네 개의 벽감을 추가하여 북부 지역 고탑형 탑에서 보이는 형태를 차용하였다. 전형적인 종형 불탑에서 비롯된 새로운 태국식 불탑형이라고 볼 수 있다.

또한 기단부에 의장적인 요소가 발달하여 코끼리상이 기단부 사면에 둘러진 경우도 있다. 코끼리를 둔 예는 수코타이 불교사원 중 왓 창롬(Wat Chang Rom)이나 왓 소라삭(Wat Sorasak)에서 보인다.[11] 코끼리상이 기단부에서 돌출된 형태로 조성되거나 감실 안에 배치하였다. 코끼리상은 라테라이트 또는 벽돌로 뼈대를 만들고 난 다음 스투코를 덮어 마감하고 있는 형태로 현재는 훼손이 심하여 몸체만 남아있는 경우가 많다.[12]

[11] 이러한 코끼리 기단의 예는 스리랑카와 캄보디아 앙코르와트에서도 나타난다.
[12] Dawn F. Rooney, Ancient Sukhothai – Thailand's Cultural Heritage, River Books, 2008. p.44

프랑(Prang)형 불탑 ; Corn shape

옥수수나 포탄과도 유사한 모습을 띠고 있는 프랑은 크메르양식[13]인 프라삿에서 유래한 불탑으로 크메르양식에서 기원하여 불교가 융합되며 나타난 불탑이다. 프랑은 수코타이와 아유타야 시대 초기 사원에서부터 등장하며 탑의 모서리에 다양한 조각상이 나타나고 내부에 불상을 모시는 공간이 조성되어 있다.

태국 지역에서도 힌두사원에서 보이는 프라삿 형태의 탑이 나타난다. 수코타이 지역의 왓 짜우짠(Wat Chao Chan) 사원의 탑은 크메르의 영향이 나타난 건축물 중 가장 태국의 최북단에 위치하고 있다. 탑은 라테라이트로 건축되었으며 스투코가 덮여있었던 것으로 보이나 현재는 거의 남아있지 않다. 평면 형태는 방형이며 탑의 중간부의 각 면에 현관인 포치(Porch)를 두고 있으며 동쪽 문의 상부에는 두 개의 박공이 있고 기둥을 가진 위비(僞扉, False door)가 나머지 세 면에 있다. 세 번째 층에 축소된 형태의 프라삿이 위치해있으며 탑신 상부에는 짧은 옥수수형의 모서리 장식이 늘어서 있다. 상륜부는 연꽃잎이 줄지어 표현되었다.[14] 지역적 측면이나 시기적인 추정으로 살펴 볼 때 왓 짜우짠이 위치한 차리앙(Chalieng)지역은 드바라바티 시대 때부터 사원의 부지로서 사용되었고, 약 12세기 후반~13세기 초반 크메르 통치기에 탑이 건립되었던 것으로 추정한다. 크메르의 지배를 받아 힌두사원으로 건축된 후 불교사원으로 용도가 바뀐 역사적 배경이 탑의 형태에 영향을 주었다. 드바라바티에서 크메르에 걸친 문화적 영향이 수코

■ 1. 초기 프랑형 불탑(Wat Si Sawai)
2. 프라삿(Wat Chao Chan)

13 크메르족 및 크메르왕국의 미술. 실질적으로는 캄보디아의 미술. 그러나 보통 크메르족의 일파(중국에서 말하는 진랍[眞臘])가 부남국(扶南國)과 바뀌어 캄보디아 지배를 확립한 6세기 중엽 이후의, 특히 앙코르를 중심으로 현저한 발전을 이룩한 이민족의 건축미술에 초점을 두고 말할 경우 흔히 쓰이는 말이다.
14 김소영, 앞의 논문, 2017, 29쪽

15 Steve Van Beek, Thailand, Asia Books, 2007, p.115
16 12세기 초에 건립된 캄보디아의 사원으로 앙코르는 왕도(王都)를 뜻한다. 당시 크메르족은 왕과 유명한 왕족이 죽으면 그가 믿던 신(神)과 합일(合一)한다는 신앙을 가졌기 때문에 왕은 자기와 합일하게 될 신의 사원을 건립하는 풍습이 있었는데, 이 유적은 앙코르왕조의 전성기를 이룬 수리아바르만 2세가 바라문교(婆羅門敎) 주신(主神)의 하나인 비슈누와 합일하기 위하여 건립한 바라문교 사원이다.

타이 시대로 이어져 태국 탑의 특징을 담고 있는 가장 초기적 형태로 추정할 수 있다.

프라삿의 형태는 결국 인도 힌두사원의 시카라에서 유래하였다고 볼 수 있다. 이러한 모습은 현재 나콘 라차시마(Nakhon Ratchasima)에 가까운 피마이(Phimai) 지역에서 볼 수 있는데 이곳은 앙코르와트에 이르는 순례길의 종착지이다. 프라삿 힌 피마이(Prasat Hin Phimai)의 탑은 앙코르와트보다 먼저 건축된 것으로 이러한 크메르형식의 탑은 12세기 중엽 이후에 이루어진 것이고 이는 앙코르 출신 왕이 힌두에서 불교로 변모한 것에 기인한다.15)

프랑은 수코타이와 아유타야 지역에 집중적으로 분포한다. 프라 프랑(Phra prang)이라는 명칭도 있는데 이는 프랑에 대한 존칭어로 Phra, Maha 등의 용어는 왕궁 사원과 같은 경우에 주로 높여 부르는 용도로 쓰이며 의미적으로는 프랑과 같다. 프랑의 전체적인 형태는 캄보디아 앙코르와트(Angkor Wat)16)와 유사하며 규모적으로는 크고 높으며 더 짜임새 있는 배치를 보인다.

프랑의 많은 부분이 프라삿과 비슷하지만 재료와 형태상으로 차이가 있다. 재료상으로 프라삿은 주로 사암과 라테라이트로 조성되었으나 프랑은 라테라이트 또는 벽돌로 만들어졌으며 스투코로 마감되어 있다. 프랑의 기단부는 사각형으로 구획되어 높은 돔형 탑신을 하고 있다. 프라삿의 탑신 역시 사각형이지만 프랑은 시카라형 돔이 변형되어 모서리 장식이 돌출되

1. 인도 카주라호 힌두사원의 Sikha ra
2. 프라삿 힌 피마이 (Prasat Hin Phimai)

■ Wat Si Sawai
1. 박공장식
2. 모서리장식

며 탑신이 거의 원형을 이루고 있다. 구조적으로도 안정감이 있고 장식적으로도 매우 아름답다. 기단부는 3개의 벽감과 입구로 구성되어있으며, 특히 신상을 봉안하는 공간은 기단부에서 내부로 이어지는 매우 가파른 계단을 통해서 올라갈 수 있는 구조로 변화하였다. 프랑의 내부에는 불상이 안치되어 있다. 17세기 이후 프랑의 형태는 더 좁은 형태의 상륜부과 큰 규모의 기단부로 상당히 변화하였다.

가장 큰 형태적인 차이는 프라삿은 위로 갈수록 층단의 크기가 감소하는 것이 뚜렷하게 보이지만, 프랑은 완만하게 줄어들어 서서히 가늘어지는 형태를 보인다. 또한 태국의 프랑은 크메르의 프라삿에 비하여 상징적인 장식이 더 많다. 즉 크메르 사원의 석조 궁륭의 박공은 나가(Naga)또는 힌두 신으로 장식되어 있다.[17] 이와 비교하여 프랑의 박공은 크메르와 동일한 장식 요소를 보이고 있지만 더욱 섬세하고 장식적으로 제작되었다.

상륜부의 정점은 인드라의 무기라고도 부르는 Trishul로 구성된다. 현대적인 프랑은 더욱더 슬림한 구조로, 옥수수형을 연상케 한다. 이는 크메르의 원형에서 온 것이 후대로 내려오면서 더 수직성을 강조하여 상승된 모습으로 변화되었다 생각되며 대표적으로 방콕의 랜드마크인 왓 아룬(Wat Arun)이 이에 해당된다.

아유타야 지역의 왓 차이와타나람(Wat Chaiwatthanaram)에는 불탑 영역 내에 다수의 탑이 있는데 중심 탑을 중심으로 네 모서리와 내부 사이에 소형불탑을 배치하고 있다.[18] 중심 탑의 형태는 프랑이며, 주변 탑은 프랑이나 종형 제디, 혹은 고층탑형으로 구성되는데, 이는 프랑이 위치적으로나 양식적으로 중요한 상징적 의미를 가졌기 때문에 중심에 위치하며 더 크

17 Philip Rawson, The Art of Southeast Asia, Thames and Hudson, 1995, p.98
18 유사한 앙코르사원의 영향은 수코타이에 있는 Wat Phra Phai Luang에서도 볼 수 있다.

19 Steve Van Beek, op. cit., p.100
20 Dawn F. Rooney, op. cit., 2008, p.47

게 조성한 것으로 짐작된다. 따라서 왓 프라 람(Wat Phra Ram)에서처럼 남북방향에는 프랑이 자리하고 네 모서리에는 조그마한 종형 탑이 위치하는데 이 종형불탑은 아유타야시기에 부가된 것이다.

현대적인 프랑은 더욱 더 높고 상승하는 구조로 옥수수형을 연상시킨다. 대표적으로 방콕의 랜드마크인 왓 아룬의 탑이 이에 해당한다.

연꽃 봉오리형 불탑 ; Lotus-Bud shape

연꽃 봉오리형(Lotus-bud shape)은 태국에서 만들어진 특유의 불탑을 말하는데 본래 14세기경 스리랑카에서 도입된 상좌부불교와 승려들에 의하여 소개된 것으로 알려지고 있다.[19] 연꽃 봉오리형 불탑은 수코타이 시대에 처음으로 등장하여 특징적으로 나타나는 태국형 불탑이다. 대체적으로 높이가 높고 우아하며 꼭대기 부분이 연꽃 봉오리형을 하고 있다.

기단부는 전형적으로 5단의 층계를 가진 사각기단으로 구성된다. 탑신부는 평두와 비슷하게 생긴 사각의 베이스위에 2~3단을 이루는 층계가 리덴트 모서리(redented corner)로 각을 죽여 수직방향으로 연꽃 봉오리형 복발을 받치고 있다.[20] 수직적인 리덴트 장식이 길게 상승한 탑신의 하부 구조는 크메르 프랑에서 발전된 것으로 보인다. 상륜부는 평두가 없어 더욱 날카롭고 뾰족하여 수직성이 강조된 첨탑이다.

연꽃 봉오리형 불탑의 가장 큰 특징은 기단부가 매우 높아지며 수직적으로 상승하고, 리덴트 모서리가 있는 층계가 나타나며 복발 부분이 매우 작

■ 연꽃 봉오리형 불탑

다는 점이다. 또한 태국지역에 가장 많은 분포를 보이고 있는 형태인 종형 불탑은 스리랑카의 탑과 같이 상륜부에 평두가 있으나. 연꽃 봉오리형 불탑은 평두를 생략하여 탑신부에서 상륜부로 유연하게 이어지며 섬세하고 우아한 외형을 보인다.

이는 태국만의 독특한 불탑형식으로 수코타이 왕조 이후 시대가 지남에 따라 가늘고 높은 모양이 된다. 이 형식은 네 지역 중 특히 시싸차날라이에 많이 남아 있는데 왓 체디 쳇 타오, 왓 수안 우타얀 노이의 중심 불탑의 형태가 바로 연꽃봉오리형식 불탑이다. 물론 수코타이의 왓 마하탓에도 유사한 연꽃 봉오리형 불탑이 중심적인 위치에 자리한다.

스리랑카와 크메르 사원의 양식적 영향이 주로 보여졌던 태국의 불탑에서 연꽃 봉오리형 불탑의 등장은 태국 내 불교적 영향력의 증가를 의미한다. 연꽃은 불교에서 종교적 성스러움을 표현하는 가장 대표적인 상징물로서 불교적 상징의 의미가 극대화되어 등장한 조형요소이다. 연꽃잎 장식, 연꽃봉오리형태의 사용은 태국의 주된 종교가 상좌부 불교로 변화하며 건립된 상징적인 건축물로 파악할 수 있다.

고층형(多層形) 불탑 ; Step-Pyramid Shape

고층형 불탑은 방형 평면으로 높은 기단위에 벽돌을 들여쌓기 하여 층단형으로 크기가 점차 줄어드는 형태를 보인다. 람푼 지역의 왓 쿠쿳(Wat Ku Kut), 치앙마이 지역의 왓 프라탓 하리푼차이(Wat Phra That Harihunchai)에서 이와 같은 사례를 볼 수 있다. 고층형 불탑의 대표적인 예라고 할 수 있는 왓 쿠쿳은 12세기에 지어졌다가 파괴된 것을 1218년에 다시 세운 것으로.[21] 탑의 벽면에는 60개의 감실형 아치가 있고 신상, 동물, 신화 등을 테라코타로 표현하여 조각하였다. 이 탑은 크기가 줄어드는 방형의 입체를 위쪽으로 차례차례 여러 개의 층단으로 쌓아 올라가는 형태이다. 각 층의 수직 벽면에는 기둥으로 구획되고 장식된 감실(龕室)이 있고 감실[22] 안에 불상이 봉안되어 있다.

왓 쿠쿳의 이러한 고층형 양식은 드바라바티 시기 때 조성된 것이다. 드바라바티는 1020년 이래 크메르 제국에 흡수된 태국의 중부지역보다 서북

[21] 디트리히 제켈, 이주형 역, 앞의 책, 186쪽.
[22] Ping Amranand, Lanna Style, Asia Books, 2000, p.47

■ 고층형 불탑(Wat Phra That Hari hunchai)

쪽 지역에서 더 오래 존속하였다. 크메르 지역으로부터 대승불교가 드바라바티에 전해졌지만, 당시의 관대한 종교정책으로 인해 소승불교도 존속할 수 있었다. 또한 이 지역이 미얀마나 스리랑카와 직접적으로 교류하고 있던 점도 소승불교의 존속에 도움이 되었다. 드바라바티는 크메르로부터 큰 영향을 받았는데 이런 까닭에 특히 11~12세기 태국 동부지역에 크메르의 영향이 두드러지게 나타났다.

이러한 형태의 탑은 스리랑카의 사트 마할 파사다(Sat Mahal Pasada)에서도 나타나며 스리랑카의 탑이 왓 쿠쿳의 형태를 본받아 건립된 후기의 탑으로 보인다. 동남아시아의 예술을 언급 할 때 스리랑카의 예술적 영향력은 매우 미미하다. 그러나 특히 태국과 스리랑카의 관계에서는 강하다. 예를 들어, 두 나라는 나라 간의 긴 수도원적 유대를 보여 주면서, Theravada 불교를 행한다. 오늘날에도 스리랑카의 캔디(Kandy)에 있는 사원을 방문하는 사람들은 태국에서 온 순례자들을 쉽게 볼 수 있다. 태국의 아유타야에 가장 많이 보이는 큰 종형의 제디 또한 스리랑카의 모든 고대 왕실 도시에서 발견된다. 그러나 두 나라 사이의 흥미로운 연결 고리는 왓 쿠쿳과 왓 사트 마할 파사다이다. 분명히 중세 스리랑카의 수도 폴론나루와에는 건축

학 지식을 람푼에 있는 자신들의 수도로 다시 가져간 몬 수도승들이 있었다. 두 탑 모두 층을 이루는 벽돌로 된 탑이며, 조각상은 감실 안에 위치해 있다. 약간의 차이점을 살펴보면 스리랑카의 불탑은 걸어 다니기에는 좁은 보행 공간을 보인다.

고층형 불탑은 방형 평면으로 높은 기단 위에 벽돌을 들여쌓기 하여 크기가 점차 줄어들게 조성하는 인도 힌두사원의 시카라[23] 형태에서 비롯되어 마하보디불탑 형태로 변모된 것으로 이해된다. 이 유형은 개념상 크메르의 산형(山形) 신전(temple mountain)에서 유래했거나, 그 이전 인도에서 발달하고 있던 높은 중층형 건축에서 유래한 것일 가능성이 있다. 물론 이와 유사한 형태는 메소포타미아의 지구라트나 이집트의 계단형 피라미드(step pyramid)에서도 찾을 수 있는 형식으로 고대 종교시설에서 고단형식 즉 high place platform의 한 형식이라 하겠다.

또한 치앙마이의 왓 쨋욧(Wat Chet Yot)은 하부에 내부공간이 있는 불전을 조성하여 그 내부에 불상을 모시고 상단에는 불탑을 세웠다. 즉 상단 중앙에 고층탑형 탑을 두고 네 모서리와 그 사이에 소형불탑을 두었는데, 네 모서리의 탑은 주 불탑과 같은 고층탑형이며 나머지는 스리랑카계통의 제디이다. 이 사원은 건축 당시 인도의 보드가야(Bodh Gaya)에 있는 한 사원을 모델로 했다고 하는데 전체적인 형태와 구성이 마하보디 대탑[24]과 형태가 유사하다. 또한 태국에서는 치앙마이의 왓 제디 리암(Wat Chedi

■ 조성시기별 고층형 불탑
1. 인도 보드가야(Bodh Gaya)
2. 태국 람푼(Wat Ku Kut)
3. 스리랑카(Sat Mahal Passada)
4. 태국 치앙마이(Wat Chet Yot)

[23] 시카라(Sikhara)는 힌두교 사원이나 자이나교 사원의 본전(本殿) 정상부에 높이 솟아 있는 고탑으로 보드가야의 대탑이 시카라의 예로 지칭된다.
[24] 미야지 아키라, 김향숙·고정은 역, 『인도미술사』, 다할미디어, 2006, 187~190쪽. 마하보디대탑은 기원전 3세기경에 아쇼카왕이 세웠다고 한다. 이 탑은 높이가 55m나 되며 방추형의 9층탑으로 3km 떨어진 곳에서도 보이는 웅대한 탑이다. 단, 현재의 탑은 아쇼카왕 때 세워진 것이 아니고, 중국의 법현과 현장의 기록에 따르면 409년과 637년 사이에 세워진 것으로 추측된다. 대탑 주위에는 세계 각지의 불교도들이 건립한 봉헌탑이 있으며, 외벽 감실에는 불상이 모셔져 있다.

[25] William Warren, Lanna Style Arts and Design of Northern Thailand, Asia Books, 2001. pp.23~45

Liem)과 같이 날카롭게 상승하는 피라미드 형식을 Haripunchai style 라고 부르기도 한다.[25]

리덴트형 불탑 ; Redented Style (Polygonal Shape)

리덴트형 불탑의 평면 형태는 정방형으로 기단부 위의 탑신 형태가 리덴트형식으로 각을 죽여 이루어진 다각형 부분이 두드러진다. 상단에 조그만 복발형태의 상륜이 놓아지기는 하나 전체적인 형태가 스리랑카 양식의 종형(Bell shape) 탑신과는 분명히 다르다.

리덴트형 불탑 양식이 가장 많이 등장하는 지역은 북부지역이며 왕조로 나뉘자면 옛 란나(Lanna) 왕조에 해당한다. 란나왕국은 동쪽으로는 라오스, 북서쪽으로는 미얀마와의 접경지역에 위치한 태국의 최북단으로, 치앙

■ 리덴트형 불탑
1. Doi Suthep
2. Wat Chiang man

리덴트 모서리 상세
3. Doi Suthep
4. Wat Chedi Luang

마이(Chiang Mai)와 치앙라이(Chiang Rai), 람푼(Lanphun), 람빵(Lampang)을 포함한 지역이다. 13세기부터 16세기까지 번창한 란나지역에는 여러 시대에 걸쳐 다양한 문화를 반영한 불탑의 형태가 나타난다. 태국 불탑의 특징은 서로 원류를 달리하는 다양한 요소들 사이에 끊임없는 상호 교류와 융합, 종합이 이루어졌다는 점이다. 그 중 란나 지역은 시대적으로도 가장 오랜 기간 유지되었기 때문에 불탑의 형태는 매우 복잡한 양상을 띠며 간단하게 정리하기 힘들 정도로 다양하다.

이처럼 란나 지역의 독특하고 다양한 형식의 불탑은 기단부는 방형을 기본으로 모서리부분에 리덴트 장식이 깊어지기 때문에 마치 다각형으로 보이기도 한다. 또한 기단부 규모의 증가로 인해 기단부가 아주 높고 탑신이 비교적 작은 형태를 나타내게 된다. 물론 중앙부의 탑신은 다각형을 이룬다.

이러한 리덴트형식 불탑의 예는 왓 치앙만(Wat Chiang Man)으로 기단부와 탑신부 그리고 상륜부라는 한국불탑의 공간 분할 방식이 쉽게 적용된다. 기단부는 맨 아래에 낮은 단을 설치하고 그 위에 코끼리 상으로 장식된 하층기단을 두고 다시 그 위에 깊은 감실을 조성하여 불상을 안치한 상층기단을 구축하였다. 탑신부는 방형의 지붕형을 중첩하여 반구형의 복발이 건축의 지붕모습으로 변화된 양상을 보인다. 이와 같은 기단부와 탑신부의 위에 스리랑카나 미얀마의 불탑에서 볼 수 있는 날카로운 첨탑형 상륜이 올라간다. 이를 스리랑카에서는 Koth Kerella라 하고 미얀마에서는 티(Hti)라고 부른다.

리덴트형 불탑에서 가장 특징적인 부분은 역시 기단부이다. 기단부가 발달하여 크고 높으며 특히 모서리부분을 여러 번 접어 다각을 이루었고 맨 아래에서 탑신부에까지 올라간 형식으로 마감하였다. 탑신 하부를 받치는 상층 기단부가 다각형을 이루고 상승한 구조는 우선 구조적인 안정을 이루고 의장적으로도 각을 다각으로 처리함으로 모서리부분을 부드럽게 처리하고 위로 올라가는 수직성을 자연스럽게 유도한 기법이라 하겠다.

한편 또 다른 리덴트 형식의 예로 왓 제디리암(Wat Chediliem)에서 보이는 층단형 구성과도 유사하다. 그러나 왓 제디리암의 전체적인 장식형태는 드바라바티가 아닌 미얀마형식을 따르고 있으며[26] 상륜부에 위치한 티

26 왓 제디리암 내부 안내판

Wat Chedi Luang

장식은 미얀마의 전형적인 형태이다. 또한 다른 예로서 왓 제디 루앙(Wat Chedi Luang)에서 보이는 기단부 역시 여러 단의 테라스를 시설하여 높고 아주 넓게 발달한 기단을 갖춘 미얀마형식이다. 왓 제디 루앙의 기단부는 미얀마형식 파고다와 유사한 테라스형 구성을 보이고 있으며 상층 기단부 모서리에 리덴트 장식이 크게 나타난다. 탑의 전체적인 형상은 미얀마형식 불탑인 파토(Pato)와 유사한 형태를 띠고 있다. 왓 제디 루앙의 상륜부는 파손정도가 심하여 현재 형태를 알아보기 힘들지만 불탑의 규모로 보아 종형에 스리랑카식 산개 모습을 하고 있었을 것으로 짐작된다. 이 탑은 기단부의 비중이 매우 큰 형태로 미얀마의 영향이 뚜렷하게 나타나는 불탑으로 볼 수 있다.

상좌부 불교권 불탑의 양식

스리랑카의 탑을 보면 인도의 산치탑과 구조가 거의 유사하다. 그러나 복발은 더욱 커졌고 평두는 장식이 좀 더 복잡해지고 규모도 커졌다. 간(竿)의 모양은 간단한 장대형인 산치 탑에서 켈라니야 탑에서는 원뿔모양으로 더욱 크게 변형되었다. 인도 초기탑의 산개는 1~2개 정도이지만 스리랑카의 경우는 10여 단을 높게 적층하여 하나로 만들었다. 탑의 세부적인 모습이 변모된 것은 사실이나 외형이나 구조면에서 인도의 탑과 스리랑카 탑 사이에는 유사한 점이 많다.

그러나 불탑이 동남아시아의 다른 나라로 전래되면서 좀 더 과감한 변형을 보인다. 미얀마의 쉐다곤 불탑의 시작은 미얀마의 오칼라파(Okkalapa) 왕이 높이 66피트짜리 탑을 세우고 그 안에 부처의 머리카락을 봉안한다. 이를 시작으로 여러 차례에 걸쳐 탑의 크기를 확장하였다. 지금의 높이가 326피트로 5배가량 높아졌으며 그 주위에는 64개의 작은 탑들이 세워져 있다. 미얀마의 대표적인 쉐다곤 불탑의 형태는 인도의 스투파나 스리랑카의 다고바와 상당히 다르다. 우선 복발이 아주 적어지고 종 모양으로 바뀌었으며 경우에 따라서는 몸체가 기하학적으로 만들어진 원뿔형에 가깝다. 게다가 이 탑에는 평두가 없고 간이 매우 길어지면서 산개는 원형의 고리가 傘竿에 새겨진 모양으로 변형되었다.

이러한 변화는 탑을 중건하며 수직성을 강조하였고 상승과정에서 복발이 상대적으로 소략화되었고 종 모양으로 변화하였으며 외벽에 금판을 붙이면서 모양이 다각으로 변하였다. 또한 평두가 없어지고, 간이 길어지고 산개가 화려해진 것도 후대의 확장공사 때문이다.

半球形 복발이 위로 확장되면서 보다 수직성을 나타낸 불탑의 모습은 태국의 불탑에서도 찾아볼 수 있다. 태국의 불탑은 크메르의 영향을 받은 옥수수모양인 프랑, 태국 고유의 뾰족식 불탑인 연꽃 봉오리형 불탑, 그리고 미얀마식 리덴트형 불탑이 주종을 이룬다. 미얀마식 리덴트형 불탑은 금빛을 하고 있는 것도 닮았지만 인도의 스투파나 스리랑카의 다고바 같은 전형적인 인도 불탑보다도 훨씬 높게 만든 것도 미얀마의 불탑과 유사하다.

태국의 제디는 구조적으로 스리랑카의 원형에 매우 가깝다. 기단부와 복발, 평두와 산간(傘竿), 그리고 산개(傘蓋)가 모두 뚜렷이 나타난다. 물론 지역을 달리하기 때문에 변형된 형태도 나타나는데 기단부는 훨씬 높아졌으며 복발은 반구형이라기보다는 종형에 가깝다. 인도와 스리랑카에서는 평두가 네모난 난간이었지만 태국에서는 아예 밀폐시켰고 모양만 사각형을 유지했다. 산간은 훨씬 더 높아지고 산개는 둥근 고리형으로 변화되며 숫자가 매우 많아졌다. 탑의 최상부에서 나타난 이러한 변형 역시 수직성을 강조하는 과정에서 양상으로 보인다.

■ 탑신부 및 상륜부 비교
  1. 스리랑카 란콧 비하라
  2. 미얀마 쉐산도 파고다
  3. 태국 왓 제디 쳇 타오

　태국불탑이 지니는 상징성은 여느 불교국가에서와 비슷하다. 기단과 여러 단의 둘레는 기원을 소망하는 의미를 지니며 몸은 메루산, 즉 우주의 축을 이룬다. 또한 신체인 몸의 위에 있는 상자모습은 붓다의 관을 나타내며 연꽃봉오리는 깨달음(nirvana)을 의미하고 첨탑인 spire는 하늘을 상징한다.[27]

　프랑과 제디는 각각 크메르 프라삿, 스리랑카 다고바의 양식을 계승하였고 점차 태국 양식으로 변화하였던 반면에 연꽃 봉오리형 불탑은 수코타이 불교사원에서 나타난 고유의 태국 양식이라고 생각된다. 연꽃 봉오리형 불탑은 대체적으로 높이가 높고 우아한 형태를 띄고 있다. 기단부는 전형적으로 오단의 층계를 가진 넓은 방형기단으로 구성된다. 탑신부는 평두와 비슷하게 생긴 사각의 베이스 위에, 수직적인 리덴트 장식이 길게 상승한 탑신의 하부구조가 나타난다. 그리고 연꽃봉오리형 탑신이 조성되고 상륜부 산개로 자연스럽게 이어진다. 탑신부와 상륜부의 구분이 애매할 정도로 유연한 상승구조를 가지고 있어 이는 미얀마 쉐산도 파고다(Shwesandaw Pagoda)의 탑신과 쉐다곤 파고다(Shwedagon Pagoda) 상륜의 중간 구조를 지닌다. 버강에 위치한 쉐산도 파고다는 종형탑신이 자연스럽게 상승하여 상륜부로의 조화가 이루어졌다. 띠 장식을 통해 탑신과 상륜의 경계가 구분 지어진 조형적 특징도 수코타이의 연꽃 봉오리형 불탑과 유사하다. 양곤에 위치한 쉐다곤 파고다는 종형 탑신에 연꽃 봉오리형 상륜부를 얹고 있다. 연꽃 봉오리는 최상단에 위치한 티(Hti)를 받치기 위해 안정감 있는 규모로

27 Dawn F. Rooney, op. cit., p.44

제작되어[28] 우아미를 배가시킨다.

크메르 사원의 양식적 영향이 주로 보여졌던 태국 초기의 불탑에서 연꽃봉오리형의 등장은 태국 내 불교적 영향력의 증가를 의미한다고 하겠다. 연꽃은 불교에서 종교적 성스러움을 표현하는 가장 대표적인 상징물로서 불교적 상징의 의미가 극대화되어 등장한 조형요소이다. 연꽃잎 장식, 연꽃봉오리 형태의 사용은 수코타이 사원의 주된 종교가 상좌부 불교로 변화하며 건립된 상징적인 건축물이라고 생각된다.

태국불탑 형식에 대한 마무리 글

태국 불교 사원에서 불교전각과 불탑은 각 시대별로 제국의 왕조와 지역 부족의 특징을 따르는 특성을 보이며, 이에 영향을 받아 다수의 불교사원이 축조되었고 그 안의 중심적 위치에 다양한 불탑이 자리하고 있다. 주변에 불교국가가 많은 지리적 특성상 다양한 형태의 불탑이 조성되었다. 태국의 불탑은 형태적으로 종형, 프랑, 연꽃봉오리형, 고층형, 리덴트형 불탑의 5가지로 분류할 수 있다.

종형 불탑은 기본형인 종형을 바탕으로 기단부형, 감실형, 기단부 코끼리형 등으로 나누어 확인할 수 있다. 탑신은 모두 종형 복발의 형태를 보이며 후대로 갈수록 기단부의 크기가 증가하여 탑의 전체적인 높이가 높아지거나 종형 탑신을 받친 상층 기단부가 증가함을 보인다. 감실형은 아유타야 시기에 주로 나타났으며 캄보디아에서도 볼 수 있는 기단부 코끼리형은 사면에 코끼리상이 둘러져 의장적으로도 아름답다.

프랑형 불탑은 수코타이와 아유타야 시대의 사원에서 볼 수 있는 크메르 양식 프라삿에서 유래한 것으로 내부에 불상을 모신다. 프랑의 전체적인 형태는 앙코르와트와 유사하다. 이를 포탄형 혹은 옥수수모양이라고도 한다. 테라스층계와 리덴트 모서리기단을 넓게 이루며 하부 기단의 감실에 불상을 안치한다. 이는 수코타이 왕조 이후 시대가 지남에 따라 가늘고 높은 모양이 된다. 태국 특유의 불탑으로 수직적이며 앙천적인 모습이다.

연꽃봉오리형 불탑은 수코타이 시대에 최초로 등장한 불탑형으로 전형적으로 5단의 층계를 가진 사각기단으로 구성되어 대체적으로 높이가 높고

[28] Elizabeth Moore et al., Shwedagon: Golden Pagoda of Myanmar, River Books, Thailand, 1990, p.134

우아하다. 탑신부는 사각의 베이스 위에 리덴트 모서리로 각을 줄였으며 꼭대기 부분은 연꽃 봉오리형을 하고 있다. 연꽃 봉오리형 불탑은 평두를 생략하여 탑신부에서 상륜부로 유연하게 이어지고 있다.

고층형식 불탑은 방형 평면으로 높은 기단 위에 조성하는 인도 힌두사원의 시카라 형태를 갖는 건축이다. 각층에는 감실형의 아치를 설치하고 인물, 동물, 신화 등을 테라코타로 표현하여 조각 한 것으로 치앙마이 지역에 주로 분포한다. 드바라바티 미술의 영향이 태국에서 스리랑카까지 이어짐을 확인 할 수 있는 불탑 형태이다.

리덴트형 불탑은 주로 북부 란나지역에서 볼 수 있으며 기단부가 매우 발달하였다. 특히 기단부가 층단형으로 모서리부분이 여러번 접혀 다각을 이룬 리덴트형 구조를 보인다. 상층 기단부는 팔각 또는 육각의 형태로 탑신 하부를 받치고 있으며 높이가 매우 상승하였으나 구조적으로 안정감을 준다. 의장적으로도 각을 다각으로 처리함으로 모서리부분을 부드럽게 처리하고 수직성을 자연스럽게 유도한 란나 후기 불탑으로 볼 수 있겠다.

태국의 불탑형식을 유래된 지역을 중심으로 보면 크게 란나형식, 드바라바티형식, 크메르형식으로 나눌 수 있다.

'란나형식 불탑'은 기단부는 방형을 기본으로 리덴트 장식이 깊어지기 때문에 마치 다각형으로 보이기도 한다. 또한 기단부 규모의 증가로 인해 기단부가 아주 높고 탑신이 비교적 작은 형태를 나타내게 된다.

'드바라바티형식 불탑'은 흔히 고탑형이라고 불리는데 극히 소수의 유적만이 남아있다. 여러 개의 층으로 이루어진 탑의 벽면에는 수십개의 감실이 있고 각각의 감실 안에는 테라코타 입상이 안치되어 있다. 이러한 형태의 탑은 스리랑카의 Sat Mahal Pasada에서도 나타나며 스리랑카의 탑이 왓 쿠쿳의 형태를 본받아 건립된 후기의 탑으로 보인다.

'크메르형식 불탑'은 크메르의 영향이 나타난 건축물 중 가장 태국의 최북단에 위치하였는데 매우 큰 라테라이트 돌로 건립되었고 석회암 플라스터로 덮여 있다. 평면 형태는 대개 방형으로 중간부의 각 면에 출입문인 포치를 두고 있으며 상부에는 두 개의 박공이 있고 기둥을 가진 위비가 있다.

탑신의 상부에는 옥수수형의 모서리 장식이 늘어서있으며 상륜부는 연꽃장식으로 주로 표현되었다.

　태국의 불탑은 힌두교와 불교, 제왕의 공간이 공존하며 형성된 불탑으로 스리랑카, 미얀마, 태국으로 이어진 상좌부 불교의 전래 과정에 따라 불탑의 형태도 크게 영향을 받았다. 구조적으로는 스리랑카의 원형에 매우 가까우며 기단부와 복발, 평두와 산간, 그리고 산개가 모두 뚜렷이 나타난다. 대부분의 불탑은 종형 탑신부를 가지며 인도와 스리랑카에서는 평두가 네모난 난간이었지만 태국에서는 아예 밀폐시켜 모양만 사각형을 유지하였다. 상륜부는 매우 상승한 구조로 산간은 훨씬 더 높아지고 산개는 둥근 고리형으로 변화되며 숫자가 매우 많아졌다. 탑의 최상부에서 나타난 이러한 변형 역시 수직성을 강조하는 과정에서 양상으로 보인다.

　본 연구는 주변국인 라오스와 캄보디아, 미얀마와의 종힙직인 비교와 연계에 대한 구체적인 분석이 되지 못해 아쉬움이 남는다. 이는 이후 태국을 포함한 동남아시아 불교 사원의 건축적 변화 양상에 대한 추가적인 연구를 통해 분석이 이루어져야 할 것이다.

참고문헌

단행본

- 강우방, 『한국 불교의 사리장엄』, 열화당, 1993
- 강우방, 곽동석 외, 『불교조각 I, II』, 솔, 2005
- 강우방, 신용철, 『탑』, 솔, 2007
- 강희정, 『동아시아 불교미술 연구의 새로운 모색-불교미술 속의 여성과 내세』, 학연문화사, 2011
- 강희정, 『관음과 미륵의 도상학』, 학연문화사, 2006
- 경전연구모임 편, 『조탑공덕경 외』, 불교시대사, 1995
- 고유섭, 『한국건축미술사 초고』, 대원사, 1999
- 고유섭, 『朝鮮塔婆의 硏究, 上, 下』, 열화당, 2010
- 교양교재 편찬위원회, 『불교문화사』, 동국대학교출판부, 2003
- 구노 미기〈久野美樹〉, 최성은 역, 『중국의 불교미술-후한시대에서 원시대까지』, SigongArt, 2009
- 국립중앙박물관, 『불사리장엄』, 김문사, 1991
- 국립중앙박물관, 『실크로드와 둔황-혜초와 함께하는 서역기행』, 넥스트프레스, 2010
- 국립창원문화재연구소, 『中國의 石窟- 雲岡, 龍門, 天龍山石窟』, 삼우아트, 2003
- 국사편찬위원회, 『불교미술, 상징과 염원의 세계』, 두산동아, 2007
- 金吉祥, 『佛敎大辭典』, 弘法院, 2011
- 김리나 외, 『한국불교미술사』, 미진사, 2011
- 김봉렬, 『불교건축』, 솔, 2008
- 김성경, 『중국불교의 여로 上, 下』, 민족문화, 1990
- 김성구(월운), 『한글대장경-法苑珠林 2, 3券』, 동국역경원, 2003
- 김왕직, 『탑과 사방불』, 화인재, 1995
- 김원용, 안휘준, 『한국미술의 역사』, SigongArt, 2008

- 김정희, 『찬란한 불교미술의 세계-불화』, 돌베개, 2009
- 김희경, 『한국의 미술 2-탑』, (주)바른손, 1982
- 김영래, 『편도나무야, 나에게 신에 대해 이야기해다오』, 도요새, 2002
- 김호동, 『아틀라스 중앙유라시아사』, 사계절, 2016
- 권영필, 『실크로드 미술-중앙아시아에서 한국까지』, 열화당, 2004
- 나경수, 『신명의 재발견』, 전남대학교 호남학연구단, 2007
- 다까사끼 지끼도高崎直道, 洪思誠 역, 『불교입문』, 우리출판사, 2000
- 다나카 기미아키田中公明, 유기천 역, 『티베트 밀교 개론』, 불광출판사, 2010
- 대연스님, 『부처님의 향훈을 따라가는 불교성지순례-인도, 네팔』, Eastward, 2010
- 동국대학교, 『中國大陸의 文化5-雲岡石窟』, 한국언론자료간행회, 1991
- 동국대학교, 『간다라를 가다』, 1988
- 동국대학교, 『실크로드의 문화 3, 4』, 한국언론자료간행회, 1993
- 동국불교미술인회, 『알기 쉬운 불교미술』, 도서출판 반, 1998
- Dietrich Seckel, 이주형 역, 『불교미술』, 예경, 2007
- Maria Angelillo, 이영민 역, 『인도, 고대 문명의 역사와 보물』, 생각의 나무, 2007
- Michael Sullivan, 최성은 역, 『중국미술사』, 예경, 2009
- 마쓰창馬世長, 양은경 역, 『중국 불교석굴』, 다홀미디어, 2006
- 마츠바라 사브로松原三郎, 김원동 외 역, 『東洋美術史』, 예경, 2009
- 미르치아 엘리아데, 이윤기 역, 『샤머니즘-고대적 접신술』, 까치, 1992
- 미야지 아키라宮治昭, 김향숙 역, 『인도미술사』, 다홀미디어, 2006
- 박경식, 『한국의 석탑』, 학연문화사, 2008
- 배진달, 『당대 불교조각』, 일지사, 2003
- 법륜 스님, 『부처님의 발자취를 따라』, 정토출판, 2010
- 베르너 숄츠, 황선상 역, 『힌두교-한눈에 보는 힌두교의 세계』, 예경, 2007
- Benjamin Rowland, 이주형 역, 『인도미술사』, 예경, 2004
- 불교신문사, 『세계의 불교미술』, 1988
- 스가누마 아키라, 문을식 역, 『힌두교』, 여래, 1993
- Vidya Dehejia, 이숙희 역, 『인도미술』, 한길아트, 2001
- 서성호, 『황금불탑의 나라 미얀마』, 두르가, 2011
- 손신영, 『간다라 異文化地域의 生活과 文化』, 東京美術, 1998
- 스테파노 베키아, 『The Khmers』, 생각의 나무, 2008
- Andre Echardt, 권영필 역, 『朝鮮美術史』, 열화당, 2003
- 楊衒之, 서윤희 역, 『洛陽伽藍記』, 눌와, 2001
- 溫玉成, 裵珍達 역, 『中國石窟과 文化藝術 上, 下』, 景仁文化社, 1996
- 劉敦楨, 鄭沃根 외 역, 『中國古代建築史』, 世進社, 1995

- 尹張燮, 『印度의 建築』, 서울대학교출판부, 2004
- 尹昌淑, 『文化財解說, 塔婆』, 백산출판사, 1991
- 월간미술, 『세계미술용어사전』, 월간미술, 2008
- 이미림 외, 『동양미술사, 하권(인도, 서역, 동남아시아)』, 미진사, 2009
- 이은구, 『버마 불교의 이해』, 세창출판사, 1996
- 李載昌, 『중국·신라의 求法僧과 간다라, 간다라를 가다 2』, 동국대학교, 1988
- 이주형, 『인도의 불교미술』, 한국국제교류재단, 2006
- 이주형, 『간다라미술』, 사계절, 2003
- 이주형 외 7인, 『동아시아 구법승과 인도의 불교유적』, 사회평론, 2009
- 李好珽, 梁金石 역, 『中國建築槪說』, 泰林文化史, 1990
- 자크 브로스, 주향은 역, 『나무의 신화』, 이학사, 1998
- 장충식, 『新羅石塔研究』, 일지사, 1987
- 장헌덕, 『중국과 한국의 불교건축』, 빛과 글, 2005
- 정수일, 『고대문명교류사』, 사계절, 2013
- 정영호, 황수영 외, 『韓國의 美-石塔』, 중앙일보, 동양방송, 1980
- 정영호, 『한국의 석조미술』, 서울대학교출판부, 1998
- 정병삼, 『그림으로 본 불교이야기』, 풀빛, 2000
- 진홍섭, 『國寶 9(工藝Ⅰ), 國寶 12(塔婆Ⅱ)』, 藝耕産業社, 1983
- 천득염, 『인도불탑의 의미와 형식』, 심미안, 2013
- 천득염, 허지혜, 『동양의 진주 스리랑카의 역사와 문화』, 심미안, 2017
- 타가와 준조田川純三, 박도화 역, 『돈황석굴』, 개마고원, 2000
- Thomas Munro, 백기수 역, 『동양미학』, 열화당, 2002
- 한정희, 배진달 외, 『동양미술사, 상권(중국)』, 미진사, 2009
- 허균, 『사찰 장식 그 빛나는 상징의 세계』, 돌베개, 2010
- 玄奘, 권덕녀 역, 『대당서역기』, 서해문집, 2006
- 玄海, 『妙法蓮華經』, [見寶塔品 第11], 민족사, 2006
- 황수영, 『불탑과 불상』, 세종대왕기념사업회, 1999

영문(英文)

- A. Cunningham, *Mahabodhi or The Great Buddhist Temple under the Bodhi tree at Buddha-Gaya*, London, W.H. Allen & Cl., Limited, 13, Waterloo Place, S.W., 1892
- Adrian Snodgrass, *The Symbolism of the Stupa*, Delhi, Motilal Banrsidass Publishers Private Limited
- Adrian Snodgrass, *The Symbolism of The Stupa*, Motilal Banrsidass, 1992

- A. H Longhurst, *the Stupa*, Aravali Books International, New Delhi, 1997
- A. L Dallapiccola, *The Stupa its religious, Historical and Architectural Significance*, Franz Steiner Verlag, Wiesbaden, 1980
- B. A. Litvinsky: *Outline History of Buddhism in Central Asia*, in: International Conference on History, Archaeology and Culture of Central Asia in the Kushan Period, Dushanbe 1968, Moscow 1968, with extensive bibliography
- Bloch, *Les inscriptions d'Asoka*, Paris, 1950
- Christopher Tadgell, *The History of Architecture in India*, Phaidon Press Limited, London, 2002
- Charlotte Kendrick Galloway, "Burmese Buddhist Imagery of the Early Bagna Period(1044~1113)", A thesis submitted for the degree of Doctor of Philosophy of The Australian National University, 2006
- Dora P. Crouch, *History of Architecture*, McGraw-Hill, 1985
- D. Barrett, *Sculptures from Amarati in the British Museum*, London, 1954
- Dawn F. Rooney, *Ancient Sukhothai – Thailand's Cultural Heritage*, River Books, 2008
- Donald M. Stadtner, *Ancient Pagan: Buddhist Plain of Merit*, River Books, 2013
- Elizabeth Moore et al., *Shwedagon: Golden Pagoda of Myanmar*, River Books, Thailand, 1990
- Franz, Heinrich Gerhard, *Der Buddhistische Stupa in Afghanistan 2. Teil*, (see footnote 18)
- Franz, H. G., *Buddhistische Kunst Indiens*, 1965
- Franz, H. G., *Buddhistische Kunst* (see footnote 10)
- Franz, H. G., *Afghanistan Journal 5*, 1978
- Franz, H. G., *Pagode, Turmtempel, Stupa*
- Franz, H. G., *Stupa and Stupa-temple in the Gandharan regions and in Central Asia, The Stupa its Religious, Historical and Architectural Significance*, Franz Steiner Verlag. Wiesbaden
- Franz, H. G., *Paode, Stupa, Turmtempel, Unter-suchungen zum Ursprung der Pagode*, In: Kunst des Orients III, 1959
- George Michell, *Monuments of India*, Viking-Published By the Penguin Group, London, 1989
- Gordon H.Luce, *Old Burma-Early Pagan*, J.J Augustin Publisher, 1969

- Gropp, G.: Archäologische Funde aus Khotan, Chinesisch-Ostturkestan, Bremen, 1974
- Grienggrai Sampatchalit, *Guide to sukhothai, Si satchanalai and Kamphaeng Phet Historical Parks*, The Fine Arts Department
- Harald Ingholt, *Gandharan Art in Pakistan*, Pant-heon Books, New York, 1957
- Hargreaves. H., *Excavations at Shah-ji-ki-Dheri*, In: ASIAR(Annual Report of the Archaeoi, Survey of India) 1910-1911, Calcutta, 1914
- Havell, *Vedic Chandra Cult and Stupa*, Handbook of Indian Art, 1920
- Hnin Moe Hlaing, "A Religious Study on the Construction of Oo-Pwar Pagoda and Its Sculptures", *Proceedings of Internationl Conference on Burma/Myanmar Studies*, July 2015
- James Fergusson, *History of Indian and Eastern Architecture*, John Murray, Albemarle Street, Delhi India, 1876
- Joe Cummings, *Buddhist Temples of Thailand*, 2014
- John Irwin, *The Axial Symbolism of the Early Stupa, The Stupa: its religious, history, and architectural significance*, Wiesbaden : Steiner, 1980
- John Marshall, *A Guide to Sanchi*, Delhi, Manager of Publications, 1936
- John Marshall, *The Buddhist Art of Gandhara*, University Press, Cambridge, Great Britain, 1960
- John Marshall, Alfred Foucher, *The Monuments of Sanchi*, Swatti Publication
- Kannika Promsao, *Chiang Mai A Portrait in her 8th Century*, Within Books, 2005
- Kyaw Lat, *Art and Architecture of Bagan and Historical Background*, Mudon Sarpay, 2010
- Lama Anagarika Govinda, *Psycho- cosmic Symbolism of the Buddhist Stupa*, USA, Dharma Publishing, 1976
- Leipzig, E. A. Seemann, *Buch-und Kunstverlag*, 1965
- Luo Zhewen, *Ancient Pagodas in China*, Foreign Languages Press, Beijing, 1994
- Mario Bussagli, *Oriental Architecture*, Harry N. Abrams, Inc., Publishers, New York, 1973
- M.Winternitz, *Geschichte der indscken Literatur*, Bd.1, 1907
- O. C. Gangoly, *Indian Architecture*, Bombay, KUTUB Publishers, 1954

- Percy Brown, *Indian Architecture*, Treasure House of Books, Bombay, D B. Taraporevala Sons & CO. Private LTD, 1956
- Ping Amranand, *Lanna Style*, Asia Books, 2000
- Philip Rawson, *The Art of Southeast Asia*, Thames and Hudson, 1995
- Robertson, J. M., *Christianity and Mythology*, London, 1936
- Rosenfield, J. M., *The dynastic art of Kushans*, Los Angeles, 1967
- Satish Grover, *The Architecture of India*, VIKAS Publishing House Pvt Ltd, New Delhi, 1980
- Satish Grover, *Masterpieces of Traditional Indian Architecture*, Lustre Press Roli Books, India, 2004
- Seimal′, E. V.: Kushanskaja Chronologija(materialy po probleme), Meshdunarodnaja konferenzija po istorii, archeologii i kulture zentralnoi Asii w kushanskuju epochu, Moscow 1968 (with summary in English: p.136 aqq.)
  Stein, Aurel, Ancient Khotan, Oxford, 1907, vol. II, pl. XL.
- Sir M. Monier Williams, *A Sanskrit-English Dictionary*, Oxford, 1956
- Steve Van Beek, *Thailland*, Asia Books, 2007
- Stavisky, D. Y., Vainberg, B. J., Gorbunowa, N. G., Novgorodova, E. A., *Soviet Central Asia, Archaeology and the Kushan problem, Annotated Bibliography*, International Conference on History, Archaeology and Culture of Central Asia in the Kushan Period, 2 vol., Moscow, 1968
- Sujata Soni, *Evolution of Stupas in Burma Pagan Period: 11th to 13th centuries A.D*, Motilal Banrsidass, 1991
- Taddei, Maurizio, *Tapa Sard r, First Preliminary Report*, East and West, N. S. 18, 1968
- Than Tun, "Religious Buildings of Burma: A.D. 1000~1300", *Journal of Burma Research Society*, vol. 42, December, 1959
- Thawatchai Ongwuthivet et al., *Ayutthaya art & architecture*, museum press
- Vasudeva S. Agrawala, *Indian Art*, Prithivi Prakashan Varanasi-5, India, 1965
- Vogel, J. Ph., *The sacrificial posts of Isapur*, In : Annual Report 1910 11, Archaeological Survey of India
- World Heritage, *Ruins And Reconstructed*, World Heritage, 2008
- Winand Klassen, *History of Western Architecture*, San Carlos Publications, 1980

- William Warren, *Lanna Style Arts and Design of NortherThailand*, Asia Books, 2001
- U WIn Maung, "Evolution of the Stupas in Myanmar", *Proceedings of the International Buddhist Conference*, May, 2007

중문(中文)

- 旭初, 『The Buddhist Art in Xinjiang along the Silk Road』, 新疆大學出版社, 2006
- 羅哲文, 『中國古塔』, 中國靑年出版社, 北京, 1985
- 敦煌硏究院, 『中國 敦煌』, 江蘇美術出版社, 2000
- 樊錦詩, 『世界文化遺産-敦煌石窟』, 中國旅遊出版社, 北京, 2004
- 龍門文物保管所, 『中國石窟-龍門石窟 一,二』, 文物出版社, 1992
- 龍門石窟硏究所, 『龍門石窟 硏究論文選』, 上海人民美術出版社, 1993
- 龍門石窟硏究院, 『龍門石窟硏究院論文選』, 中州古籍出版社, 2004
- 劉敦楨, 『中國古代建築史』 第二版, 國家建委建築科學硏究院, 1978
- 劉景龍, 『龍門石窟 一千五百周年 國際學術討論會論文集』, 文物出版社, 1993
- 李治國, 『雲岡』, 文物出版社, 2000
- 張取實, 羅哲文, 『中國古塔精萃』, 科學出版社, 北京, 1988
- 張取實, 『中國佛塔史』, 科學出版社, 北京, 2005
- 『中國石窟, 雲岡石窟』, 平凡社, 1990

일문(日文)

- 關野貞, 『支那の建築と藝術』, 岩波書店
- 宮治昭, 『印度美術史』, 吉川弘文館, 1997
- 高田修, 『佛敎美術史論考』, 東京, 中央公論美術出版, 1969
- 杉山信三, 『朝鮮の石塔』, 民族文化, 1987
- 杉山二郎, 『樋口隆康, 『世界の大遺跡 7, 8』, 講談社, 1996
- 衫本卓洲, 『インド佛塔の硏究』, 平樂寺書店, 1984
- 衫本卓州, 「caitya及stpa崇拜の 形態と 展開」, 『東北福祉大學論叢 第9, 11卷』
- 桑山正進編, 『Stupa 方形基壇の 由來』, 足利惇氏博士喜壽記念 Orient學, Indo 學論集, 國書刊行會, 1978
- 石田茂作, 『佛敎考古學講座』 5, 雄山閣
- 小杉一雄, 「佛塔の露盤について, 佛敎美術史硏究」 第9冊, 東京, 早稻田大 大學

美術史學會, 1942
- 松本文三郎, 『塔婆之研究, 印度に於ける佛教以前の塔と其以後の塔』
- 逸見梅榮, 日本佛教美術考(建築扁)
- 水谷眞成 譯, 玄奘, 『大唐西域記』, (中國古典文學大系22), 平凡社, 1971
- 足立 康, 『塔婆建築の研究』
- 中村 元, 『圖說佛教語大辭典』
- 村田治郎, 東洋建築史, 『建築學大系 4』, 彰國社, 1972

연구 논문

- 강희정, 「殷光明, 『北京石塔硏究』(覺風佛敎藝術文化基金會, 2000) 書評」, 『중국사학회』 Vol.31, 2004
- 강희정, 「北涼 石塔을 통해 본 交脚彌勒 圖像의 傳來」, 『중앙아시아학회』 Vol.9, 2004
- 강희정, 「'석굴' 패러다임과 석굴암」, 『미술사학』 Vol.22, 2008
- 강희정, 「南北朝時代 佛敎美術의 漢族 傳統」, 『미술사학연구』 No.237, 2003
- 김버들, 조정식, 「경전 속에 나타난 탑의 건축적 요소에 관한 연구」, 『대한건축학회논문집』 계획계 제24권 제2호, 대한건축학회, 2008. 02
- 김버들, 조정식, 「한·중·일 다보탑의 특징에 관한 상호 비교 연구」, 『대한건축학회논문집』 계획계 26권 6호, 대한건축학회, 2010. 06
- 김성우, 「극동 지역의 불탑형의 시원」, 『대한건축학회학술발표논문집』 Vol.3 No.2, 1983. 10
- 김성우, 「北魏 永寧寺와 三國時代의 佛寺-5, 6세기의 배치계획의 변화를 중심으로」, 『대한건축학회논문집』 3권 4호, 대한건축학회, 1987. 08
- 김소영, 「태국 수코타이왕조 불교사원의 구성형식고찰」, 전남대학교 대학원 석사학위논문, 2017
- 김은중, 주남철, 「동양탑파건축의 의미변천에 관한 계통적 연구」, 『대한건축학회논문집』 1권 1호, 대한건축학회, 1985. 10
- 김인창, 「重層形 塔婆의 기원」, 『대한건축학회논문집』 계획계 21권 10호, 대한건축학회, 2005. 10
- 김준오, 천득염, 「인도 평지사원 塔形浮彫 형식 연구」, 『건축역사연구』 제20권 4호, 건축역사학회, 2011. 08
- 김준오, 천득염, 「인도 석굴사원 Relief Stupa 연구」, 『건축역사연구』 제21권 4호, 건축역사학회, 2012. 08
- 김준오, 천득염, 「탑돌이 유형과 민속적 전개」, 『남도민속연구』 제21집, 남도민속학회, 2011. 06

- 노장서, 「태국의 왕도건축연구」, 한국태국학회논총, 제16권 1호, 2009
- 문명대, 「高句麗 佛塔의 考察」, 『역사교육논집』 Vol.5 No.1, 1983
- 문명대, 「카니시카탑 사리기 금동삼존불상과 간다라불상의 기원문제」, 『강좌미술사』 Vol.23, 2004
- 문명대, 「新羅四方佛의 起源과 神印寺(南山塔谷 磨崖佛)의 四方佛」, 『한국사연구』 Vol.18, 1977
- 문무왕, 「북위시대 용문석굴 개착에 나타난 신앙적 특색」, 『불교연구』 Vol.28, 한국불교연구원, 2008
- 문무왕, 「운강석굴을 통해 본 북위불교의 특징」, 『불교연구』 Vol.18, 한국불교연구원, 2002
- 박경식, 「Sanchi 1塔에 關한 硏究」, 『문화사학』 제3호, 한국문화사학회, 1995
- 박순관, 「동남아시아 종교건축의 지역화 양상연구」, 한국아시아학회, 아시아연구, 2010
- 손신영, 「간다라 방형기단 불탑의 일고찰」, 『강좌미술사』 Vol.25, 2005
- 염승훈, 천득염, 김소영, 「버강 시기 불탑의 형식적 특성과 분류」, 『건축역사연구』 25, 2016
- 윤창숙, 「韓國 塔婆 相輪部에 관한 연구」, 『미술사학연구』 No.187, 1990
- 이주형, 「인도 초기 불교미술의 佛像觀」, 『미술사학』 Vol.15, 2001
- 이주형, 「佛像의 起源- 쟁점과 과제」, 『美術史論壇』 Vol.3, 1996
- 이주형, 「쿠마라스와미의 佛像起源論」, 『강좌미술사』 Vol.11 No.1, 1998
- 이희봉, 「탑의 원조 인도 스투파의 형태 해석」, 『건축역사연구』 제18권 6호, 건축역사학회, 2009. 12
- 이희봉, 「인도 불교석굴사원의 시원과 전개」, 『건축역사연구』 제17권 4호, 건축역사학회, 2008. 08
- 이희봉, 「탑 용어에 대한 근본 고찰 및 제안」, 『건축역사연구』 제19권 4호, 건축역사학회, 2010. 08
- 임영배, 천득염, 박익수, 「韓國과 中國의 塔婆形式에 관한 硏究(Ⅰ)」, 『대한건축학회논문집』 8권5호, 대한건축학회, 1992. 05
- 임영배, 천득염, 박익수, 「韓國과 中國의 塔婆形式에 관한 硏究(Ⅱ)」, 『대한건축학회논문집』 8권6호, 대한건축학회, 1992. 06
- 장익, 「만다라의 의미와 형성」, 『밀교세계』 Vol.2, 2007
- 조흥국, 「동남아 소승불교 국가들에서의 왕권과 종교와의 관계」, 동양사학회 학술발표대회 논문집, 2002
- 주경미, 「中國의 阿育王塔 전승 연구」, 『동양고전연구』 제28집, 동양고전학회, 2007
- 주경미, 「北宋代 塔形舍利莊嚴具의 硏究」, 『중국사연구』 Vol.60, 2009
- 천득염, 「印度始原佛塔의 意味論的 解析」, 『건축역사연구』 제2권 2호, 건축역

사학회, 1993. 1
- 천득염, 「간다라의 佛塔形式」, 『대한건축학회논문집』 10권 6호, 대한건축학회, 1994. 06
- 천득염, 「불탑의 의미와 어원」, 『건축역사연구』 제 20권 5호, 2011
- 천득염, 김준오, Liu Zheng, 「龍門石窟의 塔形浮彫 硏究」, 『건축역사연구』 제 20권 1호, 건축역사학회, 2011. 02
- 천득염, 이영미, 「雲岡石窟에 나타난 초기 중국불탑의 특징과 유형」, 『대한건축학회논문집』 계획계 22권 2호, 대한건축학회, 2006. 02
- 천득염, 김준오, 「인도 쿠샨시대의 스투파형식」, 『건축역사연구』, 제21권 6호, 2012
- 천득염, 염승훈, 「미얀마 불탑의 기원과 형식 유래에 대한 고찰」, 『건축역사연구』 제27권 제2호, 2018
- 최민희, 「통일신라 3층석탑의 출현과 『造塔功德經』의 관계 고찰」, 『불교고고학』 No.3, 2003
- 최정미, 천득염, 김준오, 「태국 불교사원의 건축적 변화 양상」, 한국건축역사학회 춘계학술발표대회, 2012
- 최태민, 「龍門石窟과 中國 佛敎彫刻의 漢化過程」, 『동악미술사학』 Vol.1, 2000

불탑의 아시아 지역 전이양상3
인도 불탑 형식과 전래 양상

초판 1쇄 찍은 날 2018년 8월 25일
초판 1쇄 펴낸 날 2018년 8월 30일

지은이 천득염
펴낸이 송광룡
펴낸곳 도서출판 심미안
주소 61489 광주광역시 동구 천변우로 487 2층
전화 062-651-6968
팩스 062-651-9690
메일 simmian21@hanmail.net
등록 2003년 3월 13일 제05-01-0268호

값 25,000원
ISBN 978-89-6381-254-0 93540

이 저서는 2018년 대한민국 교육부와 한국연구재단의 지원을 받아 수행된 연구임
(NRF-2018S1A5A2A01028850).

잘못된 책은 바꿔드립니다.